嵌入式系统设计与全案例实践

李正军　李潇然　编著

EMBEDDED SYSTEM DESIGN AND FULL-CASE PRACTICE

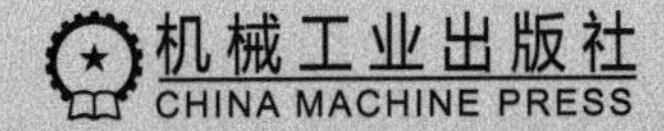

本书以基于 ARM 的 STM32 微控制器的基本概念、基本原理为主线，详细阐述了 STM32 的学习方法与应用系统开发技术。本书在内容组织和框架设计上具有两个鲜明的特点，即全案例和基于学习者学习需求。从学习者的角度，精心组织每个章节的内容体系，并给出各个外设模块的硬件设计和软件设计实例，其代码均在开发板上调试通过，可通过 TFT LCD 或串口调试助手查看调试结果，可以很好地锻炼学生的硬件理解能力和软件编程能力，培养举一反三的能力。

本书共分 17 章，主要内容包括绪论、STM32 嵌入式微控制器与最小系统设计、嵌入式开发环境的搭建、STM32 通用输入/输出接口及其应用、STM32 中断系统与按键中断设计实例、STM32 定时器系统与 PWM、STM32 USART 及其应用、STM32 SPI 与铁电存储器接口应用实例、STM32 I^2C 与日历时钟接口应用实例、STM32 模-数转换器（ADC）及其应用、STM32 DMA 及其应用、STM32 CAN 总线系统设计、人机接口和 DGUS 屏的应用开发、旋转编码器的设计、CAN 通信转换器的设计、电力网络仪表设计实例和嵌入式控制系统设计。本书内容丰富，体系先进，结构合理，理论与实践相结合，尤其注重工程应用技术的讲解。

本书可作为检测、自动控制等领域嵌入式系统开发工程技术人员的参考用书，也可作为高等院校自动化、机器人、自动检测、机电一体化、人工智能、电子与电气工程、计算机应用、信息工程、物联网等相关专业的本科、专科学生及研究生的教材。

本书赠送程序源代码，可添加小编微信获取（微信号：18515977506）。

图书在版编目（CIP）数据

嵌入式系统设计与全案例实践 / 李正军，李潇然编著. —北京：机械工业出版社，2024.3

ISBN 978-7-111-74447-4

Ⅰ. ①嵌… Ⅱ. ①李… ②李… Ⅲ. ①微处理器－系统设计 Ⅳ. ①TP332.021

中国国家版本馆 CIP 数据核字（2023）第 238781 号

机械工业出版社（北京市百万庄大街 22 号　邮政编码 100037）

策划编辑：李馨馨　　责任编辑：李馨馨　杨晓花

责任校对：张婉茹　刘雅娜　　责任印制：张　博

北京建宏印刷有限公司印刷

2024 年 3 月第 1 版第 1 次印刷

184mm×260mm・22.5 印张・585 千字

标准书号：ISBN 978-7-111-74447-4

定价：128.00 元

电话服务　　网络服务

客服电话：010-88361066　　机　工　官　网：www.cmpbook.com

010-88379833　　机　工　官　博：weibo.com/cmp1952

010-68326294　　金　　书　　网：www.golden-book.com

机工教育服务网：www.cmpedu.com

前　言

自进入 21 世纪以来，嵌入式系统因具有体积小、功耗低、成本低、可靠、实时等优点，在生产生活中得到了广泛的应用。大到国防军事、工业控制，小到消费电子、办公自动化，嵌入式系统无处不在。同时，业界对嵌入式技术人才的需求量也日趋上升，具有一定开发经验的嵌入式工程师成为职场上的紧缺人才。

正是基于市场需求，ARM 公司率先推出了一款基于 ARMV7 架构的 32 位 ARM Cortex-M 微控制器内核。Cortex-M 系列内核支持两种运行模式，即线程模式（Thread Mode）与处理模式（Handler Mode）。这两种模式都有各自独立的堆栈，使内核更加支持实时操作系统，并且 Cortex-M 系列内核支持 Thumb-2 指令集。因此，基于 Cortex-M 系列内核的微控制器的开发和应用可以在 C 语言环境中完成。

继 Cortex-M 系列内核之后，ST 公司积极响应当今嵌入式产品市场的新要求和新挑战，推出了基于 Cortex-M 系列内核的 STM32 微控制器。它具有出色的微控制器内核和完善的系统结构设计，以及易于开发、性能高、兼容性好、功耗低、实时处理能力和数字信号处理能力强等优点，这使得 STM32 微控制器一上市就迅速占领了中低端微控制器市场。

本书不仅详细介绍了 STM32 的外设子系统及其应用程序设计，而且还介绍了旋转编码器的应用设计、DGUS 彩色液晶显示屏的开发、CAN 通信转换器的设计、电力网络仪表设计实例和大量的嵌入式控制系统设计应用案例。

本书共分 17 章。第 1 章对嵌入式系统进行了概述，介绍了嵌入式系统的组成、软件、分类、应用领域，以及嵌入式微处理器的分类；第 2 章介绍了 STM32 嵌入式微控制器与最小系统设计，包括 STM32 微控制器概述、STM32F1 系列产品系统架构和 STM32F103ZET6 内部架构、STM32F103ZET6 的存储器映像和时钟结构、STM32F103VET6 的引脚和最小系统设计、学习 STM32 的方法；第 3 章介绍了嵌入式开发环境的搭建，包括 Keil MDK5 安装配置、Keil MDK 下新工程的创建、J-Link 驱动安装、Keil MDK5 调试方法、STM32F103 开发板的选择和 STM32 仿真器的选择；第 4 章介绍了 STM32 通用输入/输出接口及其应用，包括通用输入/输出接口概述、GPIO 功能、GPIO 常用库函数、GPIO 使用流程、GPIO 按键输入应用实例和 GPIO LED 输出应用实例；第 5 章介绍了 STM32 中断系统与按键中断设计实例，包括中断的基本概念、STM32F103 中断系统、STM32F103 外部中断/事件控制器、STM32F10x 的中断系统库函数、STM32 外部中断设计流程和外部中断设计实例；第 6 章介绍了 STM32 定时器系统与 PWM，包括 STM32F103 定时器概述、STM32 基本定时器、STM32 通用定时器、STM32 高级控制定时器、STM32 定时器库函数和 STM32 定时器应用实例、STM32 PWM 输出应用实例和看门狗定时器；第 7 章介绍了 STM32 USART 及其应用，包括 USART 工作原理、USART 库函数和 USART 串行通信应用实例；第 8 章介绍了 STM32 SPI 与铁电存储器接口应用实例，包括 STM32 的 SPI 通信原理、STM32F103 的 SPI 工作原理、STM32 的 SPI 库函数和 SPI 串行总线应用实例；第 9 章介绍了 STM32 I^2C 与日历时钟接口应用实例，包括 STM32 的 I^2C 通信原理、STM32F103 的 I^2C 接口、STM32F103 的 I^2C 库函数和 STM32 的 I^2C 控制器应用实例；第 10 章介绍了 STM32 模-数转换器（ADC）及其应用，包括 STM32F103ZET6 集成的 ADC 模块、STM32 的 ADC 库函数和 ADC 应用实例；第 11 章介绍了 STM32 DMA 及其应用，包括 STM32 DMA 的基本概念、DMA 的结构和主要功能、DMA 的功能描述、DMA 库函数和 DMA 应用实例；第 12 章介绍了 STM32 CAN 总线系统设计，包括 CAN 的特点、STM32 的 CAN 总线概述、bxCAN 工作模式、bxCAN 测试模式、bxCAN 功能描述、CAN 总线操作和 CAN 通信应用实例；第 13 章介绍了人机接口和 DGUS 屏的应用开发，包括独立式键盘接口设计、矩阵式键盘接口设计、LED 显示器接口设计和 DGUS 彩色液晶显示屏的开发；第 14 章介绍了旋转编码器的设计，包括旋转编码器的接口设计、呼吸机按键与旋转编码器程序结构、按键扫描与旋转编码器中断检测程序、键值存取程序；第 15 章介绍了 CAN 通信转换器的设计，包括 CAN 总线收发器、CAN 通信转换器概述、CAN 通信转换器微控制器主电路的设计、CAN 通信转换器 UART 驱动电路的设计、CAN 通信转换器 CAN 总线隔离驱动电路的设计、CAN 通信转换器 USB 接口电路的设计和 CAN 通信转换器的程序设计；第 16 章介绍了电力网络仪表设计实例，包括 PMM2000 系列电力网络仪表概述、PMM2000 系列电力网络仪表的硬件设计、周期和频率测量、STM32F103VBT6 初始化程序、PMM2000 系列电力网络仪表的算法、LED 数码管动态显示程序设计和 PMM2000 系列电力网络仪表在数字化变电站中的应用；第 17 章介绍了嵌入式控制系统设计，包括嵌入式控制系统的结构、嵌入式控制系统软件概述、8 通道模拟量输入智能测控模块（8AI）的设计、8 通道热电偶输入智能测控模块（8TC）的设计、4 通道热电阻输入智能测控模块（4RTD）的设计、4 通道模拟量输出智能测控模块（4AO）的设计、8 通道数字量输入智能测控模块（8DI）的设计、8 通道数字量输出智能测控模块（8DO）的设计和嵌入式控制系统的软件平台。

本书结合编者多年的科研和教学经验，遵循循序渐进、理论与实践并重、共性与个性兼顾的原则，将理论与实践一体化的教学方式融入其中。实践案例由浅入深、层层递进，在帮助读者快速掌握某一外设功能的同时，有效融合其他外部设备，如按键、LED 显示、USART 串行通信、模-数转换器和各类传感器等设计嵌入式系统，体现学习的系统性。本书实例开发过程用到的是目前使用最广的正点原子 STM32F103 战舰开发板和编者开发的工程项目硬件系统，在此基础上开发各种功能，书中实例均进行了调试。读者也可以结合实际或者现有的开发板开展实验，均能获得实验结果。

对于本书所引用参考文献的作者，在此一并表示真诚的感谢。由于编者水平有限，加上时间仓促，书中错误和不妥之处在所难免，敬请广大读者不吝指正。

编　者

目　录

第1章 绪　论

本章对嵌入式系统进行了概述，介绍了嵌入式系统的组成、嵌入式系统的软件、嵌入式系统的分类、嵌入式系统的应用领域和嵌入式微处理器的分类。

1.1 嵌入式系统

随着计算机技术的不断发展，计算机的处理速度越来越快，存储容量越来越大，外围设备的性能越来越好，满足了高速数值计算和海量数据处理的需要，形成了高性能的通用计算机系统。

以往按照计算机的体系结构、运算速度、结构规模、适用领域，将其分为大型机、中型机、小型机和微型机，并以此来组织学科和产业分工，这种分类沿袭了约40年。随着计算机技术的迅速发展，以及计算机技术和产品对其他行业的广泛渗透，以应用为中心的分类方法变得更为切合实际。

国际电气和电子工程师协会（IEEE）定义的嵌入式系统（Embedded System）是用于控制、监视或者辅助操作机器和设备运行的装置。这主要是从应用上加以定义的，从中可以看出嵌入式系统是软件和硬件的综合体，还可以涵盖机械等附属装置。

国内普遍认同的嵌入式系统定义是以计算机技术为基础，以应用为中心，软件、硬件可剪裁，适合应用系统对功能可靠性、成本、体积、功耗严格要求的专业计算机系统。在构成上，嵌入式系统以微控制器及软件为核心部件，两者缺一不可；在特征上，嵌入式系统具有方便、灵活地嵌入到其他应用系统的特征，即具有很强的可嵌入性。

按嵌入式微控制器类型划分，嵌入式系统可分为以单片机为核心的嵌入式单片机系统、以工业计算机板为核心的嵌入式计算机系统、以 DSP 为核心的嵌入式数字信号处理器系统、以FPGA为核心的嵌入式可编程片上系统（System on a Programmable Chip，SoPC）等。

嵌入式系统在含义上与传统的单片机系统和计算机系统有很多重叠部分。为了方便区分，在实际应用中，嵌入式系统还应该具备以下三个特征：

1）嵌入式系统的微控制器通常由 32 位及以上的精简指令集计算机（Reduced Instruction Set Computer，RISC）处理器组成。

2）嵌入式系统的软件系统通常以嵌入式操作系统为核心，外加用户应用程序。

3）嵌入式系统在特征上具有明显的可嵌入性。

嵌入式系统应用经历了无操作系统、单操作系统、实时操作系统和面向互联网四个阶段。21世纪无疑是一个网络的时代，互联网的快速发展及广泛应用为嵌入式系统的发展及应用提供了良好的机遇。人工智能技术一夜之间人尽皆知，而嵌入式在人工智能的发展过程中扮演着重要角色。

嵌入式系统的广泛应用和互联网的发展导致了物联网概念的诞生，设备与设备之间、设备与人之间以及人与人之间要求实时互联，导致了大量数据的产生，大数据一度成为科技前沿，每天世界各地的数据量呈指数增长，数据远程分析成为必然要求，云计算被提上日程，数据存储、传输、分析等技术的发展无形中催生了人工智能，因此人工智能看似突然出现在大众视野，实则经历了近半个世纪的漫长发展，其制约因素之一就是大数据。而嵌入式系统正是获取数据的最关键的系统之一。人工智能的发展可以说是嵌入式系统发展的产物，同时人工智能的发展要求更多、更精准的数据，以及更快、更方便的数据传输。这促进了嵌入式系统的发展，两者相辅相成，嵌入式系统必将进入一个更加快速的发展时期。

1.1.1 嵌入式系统概述

嵌入式系统的发展大致经历了以下三个阶段：

1）以嵌入式微控制器为基础的初级嵌入式系统。

2）以嵌入式操作系统为基础的中级嵌入式系统。

3）以互联网和实时操作系统（Real Time Operating System，RTOS）为基础的高级嵌入式系统。

嵌入式技术与互联网技术的结合正在推动着嵌入式系统的飞速发展，为嵌入式系统市场展现出了美好的前景，也对嵌入式系统的生产厂商提出了新的挑战。

通用计算机具有计算机的标准形式，通过装配不同的应用软件，应用在社会生活生产的各个方面。目前，在办公室、家庭中广泛使用的个人计算机（PC）就是通用计算机最典型的代表。

而嵌入式计算机则是以嵌入式系统的形式隐藏在各种装置、产品和系统中。在许多应用领域，如工业控制、智能仪器仪表、家用电器、电子通信设备等，对嵌入式计算机的应用有着不同的要求。主要要求如下：

1）能面对控制对象。如面对物理量传感器的信号输入，面对人机交互的操作控制，面对对象的伺服驱动和控制。

2）可嵌入到应用系统。由于嵌入式计算机体积小、低功耗、价格低廉，可方便地嵌入到应用系统和电子产品中。

3）能在工业现场环境中长时间可靠运行。

4）控制功能优良。对外部的各种模拟和数字信号能及时地捕捉，对多种不同的控制对象能灵活地进行实时控制。

可以看出，满足上述要求的计算机系统与通用计算机系统是不同的。换句话讲，能够满足和适合以上这些应用的计算机系统与通用计算机系统在应用目标上有巨大的差异。一般将具备高速计算能力和海量存储、用于高速数值计算和海量数据处理的计算机称为通用计算机系统。而将面对工控领域对象，嵌入到各种控制应用系统、各类电子系统和电子产品中，实现嵌入式应用的计算机系统称为嵌入式计算机系统，简称嵌入式系统。

嵌入式系统将应用程序和操作系统与计算机硬件集成在一起，简单地讲，就是系统的应用软件与系统的硬件一体化。这种系统具有软件代码小、高度自动化、响应速度快等特点，特别适合面向对象的要求实时和多任务的应用。

特定的环境和特定的功能要求嵌入式系统与所嵌入的应用环境成为一个统一的整体，并且往往要满足紧凑、可靠性高、实时性好、功耗低等技术要求。面向具体应用的嵌入式系统，以及系统的设计方法和开发技术，构成了今天嵌入式系统的重要内涵，也是嵌入式系统发展成为一个相对独立的计算机研究和学习领域的原因。

1.1.2 嵌入式系统和通用计算机系统的比较

作为计算机系统的不同分支，嵌入式系统和人们熟悉的通用计算机系统既有共性也有差异。

1. 嵌入式系统和通用计算机系统的共同点

嵌入式系统和通用计算机系统都属于计算机系统，从系统组成上讲，它们都是由硬件和软件构成的；工作原理是相同的，都是存储程序机制。从硬件上看，嵌入式系统和通用计算机系统都是由 CPU、存储器、I/O 接口和中断系统等部件组成的；从软件上看，嵌入式系统软件和通用计算机软件都可以划分为系统软件和应用软件两类。

2. 嵌入式系统和通用计算机系统的不同点

作为计算机系统的一个新兴的分支，嵌入式系统与通用计算机系统相比又具有以下不同点：

1）形态。通用计算机系统具有基本相同的外形（如主机、显示器、鼠标和键盘等）并且独立存在；而嵌入式系统通常隐藏在具体某个产品或设备（称为宿主对象，如空调、洗衣机、数字机顶盒等）中，它的形态随着产品或设备的不同而不同。

2）功能。通用计算机系统一般具有通用而复杂的功能，任意一台通用计算机都具有文档编辑、影音播放、娱乐游戏、网上购物和通信聊天等通用功能；而嵌入式系统嵌入在某个宿主对象中，其功能由宿主对象决定，具有专用性，通常是为某个应用量身定做的。

3）功耗。目前，通用计算机系统的功耗一般为 200W 左右；而嵌入式系统的宿主对象通常是小型应用系统，如手机、MP3 和智能手环等，这些设备不可能配置容量较大的电源，因此，低功耗一直是嵌入式系统追求的目标，如日常生活中使用的智能手机，其待机功率为 100～200mW，即使在通话时功率也只有 4～5W。

4）资源。通用计算机系统通常拥有大而全的资源（如鼠标、键盘、硬盘、内存条和显示器等）；而嵌入式系统受限于嵌入的宿主对象，通常要求小型化和低功耗，其软硬件资源受到严格的限制。

5）价值。通用计算机系统的价值体现在“计算”和“存储”上，计算能力（处理器的字长和主频等）和存储能力（内存和硬盘的大小和读取速度等）是通用计算机的通用评价指标；而嵌入式系统往往是嵌入到某个设备和产品中的，其价值一般不取决于其内嵌的处理器的性能，而体现在它所嵌入和控制的设备。如一台智能洗衣机的价值往往用洗净比、洗涤容量和脱水转速等来衡量，而不以其内嵌的微控制器的运算速度和存储容量等来衡量。

1.1.3 嵌入式系统的特点

通过嵌入式系统的定义和嵌入式系统与通用计算机系统的比较，可以看出嵌入式系统具有以下特点。

1. 专用性强

嵌入式系统通常是针对某种特定应用场景的，与具体应用密切相关，其硬件和软件都是面向特定产品或任务而设计的。一种产品中的嵌入式系统不但不能应用到另一种产品中，甚至都不能嵌入同一种产品的不同系列。如洗衣机的控制系统不能应用到洗碗机中，不同型号洗衣机中的控制系统也不能相互替换，因此嵌入式系统具有很强的专用性。

2. 可裁剪性

受限于体积、功耗和成本等因素，嵌入式系统的硬件和软件必须高效率地设计，根据实际应用需求量体裁衣，去除冗余，从而使系统在满足应用要求的前提下达到最精简的配置。

3. 实时性好

许多应用于宿主系统的数据采集、传输与控制过程的嵌入式系统，要求具有较好的实时性，如现代汽车中的制动器、安全气囊控制系统，武器装备中的控制系统，某些工业装置中的控制系统等。这些应用对实时性有着极高的要求，一旦达不到应有的实时性，就有可能造成极其严重的后果。另外，虽然有些系统本身的运行对实时性要求不是很高，但实时性也会对用户体验感产生影响，如需要避免人机交互和遥控反应迟钝等情况。

4. 可靠性高

嵌入式系统的应用场景多种多样，面对复杂的应用环境，嵌入式系统应能够长时间稳定可靠地运行。

5. 体积小、功耗低

由于嵌入式系统要嵌入具体的应用对象体中，其体积大小受限于宿主对象，因此往往对嵌入式系统的体积有着严格的要求，如心脏起搏器的大小就像一粒胶囊。2020 年 8 月，埃隆·马斯克发布的拥有 1024 个信道的 Neuralink 脑机接口只有一枚硬币大小。同时，由于嵌入式系统在移动设备、可穿戴设备以及无人机、人造卫星等应用设备中不可能配置交流电源或大容量的电池，因此低功耗也往往是嵌入式系统所追求的一个重要指标。

6. 注重制造成本

与其他商品一样，制造成本会对嵌入式系统设备或产品在市场上的竞争力产生很大的影响。同时嵌入式系统产品通常会进行大量生产，如现在的消费类嵌入式系统产品，通常的年产量会在百万数量级、千万数量级甚至亿数量级。节约单个产品的制造成本，意味着总制造成本的海量节约，会产生可观的经济效益。因此，注重嵌入式系统的硬件和软件的高效设计，量体裁衣、去除冗余，在满足应用需求的前提下有效地降低单个产品的制造成本，也成为嵌入式系统所追求的重要目标之一。

7. 生命周期长

随着计算机技术的飞速发展，像桌面计算机、笔记本计算机以及智能手机这样的通用计算机系统的更新换代速度大大加快，更新周期通常为 18 个月左右。然而嵌入式系统和实际具体应用装置或系统紧密结合，一般会伴随具体嵌入的产品维持 8～10 年相对较长的使用时间，其升级换代往往是和宿主对象系统同步进行的。因此，相较于通用计算机系统而言，嵌入式系统产品一旦进入市场，不会像通用计算机系统那样频繁换代，通常具有较长的生命周期。

8. 不可垄断性

代表传统计算机行业的 Wintel（Windows-Intel）联盟统治桌面计算机市场长达 30 多年，形成了事实上的市场垄断。而嵌入式系统是将先进的计算机技术、半导体电子技术和网络通信技术与各个行业的具体应用相结合的产物，其拥有更为广阔和多样化的应用市场，行业细分市场极其宽泛，这一点就决定了嵌入式系统必然是一个技术密集、资金密集、高度分散、不断创新的知识集成系统。特别是 5G 技术、物联网技术以及人工智能技术与嵌入式系统的快速融合，催生了嵌入式系统创新产品的不断涌现，给嵌入式系统产品的设计研发提供了广阔的市场空间。

1.2 嵌入式系统的组成

嵌入式系统是一个在功能、可靠性、成本、体积和功耗等方面有严格要求的专用计算机系统，具有一般计算机组成结构的共性。从总体上看，嵌入式系统的核心部分由嵌入式硬件和嵌入式软件组成，而从层次结构上看，嵌入式系统可划分为硬件层、驱动层、操作系统层以及应用层四个层次，如图 1-1 所示。

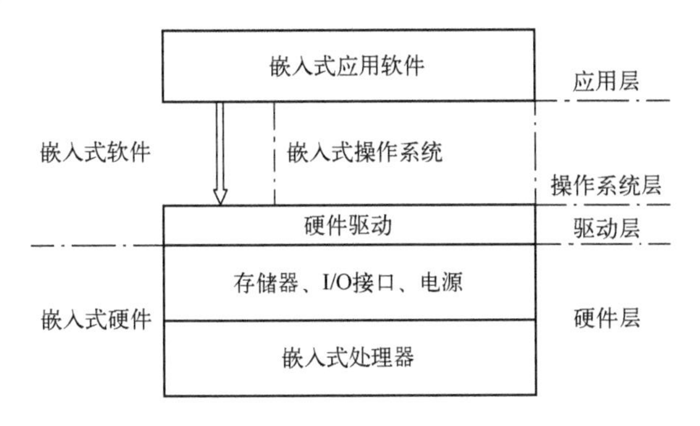

图 1-1　嵌入式系统的组成结构

嵌入式硬件（硬件层）是嵌入式系统的物理基础，主要包括嵌入式处理器、存储器、输入/输出（I/O）接口及电源等。其中，嵌入式处理器是嵌入式系统的硬件核心，通常可分为嵌入式微处理器、嵌入式微控制器、嵌入式数字信号处理器以及嵌入式片上系统等主要类型。

存储器是嵌入式系统硬件的基本组成部分，包括 RAM、Flash、EEPROM 等主要类型，承担着存储嵌入式系统程序和数据的任务。目前的嵌入式处理器中已经集成了较为丰富的存储器资源，同时也可通过 I/O 接口在嵌入式处理器外部扩展存储器。

I/O 接口及设备是嵌入式系统对外联系的纽带，负责与外部世界进行信息交换。I/O 接口主要包括数字接口和模拟接口两大类，其中，数字接口又可分为并行接口和串行接口，模拟接口包括模-数转换器（ADC）和数-模转换器（DAC）。并行接口可以实现数据的所有位同时并行传送，传输速度快，但通信线路复杂，传输距离短。串行接口则采用数据位一位位顺序传送的方式，通信线路少，传输距离远，但传输速度相对较慢。常用的串行接口有通用同步/异步收发器（USART）接口、串行外设接口（SPI）、内部集成电路总线（I^2C）接口以及控制器局域网络（CAN）接口等，实际应用时可根据需要选择不同的接口类型。I/O 设备主要包括人机交互设备（按键、显示器件等）和机机交互设备（传感器、执行器等），可根据实际应用需求来选择所需的设备类型。

嵌入式软件运行在嵌入式硬件平台之上，指挥嵌入式硬件完成嵌入式系统的特定功能。嵌入式软件可包括硬件驱动（驱动层）、嵌入式操作系统（操作系统层）以及嵌入式应用软件（应用层）三个层次。另外，有些系统包含中间层，中间层也称为硬件抽象层（Hardware Abstract Layer，HAL）或板级支持包（Board Support Package，BSP），对于底层硬件，它主要负责相关硬件设备的驱动；而对于上层的嵌入式操作系统或应用软件，它提供了操作和控制硬件的规则与方法。嵌入式操作系统（操作系统层）是可选的，简单的嵌入式系统无须嵌入式操作系统的支持，由应用层软件通过驱动层直接控制硬件层完成所需功能，也称为裸金属（Bare-Metal）运行。对于复杂的嵌入式系统而言，应用层软件通常需要在嵌入式操作系统内核以及文件系统、图形用户界面、通信协议栈等系统组件的支持下，完成复杂的数据管理、人机交互以及网络通信等功能。

嵌入式处理器是一种在嵌入式系统中使用的微处理器。从体系结构来看，与通用 CPU 一样，嵌入式处理器也分为冯·诺依曼（Von Neumann）结构的嵌入式处理器和哈佛（Harvard）

结构的嵌入式处理器。冯·诺依曼结构是一种将内部程序空间和数据空间合并在一起的结构，程序指令和数据的存储地址指向同一个存储器的不同物理位置，程序指令和数据的宽度相同，取指令和取操作数通过同一条总线分时进行。大部分通用处理器采用的是冯·诺依曼结构，也有不少嵌入式处理器采用冯·诺依曼结构，如 Intel 8086、ARM7、MIPS、PIC16 等。哈佛结构是一种将程序空间和数据空间分开在不同的存储器中的结构，每个空间的存储器独立编址、独立访问，设置了与两个空间存储器相对应的两套地址总线和数据总线，取指令和执行能够重叠进行，数据的吞吐率提高了一倍，同时指令和数据可以有不同的数据宽度。大多数嵌入式处理器采用了哈佛结构或改进的哈佛结构，如 Intel 8051、Atmel AVR、ARM9、ARM10、ARM11、ARM Cortex-M3 等系列嵌入式处理器。

从指令集的角度看，嵌入式处理器也有 CISC（Complex Instruction Set Computer，复杂指令集计算机）和 RISC（Reduced Instruction Set Computer，精简指令集计算机）两种指令集架构。早期的处理器全部采用的是 CISC 架构，它的设计动机是要用最少的机器语言指令来完成所需的计算任务。为了提高程序的运行速度和软件编程的方便性，CISC 处理器不断增加可实现复杂功能的指令和多种灵活的寻址方式，使处理器所含的指令数目越来越多。然而指令数量越多，完成微操作所需的逻辑电路就越多，芯片的结构就越复杂，器件成本也相应越高。相比之下，RISC 是一套优化过的指令集架构，可以从根本上快速提高处理器的执行效率。在 RISC 处理器中，每一个机器周期都在执行指令，无论简单还是复杂的操作，均由简单指令的程序块完成。由于指令高度简约，RISC 处理器的晶体管规模普遍都很小而且性能强大。因此继 IBM 公司推出 RISC 架构处理器产品后，众多厂商纷纷开发出自己的 RISC 指令系统，并推出自己的 RISC 架构处理器，如 DEC 公司的 Alpha、SUN 公司的 SPARC、HP 公司的 PA-RISC、MIPS 技术公司的 MIPS、ARM 公司的 ARM 等。RISC 处理器被广泛应用于消费电子产品、工业控制计算机和各类嵌入式设备中。RISC 处理器的热潮出现在 RISC-V 开源指令集架构推出后，涌现出了各种基于 RISC-V 架构的嵌入式处理器，如 SiFive 公司的 U54-MC Coreplex、GreenWaves Technologies 公司的 GAP8、Western Digital 公司的 SweRV EH1，国内厂商有睿思芯科（深圳）技术有限公司的 Pygmy、芯来科技（武汉）有限公司的 Hammingbird（蜂鸟）E203、晶心科技（武汉）有限公司的 AndeStar V5 和 AndesCore N22 以及平头哥半导体有限公司的玄铁 910 等。

1.3 嵌入式系统的软件

嵌入式系统的软件一般固化于嵌入式存储器中，是嵌入式系统的控制核心，控制着嵌入式系统的运行，实现嵌入式系统的功能。由此可见，嵌入式软件在很大程度上决定整个嵌入式系统的价值。

从软件结构上划分，嵌入式系统的软件分为无操作系统和带操作系统两种。

1.3.1 无操作系统的嵌入式软件

对于通用计算机，操作系统是整个软件的核心，不可或缺；然而，对于嵌入式系统，由于其专用性，在某些情况下无需操作系统。尤其在嵌入式系统发展的初期，由于较低的硬件配置、单一的功能需求以及有限的应用领域（主要集中在工业控制和国防军事领域），嵌入式软件的规模通常较小，没有专门的操作系统。

在组成结构上，无操作系统的嵌入式软件仅由引导程序和应用程序两部分组成，如图 1-2

所示。引导程序一般由汇编语言编写，在嵌入式系统上电后运行，完成自检、存储映射、时钟系统和外设接口配置等一系列硬件初始化操作。应用程序一般由 C 语言编写，直接架构在硬件之上，在引导程序之后运行，负责实现嵌入式系统的主要功能。

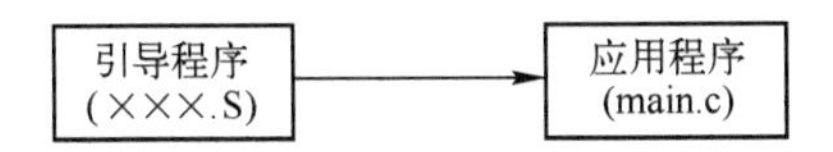

图 1-2　无操作系统的嵌入式软件的结构

1.3.2　带操作系统的嵌入式软件

随着嵌入式应用在各个领域的普及和深入，嵌入式系统向多样化、智能化和网络化发展，其对功能、实时性、可靠性和可移植性等方面的要求越来越高，嵌入式软件日趋复杂，越来越多地采用嵌入式操作系统+应用软件的模式。相比无操作系统的嵌入式软件，带操作系统的嵌入式软件规模较大，其应用软件架构于嵌入式操作系统上，而非直接面对嵌入式硬件，可靠性高，开发周期短，易于移植和扩展，适用于功能复杂的嵌入式系统。

带操作系统的嵌入式软件的体系结构如图 1-3 所示，自下而上包括设备驱动层、操作系统层和应用软件层等。

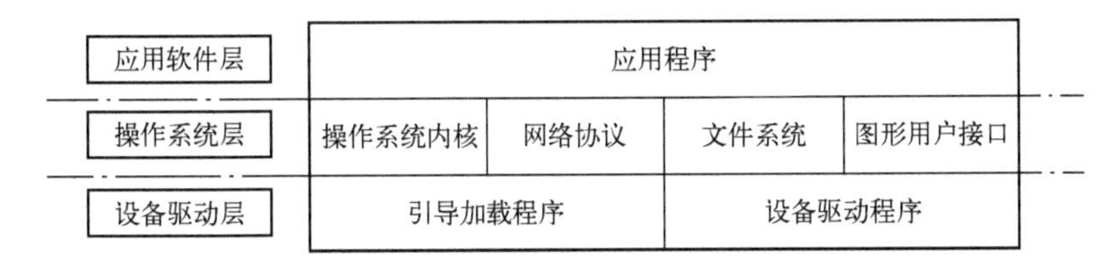

图 1-3　带操作系统的嵌入式软件的体系结构

1.3.3　嵌入式操作系统的分类

按照嵌入式操作系统对任务响应的实时性来分类，嵌入式操作系统可以分为嵌入式非实时操作系统和嵌入式实时操作系统（RTOS）。这两类操作系统的主要区别在于任务调度处理方式不同。

1．嵌入式非实时操作系统

嵌入式非实时操作系统主要面向消费类产品应用领域。大部分嵌入式非实时操作系统都支持多用户和多进程，负责管理众多的进程并为它们分配系统资源，属于不可抢占式操作系统。非实时操作系统尽量缩短系统的平均响应时间并提高系统的吞吐率，在单位时间内为尽可能多的用户请求提供服务，注重平均表现性能，不关心个体表现性能。如对于整个系统来说，注重所有任务的平均响应时间而不关心单个任务的响应时间；对于某个单个任务来说，注重每次执行的平均响应时间而不关心某次特定执行的响应时间。典型的非实时操作系统有 Linux、iOS 等。

2．嵌入式实时操作系统

嵌入式实时操作系统主要面向控制、通信等领域。实时操作系统除了要满足应用的功能需求，还要满足应用提出的实时性要求，属于抢占式操作系统。嵌入式实时操作系统能及时响应外部事件的请求，并以足够快的速度予以处理，其处理结果能在规定的时间内控制、监控生产过程或对处理系统做出快速响应，并控制所有任务协调、一致地运行。因此，嵌入式实时操作系统采用各种算法和策略，始终保证系统行为的可预测性。这要求在系统运行的任何时刻，在任何情况下，嵌入式实时操作系统的资源调配策略都能为争夺资源（包括 CPU、内存、网络带宽等）的多个实时任务合理地分配资源，使每个实时任务的实时性要求都能得到满足，要求每个实时任务在最坏情况下都要满足实时性要求。嵌入式实时操作系统总是执行当前优先级最高的进程，直至结束执行，中间的时间通过 CPU 频率等可以推算出来。由于虚存技术访问时间的不可确定性，在嵌入式实时操作系统中一般不采用标准的虚存技术。典型的嵌入式实时操作系统有 VxWorks、μC/OS-Ⅱ、QNX、FreeRTOS、eCOS、RTX 及 RT-Thread 等。

1.3.4 嵌入式实时操作系统的功能

嵌入式实时操作系统满足了实时控制和实时信息处理领域的需要，在嵌入式领域应用十分广泛，一般包括实时内核、内存管理、文件系统、图形接口、网络组件等。在不同的应用中，可对嵌入式实时操作系统进行剪裁和重新配置。一般来讲，嵌入式实时操作系统需要完成以下管理功能。

1. 任务管理

任务管理是嵌入式实时操作系统的核心和灵魂，决定了操作系统的实时性能。任务管理通常包含优先级设置、多任务调度机制和时间确定性等部分。

嵌入式实时操作系统支持多个任务，每个任务都具有优先级，任务越重要，被赋予的优先级越高。优先级的设置分为静态优先级和动态优先级两种。静态优先级指的是每个任务在运行前都被赋予一个优先级，而且这个优先级在系统运行期间是不能改变的。动态优先级则是指每个任务的优先级（特别是应用程序的优先级）在系统运行时可以动态地改变。任务调度主要是协调任务对计算机系统资源的争夺使用，任务调度直接影响到系统的实时性能，一般采用基于优先级抢占式调度。系统中每个任务都有一个优先级，内核总是将 CPU 分配给处于就绪态的优先级最高的任务运行。如果系统发现就绪队列中有任务比当前运行任务的优先级更高，就会把当前运行任务置于就绪队列，调入高优先级任务运行。系统采用优先级抢占方式进行调度，可以保证重要的突发事件得到及时处理。嵌入式实时操作系统调用的任务与服务的执行时间应具有可确定性，系统服务的执行时间不依赖于应用程序任务的多少，因此，系统完成某个确定任务的时间是可预测的。

2. 任务同步与通信机制

实时操作系统的功能一般要通过若干任务和中断服务程序共同完成。任务与任务之间、任务与中断之间、任务与中断服务程序之间必须协调动作、互相配合，这就涉及任务间的同步与通信问题。嵌入式实时操作系统通常通过信号量、互斥信号量、事件标志和异步信号来实现同步，通过消息邮箱、消息队列、管道和共享内存来提供通信服务。

3. 内存管理

通常在操作系统的内存中既有系统程序也有用户程序，为了使两者都能正常运行，避免程序间相互干扰，需要对内存中的程序和数据进行保护。存储保护通常需要硬件支持，很多系统都采用内存管理单元（MMU），并结合软件实现这一功能；但由于嵌入式系统的成本限制，内核和用户程序通常都在相同的内存空间中。内存分配方式可分为静态分配和动态分配。静态分配是在程序运行前一次性分配给相应内存，并且在程序运行期间不允许再申请或在内存中移动；动态分配则允许在程序运行的整个过程中进行内存分配。静态分配使系统失去了灵活性，但对实时性要求比较高的系统是必需的；而动态分配赋予了系统设计者更多自主性，系统设计者可以灵活地调整系统的功能。

4. 中断管理

中断管理是实时系统中一个很重要的部分，系统经常通过中断与外部事件交互。评估系统的中断管理性能主要考虑是否支持中断嵌套、中断处理、中断延时等。中断处理是整个运行系统中优先级最高的代码，它可以抢占任何任务级代码运行。中断机制是多任务环境运行的基础，是系统实时性的保证。

1.3.5 典型嵌入式操作系统

使用嵌入式操作系统主要是为了有效地对嵌入式系统的软硬件资源进行分配、任务调度切换、中断处理，以及控制和协调资源与任务的并发活动。由于 C 语言可以更好地对硬件资源进行控制，嵌入式操作系统通常采用 C 语言来编写。当然为了获得更快的响应速度，有时也需要采用汇编语言来编写一部分代码或模块，以达到优化的目的。嵌入式操作系统与通用操作系统相比在两个方面具有很大的区别。一方面，通用操作系统为用户创建了一个操作环境，在这个环境中，用户可以和计算机相互交互，执行各种各样的任务；而嵌入式系统一般只是执行有限类型的特定任务，并且一般不需要用户干预。另一方面，在大多数嵌入式操作系统中，应用程序通常作为操作系统的一部分内置于操作系统中，随同操作系统启动时自动在 ROM 或 Flash 中运行；而在通用操作系统中，应用程序一般是由用户来选择加载到 RAM 中运行的。

随着嵌入式技术的快速发展，国内外先后涌现了 150 多种嵌入式操作系统，较为常见的国外嵌入式操作系统有 μC/OS-Ⅱ、FreeRTOS、Embedded Linux、VxWorks、QNX、RTX、Windows IoT Core、Android Things 等。虽然国产嵌入式操作系统发展相对滞后，但在物联网技术与应用的强劲推动下，国内厂商也纷纷推出了多种嵌入式操作系统，并得到了日益广泛的应用。目前较为常见的国产嵌入式操作系统有华为 Lite OS、华为 Harmony OS、阿里 AliOS Things、翼辉 SylixOS、睿赛德 RT-Thread 等。

1. FreeRTOS

FreeRTOS 是 Richard Barry 于 2003 年发布的一款开源、免费的嵌入式实时操作系统，其作为一个轻量级的实时操作系统内核，功能包括任务管理、时间管理、信号量、消息队列、内存管理、软件定时器等，可基本满足较小系统的需要。在过去的 20 年，FreeRTOS 历经了 10 个版本，与众多厂商合作密切，拥有数百万开发者，是目前市场占有率相对较高的 RTOS。为了更好地反映内核不是发行包中唯一单独版本化的库，FreeRTOS V10.4 版本之后的 FreeRTOS 发行时将使用日期戳版本而不是内核版本。

FreeRTOS 体积小巧，支持抢占式任务调度。FreeRTOS 由 Real Time Engineers Ltd.生产出来，支持市场上大部分处理器架构。FreeRTOS 设计得十分小巧，可以在资源非常有限的微控制器中运行，甚至可以在 MCS-51 架构的微控制器上运行。此外，相较于 μC/OS-Ⅱ等需要收费的嵌入式实时操作系统，FreeRTOS 尤其适合在嵌入式系统中使用，能有效降低嵌入式产品的生产成本。

FreeRTOS 是可裁剪的小型嵌入式实时操作系统，除开源、免费以外，还具有以下特点：

1）FreeRTOS 的内核支持抢占式、合作式和时间片三种调度方式。

2）支持的芯片种类多，已经在超过 30 种架构的芯片上进行了移植。

3）系统简单、小巧、易用，通常情况下其内核仅占用 4～9KB 的 Flash 空间。

4）代码主要用 C 语言编写，可移植性高。

5）支持 ARM Cortex-M 系列中的内存保护单元（Memory Protection Unit，MPU），如 STM32F407、STM32F429 等有 MPU 的芯片。

6）任务数量不限。

7）任务优先级不限。

8）任务与任务、任务与中断之间可以使用任务通知、队列、二值信号量、计数信号量、互斥信号量和递归互斥信号量进行通信和同步。

9）有高效的软件定时器。

10）有强大的跟踪执行功能。

11）有堆栈溢出检测功能。

12）适用于低功耗应用。FreeRTOS 提供了一个低功耗 tickless 模式。

13）在创建任务通知、队列、信号量、软件定时器等系统组件时，可以选择动态或静态 RAM。

14）SafeRTOS 作为 FreeRTOS 的衍生品，具有比 FreeRTOS 更高的代码完整性。

2. 睿赛德 RT-Thread

RT-Thread 的全称是 Real Time-Thread，是由上海睿赛德电子科技有限公司推出的一个开源嵌入式实时多线程操作系统，目前最新版本是 4.0。3.1.0 及以前的版本遵循 GPL V2+开源许可协议，从 3.1.0 以后的版本遵循 Apache License 2.0 开源许可协议。RT-Thread 主要由内核层、组件与服务层、软件包三部分组成。其中，内核层包括 RT-Thread 内核和 libcpu/BSP（芯片移植相关文件/板级支持包）。RT-Thread 内核是整个操作系统的核心部分，包括多线程及其调度、信号量、邮箱、消息队列、内存管理、定时器等内核系统对象的实现，而 libcpu/BSP 与硬件密切相关，由外设驱动和 CPU 移植构成。组件与服务层是 RT-Thread 内核之上的上层软件，包括虚拟文件系统、FinSH 命令行界面、网络框架、设备框架等，采用模块化设计，做到组件内部高内聚、组件之间低耦合。软件包是运行在操作系统平台上且面向不同应用领域的通用软件组件，包括物联网相关的软件包、脚本语言相关的软件包、多媒体相关的软件包、工具类软件包、系统相关的软件包以及外设库与驱动类软件包等。RT-Thread 支持所有主流的微控制单元（MCU）架构，如 ARM Cortex-M/R/A、MIPS、x86、Xtensa、C-SKY、RISC-V，即支持市场上几乎所有主流的 MCU 和 Wi-Fi 芯片。相较于 Linux 操作系统，RT-Thread 具有实时性高、占用资源少、体积小、功耗低、启动快速等特点，非常适用于各种资源受限的场合。经过多年的发展，RT-Thread 已经拥有一个国内较大的嵌入式开源社区，同时被广泛应用于能源、车载、医疗、消费电子等多个行业。

3. μC/OS-Ⅱ

μC/OS-Ⅱ（Micro-Controller Operating System Ⅱ）是一种基于优先级的可抢占式的实时内核。它属于一个完整、可移植、可固化、可裁剪的抢占式多任务内核，包含任务调度、任务管理、时间管理、内存管理和任务间的通信和同步等基本功能。μC/OS-Ⅱ嵌入式系统可用于各类 8 位单片机、16 位和 32 位微控制器和数字信号处理器。

嵌入式系统 μC/OS-Ⅱ源于 Jean J.Labrosse 在 1992 年编写的一个嵌入式多任务实时操作系统，1999 年改写后命名为 μC/OS-Ⅱ，并在 2000 年被美国航空管理局认证。μC/OS-Ⅱ系统具有足够的安全性和稳定性，可以运行在诸如航天器等对安全要求极为苛刻的系统之上。

μC/OS-Ⅱ系统是专门为计算机的嵌入式应用而设计的。μC/OS-Ⅱ系统中 90%的代码是用 C 语言编写的，CPU 硬件相关部分是用汇编语言编写的。总量约 200 行的汇编语言部分被压缩到最低限度，便于移植到其他任何一种 CPU 上。用户只要有标准的美国国家标准学会（American National Standards Institute，ANSI）的 C 交叉编译器，以及汇编器、连接器等软件工具，就可以将 μC/OS-Ⅱ系统嵌入到所要开发的产品中。μC/OS-Ⅱ系统具有执行效率高、占用空间小、实时性能优良和可扩展性强等特点，目前几乎已经移植到了几乎所有主流 CPU 上。

μC/OS-Ⅱ系统的主要特点如下：

（1）开源性

μC/OS-Ⅱ系统的源代码全部公开，用户可直接登录 μC/OS-Ⅱ的官方网站下载，网站上公布了针对不同微处理器的移植代码。用户也可以从有关出版物上找到详尽的源代码讲解和注释。这样使系统变得透明，极大地方便了 μC/OS-Ⅱ系统的开发，提高了开发效率。

（2）可移植性

绝大部分 μC/OS-Ⅱ系统的源代码是用移植性很强的 ANSIC 语句写的，和微处理器硬件相关的部分是用汇编语言写的。汇编语言编写的部分已经压缩到最小限度，使得 μC/OS-Ⅱ系统便于移植到其他微处理器上。

μC/OS-Ⅱ系统能够移植到多种微处理器上的条件是只要该微处理器有堆栈指针，有 CPU 内部寄存器入栈、出栈指令。另外，使用的 C 编译器必须支持内嵌汇编（In-Line Assembly）或者该 C 语言可扩展、可连接汇编模块，使得关中断、开中断能在 C 语言程序中实现。

（3）可固化

μC/OS-Ⅱ系统是为嵌入式应用而设计的，只要具备合适的软硬件工具，μC/OS-Ⅱ系统就可以嵌入到用户的产品中，成为产品的一部分。

（4）可裁剪

用户可以根据自身需求只使用 μC/OS-Ⅱ系统中应用程序中需要的系统服务。这种可裁剪性是靠条件编译实现的。只要在用户的应用程序中（用#define constants 语句）定义 μC/OS-Ⅱ系统中的哪些功能是应用程序需要的就可以了。

（5）抢占式

μC/OS-Ⅱ系统是完全抢占式的实时内核。μC/OS-Ⅱ系统总是运行就绪条件下优先级最高的任务。

（6）多任务

μC/OS-Ⅱ系统 2.8.6 版本可以管理 256 个任务，目前给系统预留 8 个，因此应用程序最多可以有 248 个任务。系统赋予每个任务的优先级不相同，μC/OS-Ⅱ系统不支持时间片轮转调度法。

（7）可确定性

μC/OS-Ⅱ系统全部的函数调用与服务的执行时间都具有可确定性。也就是说，μC/OS-Ⅱ系统的所有函数调用与服务的执行时间是可知的。进而言之，μC/OS-Ⅱ系统服务的执行时间不依赖于应用程序任务的多少。

（8）任务栈

μC/OS-Ⅱ系统的每一个任务有自己单独的栈，μC/OS-Ⅱ系统允许每个任务有不同的栈空间，以便压低应用程序对 RAM 的需求。使用 μC/OS-Ⅱ系统的栈空间校验函数，可以确定每个任务到底需要多少栈空间。

（9）系统服务

μC/OS-Ⅱ系统提供很多系统服务，如邮箱、消息队列、信号量、块大小固定的内存的申请与释放、时间相关函数等。

（10）中断管理，支持嵌套

中断可以使正在执行的任务暂时挂起。如果优先级更高的任务被该中断唤醒，则高优先级的任务在中断嵌套全部退出后立即执行，中断嵌套层数可达255层。

4．嵌入式Linux

Linux 诞生于1991年10月5日（第一次正式向外公布的时间），是一套开源、免费使用和自由传播的类UNIX的操作系统。Linux是一个基于POSIX和UNIX的支持多用户、多任务、多线程和多CPU的操作系统。它能运行主要的UNIX工具软件、应用程序和网络协议，支持32位和64位硬件。Linux继承了UNIX以网络为核心的设计思想，是一个性能稳定的多用户网络操作系统，存在许多不同的版本，但它们都使用了Linux内核。Linux可安装在计算机硬件中，如手机、平板计算机、路由器、视频游戏控制台、台式计算机、大型机和超级计算机。

Linux遵守通用公共许可证（General Public License，GPL）协议，无须为每例应用交纳许可证费，并且拥有大量免费且优秀的开发工具和庞大的开发人员群体。Linux有大量应用软件，源代码开放且免费，可以在稍加修改后应用于用户自己的系统，因此软件的开发和维护成本很低。Linux完全使用C语言编写，应用入门简单，只要懂操作系统原理和C语言即可。Linux运行所需资源少、稳定，并具备优秀的网络功能，十分适合嵌入式操作系统应用。

1.3.6 软件架构选择建议

从理论上讲，基于操作系统的开发模式具有快捷、高效的特点，开发的软件移植性、后期维护性、程序稳健性等都比较好。但不是所有系统都要基于操作系统，因为这种模式要求开发者对操作系统的原理有比较深入的掌握，一般功能比较简单的系统不建议使用操作系统，毕竟操作系统也占用系统资源；也不是所有系统都能使用操作系统，因为操作系统对系统的硬件有一定的要求。因此，在通常情况下，虽然STM32单片机是32位系统，但不主张嵌入操作系统。如果系统足够复杂，任务足够多，又或者有类似于网络通信、文件处理、图形接口需求加入，不得不引入操作系统来管理软硬件资源时，也要选择轻量化的操作系统，如选择μC/OS-II的比较多，其相应的参考资源也比较多；建议不要选择Linux、Android和Windows CE这样的重量级操作系统，因为STM32F1系列微控制器硬件系统在未进行扩展时，是不能满足此类操作系统的运行需求的。

1.4 嵌入式系统的分类

嵌入式系统应用非常广泛，其分类方式也可以是多种多样的。可以按嵌入式系统的应用对象进行分类，也可以按嵌入式系统的功能和性能进行分类，还可以按嵌入式系统的结构复杂度进行分类。

1.4.1 按应用对象的分类

按应用对象分类，嵌入式系统主要分为军用嵌入式系统和民用嵌入式系统两大类。

军用嵌入式系统又可分为车载、舰载、机载、弹载、星载等，通常以机箱、插件甚至芯片形式嵌入相应设备和武器系统之中。除了在体积小、重量轻、性能好等方面的要求之外，军用嵌入式系统往往也对苛刻的工作环境的适应性和可靠性提出了严格的要求。

民用嵌入式系统又可按其应用的商业、工业和汽车等领域来进行分类，主要考虑的是温度适应能力、抗干扰能力以及价格等因素。

1.4.2 按功能和性能的分类

按功能和性能分类，嵌入式系统主要分为独立嵌入式系统、实时嵌入式系统、网络嵌入式系统和移动嵌入式系统等类别。

独立嵌入式系统是指能够独立工作的嵌入式系统，它们从模拟或数字端口采集信号，经信号转换和计算处理后，通过所连接的驱动、显示或控制设备输出结果数据。常见的计算器、音视频播放机、数码相机、视频游戏机、微波炉等就是独立嵌入式系统的典型实例。

实时嵌入式系统是指在一定的时间约束（截止时间）条件下完成任务执行过程的嵌入式系统。根据截止时间的不同，实时嵌入式系统又可分为硬实时嵌入式系统和软实时嵌入式系统。硬实时嵌入式系统是指必须在给定的时间期限内完成指定任务，否则就会造成灾难性后果的嵌入式系统，如在军事、航空航天、核工业等一些关键领域中的嵌入式系统。软实时嵌入式系统是指偶尔不能在给定时间范围内完成指定的操作，或在给定时间范围外执行的操作仍然是有效和可接受的嵌入式系统，如日常生活中所使用的消费类电子产品、数据采集系统、监控系统等。

网络嵌入式系统是指连接局域网、广域网或互联网的嵌入式系统。网络连接方式可以是有线的，也可以是无线的。嵌入式网络服务器就是一种典型的网络嵌入式系统，其中所有的嵌入式设备都连接到网络服务器，并通过 Web 浏览器进行访问和控制，如家庭安防系统、ATM、物联网设备等。这些系统中所有的传感器和执行器节点均通过某种协议进行连接、通信与控制。网络嵌入式系统是目前嵌入式系统中发展最快的分类。

移动嵌入式系统是指具有便携性和移动性的嵌入式系统，如手机、手表、智能手环、数码相机、便携式播放器以及智能可穿戴设备等。移动嵌入式系统是目前嵌入式系统中最受欢迎的分类。

1.4.3 按结构复杂度的分类

按结构复杂度分类，嵌入式系统主要分为小型嵌入式系统、中型嵌入式系统和复杂嵌入式系统三大类。

小型嵌入式系统通常是指以 8 位或 16 位处理器为核心设计的嵌入式系统。其处理器的内存（RAM）、只读存储器（ROM）和处理速度等资源都相对有限，应用程序一般用汇编语言或者嵌入式 C 语言来编写，通过汇编器或/和编译器进行汇编或/和编译后生成可执行的机器码，并采用编程器将机器码烧写到处理器的程序存储器中。如电饭锅、洗衣机、微波炉、键盘等就是小型嵌入式系统的一些常见实例。

中型嵌入式系统通常是指以 16 位、32 位处理器或数字信号处理器为核心设计的嵌入式系统。这类嵌入式系统相较于小型嵌入式系统具有更高的硬件和软件复杂性，嵌入式应用要用 C、C++、Java、实时操作系统、调试器、模拟器和集成开发环境等工具进行开发，如 POS 机、不间断电源（UPS）、扫描仪、机顶盒等。

复杂嵌入式系统与小型和中型嵌入式系统相比具有极高的硬件和软件复杂性，执行更为复杂的功能，需要采用性能更高的 32 位或 64 位处理器、专用集成电路（ASIC）或现场可编程门阵列（FPGA）器件来进行设计。这类嵌入式系统有着很高的性能要求，需要通过软硬件协同设计的方式将图形用户界面、多种通信接口、网络协议、文件系统甚至数据库等软硬件组件进行有效封装。如网络交换机、无线路由器、IP 摄像头、嵌入式 Web 服务器等系统就属于复杂嵌入式系统。

1.5 嵌入式系统的应用领域

嵌入式系统主要应用在以下领域：

1）智能消费电子产品。嵌入式系统最为成功的是在智能设备中的应用，如智能手机、平板计算机、家庭音响、玩具等。

2）工业控制。目前已经有大量的 32 位嵌入式微控制器应用在工业设备中，如打印机、工业过程控制、数字机床、电网设备检测等。

3）医疗设备。嵌入式系统已经在医疗设备中得到广泛应用，如血糖仪、血氧计、人工耳蜗、心电监护仪等。

4）信息家电及家庭智能管理系统。信息家电及家庭智能管理系统方面将是嵌入式系统未来最大的应用领域之一。如冰箱、空调等的网络化、智能化将引领人们的生活步入一个崭新的阶段，即使用户不在家，也可以通过电话线、网络进行远程控制。又如水、电、煤气表的远程自动抄表，以及安全防水、防盗系统，其中嵌入式专用控制芯片将代替传统的人工检查，并实现更高效、更准确和更安全的性能。目前在餐饮服务领域，如远程点菜器等，已经体现了嵌入式系统的优势。

5）网络与通信系统。嵌入式系统将广泛用于网络与通信系统之中。如 ARM 把针对移动互联网市场的产品分为两类，一类是智能手机，一类是平板计算机。平板计算机是介于笔记本计算机和智能手机中间的一类产品。ARM 过去在 PC 上的业务很少，但现在市场对更低功耗的移动计算平台的需求带来了新的机会，因此，ARM 在不断推出性能更高的 CPU 来拓展市场。ARM 新推出的 Cortex-A9、Cortex-A55、Cortex-A75 等处理器可以用于高端智能手机，也可用于平板计算机。现在已经有很多半导体芯片厂商在采用 ARM 开发产品并应用于智能手机和平板计算机，如高通骁龙处理器、华为海思处理器均采用 ARM 架构。

6）环境工程。嵌入式系统在环境工程中的应用也很广泛，如水文资源实时监测、防洪体系及水土质量检测、堤坝安全、地震监测网、实时气象信息网、水源和空气污染监测。在很多环境恶劣、地况复杂的地区，依靠嵌入式系统将能够实现无人监测。

7）机器人。嵌入式芯片的发展将使机器人在微型化、高智能方面优势更加明显，同时会大幅度降低机器人的价格，使其在工业领域和服务领域获得更广泛的应用。

1.6 嵌入式微处理器的分类

处理器分为通用处理器与嵌入式处理器两类。通用处理器以 x86 体系架构的产品为代表，基本被 Intel 和 AMD 两家公司垄断。通用处理器追求更快的计算速度、更大的数据吞吐率，有 8 位处理器、16 位处理器、32 位处理器、64 位处理器。

在嵌入式应用领域中应用较多的还是各种嵌入式处理器。嵌入式处理器是嵌入式系统的核心，是控制、辅助系统运行的硬件单元。根据其现状，嵌入式处理器可以分为嵌入式微处理器、嵌入式微控制器、嵌入式 DSP 和嵌入式 SoC。因为嵌入式系统有应用针对性的特点，不同系统对处理器的要求千差万别，因此嵌入式处理器种类繁多。据不完全统计，全世界嵌入式处理器的种类已经超过 1000 种，流行的体系架构有 30 多个。现在几乎每个半导体制造商都在生产嵌入式处理器，越来越多的公司有自己的处理器设计部门。

1.6.1　嵌入式微处理器

嵌入式微处理器处理能力较强、可扩展性好、寻址范围大、支持各种灵活设计，且不限于某个具体的应用领域。嵌入式微处理器是 32 位以上的处理器，具有体积小、重量轻、成本低、可靠性高的优点，在功能、价格、功耗、芯片封装、温度适应性、电磁兼容方面更适合嵌入式系统的应用要求。嵌入式微处理器目前主要有 ARM、MIPS、PowerPC、xScale、ColdFire 系列等。

1.6.2　嵌入式微控制器

嵌入式微控制器（Microcontroller Unit，MCU）又称单片机，在嵌入式设备中有着极其广泛的应用。嵌入式微控制器芯片内部集成了 ROM/EPROM、RAM、总线、总线逻辑、定时/计数器、看门狗、I/O、串行口、脉宽调制输出、A/D、D/A、Flash RAM、EEPROM 等各种必要功能和外设。与嵌入式微处理器相比，嵌入式微控制器最大的特点是单片化，体积大大减小，从而使功耗和成本下降、可靠性提高。嵌入式微控制器的片上外设资源丰富，适合嵌入式系统工业控制的应用领域。嵌入式微控制器从 20 世纪 70 年代末出现至今，出现了很多种类，比较有代表性的嵌入式微控制器产品有 Cortex-M 系列、8051、AVR、PIC、MSP430、C166、STM8 系列等。

1.6.3　嵌入式 DSP

嵌入式数字信号处理器（Embedded Digital Signal Processor，EDSP）又称嵌入式 DSP，是专门用于信号处理的嵌入式处理器，它在系统结构和指令算法方面经过特殊设计，具有很高的编译效率和指令执行速度。嵌入式 DSP 内部采用程序和数据分开的哈佛结构，具有专门的硬件乘法器，广泛采用流水线操作，提供特殊的数字信号处理指令，可以快速实现各种数字信号处理算法。在数字化时代，数字信号处理是一门应用广泛的技术，如数字滤波、FFT、谱分析、语音编码、视频编码、数据编码、雷达目标提取等。传统微处理器在进行这类计算操作时的性能较低，而嵌入式 DSP 的系统结构和指令系统针对数字信号处理进行了特殊设计，因而嵌入式 DSP 在执行相关操作时具有很高的效率。比较有代表性的嵌入式 DSP 产品是德州仪器（TI）公司的 TMS320 系列和亚德诺（ADI）半导体技术有限公司的 ADSP 系列。

1.6.4　嵌入式 SoC

针对嵌入式系统的某一类特定的应用对嵌入式系统的性能、功能、接口有相似的要求的特点，用大规模集成电路技术将某一类应用需要的大多数模块集成在一个芯片上，从而在芯片上实现一个嵌入式系统大部分核心功能的处理器就是 SoC。

SoC 把微处理器和特定应用中常用的模块集成在一个芯片上，应用时往往只需要在 SoC 外部扩充内存、接口驱动、一些分立元件及供电电路就可以构成一套实用的系统，极大地简化了系统设计的难度，还有利于减小电路板面积、降低系统成本、提高系统可靠性。SoC 是嵌入式处理器的一个重要发展趋势。

第2章　STM32 嵌入式微控制器与最小系统设计

本章介绍了 STM32 嵌入式微控制器与最小系统设计，包括 STM32F1 系列产品系统构架和 STM32F103ZET6 内部架构、STM32F103ZET6 的存储器映像、STM32F103ZET6 的时钟结构、STM32F103VET6 的引脚、STM32F103VET6 最小系统设计和学习 STM32 的方法。

2.1　STM32 微控制器概述

STM32 是意法半导体（STMicroelectronics）有限公司（简称 ST 公司）较早推向市场的基于 Cortex-M 内核的微处理器系列产品，该系列产品具有成本低、功耗优、性能高、功能多等优势，并且以系列化方式推出，方便用户选型，在市场上获得了广泛好评。

STM32 目前常用的有 STM32F103～107 系列，简称 1 系列，最近又推出了高端系列 STM32F4××系列，简称 4 系列。前者基于 Cortex-M3 内核，后者基于 Cortex-M4 内核。STM32F4××系列在以下诸多方面做了优化：

1）增加了浮点运算。

2）DSP 处理。

3）存储空间更大，高达 1MB 以上。

4）运算速度更高，以 168MHz 高速运行时可达到 210DMIPS 的处理能力。

5）更高级的外设，新增照相机接口、加密处理器、USB 高速 OTG 接口等外设，提高性能，更快的通信接口，更高的采样率，带 FIFO 的 DMA 控制器。

STM32 系列单片机具有以下优点。

1．先进的内核结构

1）哈佛结构使其在处理器整数性能测试上有着出色的表现，可以达到 1.25DMIPS/MHz，而功耗仅为 0.19mW/MHz。

2）Thumb-2 指令集以 16 位的代码密度带来了 32 位的性能。

3）内置了快速的中断控制器，提供了优越的实时特性，中断的延迟时间降到只需 6 个 CPU 周期，从低功耗模式唤醒的时间也只需 6 个 CPU 周期。

4）单周期乘法指令和硬件除法指令。

2．三种功耗控制

STM32 经过特殊处理，针对应用中三种主要的能耗要求进行了优化，这三种能耗需求分别是运行模式下高效率的动态耗电机制、待机状态时极低的电能消耗和电池供电时的低电压工作能力。为此，STM32 提供了三种低功耗模式和灵活的时钟控制机制，用户可以根据自己所需要的耗电/性能要求进行合理的优化。

3. 最大程度集成整合

1）STM32 内嵌电源监控器，包括上电复位、低电压检测、掉电检测和自带时钟的看门狗定时器，减少对外部器件的需求。

2）使用一个主晶振可以驱动整个系统。低成本的 4～16MHz 晶振即可驱动 CPU、USB 以及所有外设，使用内嵌锁相环（Phase Locked Loop，PLL）产生多种频率，可以为内部实时时钟选择 32kHz 的晶振。

3）内嵌出厂前调校好的 8MHz RC 振荡电路，可以作为主时钟源。

4）针对实时时钟（Real Time Clock，RTC）或看门狗的低频率 RC 电路。

5）LQPF100 封装芯片的最小系统只需要 7 个外部无源器件。

因此，使用 STM32 可以很轻松地完成产品的开发。ST 公司提供了完整、高效的开发工具和库函数，帮助开发者缩短系统开发时间。

4. 出众及创新的外设

STM32 的优势来源于两路高级外设总线，连接到该总线上的外设能以更高的速度运行。

1）USB 接口速度可达 12Mbit/s。

2）USART 接口速度高达 4.5Mbit/s。

3）SPI 接口速度可达 18Mbit/s。

4）I^2C 接口速度可达 400kHz。

5）GPIO 的最大翻转频率为 18MHz。

6）脉冲宽度调制（Pulse Width Modulation，PWM）定时器最高可使用 72MHz 时钟输入。

2.1.1 STM32 微控制器产品线

目前，市场上常见的基于 Cortex-M3 的 MCU 有 ST 公司的 STM32F103 微控制器、TI 公司的 LM3S8000 微控制器和恩智浦（NXP）半导体公司的 LPC1788 微控制器等，其应用遍及工业控制、消费电子、仪器仪表、智能家居等各个领域。

意法半导体集团于 1987 年 6 月成立，是由意大利的 SGS 微电子公司和法国 THOMSON 半导体公司合并而成。1998 年 5 月，改名为意法半导体有限公司（即 ST 公司），是世界最大的半导体公司之一。从成立至今，ST 公司的增长速度超过了半导体工业的整体增长速度。自 1999 年起，意法半导体始终是世界十大半导体公司之一。据最新的工业统计数据，ST 公司是全球第五大半导体厂商，在很多市场居世界领先水平。

在诸多半导体制造商中，ST 公司是较早在市场上推出基于 Cortex-M 内核的 MCU 产品的公司，其根据 Cortex-M 内核设计生产的 STM32 微控制器充分发挥了低成本、低功耗、高性价比的优势，以系列化的方式推出方便了用户选择，受到广泛的好评。

STM32 系列微控制器适合应用于替代绝大部分 8/16 位 MCU 的应用、替代目前常用的 32 位 MCU（特别是 ARM7）的应用、小型操作系统相关的应用以及简单图形和语音相关的应用等。

STM32 系列微控制器不适合应用于程序代码大于 1MB 的应用、基于 Linux 或 Android 的应用、基于高清或超高清的视频应用等。

STM32 系列微控制器的产品线包括高性能类型、主流类型和超低功耗类型三大类，分别面向不同的应用，其产品线如图 2-1 所示。

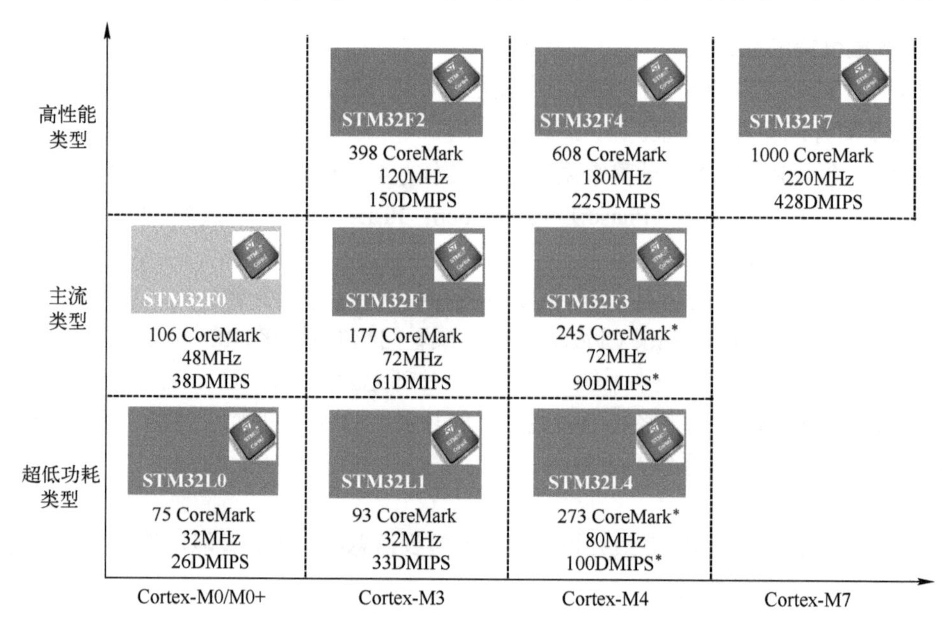

图 2-1　STM32 系列产品线

1．STM32F1 系列（主流类型）

STM32F1 系列微控制器基于 Cortex-M3 内核，利用一流的外设和低功耗、低压操作实现了高性能，同时以可接受的价格，利用简单的架构和简便易用的工具实现了高集成度，能够满足工业、医疗和消费类市场的各种应用需求。凭借该产品系列，ST 公司在全球基于 ARM Cortex-M3 的微控制器领域处于领先地位。本书后续章节内容均基于 STM32F1 系列中的典型微控制器 STM32F103 进行介绍。

STM32F1 系列微控制器包含以下 5 个产品线，它们的引脚、外设和软件均兼容。

1）STM32F100，超值型，24MHz CPU，具有电动机控制功能。

2）STM32F101，基本型，36MHz CPU，具有高达 1MB 的 Flash。

3）STM32F102，USB 基本型，48MHz CPU，具备 USBFS。

4）STM32F103，增强型，72MHz CPU，具有高达 1MB 的 Flash、电动机控制、USB 和 CAN。

5）STM32F105/107，互联型，72MHz CPU，具有以太网 MAC（Media Access Control，介质访问控制）、CAN 和 USB 2.0 OTG。

2．STM32F4 系列（高性能类型）

STM32F4 系列微控制器基于 Cortex-M4 内核，采用了 ST 公司的 90nm NVM 工艺和 ART 加速器，在高达 180MHz 的工作频率下通过 Flash 执行时，其处理性能达到 225 DMIPS/608 CoreMark。由于采用了动态功耗调整功能，通过 Flash 执行时的电流消耗范围为 STM32F401 的 128μA/MHz 到 STM32F439 的 260μA/MHz。

STM32F4 系列包括 8 条互相兼容的数字信号控制器（Digital Signal Controller，DSC）产品线，是 MCU 实时控制功能与 DSP 信号处理功能的完美结合体。

1）STM32F401，84MHz CPU/105DMIPS，尺寸较小、成本较低的解决方案，具有卓越的功耗效率（动态效率系列）。

2）STM32F410，100MHz CPU/125DMIPS，采用新型智能 DMA，优化了数据批处理的功耗（采用批采集模式的动态效率系列），配备的随机数发生器、低功耗定时器和 DAC，为卓越的功率效率性能设立了新的里程碑（停机模式下电流消耗为 89μA/MHz）。

3）STM32F411，100MHz CPU/125DMIPS，具有卓越的功率效率、更大的静态随机存储器（Static Random Access Memory，SRAM）和新型智能直接存储器存取（Direct Memory Access，DMA），优化了数据批处理的功耗（采用批采集模式的动态效率系列）。

4）STM32F405/415，168MHz CPU/210DMIPS，高达 1MB 的 Flash，具有先进连接功能和加密功能。

5）STM32F407/417，168MHz CPU/210DMIPS，高达 1MB 的 Flash，增加了以太网 MAC 和照相机接口。

6）STM32F446，180MHz CPU/225DMIPS，高达 512KB 的 Flash，具有 Dual Quad SPI 和 SDRAM 接口。

7）STM32F429/439，180MHz CPU/225DMIPS，高达 2MB 的双区 Flash，带 SDRAM 接口、Chrom-ART 加速器和 LCD-TFT 控制器。

8）STM32F427/437，180MHz CPU/225DMIPS，高达 2MB 的双区 Flash，具有 SDRAM 接口、Chrom-ART 加速器、串行音频接口，性能更高，静态功耗更低。

9）STM32F469/479，180MHz CPU/225DMIPS，高达 2MB 的双区 Flash，带 SDRAM 和 QSPI 接口、Chrom-ART 加速器、LCD-TFT 控制器和 MPI-DSI 接口。

3．STM32F7 系列（高性能类型）

STM32F7 是一系列基于 Cortex-M7 内核的微控制器。它采用 6 级超标量流水线和浮点单元，并利用 ST 公司的 ART 加速器和 L1 缓存，实现了 Cortex-M7 的最大理论性能——无论是从嵌入式 Flash 还是从外部存储器来执行代码，都能在 216MHz 处理器频率下使性能达到 462DMIPS/1082 CoreMark。由此可见，相对于 ST 公司以前推出的高性能微控制器，如 STM32F2 系列、STM32F4 系列，STM32F7 系列的优势就在于其强大的运算性能，能够适用于那些对于高性能计算有巨大需求的应用，对于可穿戴设备和健身应用来说，将会带来革命性的颠覆，起到巨大的推动作用。

4．STM32L1 系列（超低功耗类型）

STM32L1 系列微控制器基于 Cortex-M3 内核，采用 ST 公司专有的超低泄漏制程，具有创新型自主动态电压调节功能和五种低功耗模式，为各种应用提供了无与伦比的平台灵活性。STM32L1 扩展了超低功耗的理念，并且不会牺牲性能。与 STM32L0 一样，STM32L1 提供了动态电压调节、超低功耗时钟振荡器、LCD 接口、比较器、DAC 及硬件加密等部件。

STM32L1 系列微控制器可以实现在 1.65～3.6V 范围内以 32MHz 的频率全速运行，其功耗参考值如下：

1）动态运行模式，低至 177μA/MHz。

2）低功耗运行模式，低至 9μA。

3）超低功耗模式+备份寄存器+RTC，900nA（3 个唤醒引脚）。

4）超低功耗模式+备份寄存器，280nA（3 个唤醒引脚）。

除了超低功耗 MCU 以外，STM32L1 还提供了多种特性、存储容量和封装引脚数选项，如 32～512KB Flash 存储器、高达 80KB 的 SDRAM、16KB 真正的嵌入式 EEPROM、48～144 个引脚。为了简化移植步骤和为工程师提供所需的灵活性，STM32L1 与不同的 STM32F 系列均引脚兼容。

2.1.2　STM32 微控制器的命名规则

ST 公司在推出以上一系列基于 Cortex-M 内核的 STM32 微控制器产品线的同时，也制定了它们的命名规则。通过名称，用户能直观、迅速地了解某款具体型号的 STM32 微控制器产品。STM32 系列微控制器的名称主要由以下几部分组成。

1．产品系列

产品系列是 STM32 系列微控制器名称的第一部分。STM32 系列微控制器名称通常以 STM32 开头，表示产品系列，代 ST 公司基于 ARM Cortex-M 系列内核的 32 位 MCU。

2．产品类型

产品类型是 STM32 系列微控制器名称的第二部分，通常有 F（通用闪存）、W（无线系统芯片）、L（低功耗低电压，1.65～3.6V）等类型。

3．产品子系列

产品子系列是 STM32 系列微控制器名称的第三部分。如常见的 STM32F 产品子系列有 050（ARM Cortex-M0 内核）、051（ARM Cortex-M0 内核）、100（ARM Cortex-M3 内核，超值型）、101（ARM Cortex-M3 内核，基本型）、102（ARM Cortex-M3 内核，USB 基本型）、103（ARM Cortex-M3 内核，增强型）、105（ARM Cortex-M3 内核，USB 互联型）、107（ARM Cortex-M3 内核，USB 互联型和以太网型）、108（ARM Cortex-M3 内核，IEEE 802.15.4 标准）、151（ARM Cortex-M3 内核，不带 LCD）、152/162（ARM Cortex-M3 内核，带 LCD）、205/207（ARM Cortex-M3 内核，摄像头）、215/217（ARM Cortex-M3 内核，摄像头和加密模块）、405/407（ARM Cortex-M4 内核，MCU+FPU，摄像头）、415/417（ARM Cortex-M4 内核，MCU+FPU，加密模块和摄像头）等。

4．引脚数

引脚数是 STM32 系列微控制器名称的第四部分，通常有以下几种：F（20 引脚）、G（28 引脚）、K（32 引脚）、T（36 引脚）、H（40 引脚）、C（48 引脚）、U（63 引脚）、R（64 引脚）、O（90 引脚）、V（100 引脚）、Q（132 引脚）、Z（144 引脚）和 I（176 引脚）等。

5．Flash 容量

Flash 容量是 STM32 系列微控制器名称的第五部分，通常有以下几种：4（16KB，小容量）、6（32KB，小容量）、8（64KB，中容量）、B（128KB，中容量）、C（256KB，大容量）、D（384KB，大容量）、E（512KB，大容量）、F（768KB，大容量）、G（1MB，大容量）。

6．封装方式

封装方式是 STM32 系列微控制器名称的第六部分，通常有以下几种：T（薄型四面扁平封装，Low-profile Quad Flat Package，LQFP）、H（球栅阵列封装，Ball Grid Array，BGA）、U（超薄细间距四面扁平无铅封装，Very thin Fine pitch Quad Flat Pack No-lead package，VFQFPN）、Y（晶圆级芯片封装，Wafer Level Chip Scale Packaging，WLCSP）。

7．温度范围

温度范围是 STM32 系列微控制器名称的第七部分，通常有以下两种：6（-40～85℃，工业级）、7（-40～105℃，工业级）。

STM32F103 微控制器的命名规则如图 2-2 所示。

通过命名规则，读者能直观、迅速地了解某款具体型号的微控制器产品。如本书后续部分主要介绍的微控制器 STM32F103ZET6，其中，STM32 代表 ST 公司基于 ARM Cortex-M 系列内核的 32 位 MCU，F 代表通用闪存型，103 代表基于 ARM Cortex-M3 内核的增强型子系列，Z 代表 144 个引脚，E 代表大容量 512KB Flash 存储器，T 代表 LQFP 封装方式，6 代表-40～85℃的工业级温度范围。

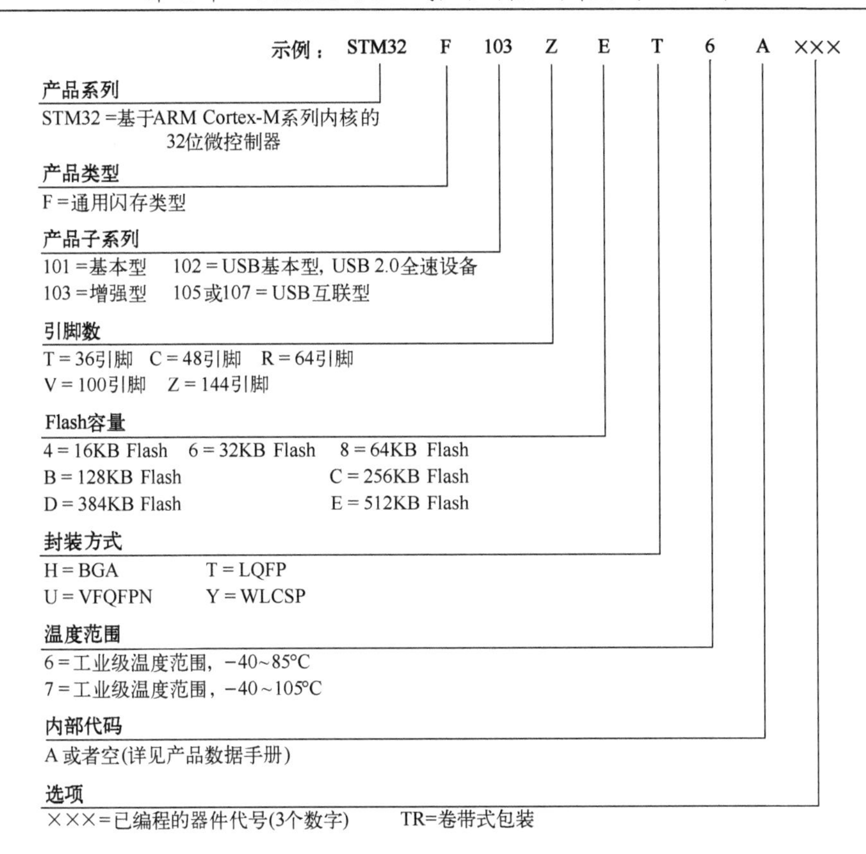

图 2-2　STM32F103 微控制器命名规则

STM32F103××Flash 容量、封装及型号对应关系如图 2-3 所示。

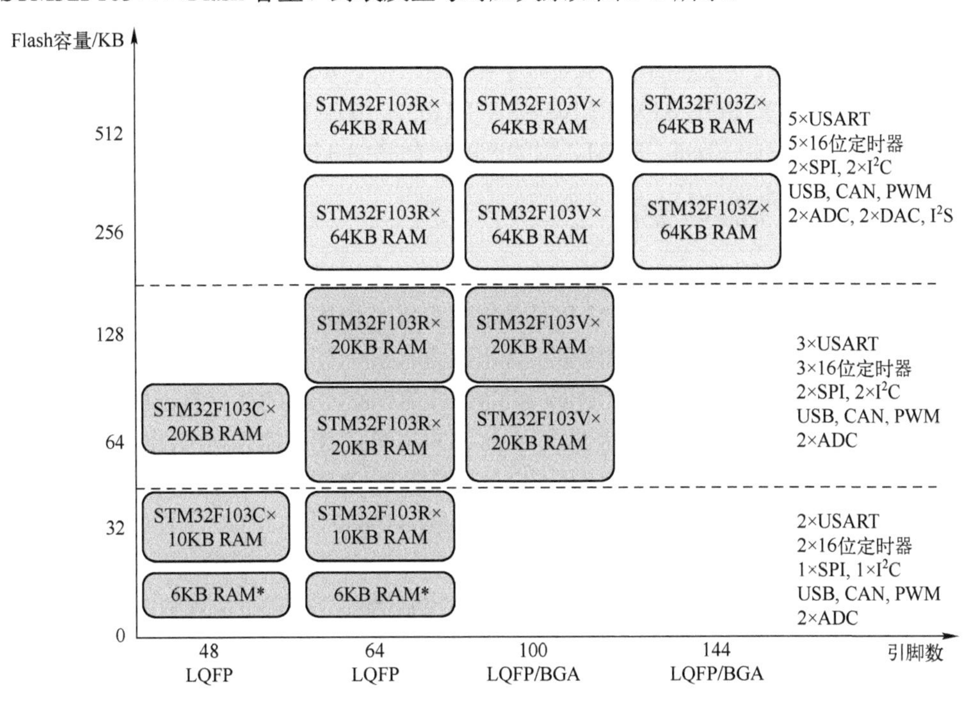

图 2-3　STM32F103××Flash 容量、封装及型号对应关系

对 STM32 单片机内部资源介绍如下：

1）内核。ARM 32 位，Cortex-M3 CPU，最高工作频率为 72MHz，执行速度为 1.25DMIPS/MHz，完成 32 位×32 位乘法计算只需一个周期，并且支持硬件除法（有的芯片不支持硬件除法）。

2）存储器。片上集成 32～512KB Flash，6～64 KB SRAM。

3）电源和时钟复位电路。包括：2.0～3.6V 的供电电源（提供 I/O 端口的驱动电压）；上电/断电复位（POR/PDR）端口和可编程电压探测器（PVD）；内嵌 4～16 MHz 的晶振；内嵌出厂前调校 8MHz 的 RC 振荡电路、40kHz 的 RC 振荡电路；供 CPU 时钟的 PLL；带校准功能供 RTC 的 32kHz 晶振。

4）调试端口。有 SWD 串行调试端口和 JTAG 端口可供调试用。

5）I/O 端口。根据型号的不同，双向快速 I/O 端口数目可为 26、37、51、80 或 112。翻转速度为 18MHz，所有的端口都可以映射到 16 个外部中断向量。除了模拟输入端口，其他所有的端口都可以接收 5V 以内的电压输入。

6）DMA（直接内存存取）端口。支持定时器、ADC、SPI、I^2C 和 USART 等外设。

7）ADC 带有 2 个 12 位的微秒级逐次逼近型 ADC，每个 ADC 最多有 16 个外部通道和 2 个内部通道。2 个内部通道中，一个接内部温度传感器，另一个接内部参考电压。ADC 供电要求为 2.4～3.6V，测量范围为 V_{REF-}～V_{REF+}，V_{REF-}通常为 0V，V_{REF+}通常与供电电压一样。具有双采样和保持能力。

8）DAC。STM32F103×C、STM32F103×D、STM32F103×E 单片机具有 2 通道 12 位 DAC。

9）定时器。最多可有 11 个定时器，包括：4 个 16 位定时器，每个定时器有 4 个 PWM 定时器或者脉冲计数器；2 个 16 位的 6 通道高级控制定时器（最多 6 个通道可用于 PWM 输出）；2 个看门狗定时器，包括独立看门狗（IWDG）定时器和窗口看门狗（WWDG）定时器；1 个系统滴答定时器（SysTick，24 位倒计数器）；2 个 16 位基本定时器，用于驱动 DAC。

10）通信端口。最多可有 13 个通信端口，包括：2 个 PC 端口；5 个通用异步收发传输器（UART）端口（兼容 IrDA 标准，调试控制）；3 个 SPI 端口（18Mbit/s），其中 IS 端口最多只能有 2 个，CAN 端口、USB 2.0 全速端口、安全数字输入/输出（SDIO）端口最多都只能有 1 个。

11）FSMC。FSMC 嵌在 STM32F103×C、STM32F103×D、STM32F103×E 单片机中，带有 4 个片选端口，支持 Flash、RAM、伪静态随机存储器（PSRAM）等。

2.1.3 STM32 微控制器的选型

在微控制器选型过程中，工程师常常会陷入这样一个困局：一方面抱怨 8 位/16 位微控制器有限的指令和性能，另一方面抱怨 32 位处理器的高成本和高功耗。能否有效地解决这个问题，让工程师不必在性能、成本、功耗等因素中做出取舍和折中？

基于 ARM 公司 2006 年推出的 Cortex-M3 内核，ST 公司于 2007 年推出的 STM32 系列微控制器就很好地解决了上述问题。因为 Cortex-M3 内核的计算能力是 1.25DMIPS/MHz，而 ARM7TDMI 只有 0.95DMIPS/MHz。而且 STM32 拥有 1μs 的双 12 位 ADC，4Mbit/s 的 UART，18Mbit/s 的 SPI，18MHz 的 I/O 翻转速度，更重要的是，STM32 在 72MHz 工作时功耗只有 36mA（所有外设处于工作状态），而待机时功耗只有 2μA。

通过前面的介绍，在已经大致了解 STM32 微控制器的分类和命名规则的基础上，根据实际情况的具体需求，可以大致确定所要选用的 STM32 微控制器的内核型号和产品系列。如一般的工程应用的数据运算量不是特别大，基于 Cortex-M3 内核的 STM32F1 系列微控制器即可满足要求；如果需要进行大量的数据运算，且对实时控制和数字信号处理能力要求很高，或者需要外接 RGB 大屏幕，则推荐选择基于 Cortex-M4 内核的 STM32F4 系列微控制器。

在明确了产品系列之后，可以进一步选择产品线。以基于 Cortex-M3 内核的 STM32F1 系列微控制器为例，如果仅需要用到电动机控制或消费类电子控制功能，则选择 STM32F100 或 STM32F101 微控制器即可；如果还需要用到 USB 通信、CAN 总线等模块，则推荐选用 STM32F103 微控制器；如果对网络通信要求较高，则可以选用 STM32F105 或 STM32F107 微控制器。对于同一个产品系列，不同的产品线采用的内核是相同的，但核外的片上外设存在差异。具体选型情况要视实际的应用场合而定。

确定好产品线之后，即可选择具体的型号。参照 STM32 微控制器的命名规则，可以先确定微控制器的引脚数目。引脚多的微控制器的功能相对多一些，当然价格也高一些，具体需要根据实际应用中的功能需求进行选择，一般够用就好。确定好引脚数目之后再选择 Flash 存储器容量的大小。对于 STM32 微控制器而言，具有相同引脚数目的微控制器会有不同的 Flash 存储器容量可供选择，根据实际需要，程序大就选择容量大的 Flash 存储器，一般也是够用即可。至此，根据实际的应用需求，已确定了所需的微控制器的具体型号，下一步的工作就是开发相应的应用。

微控制器除可以选择 STM32 外，还可以选择国产芯片。ARM 技术虽发源于国外，但通过国内研究人员十几年的研究和开发，我国的 ARM 微控制器技术已经取得了很大的进步，国产品牌已获得了较高的市场占有率，相关的产业也在逐步发展壮大之中。

1）兆易创新科技集团有限公司于 2005 年在北京成立，是一家领先的无晶圆厂半导体公司，致力于开发先进的存储器技术和 IC 解决方案。其核心产品线为 Flash、32 位通用型 MCU 及智能人机交互传感器芯片及整体解决方案，其产品以高性能、低功耗著称，为工业、汽车、计算、消费类电子、物联网、移动应用以及网络和电信行业的客户提供全方位服务。该公司产品中与 STM32F103 兼容的产品为 GD32VF103。

2）华大半导体有限公司是中国电子信息产业集团有限公司（CEC）旗下专业的集成电路发展平台公司，围绕汽车电子、工业控制、物联网三大应用领域，重点布局控制芯片、功率半导体、高端模拟芯片和安全芯片等，提供整体芯片解决方案，形成了竞争力强劲的产品矩阵及全面的解决方案。该公司产品中可以选择的 ARM 微控制器有 HC32F0、HC32F1 和 HC32F4 系列。

学习嵌入式微控制器的知识，掌握其核心技术，了解这些技术的发展趋势，有助于为我国培养该领域的后备人才，促进我国在微控制器技术上的长远发展，为国产品牌的发展注入新的活力。学习过程中，应注意知识学习、能力提升、价值观塑造的有机结合，培养自力更生、追求卓越的奋斗精神和精益求精的工匠精神，树立民族自信心，为实现中华民族的伟大复兴贡献力量。

2.2　STM32F1 系列产品系统架构和 STM32F103ZET6 内部架构

STM32 跟其他单片机一样，是一个单片计算机或单片微控制器，所谓单片就是在一个芯片上集成了计算机或微控制器该有的基本功能部件。这些功能部件通过总线连在一起。就 STM32 而言，这些功能部件主要包括 Cortex-M 内核、总线、系统时钟发生器、复位电路、程序存储器、数据存储器、中断控制、调试接口以及各种功能部件（外设）。不同的芯片系列和型号，外设的数量和种类也不一样，常有的基本功能部件（外设）有通用输入/输出接口（GPIO）、定时/计数器（Timer/Counter）、通用同步/异步收发器（Universal Synchronous Asynchronous Receiver Transmitter，USART）、串行总线 I^{2}C 和 SPI 或 I^{2}S、SD 卡接口 SDIO、USB 接口等。

STM32F10×系列单片机基于 ARM Cortex-M3 内核，主要分为 STM32F100××、

STM32F101××、STM32F102××、STM32F103××、STM32F105××和 STM32F107××。STM32F100××、STM32F101××和 STM32F102××为基本型系列，分别工作在 24MHz、36MHz 和 48MHz 主频下。STM32F103××为增强型系列，STM32F105××和 STM32F107××为互联型系列，均工作在 72MHz 主频下。其结构特点为：

1）一个主晶振可以驱动整个系统，低成本的 4～16MHz 晶振即可驱动 CPU、USB 和其他所有外设。

2）内嵌出厂前调校好的 8MHz RC 振荡器，可以作为低成本主时钟源。

3）内嵌电源监视器，减少对外部器件的要求，提供上电复位、低电压检测、掉电检测。

4）GPIO 最大翻转频率为 18MHz。

5）PWM 定时器可以接收最大 72MHz 时钟输入。

6）USART 传输速率可达 4.5Mbit/s。

7）12 位 ADC，转换时间最快为 1μs。

8）12 位 DAC，提供 2 个通道。

9）SPI 传输速率可达 18Mbit/s，支持主模式和从模式。

10）I^2C 工作频率可达 400kHz。

11）I^2S 采样频率可选范围为 8～48kHz。

12）自带时钟的看门狗定时器。

13）USB 传输速率可达 12Mbit/s。

14）SDIO 传输速率为 48MHz。

2.2.1 STM32F1 系列产品系统架构

STM32F1 系列产品系统架构如图 2-4 所示。

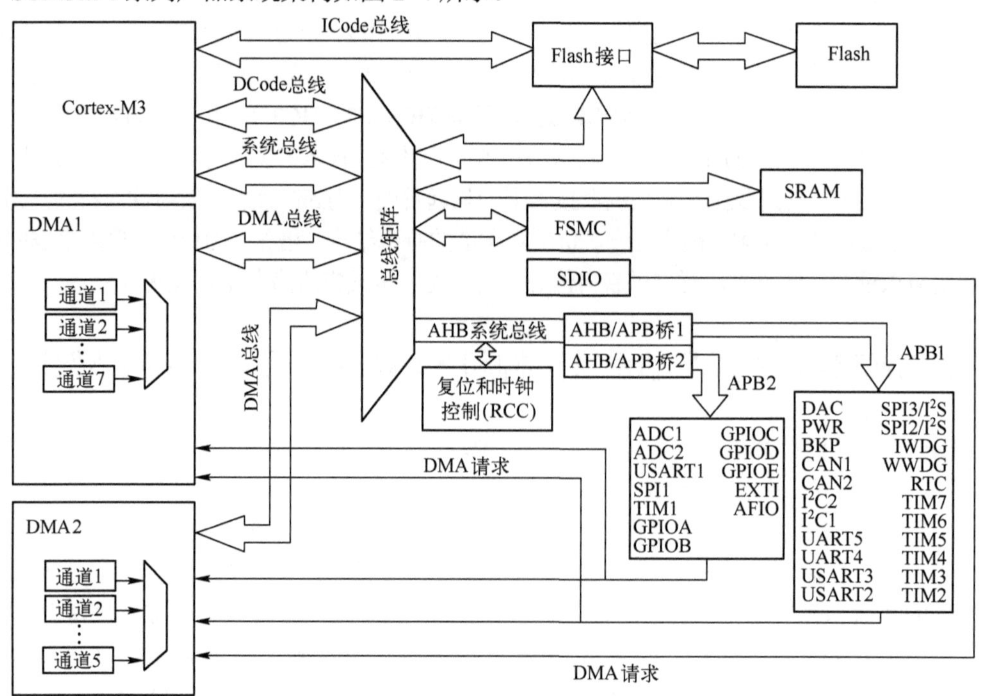

图 2-4 STM32F1 系列产品系统架构

STM32F1 系列产品主要由以下部分构成：

1）Cortex-M3 内核 DCode 总线（D-bus）和系统总线（S-bus）。

2）通用 DMA1 和通用 DMA2。

3）内部 SRAM。

4）内部 Flash。

5）FSMC。

6）AHB 到 APB 的桥（AHB2APB×），它连接所有的 APB 设备。

上述部件都是通过一个多级的 AHB 总线构架相互连接。

ICode 总线将 Cortex-M3 内核的指令总线与 Flash 指令接口相连接。指令预取在此总线上完成。

DCode 总线将 Cortex-M3 内核的 DCode 总线与 Flash 的数据接口相连接（常量加载和调试访问）。

系统总线连接 Cortex-M3 内核的系统总线（外设总线）到总线矩阵，总线矩阵协调着内核和 DMA 间的访问。

DMA 总线将 DMA 的 AHB 主控接口与总线矩阵相连，总线矩阵协调着 CPU 的 DCode 和 DMA 到 SRAM、Flash 和外设的访问。

总线矩阵协调内核系统总线和 DMA 主控总线之间的访问仲裁，仲裁采用轮换算法。总线矩阵包含 4 个主动部件（CPU 的 DCode 总线、系统总线、DMA1 总线和 DMA2 总线）和 4 个被动部件（Flash 接口、SRAM、FSMC 和 AHB2APB×桥）。

AHB 外设通过总线矩阵与系统总线相连，允许 DMA 访问。

AHB/APB 桥（APB）：两个 AHB/APB 桥在 AHB 和两个 APB 总线间提供同步连接。APB1 操作速度限于 36MHz，APB2 操作于全速（最高 72MHz）。

上述模块由 AMBA（Advanced Microcontroller Bus Architecture）总线连接到一起。AMBA 总线是 ARM 公司定义的片上总线，已成为一种流行的工业片上总线标准。它包括 AHB（Advanced High performance Bus）和 APB（Advanced Peripheral Bus），前者作为系统总线，后者作为外设总线。

为更加简明地理解 STM32 单片机的内部结构，对图 2-4 进行抽象简化后如图 2-5 所示，这样初学者学习和理解起来会更加方便些。

结合图 2-5 对 STM32 的基本原理进行简单分析，主要包括以下内容：

1）程序存储器、静态数据存储器、所有的外设都统一编址，地址空间为 4GB。但各自都有固定的存储空间区域，使用不同的总线进行访问。这一点跟 51 单片机完全不一样。具体的地址空间可参阅 ST 官方手册。如果采用固件库开发程序，则可以不必关注具体的地址问题。

2）可将 Cortex-M3 内核视为 STM32 的“CPU”，程序存储器、静态数据存储器、所有的外设均通过相应的总线再经总线矩阵与之相连接。Cortex-M3 内核控制程序存储器、静态数据存储器、所有外设的读写访问。

3）STM32 的功能外设较多，分为高速外设、低速外设两类，各自通过桥接再通过 AHB 系统总线连接至总线矩阵，从而实现与 Cortex-M3 内核的接口。两类外设的时钟可各自配置，速度不一样。具体某个外设属于高速还是低速，已经被 ST 明确规定。所有外设均有两种访问操作方式：第一种是传统的方式，通过相应总线由 CPU 发出读写指令进行访问，这种方式适用于读写数据较小、速度相对较低的场合；第二种是 DMA 方式，即直接存储器存取，在这种方式下，外设可发出DMA请求，不再通过CPU而直接与指定的存储区发生数据交换，因此可大大提高数据访问操作的速度。

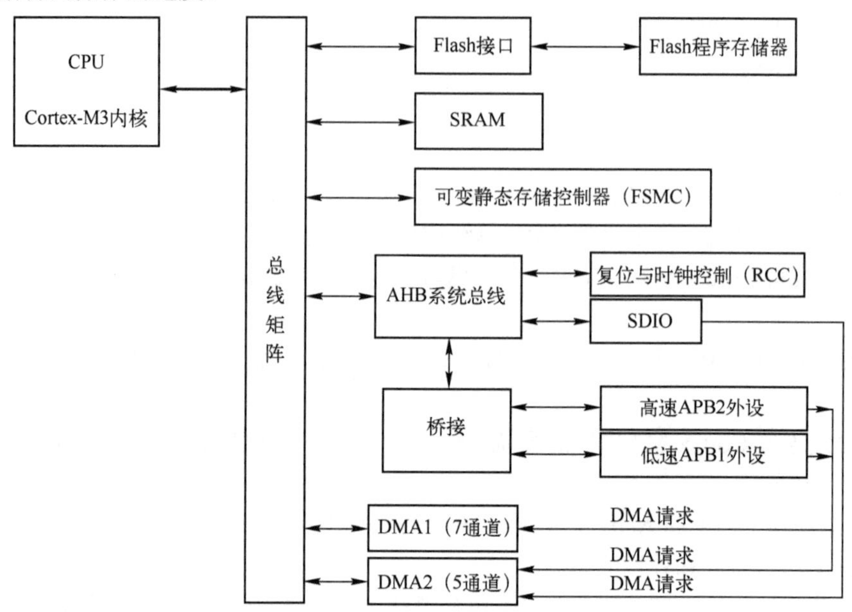

图2-5　抽象简化后的STM32F1系列产品系统架构

4）STM32的系统时钟均由RCC产生，它有一整套的时钟管理设备，由它为系统和各种外设提供所需的时钟以确定各自的工作速度。

2.2.2　STM32F103ZET6内部架构

根据程序存储容量，ST芯片分为三大类：LD（小于64KB）、MD（小于256KB）、HD（大于256KB），而STM32F103ZET6类型属于第三类，它是STM32系列中的一个典型型号。

STM32F103ZET6的内部架构如图2-6所示。STM32F103ZET6包含以下特性。

1）内核。

① ARM 32位的Cortex-M3 CPU，最高工作频率为72MHz，在存储器的0等待周期访问时可达1.25DMIPS/MHz（Dhrystone 2.1）。

② 单周期乘法和硬件除法。

2）存储器。

① 512KB的Flash程序存储器。

② 64KB的SRAM。

③ 带有4个片选信号的灵活的静态存储控制器，支持Compact Flash、SRAM、PSRAM、NOR和NAND存储器。

3）LCD并行接口，支持8080/6800模式。

4）时钟、复位和电源管理。

① 芯片和I/O引脚的供电电压为2.0～3.6V。

② 上电/断电复位（POR/PDR）、可编程电压监测器（PVD）。

③ 4～16MHz晶体振荡器。

④ 内嵌经出厂调校的8MHz的RC振荡器。

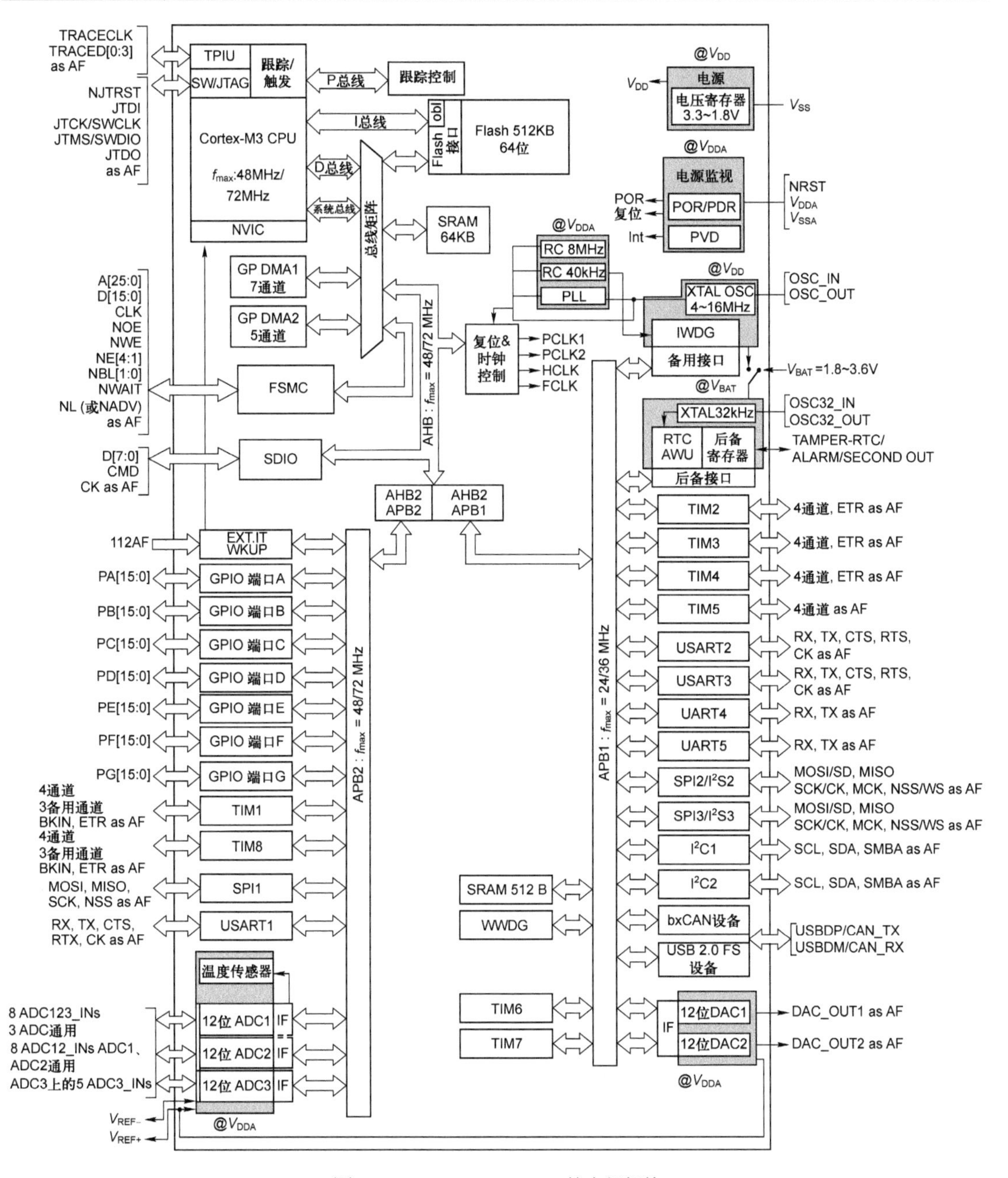

图 2-6 STM32F103ZET6 的内部架构

⑤ 内嵌带校准的 40kHz 的 RC 振荡器。

⑥ 带校准功能的 32kHz RTC 振荡器。

5）低功耗。

① 支持睡眠、停机和待机模式。

② VBAT 为 RTC 和后备寄存器供电。

6）3 个 12 位模数转换器（ADC），1μs 转换时间（多达 16 个输入通道）。

① 转换范围 0～3.6V。

② 采样和保持功能。

③ 温度传感器。

7）2 个 12 位数模转换器（DAC）。

8）DMA。

① 12 通道 DMA 控制器。

② 支持的外设包括定时器、ADC、DAC、SDIO、I²S、SPI、I²C 和 USART。

9）调试模式。

① 串行单线调试（SWD）和 JTAG 接口。

② Cortex-M3 嵌入式跟踪宏单元（ETM）。

10）快速 I/O 端口（PA～PG）。

多达 7 个快速 I/O 端口，每个端口包含 16 根 I/O 口线，所有 I/O 口可以映像到 16 个外部中断；几乎所有端口均可容忍 5V 信号。

11）多达 11 个定时器。

① 4 个 16 位通用定时器，每个定时器有多达 4 个用于输入捕获/输出比较/PWM 或脉冲计数的通道和增量编码器输入。

② 2 个 16 位带死区控制和紧急刹车，用于电动机控制的 PWM 高级控制定时器。

③ 2 个看门狗定时器（独立看门狗定时器和窗口看门狗定时器）。

④ 系统滴答定时器，24 位自减型计数器。

⑤ 2 个 16 位基本定时器用于驱动 DAC。

12）多达 13 个通信接口。

① 2 个 I²C 接口（支持 SMBus/PMBus）。

② 5 个 USART 接口（支持 ISO7816 接口、LIN、IrDA 兼容接口和调制解调控制）。

③ 3 个 SPI 接口（18Mbit/s），2 个带有 PS 切换接口。

④ 1 个 CAN 接口（支持 2.0B 协议）。

⑤ 1 个 USB 2.0 全速接口。

⑥ 1 个 SDIO 接口。

13）CRC 计算单元，96 位的芯片唯一代码。

14）LQFP144 封装形式。

15）工作温度为-40～105℃。

以上特性，使得 STM32F103ZET6 非常适用于电动机驱动、应用控制、医疗和手持设备、PC 和游戏外设、GPS 平台、工业应用、PLC、逆变器、打印机、扫描仪、报警系统、空调系统等领域。

2.3 STM32F103ZET6 的存储器映像

STM32F103ZET6 的存储器映像如图 2-7 所示。

程序存储器、数据存储器、寄存器和输入/输出端口被组织在同一个 4GB 的线性地址空间内。可访问的存储器空间被分成 8 个主要的块，每块为 512MB。

数据字节以小端格式存放在存储器中。一个字中的最低地址字节被认为是该字的最低有效字节，而最高地址字节为最高有效字节。

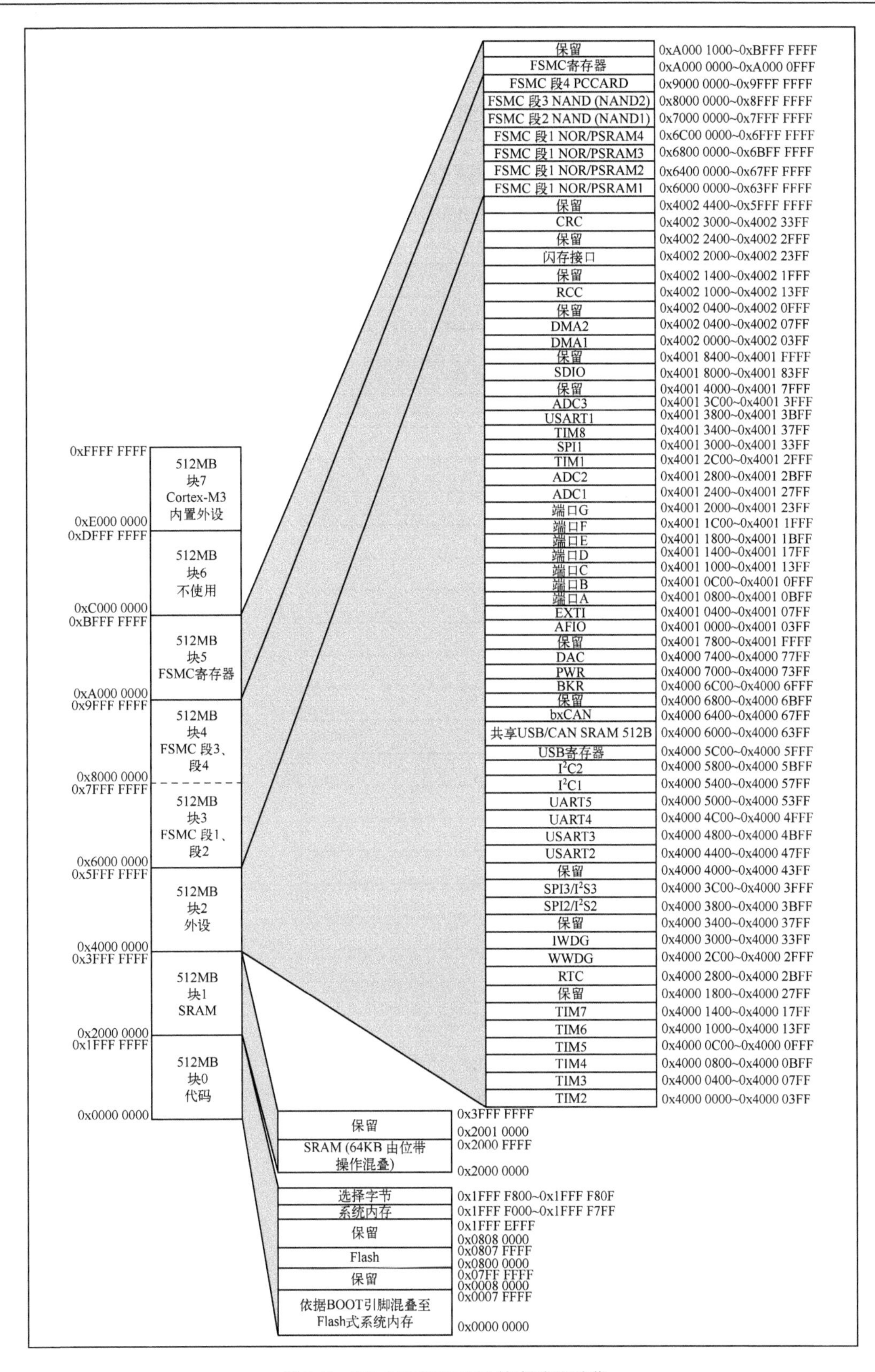

图 2-7　STM32F103ZET6 的存储器映像

2.3.1 STM32F103ZET6 内置外设的地址范围

STM32F103ZET6 中内置外设的地址范围见表 2-1。

表 2-1 STM32F103ZET6 中内置外设的地址范围

地址范围	外设	所在总线
0x5000 0000～0x5003 FFFF	USB OTG 全速	AHB
0x4002 8000～0x4002 9FFF	以太网	
0x4002 3000～0x4002 33FF	CRC	AHB
0x4002 2000～0x4002 23FF	Flash 接口	
0x4002 1000～0x4002 13FF	复位和时钟控制（RCC）	
0x4002 0400～0x4002 07FF	DMA2	
0x4002 0000～0x4002 03FF	DMA1	
0x4001 8000～0x4001 83FF	SDIO	
0x4001 3C00～0x4001 3FFF	ADC3	APB2
0x4001 3800～0x4001 3BFF	USART1	
0x4001 3400～0x4001 37FF	TIM8 定时器	
0x4001 3000～0x4001 33FF	SPI1	
0x4001 2C00～0x4001 2FFF	TIM1 定时器	
0x4001 2800～0x4001 2BFF	ADC2	
0x4001 2400～0x4001 27FF	ADC1	
0x4001 2000～0x4001 23FF	GPIO 端口 G	
0x4001 1C00～0x4001 1FFF	GPIO 端口 F	
0x4001 1800～0x4001 1BFF	GPIO 端口 E	
0x4001 1400～0x4001 17FF	GPIO 端口 D	
0x4001 1000～0x4001 13FF	GPIO 端口 C	
0x4001 0C00～0x4001 0FFF	GPIO 端口 B	
0x4001 0800～0x4001 0BFF	GPIO 端口 A	
0x4001 0400～0x4001 07FF	EXTI	
0x4001 0000～0x4001 03FF	AFIO	
0x4000 7400～0x4000 77FF	DAC	APB1
0x4000 7000～0x4000 73FF	电源控制（PWR）	
0x4000 6C00～0x4000 6FFF	后备寄存器（BKR）	
0x4000 6400～0x4000 67FF	bxCAN	
0x4000 6000～0x4000 63FF	USB/CAN 共享的 512B SRAM	
0x4000 5C00～0x4000 5FFF	USB 全速设备寄存器	
0x4000 5800～0x4000 5BFF	I^2C2	
0x4000 5400～0x4000 57FF	I^2C1	
0x4000 5000～0x4000 53FF	UART5	
0x4000 4C00～0x4000 4FFF	UART4	
0x4000 4800～0x4000 4BFF	USART3	
0x4000 4400～0x4000 47FF	USART2	

（续）

地址范围	外设	所在总线
0x4000 3C00～0x4000 3FFF	SPI3/I²S3	APB1
0x4000 3800～0x4000 3BFF	SPI2/I²S2	
0x4000 3000～0x4000 33FF	独立看门狗（IWDG）	
0x4000 2C00～0x4000 2FFF	窗口看门狗（WWDG）	
0x4000 2800～0x4000 2BFF	RTC	
0x4000 1400～0x4000 17FF	TIM7 定时器	
0x4000 1000～0x4000 13FF	TIM6 定时器	
0x4000 0C00～0x4000 0FFF	TIM5 定时器	
0x4000 0800～0x4000 0BFF	TIM4 定时器	
0x4000 0400～0x4000 07FF	TIM3 定时器	
0x4000 0000～0x4000 03FF	TIM2 定时器	

没有分配给片上存储器和外设的存储器空间都是保留的地址空间，包括 0x4000 1800～0x4000 27FF、0x4000 3400～0x4000 37FF、0x4000 4000～0x4000 43FF、0x4000 6800～0x4000 6BFF、0x4001 7800～0x4001 FFFF、0x4001 4000～0x4001 7FFF、0x4001 8400～0x4001 FFFF、0x4002 0400～0x4002 0FFF、0x4002 1400～0x4002 1FFF、0x4002 2400～0x4002 2FFF、0x4002 4400～0x5FFF FFFF、0xA000 1000～0xBFFF FFFF。

其中每个地址范围的第一个地址为对应外设的首地址，该外设的相关寄存器地址都可以用首地址+偏移量的方式找到其绝对地址。

2.3.2　嵌入式 SRAM

STM32F103ZET6 内置 64KB 的 SRAM。它可以以字节、半字（16 位）或字（32 位）访问。SRAM 的起始地址是 0x2000 0000。

Cortex-M3 存储器映像包括两个位带区。这两个位带区将别名区中的每个字映射到位带存储器区中的一个位，在别名区写入一个字，具有对位带区中的目标位执行读－改—写操作的相同效果。

在 STM32F103ZET6 中，外设寄存器和 SRAM 都被映射到位带区里，允许执行位带的写和读操作。

下面的映射公式给出了别名区中的每个字与位带区相应位的对应关系：

$$bit\_word\_addr=bit\_band\_base+(byte\_offset\times 32)+(bit\_number\times 4)$$

式中，bit_word_addr 为别名区中字的地址，它映射到某个目标位；bit_band_base 为别名区的起始地址；byte_offset 为包含目标位的字节在位带中的序号；bit_number 为目标位所在位置（0～31）。

2.3.3　嵌入式 Flash

高达 512KB 的 Flash，由主存储块和信息块组成：主存储块容量为 64KB×64 位，每个存储块划分为 256 个 2KB 的页。信息块容量为 256×64 位。

Flash 模块的组织见表 2-2 所示。

表 2-2　Flash 模块的组织

模块	名称	地址	容量/B
主存储块	页 0	0x0800 0000～0x0800 07FF	2K
	页 1	0x0800 0800～0x0800 0FFF	2K
	页 2	0x0800 1000～0x0800 17FF	2K
	页 3	0x0800 1800～0x0800 1FFF	2K
	…	…	…
	页 255	0x0807 F800～0x0807 FFFF	2K
信息块	系统存储器	0x1FFF F000～0x1FFF F7FF	2K
	选择字节	0x1FFF F800～0x1FFF F80F	16
Flash 存储器接口寄存器	FLASH_ACR	0x4002 2000～0x4002 2003	4
	FLASH_KEYR	0x4002 2004～0x4002 2007	4
	FLASH_OPTKEYR	0x4002 2008～0x4002 200B	4
	FLASH_SR	0x4002 200C～0x4002 200F	4
	FLASH_CR	0x4002 2010～0x4002 2013	4
	FLASH_AR	0x4002 2014～0x4002 2017	4
	保留	0x4002 2018～0x4002 201B	4
	FLASH_OBR	0x4002 201C～0x4002 201F	4
	FLASH_WRPR	0x4002 2020～0x4002 2023	4

Flash 接口的特性为：

1）带预取缓冲器的读接口（每字为 2×64 位）。

2）选择字节加载器。

3）Flash 编程/擦除操作。

4）访问/写保护。

Flash 的指令和数据访问是通过 AHB 总线完成的。预取模块通过 ICode 总线读取指令。仲裁作用在闪存接口，并且 DCode 总线上的数据访问优先。读访问可以有以下配置选项。

1）等待时间：可以随时更改的用于读取操作的等待状态的数量。

2）预取缓冲区（2×64 位）：在每一次复位以后被自动打开，由于每个缓冲区的大小（64 位）与 Flash 的带宽相同，因此只需通过一次读 Flash 的操作即可更新整个缓冲区的内容。由于预取缓冲区的存在，CPU 可以工作在更高的主频。CPU 每次取指令最多为 32 位的字，取一条指令时，下一条指令已经在缓冲区中等待。

2.4　STM32F103ZET6 的时钟结构

STM32 系列微控制器中有 5 个时钟源，分别是高速内部（High Speed Internal，HSI）时钟、高速外部（High Speed External，HSE）时钟、低速内部（Low Speed Internal，LSI）时钟、低速外部（Low Speed External，LSE）时钟、锁相环（PLL）时钟。STM32F103ZET6 的时钟系统呈树状结构，因此也称为时钟树。

STM32F103ZET6 具有多个时钟频率，分别供给内核和不同外设模块使用。高速时钟供中央处理器等高速设备使用，低速时钟供外设等低速设备使用。HSI、HSE 或 PLL 可被用来驱动系统时钟（SYSCLK）。

LSI、LSE 作为二级时钟源。40kHz 低速内部 RC 时钟可以用于驱动独立看门狗和通过程序选择驱动 RTC。RTC 用于从停机/待机模式下自动唤醒系统。

32.768kHz 低速外部晶体也可用来通过程序选择驱动 RTC（RTCCLK）。

当某个部件不被使用时，任一个时钟源都可被独立地启动或关闭，由此优化了系统功耗。

用户可通过多个预分频器配置 AHB、高速 APB（APB2）和低速 APB（APB1）的频率。AHB 和 APB2 的最大频率为 72MHz。APB1 的最大允许频率为 36MHz。SDIO 接口的时钟频率固定为 HCLK/2。

RCC 通过 AHB 时钟（HCLK）8 分频后作为 Cortex 系统定时器（SysTick）的外部时钟。通过对 SysTick 控制与状态寄存器的设置，可选择上述时钟或 Cortex（HCLK）时钟作为 SysTick 时钟。ADC 时钟由高速 APB2 时钟经 2、4、6 或 8 分频后获得。

定时器时钟频率分配由硬件按以下两种情况自动设置：

1）如果相应的 APB 预分频系数是 1，定时器的时钟频率与所在 APB 总线频率一致。

2）如查相应的 APB 预分频系数不是 1，定时器的时钟频率被设为与其相连的 APB 总线频率的 2 倍。

FCLK 是 Cortex-M3 处理器的自由运行时钟。

STM32 处理器因为低功耗的需要，各模块需要分别独立开启时钟。因此，当需要使用某个外设模块时，务必要先使能对应的时钟。否则，这个外设不能工作。STM32 时钟树如图 2-8 所示。

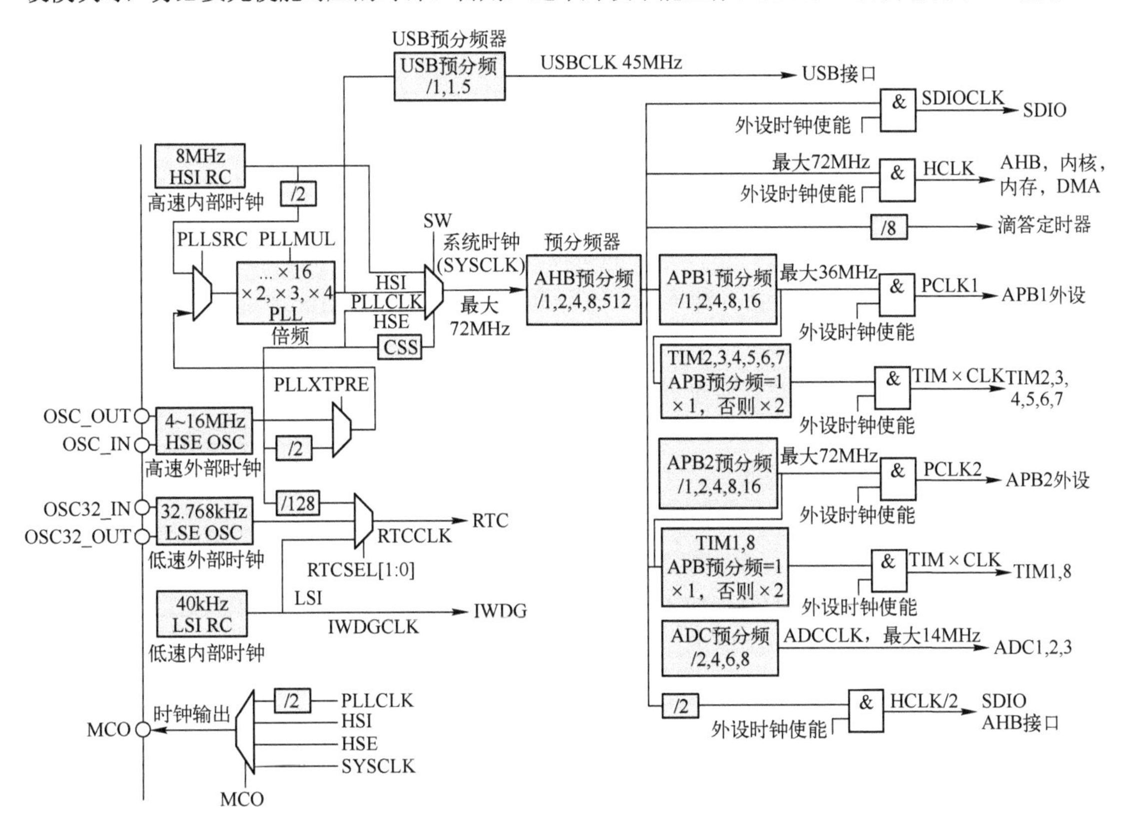

图 2-8　STM32 时钟树

1．HSE 时钟

高速外部时钟信号（HSE）可以由外部晶体/陶瓷谐振器产生，也可以由用户外部产生。一般采用外部晶体/陶瓷谐振器产生 HSE 时钟。在 OSC_IN 和 OSC_OUT 引脚之间连接 4～16MHz 外部振荡器为系统提供精确的主时钟。

为了减少时钟输出的失真和缩短启动稳定时间，晶体/陶瓷谐振器和负载电容器必须尽可能地靠近振荡器引脚。负载电容值必须根据所选择的振荡器来调整。

2．HSI 时钟

高速内部时钟信号（HSI）由内部 8MHz 的 RC 振荡器产生，可直接作为系统时钟或在 2 分频后作为 PLL 输入。

HSI RC 振荡器能够在不需要任何外部器件的条件下提供系统时钟。它的启动时间比 HSE 晶体振荡器短。然而，即使在校准之后，它的时钟频率精度仍较差。如果 HSE 晶体振荡器失效，HSI 时钟会被作为备用时钟源。

3．PLL 时钟

内部 PLL 可以用来倍频 HSI RC 的输出时钟或 HSE 晶体输出时钟。PLL 的设置（选择 HSI 振荡器/2 或 HSE 振荡器为 PLL 的输入时钟，以及选择倍频因子）必须在其被激活前完成。一旦 PLL 被激活，这些参数就不能被改动。

如果需要在应用中使用 USB 接口，PLL 必须被设置为输出 48MHz 或 72MHz 时钟，用于提供 48MHz 的 USBCLK 时钟。

4．LSE 时钟

LSE 晶体是一个 32.768kHz 的低速外部晶体或陶瓷谐振器。它为实时时钟或者其他定时功能提供一个低功耗且精确的时钟源。

5．LSI 时钟

LSI RC 担当着低功耗时钟源的角色，它可以在停机和待机模式下保持运行，为独立看门狗和自动唤醒单元提供时钟。LSI 时钟频率大约为 40kHz（在 30～60kHz 之间）。

6．系统时钟（SYSCLK）

系统复位后，HSI 振荡器被选为系统时钟。当时钟源被直接或通过 PLL 间接作为系统时钟时，它将不能被停止。只有当目标时钟源准备就绪（经过启动稳定阶段的延迟或 PLL 稳定），从一个时钟源到另一个时钟源的切换才会发生。在被选择时钟源没有就绪时，系统时钟的切换不会发生。直至目标时钟源就绪，才发生切换。

7．RTC 时钟

通过设置备份域控制寄存器（RCC_BDCR）里的 RTCSEL［1:0］位，RTCCLK 时钟源可以由 HSE/128、LSE 或 LSI 时钟提供。除非备份域复位，此选择不能被改变。LSE 时钟在备份域里，但 HSE 和 LSI 时钟不是。因此：

1）如果 LSE 被选为 RTC 时钟，只要 V_{BAT} 维持供电，尽管 V_{DD} 供电被切断，RTC 仍可继续工作。

2）LSI 被选为自动唤醒单元（AWU）时钟时，如果切断 V_{DD} 供电，不能保证 AWU 的状态。

3）如果 HSE 时钟 128 分频后作为 RTC 时钟，V_{DD} 供电被切断或内部电压调压器被关闭（1.8V 域的供电被切断）时，RTC 状态不确定。必须设置电源控制寄存器的 DPB 位（取消后备区域的写保护）为 1。

8．看门狗时钟

如果独立看门狗已经由硬件选项或软件启动，LSI 振荡器将被强制在打开状态，并且不能被关闭。在 LSI 振荡器稳定后，时钟供应给 IWDG。

9．时钟输出

微控制器允许输出时钟信号到外部主时钟输出（Master Clock Output，MCO）引脚。相应的 GPIO 端口寄存器必须被配置为相应功能。可被选作 MCO 时钟的时钟信号有 SYSCLK、HIS、HSE、PLLCLK/2。

2.5　STM32F103VET6 的引脚

STM32F103VET6 比 STM32F103ZET6 少了两个口：PF 口和 PG 口，其他资源一样。

为了简化描述，后续的内容以 STM32F103VET6 为例进行介绍。STM32F103VET6 采用 LQFP100 封装，引脚图如图 2-9 所示。

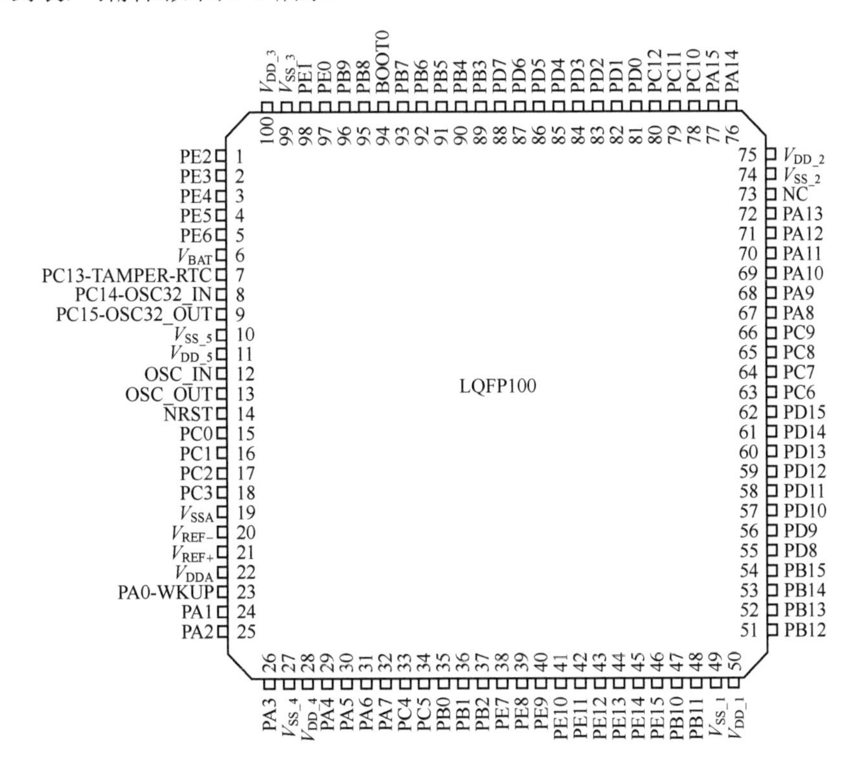

图 2-9　STM32F103VET6 的引脚图

1．引脚定义

STM32F103VET6 的引脚定义见表 2-3。

表 2-3 STM32F103VET6 的引脚定义

引脚编号	引脚名称	类型	I/O 电平	复位后的主要功能	复用功能	
					默认情况	重映射后
1	PE2	I/O	FT	PE2	TRACECK/FSMC_A23	
2	PE3	I/O	FT	PE3	TRACED0/FSMC_A19	
3	PE4	I/O	FT	PE4	TRACED1/FSMC_A20	
4	PE5	I/O	FT	PE5	TRACED2/FSMC_A21	
5	PE6	I/O	FT	PE6	TRACED3/FSMC_A22	
6	V_{BAT}	S		V_{BAT}		
7	PC13-TAMPER-RTC	I/O		PC13	TAMPER-RTC	
8	PC14-OSC32_IN	I/O		PC14	OSC32_IN	
9	PC15-OSC32_OUT	I/O		PC15	OSC32_OUT	
10	$V_{\mathrm{SS\_5}}$	S		$V_{\mathrm{SS\_5}}$		
11	$V_{\mathrm{DD\_5}}$	S		$V_{\mathrm{DD\_5}}$		
12	OSC_IN	I		OSC_IN		
13	OSC_OUT	O		OSC_OUT		
14	NRST	I/O		NRST		
15	PC0	I/O		PC0	ADC123_IN10	
16	PC1	I/O		PC1	ADC123_IN11	
17	PC2	I/O		PC2	ADC123_IN12	
18	PC3	I/O		PC3	ADC123_IN13	
19	V_{SSA}	S		V_{SSA}		
20	$V_{\mathrm{REF-}}$	S		$V_{\mathrm{REF-}}$		
21	$V_{\mathrm{REF+}}$	S		$V_{\mathrm{REF+}}$		
22	V_{DDA}	S		V_{DDA}		
23	PA0-WKUP	I/O		PA0	WKUP/USART2_CTS/ADC123_IN0/TIM2_CH1_ETR/TIM5_CH1/TIM8_ETR	
24	PA1	I/O		PA1	USART2_RTS/ADC123_IN1/TIM5_CH2/TIM2_CH2	
25	PA2	I/O		PA2	USART2_TX/TIM5_CH3/ADC123_IN2/TIM2_CH3	
26	PA3	I/O		PA3	USART2_RX/TIM5_CH4/ADC123_IN3/TIM2_CH4	
27	$V_{\mathrm{SS\_4}}$	S		$V_{\mathrm{SS\_4}}$		
28	$V_{\mathrm{DD\_4}}$	S		$V_{\mathrm{DD\_4}}$		
29	PA4	I/O		PA4	SPI1_NSS/USART2_CK/DAC_OUT1/ADC12_IN4	
30	PA5	I/O		PA5	SPI1_SCK/DAC_OUT2/ADC12_IN5	TIM1_BKIN
31	PA6	I/O		PA6	SPI1_MISO/TIM8_BKIN/ADC12_IN6/TIM3_CH1	TIM1_CH1N
32	PA7	I/O		PA7	SPI1_MOSI/TIM8_CH1N/ADC12_IN7/TIM3_CH2	
33	PC4	I/O		PC4	ADC12_IN14	
34	PC5	I/O		PC5	ADC12_IN15	
35	PB0	I/O		PB0	ADC12_IN8/TIM3_CH3/TIM8_CH2N	TIM1_CH2N
36	PB1	I/O		PB1	ADC12_IN9/TIM3_CH4/TIM8_CH3N	TIM1_CH3N

（续）

引脚编号	引脚名称	类型	I/O 电平	复位后的主要功能	复用功能	
					默认情况	重映射后
37	PB2	I/O	FT	PB2/BOOT1		
38	PE7	I/O	FT	PE7	FSMC_D4	TIM1_ETR
39	PE8	I/O	FT	PE8	FSMC_D5	TIM1_CH1N
40	PE9	I/O	FT	PE9	FSMC_D6	TIM1_CH1
41	PE10	I/O	FT	PE10	FSMC_D7	TIM1_CH2N
42	PE11	I/O	FT	PE11	FSMC_D8	TIM1_CH2
43	PE12	I/O	FT	PE12	FSMC_D9	TIM1_CH3N
44	PE13	I/O	FT	PE13	FSMC_D10	TIM1_CH3
45	PE14	I/O	FT	PE14	FSMC_D11	TIM1_CH4
46	PE15	I/O	FT	PE15	FSMC_D12	TIM1_BKIN
47	PB10	I/O	FT	PB10	I2C2_SCL/USART3_TX	TIM2_CH3
48	PB11	I/O	FT	PB11	I2C2_SDA/USART3_RX	TIM2_CH4
49	V_{SS_1}	S		V_{SS_1}		
50	V_{DD_1}	S		V_{DD_1}		
51	PB12	I/O	FT	PB12	SPI2_NSS/I2S2_WS/I2C2_SMBA/USART3_CK/TIM1_BKIN	
52	PB13	I/O	FT	PB13	SPI2_SCK/I2S2_CK/USART3_CTS/TIM1_CH1N	
53	PB14	I/O	FT	PB14	SPI2_MISO/TIM1_CH2N/USART3_RTS	
54	PB15	I/O	FT	PB15	SPI2_MOSI/I2S2_SD/TIM1_CH3N	
55	PD8	I/O	FT	PD8	FSMC_D13	USART3_TX
56	PD9	I/O	FT	PD9	FSMC_D14	USART3_RX
57	PD10	I/O	FT	PD10	FSMC_D15	USART3_CK
58	PD11	I/O	FT	PD11	FSMC_A16	USART3_CTS
59	PD12	I/O	FT	PD12	FSMC_A17	TIM4_CH1/USART3_RTS
60	PD13	I/O	FT	PD13	FSMC_A18	TIM4_CH2
61	PD14	I/O	FT	PD14	FSMC_D0	TIM4_CH3
62	PD15	I/O	FT	PD15	FSMC_D1	TIM4_CH4
63	PC6	I/O	FT	PC6	I2S2_MCK/TIM8_CH1/SDIO_D6	TIM3_CH1
64	PC7	I/O	FT	PC7	I2S3_MCK/TIM8_CH2/SDIO_D7	TIM3_CH2
65	PC8	I/O	FT	PC8	TIM8_CH3/SDIO_D0	TIM3_CH3
66	PC9	I/O	FT	PC9	TIM8_CH4/SDIO_D1	TIM3_CH4
67	PA8	I/O	FT	PA8	USART1_CK/TIM1_CH1/MCO	
68	PA9	I/O	FT	PA9	USART1_TX/TIM1_CH2	
69	PA10	I/O	FT	PA10	USART1_RX/TIM1_CH3	
70	PA11	I/O	FT	PA11	USARTI_CTS/USBDM/CAN_RX/TIM1_CH4	
71	PA12	I/O	FT	PA12	USART1_RTS/USBDP/CAN_TX/TIM1_ETR	
72	PA13	I/O	FT	JTMS/SWDIO		PA13
73	NC					

（续）

引脚编号	引脚名称	类型	I/O电平	复位后的主要功能	复用功能	
					默认情况	重映射后
74	V_{SS_2}	S		V_{SS_2}		
75	V_{DD_2}	S		V_{DD_2}		
76	PA14	I/O	FT	JTCK/SWCLK		PA14
77	PA15	I/O	FT	JTDI	SPI3_NSS/I2S3_WS	TIM2_CH1_ETR PA15/SPI1_NSS
78	PC10	I/O	FT	PC10	UART4_TX/SDIO_D2	USART3_TX
79	PC11	I/O	FT	PC11	UART4_RX/SDIO_D3	USART3_RX
80	PC12	I/O	FT	PC12	UART5_TX/SDIO_CK	USART3_CK
81	PD0	I/O	FT	OSC_IN	FSMC_D2	CAN_RX
82	PD1	I/O	FT	OSC_OUT	FSMC_D3	CAN_TX
83	PD2	I/O	FT	PD2	TIM3_ETR/UART5_RX/ SDIO_CMD	
84	PD3	I/O	FT	PD3	FSMC_CLK	USART2_CTS
85	PD4	I/O	FT	PD4	FSMC_NOE	USART2_RTS
86	PD5	I/O	FT	PD5	FSMC_NWE	USART2_TX
87	PD6	I/O	FT	PD6	FSMC_NWAIT	USART2_RX
88	PD7	I/O	FT	PD7	FSMC_NE1/FSMC_NCE2	USART2_CK
89	PB3	I/O	FT	JTDO	SPI3_SCK/I2S3_CK	PB3/TRACESWO TIM2_CH2/SPI1_SCK
90	PB4	I/O	FT	JTRST	SPI3_MISO	PB4/TIM3_CH1 SPI1_MISO
91	PB5	I/O		PB5	I2C1_SMBA/SPI3_MOSI/ I2S3_SD	TIM3_CH2/SPI1_MOSI
92	PB6	I/O	FT	PB6	I2C1_SCL/TIM4_CH1	USART1_TX
93	PB7	I/O	FT	PB7	I2C1_SDA/FSMC_NADV/ TIM4_CH2	USART1_RX
94	BOOT0	I		BOOT0		
95	PB8	I/O	FT	PB8	TIM4_CH3/SDIO_D4	I2C1_SCL/CAN_RX
96	PB9	I/O	FT	PB9	TIM4_CH4/SDIO_D5	I2C1_SCA/CAN_TX
97	PE0	I/O	FT	PE0	TIM4_ETR/FSMC_NBL0	
98	PE1	I/O	FT	PE1	FSMC_NBL1	
99	V_{SS_3}	S		V_{SS_3}		
100	V_{DD_3}	S		V_{DD_3}		

注：1. I=输入（input），O=输出（output），S=电源（supply）。

2. FT=可忍受5V 电压。

2. 启动配置引脚

在 STM32F103VET6 中，可以通过 BOOT[1:0]引脚选择三种不同的启动模式。STM32F103VET6 的启动配置见表 2-4。

表 2-4 STM32F103VET6 的启动配置

启动模式选择引脚		启动模式	说明
BOOT1	BOOT0		
×	0	主 Flash	主 Flash 被选为启动区域
0	1	系统存储器	系统存储器被选为启动区域
1	1	内置 SRAM	内置 SRAM 被选为启动区域

系统复位后，在 SYSCLK 的第 4 个上升沿，BOOT 引脚的值将被锁存。用户可以通过设置 BOOT1 和 BOOT0 引脚的状态来选择复位后的启动模式。

在从待机模式退出时，BOOT 引脚的值将被重新锁存；因此，在待机模式下 BOOT 引脚应保持为需要的启动配置。在启动延迟后，CPU 从地址 0x0000 0000 获取堆栈顶的地址，并从启动存储器的 0x0000 0004 指示的地址开始执行代码。

因为固定的存储器映像代码区始终从地址 0x0000 0000 开始（通过 ICode 和 DCode 总线访问），而数据区（SRAM）始终从地址 0x2000 0000 开始（通过系统总线访问）。Cortex-M3 的 CPU 始终从 ICode 总线获取复位向量，即启动仅适合从代码区开始（一般从 Flash 启动）。STM32F103VET6 微控制器实现了一个特殊的机制，系统可以不仅仅从主 Flash 或系统存储器启动，还可以从内置 SRAM 启动。

根据选定的启动模式，主 Flash、系统存储器或 SRAM 可以按照以下方式访问：

1）从主 Flash 启动。主 Flash 存储器被映射到启动空间（0x0000 0000），但仍然能够在它原有的地址（0x0800 0000）访问它，即 Flash 的内容可以在两个地址区域访问，0x0000 0000 或 0x0800 0000。

2）从系统存储器启动。系统存储器被映射到启动空间（0x0000 0000），但仍然能够在它原有的地址（互联型产品原有地址为 0x1FFF B000，其他产品原有地址为 0x1FFF F000）访问它。

3）从内置 SRAM 启动。只能在 0x2000 0000 开始的地址区访问 SRAM。从内置 SRAM 启动时，在应用程序的初始化代码中，必须使用 NVIC 的异常表和偏移寄存器，重新将向量表映射到 SRAM 中。

4）内嵌的自举程序。内嵌的自举程序存放在系统存储区，由 ST 公司在生产线上写入，用于通过串行接口 USART1 对 Flash 进行重新编程。

2.6　STM32F103VET6 最小系统设计

STM32F103VET6 最小系统是指能够让 STM32F103VET6 正常工作的包含最少元器件的系统。STM32F103VET6 片内集成了电源管理模块（包括滤波复位输入、集成的上电复位/掉电复位电路、可编程电压检测电路）、8MHz 高速内部 RC 振荡器、40kHz 低速内部 RC 振荡器等部件，外部只需 7 个无源器件就可以使 STM32F103VET6 工作。然而，为了使用方便，在最小系统中加入了 USB 转 TTL 串口、发光二极管等功能模块。

STM32F103VET6 最小系统核心电路原理图如图 2-10 所示。其中包括了复位电路、晶体振荡电路和启动设置电路等。

1．复位电路

STM32F103VET6 的 NRST 引脚输入中使用 CMOS 工艺，连接了一个不能断开的上拉电阻 R_{up}，其典型值为 40kΩ，外部连接了一个上拉电阻 R_4、按键 RST 及电容 C_5，当 RST 按键按下时 NRST 引脚电位变为 0，通过这个方式实现手动复位。

2．晶体振荡电路

STM32F103VET6 一共外接了两个晶振：一个 8MHz 的晶振 X_1 提供给高速外部时钟（HSE），一个 32.768kHz 的晶振 X_2 提供给全低速外部时钟（LSE）。

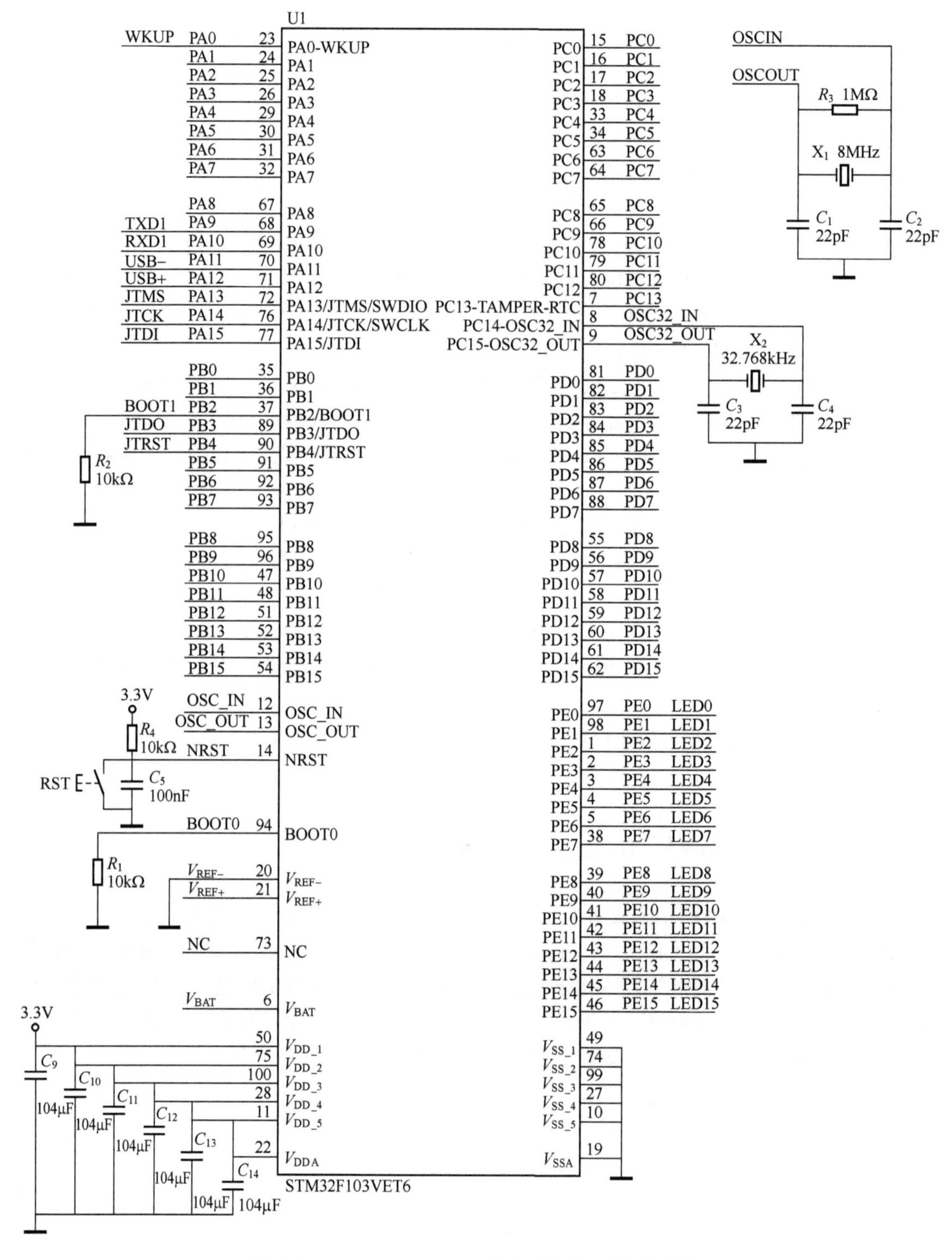

图 2-10　STM32F103VET6 最小系统核心电路原理图

3. 启动设置电路

启动设置电路由启动设置引脚 BOOT1 和 BOOT0 组成。二者均通过 10kΩ 电阻接地。从用户 Flash 启动。

4. JTAG 接口电路

为了方便系统采用 JLINK 仿真器进行下载和在线仿真，在最小系统中预留了 JTAG 接口电路，用来实现 STM32F103VET6 与 JLINK 仿真器进行连接。JTAG 接口电路原理图如图 2-11 所示。

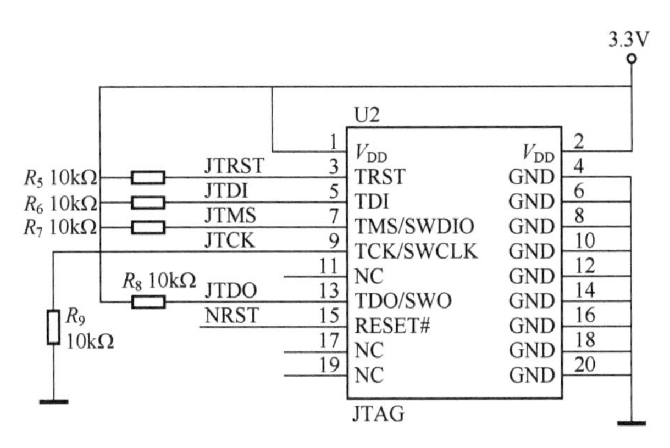

图 2-11　JTAG 接口电路原理图

5. 流水灯电路

最小系统板载 16 个 LED 流水灯，对应 STM32F103VET6 的 PE0～PE15 引脚，电路原理图如图 2-12 所示。

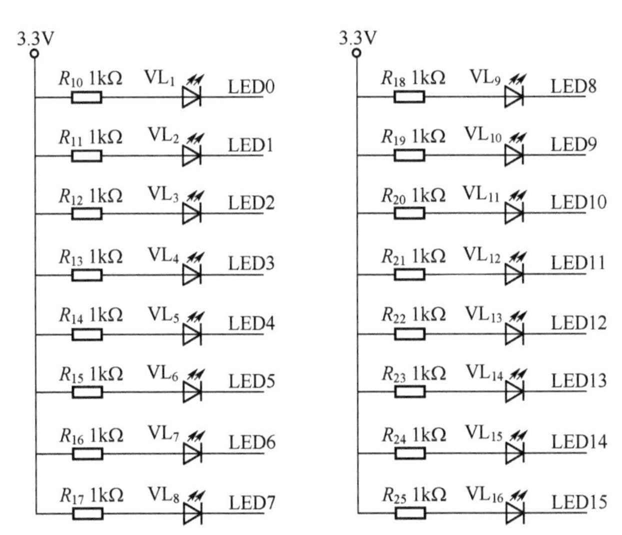

图 2-12　流水灯电路原理图

另外，还设计有 USB 转 TTL 串口电路（采用 CH340G）、独立按键电路、ADC 采集电路（采用 10kΩ 电位器）和 5V 转 3.3V 电源电路（采用 AMS1117-3.3V），具体电路从略。

2.7　学习 STM32 的方法

学习 STM32 和其他单片机的最好方法是“学中做、做中学”。

首先，大致学习一下 STM32 单片机的英文或者中文手册，对该单片机的特点和工作原理有个大概的了解。通过这一步，达到基本了解或理解 STM32 最小系统原理、程序烧写和运行机制的目的。

其次，从一个最简单的项目开始，如发光二极管的控制，从而熟悉 STM32 应用系统开发的全过程，找到 STM32 开发的感觉。

最后，继续对上述最简单项目进行深化和变通，以进一步熟悉和巩固开发过程，熟悉开发的基本特点。如两个发光二极管的控制、发光时间的调整，还可以进一步推广到通过定时器、中断等控制发光二极管。

一个好的建议是，在学习 STM32 的过程中，对于用到的功能部件，要重点学习这一部件的相关知识，慢慢积累，逐渐入门。也就是说，通过蚂蚁搬家式的学习，把难度分解，从而使困难变小。

学习 STM32 要动手做，只要开始动手做，就在进入和掌握 STM32 开发的路上了。

第3章 嵌入式开发环境的搭建

本章介绍了嵌入式开发环境的搭建，包括 Keil MDK5 安装配置、Keil MDK 下新工程的创建、J-Link 驱动安装、Keil MDK5 调试方法、STM32F103 开发板的选择和 STM32 仿真器的选择。

3.1 Keil MDK5 安装配置

3.1.1 Keil MDK 简介

Keil 软件公司是一家业界领先的微控制器（MCU）软件开发工具的独立供应商，由两家私人公司联合运营，分别是德国慕尼黑的 Keil Elektronik GmbH 和美国德克萨斯的 Keil Software Inc.。Keil 软件公司制造和销售种类广泛的开发工具，包括 ANSI C 编译器、宏汇编程序、调试器、连接器、库管理器、固件和实时操作系统核心（Real-Time Kernel）。

MDK 即 RealView MDK 或 MDK-ARM（Microcontroller Development Kit），是 ARM 公司收购 Keil 软件公司以后，基于 μVision 界面推出的针对 ARM7、ARM9、Cortex-M 系列、Cortex-R4 等 ARM 处理器的嵌入式软件开发工具。

Keil MDK 的全称是 Keil Microcontroller Development Kit，中文名称为 Keil 微控制器开发套件，常见的 Keil ARM-MDK、Keil MDK、RealView MDK、I-MDK、μVision5（老版本为 μVision4 和 μVision3），这几个名称都是指同一个产品。Keil MDK 由 Keil 软件公司（2005 年被 ARM 公司收购）推出。它支持 40 多个厂商超过 5000 种的基于 ARM 的微控制器器件和多种仿真器，集成了行业领先的 ARM C/C++编译工具链，符合 ARM Cortex 微控制器软件接口标准（Cortex Microcontroller Software Interface Standard，CMSIS）。Keil MDK 提供了软件包管理器和多种实时操作系统（RTX、Micrium RTOS、RT-Thread 等）、IPv4/IPv6、USB 设备和 OTG 协议栈、IoT 安全连接以及 GUI 库等中间件组件；还提供了性能分析器，可以评估代码覆盖、运行时间以及函数调用次数等，指导开发者进行代码优化；同时提供了大量的项目例程，帮助开发者快速掌握 Keil MDK 的强大功能。Keil MDK 是一个适用于 ARM7、ARM9、Cortex-M、Cortex-R 等系列微控制器的完整软件开发环境，具有强大的功能和方便易用性，深得广大开发者认可，成为目前常用的嵌入式集成开发环境之一，能够满足大多数苛刻的嵌入式应用开发的需要。

1. MDK-ARM 的核心组成部分

MDK-ARM 集成了业内最领先的技术，包括 μVision5 集成开发环境与 RealView 编译器（RealView Compilation Tool，RVCT），支持 ARM7、ARM9 和最新的 Cortex-M 核处理器，自动配置启动代码，集成 Flash 烧写模块，有强大的 Simulation 设备模拟、性能分析等功能。

MDK-ARM 主要包含以下四个核心组成部分：

1）μVision IDE。μVision IDE 是一个集项目管理器、源代码编辑器、调试器于一体的强大集成开发环境。

2）RVCT。RVCT 是 ARM 公司提供的编译工具链，包含编译器、汇编器、链接器和相关工具。

3）RL-ARM。实时库，可将其作为工程的库来使用。

4）ULINK/JLINK USB-JTAG 仿真器。用于连接目标系统的调试接口（JTAG 或 SWD 方式），帮助用户在目标硬件上调试程序。

2．μVision IDE 的主要特征

μVision IDE 是一个基于 Windows 操作系统的嵌入式软件开发平台，集编译器、调试器、项目管理器和一些 Make 工具于一体，具有以下主要特征：

1）项目管理器，用于产生和维护项目。

2）处理器数据库，集成了一个能自动配置选项的工具。

3）带有用于汇编、编译和链接的 Make 工具。

4）全功能的源代码编辑器。

5）模板编辑器，可用于在源代码中插入通用文本序列和头部块。

6）源代码浏览器，用于快速寻找、定位和分析应用程序中的代码和数据。

7）函数浏览器，用于在程序中对函数进行快速导航。

8）函数略图（Function Sketch），可形成某个源文件的函数视图。

9）带有一些内置工具，如 Find in Files 等。

10）集模拟调试和目标硬件调试于一体。

11）配置向导，可实现图形化的快速生成启动文件和配置文件。

12）可与多种第三方工具和软件版本控制系统接口。

13）带有 Flash 编程工具对话窗口。

14）丰富的工具设置对话窗口。

15）完善的在线帮助和用户指南。

3．MDK-ARM 支持的 ARM 处理器

MDK-ARM 支持的 ARM 处理器如下：

1）Cortex-M0/M0+/M3/M4/M7。

2）Cortex-M23/M33 非安全。

3）ICortex-M23/M33 安全/非安全。

4）ARM7、ARM9、Cortex-R4、SecurCore® SC000 和 SC300。

5）ARMv8-M 架构。

4．MDK-ARM 的开发步骤

使用 MDK-ARM 作为嵌入式开发工具，其开发流程与其他开发工具基本一样，一般可以分为以下几步：

1）新建一个工程，从处理器库中选择目标芯片。

2）自动生成启动文件或使用芯片厂商提供的基于 CMSIS 的启动文件及固件库。

3）配置编译器环境。

4）用 C 语言或汇编语言编写源文件。

5）编译目标应用程序。

6）修改源程序中的错误。

7）调试应用程序。

5. Keil MDK 的开发优势

Keil MDK 支持 ARM7、ARM9 和最新的 Cortex-M 系列内核微控制器，支持自动配置启动代码，集成 Flash 编程模块，有强大的 Simulaion 设备模拟和性能分析等单元，出众的性价比使得 Keil MDK 开发工具迅速成为 ARM 软件开发工具的标准。目前，Keil MDK 在我国 ARM 开发工具市场的占有率在 90%以上。Keil MDK 主要能够为开发者提供以下开发优势。

（1）启动代码生成向导

启动代码和系统硬件结合紧密。只有使用汇编语言才能编写，因此成为许多开发者难以跨越的门槛。Keil MDK 的 μVision5 工具可以自动生成完善的启动代码，并提供图形化的窗口，方便修改。无论是对于初学者还是对于有经验的开发者而言，都能大大节省开发时间，提高系统设计效率。

（2）设备模拟器

Keil MDK 的设备模拟器可以仿真整个目标硬件，如快速指令集仿真、外部信号和 I/O 端口仿真、中断过程仿真、片内外围设备仿真等。这使得开发者在没有硬件的情况下也能进行完整的软件设计开发与调试工作，软硬件开发可以同步进行，大大缩短了开发周期。

（3）性能分析器

Keil MDK 的性能分析器可辅助开发者查看代码覆盖情况、程序运行时间、函数调用次数等高端控制功能，帮助开发者轻松地进行代码优化，提高嵌入式系统设计开发的质量。

（4）RealView 编译器

Keil MDK 的 RealView 编译器与 ARM 公司以前的工具包 ADS 相比，其代码尺寸比 ADS1.2 编译器的代码尺对小 10%，其代码性能也比 ADS1.2 编译器的代码性能提高了至少 20%。

（5）ULINK2/Pro 仿真器和 Flash 编程模块

Keil MDK 无须寻求第三方编程软硬件的支持。通过配套的 ULINK2 仿真器与 Flash 编程工具，可以轻松地实现 CPU 片内 Flash 和外扩 Flash 烧写。并支持用户自行添加 Flash 编程算法，而且支持 Flash 的整片删除、扇区删除、编程前自动删除和编程后自动校验等功能。

（6）Cortex 系列内核

Cortex 系列内核具备高性能和低成本等优点，是 ARM 公司最新推出的微控制器内核，是单片机应用的热点和主流。而 Keil MDK 是第一款支持 Cortex 系列内核开发的开发工具，并为开发者提供了完善的工具集。因此，可以用它设计与开发基于 Cortex-M3 内核的 STM32 嵌入式系统。

（7）提供专业的本地化技术支持和服务

Keil MDK 的国内用户可以享受专业的本地化技术支持和服务，如电话、E-mail、论坛和中文技术文档等，这将为开发者设计出更有竞争力的产品提供更多的助力。

此外，Keil MDK 还具有自己的实时操作系统（RTOS），即 RTX。传统的 8 位或 16 位单片机往往不适合使用实时操作系统，但 Cortex-M3 内核除了为用户提供更强劲的性能、更高的性价比，还具备对小型操作系统的良好支持，因此在设计和开发 STM32 嵌入式系统时，开发者可以在 Keil MDK 上使用 RTOS。使用 RTOS 可以为工程组织提供良好的结构，并提高代码的重复使用率，使程序调试更加容易，项目管理更加简单。

3.1.2 MDK 下载

MDK 官方下载地址：http://www2.keil.com/mdk5。具体下载步骤如下：

1）打开官方网站，单击下载 MDK。MDK 下载界面如图 3-1 所示。

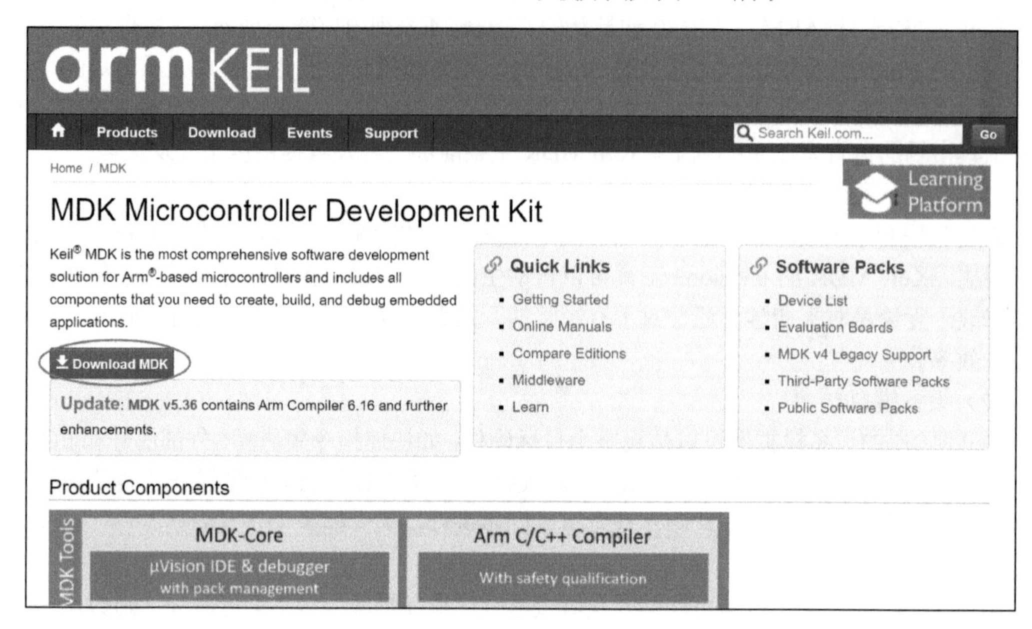

图 3-1　MDK 下载界面

2）按照要求填写信息，并单击“Submit”按钮完成提交。信息填写界面如图 3-2 所示。

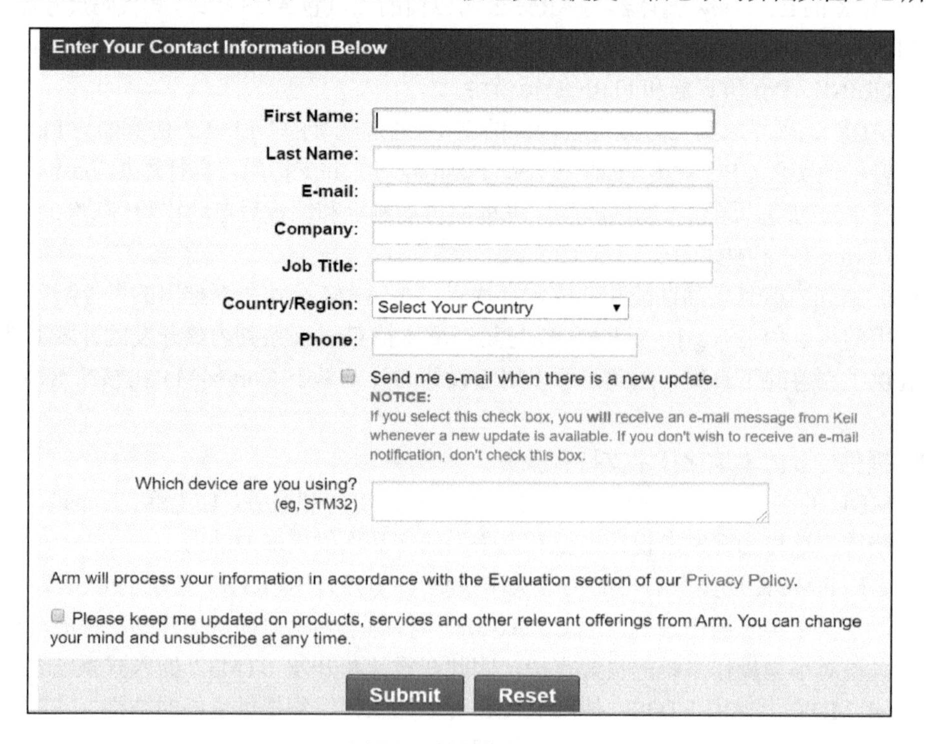

图 3-2　信息填写界面

3）单击 MDK×××.EXE 下载。MDK×××.EXE 下载界面如图 3-3 所示。这里下载的是 MDK536.EXE，等待下载完成。

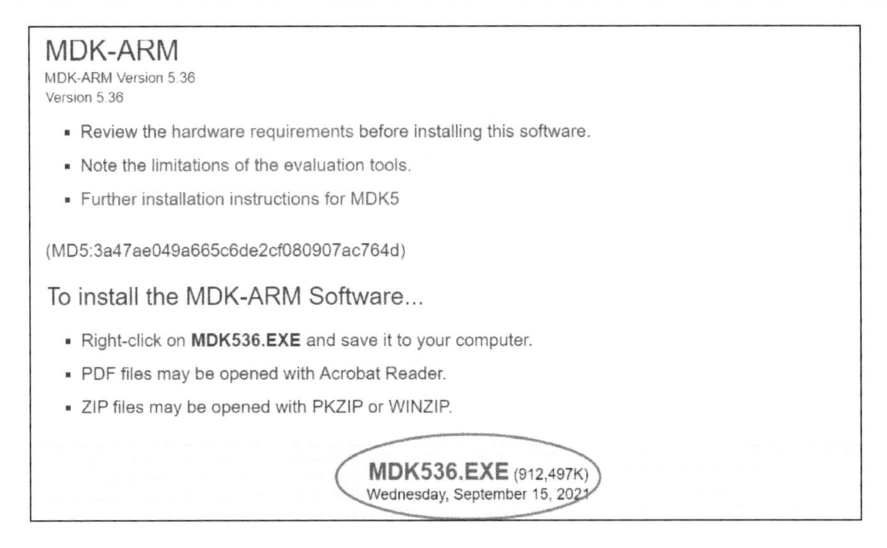

图 3-3　MDK×××.EXE 下载界面

3.1.3　MDK 安装

1）双击安装文件。双击 MDK 安装文件，MDK 图标如图 3-4 所示。

2）MDK 安装过程。MDK 安装界面如图 3-5 所示。

图 3-4　MDK 图标

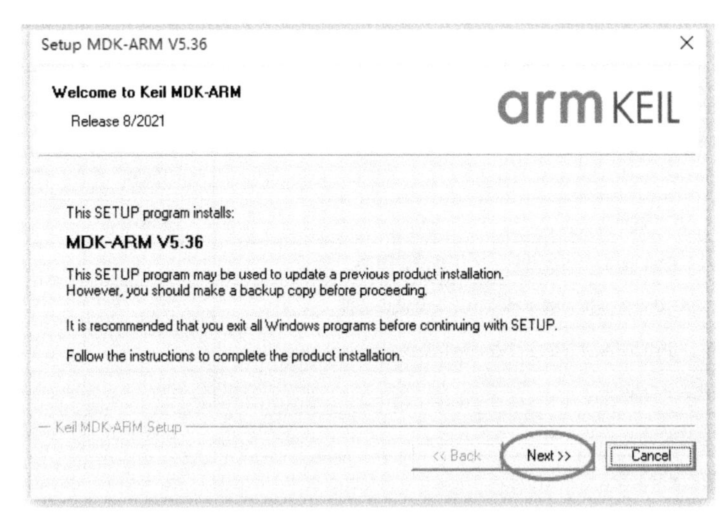

图 3-5　MDK 安装界面

在图 3-5 所示的 MDK 安装界面单击“Next”按钮；勾选同意协议，单击“Next”按钮；选择安装路径，建议保留默认设置，单击“Next”按钮；填写用户信息，单击“Next”按钮；等待安装。MDK 安装进程界面如图 3-6 所示。

需要显示版本信息，单击“Finish”按钮完成安装。

安装完成后，弹出 Pack Installer 欢迎界面。先关闭该界面，破解后再安装 Pack 包。

MDK 安装成功后，桌面会有 Keil μVision5 的图标（以下简称 Keil5），如图 3-7 所示。

如果购买了正版的 Keil μVision5，以管理员身份运行 Keil μVision5，打开后在菜单栏中单击“File”→“License Management”，安装 License，如图 3-8 所示。

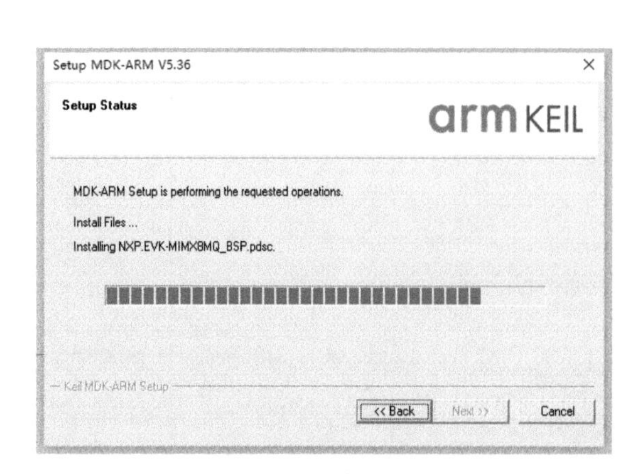

图 3-6　MDK 安装进程界面

图 3-7　Keil μVision5 的图标

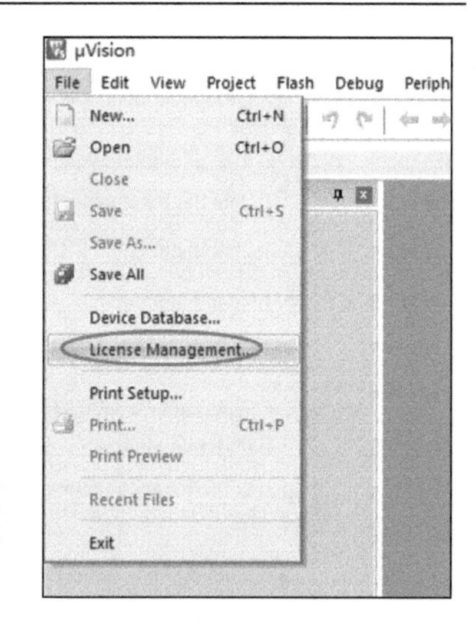

图 3-8　安装 License 界面

至此就可以使用 Keil μVision5 了。

Keil μVision5 功能限制见表 3-1。

表 3-1　Keil μVision5 功能限制

特性	Lite（轻量版）	Essential（基本版）	Plus（升级版）	Professional（专业版）
带有包安装器的 μVision® IDE	√	√	√	√
带源代码的 CMSIS RTX5 RTOS	√	√	√	√
调试器	32KB	√	√	√
C/C++ ARM 编译器	32KB	√	√	√
中间件：IPv4 网络、USB 设备、文件系统、图形			√	√
TÜV SÜD 认证的 ARM 编译器和功能安全认证套件				√
中间件：IPv6 网络、USB 主设备、IoT 连接				√
固定虚拟平台模型				√
快速模型连接				√
ARM 处理器支持				
Cortex-M0/M0+/M3/M4/M7	√	√	√	√
Cortex-M23/M33 非安全		√	√	√
ICortex-M23/M33 安全/非安全			√	√
ARM7、ARM9、Cortex-R4、SecurCore® SC000 和 SC300			√	√
ARMv8-M 架构				√

3.1.4　安装库文件

1）回到 Keil5 界面，单击图 3-9 中的“Pack Installer”按钮。

2）将弹出之前关闭的“Pack Installer”窗口，如图 3-10 所示。

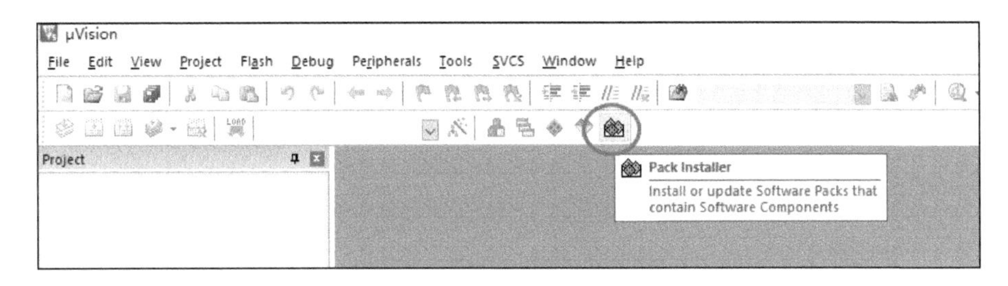

图 3-9 “Pack Installer”按钮

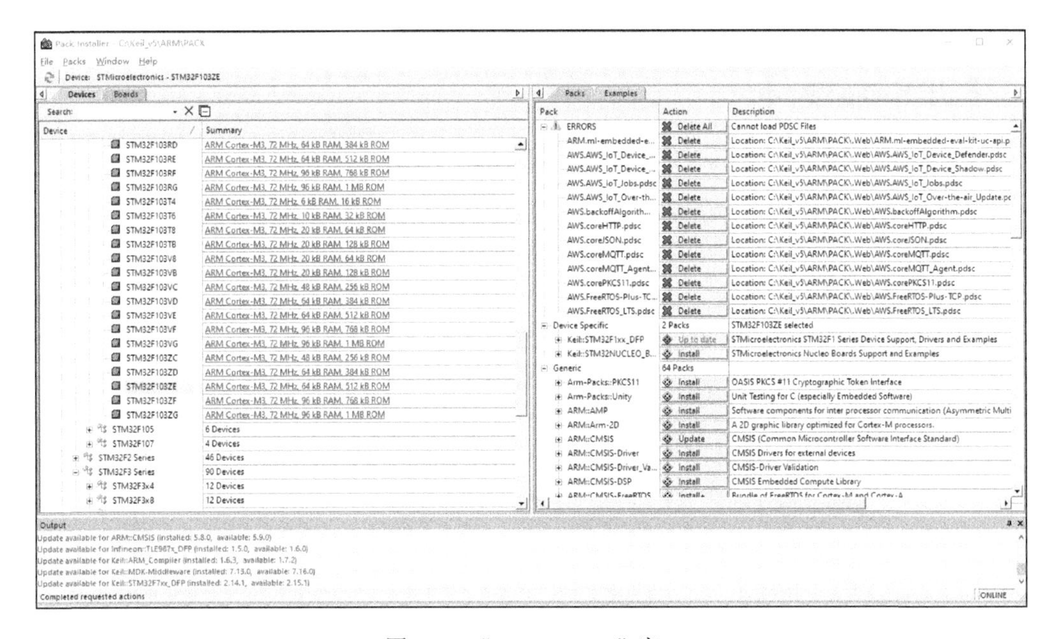

图 3-10 “Pack Installer”窗口

3）在左侧窗口中选择所使用的芯片 STM32F103 系列，在右侧窗口中单击“Device Specific”→“Keil::STM32F1××_DFP”对应的“Install”按钮安装库文件，在下方“Output”区可看到库文件的下载进度。

4）等待库文件下载完成。

Keil::STM32F1××_DFP 对应的“Action”状态变为“Up to date”，表示该库下载完成。

打开一个工程，测试编译是否成功。

3.2 Keil MDK 下新工程的创建

创建一个新工程，对 STM32 的 GPIO 功能进行简单的测试。

3.2.1 建立文件夹

建立文件夹“GPIO_TEST”，用来存放整个工程项目。在 GPIO_TEST 工程目录下建立四个文件夹来存放不同类别的文件，如图 3-11 所示。

图 3-11 中 4 个文件夹中对应的文件类型如下：“lib”文件夹存放库文件；“obj”文件夹存放工程文件；“out”文件夹存放编译输出文件；“user”文件夹存放用户源代码文件。

图 3-11 GPIO_TEST 工程目录

3.2.2 打开 Keil μVision

打开 Keil μVision 后，将显示上一次使用的工程，如图 3-12 所示。

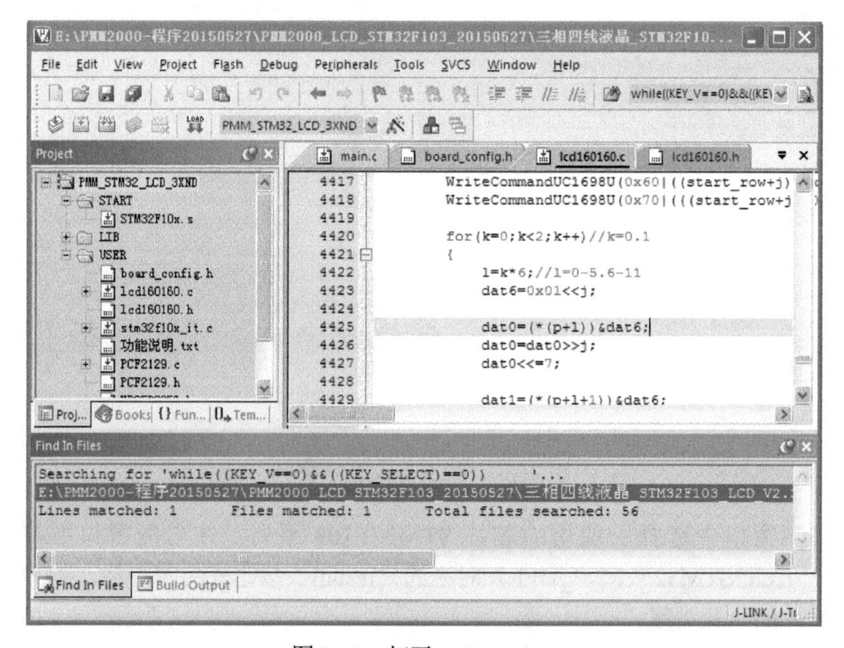

图 3-12 打开 Keil μVision

3.2.3 新建工程

1）在菜单栏中选择“Project”→“New μVision Project…”，新建工程，如图 3-13 所示。

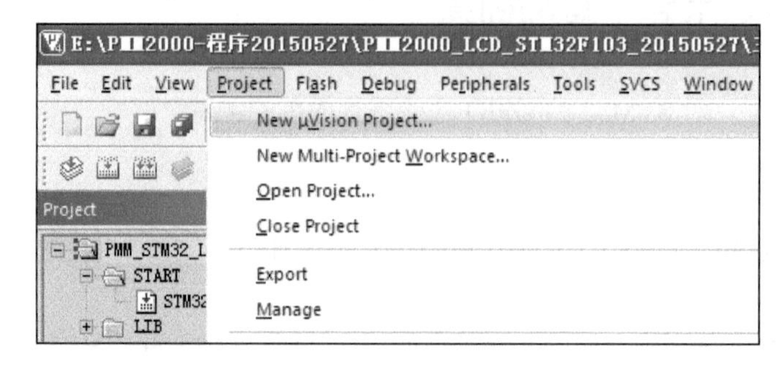

图 3-13 新建工程

2）把该工程存放在刚刚建立的“obj”子文件夹下，并输入工程文件名称，如图 3-14 和图 3-15 所示。

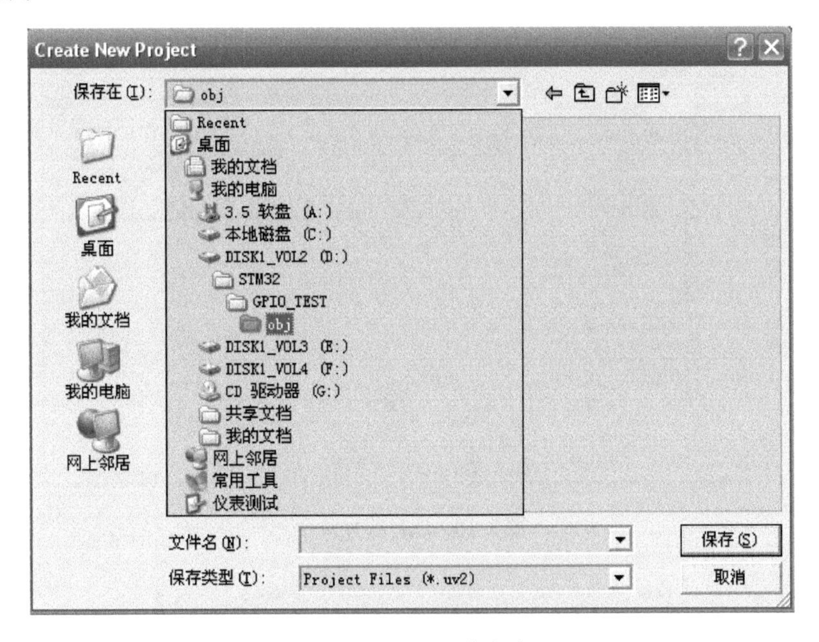

图 3-14　选择工程文件存放目录

图 3-15　工程文件命名

3）单击“保存”按钮后弹出选择器件窗口，如图 3-16 所示。选择“STMicroelectronics”下“STM32F103VB”器件（选择芯片型号）。

4）单击“OK”按钮后弹出如图 3-17 所示的提示对话框，在该提示对话框中单击“是”按钮，以加载 STM32 的启动代码。

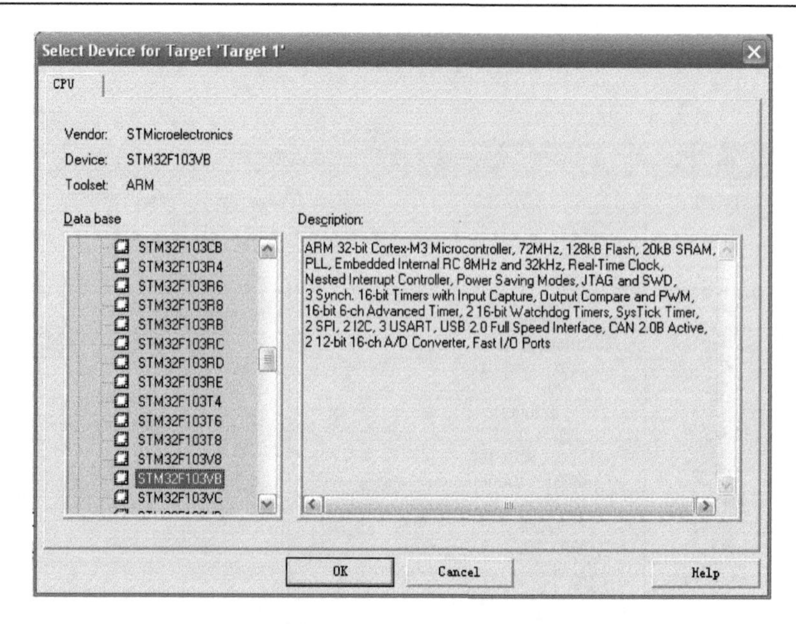

图 3-16 选择芯片型号

图 3-17 提示对话框

至此工程建立成功，显示界面如图 3-18 所示。

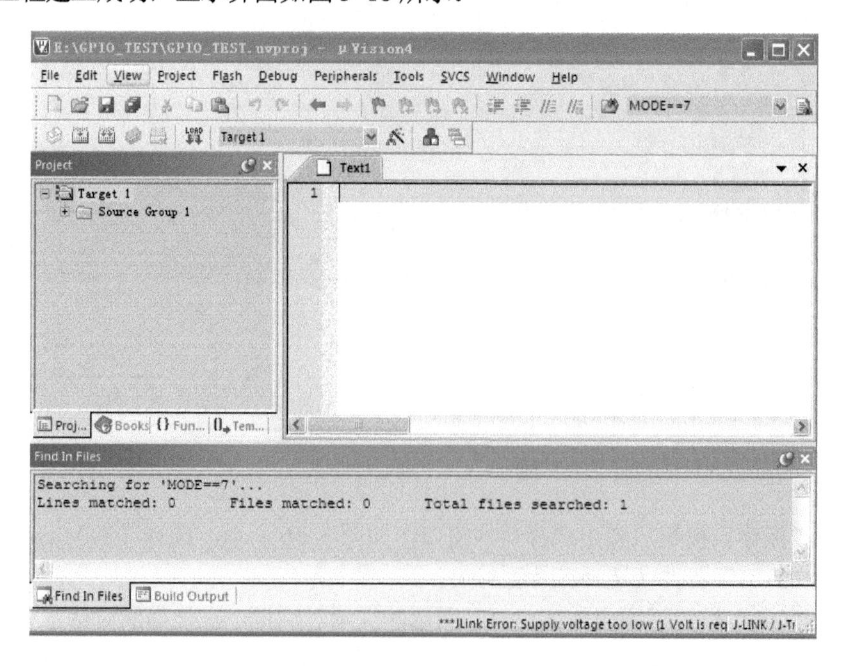

图 3-18 工程建立成功界面

3.3　J-Link 驱动安装

安装 J-Link 驱动，以便 Keil5、J-Scope 能够使用 J-Link。

3.3.1　J-Link 简介

J-Link 是 SEGGER 公司为支持仿真 ARM 内核芯片推出的 JTAG 仿真器。它与众多诸如 IAR EWARM、ADS、Keil、WinARM、RealView 等集成开发环境配合，支持 ARM7/ARM9/ARM11、Cortex M0/M1/M3/M4、Cortex A5/A8/A9 等几乎所有内核芯片的仿真。它与 IAR、Keil 等编译环境可无缝连接，因此操作方便、连接方便、简单易学，是学习开发 ARM 最好、最实用的开发工具。

J-Link 具有 J-Link Base、J-Link Plus、J-Link Ultra、J-Link Ultra+、J-Link Pro、J-Link EDU、J-Trace 等多个版本，可以根据不同的需求选择不同的产品。

J-Link 主要用于在线调试，它集程序下载器和控制器为一体，使得 PC 上的集成开发软件能够对 ARM 的运行进行控制，如单步运行、设置断点、查看寄存器等。一般调试信息用串口"打印"出来，就如 VC 用 printf 在屏幕上显示信息一样，ARM 用串口可以将需要的信息输出到计算机的串口界面。由于笔记本计算机一般都没有串口，因此常用 USB 转串口电缆或转接头实现。

J-Link 采用 USB 2.0 全速、高速主机接口，以及 20 针标准 JTAG/SWD 目标机连接器，可选配 14 针/10 针 JTAG/SWD 适配器，能够与包括 Keil MDK、IAR EWARM 等在内的几乎所有主流集成开发环境无缝连接。同时，J-Link 还具有以下主要特点：

1）自动识别器件内核。

2）JTAG 时钟频率高达 15MHz/50MHz，SWD 时钟频率高达 30MHz/100MHz。

3）RAM 下载速度最高达 3MB/s。

4）监测所有 JTAG 信号和目标板电压。

5）自动速度识别。

6）USB 供电，无须外接电源。

7）目标板电压范围为 1.2～5V。

8）支持多 JTAG 器件串行连接。

9）完全即插即用。

3.3.2　J-Link 驱动安装

1. 下载 J-Link 驱动

J-Link 官方下载地址：https://www.segger.com/downloads/J-Link/。J-Link 驱动下载界面如图 3-19 所示。

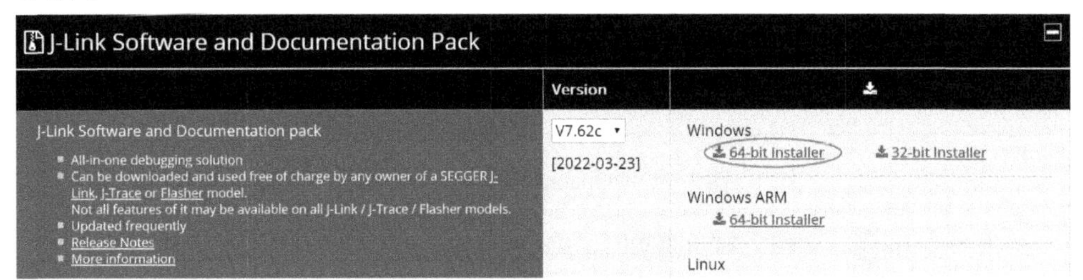

图 3-19　J-Link 驱动下载界面

下载后桌面会有 J-Link 驱动的图标，如图 3-20 所示。

2．J-Link 驱动的安装

J-Link 驱动的安装步骤简单，保留默认配置即可。J-Link 驱动安装过程界面如图 3-21 所示。

图 3-20　J-Link 驱动的图标

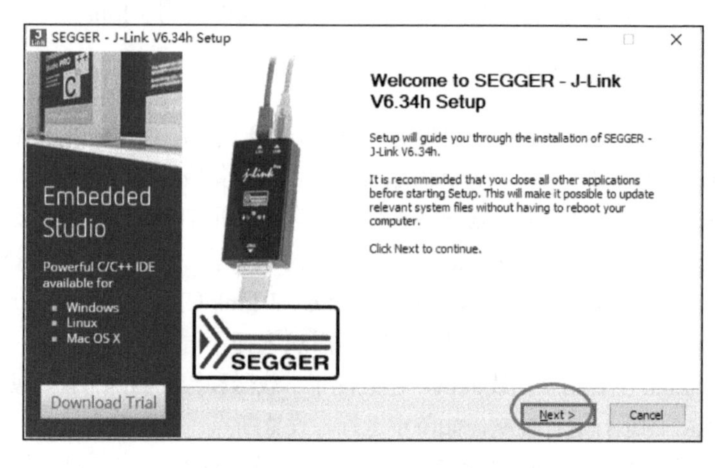

图 3-21　J-Link 驱动安装过程界面

3．配置 J-Link

1）安装完成后，连接 J-Link 至计算机，单击 Keil5 的“Options for Target”按钮，打开“Options for Target”界面。

2）选择“Debug”选项卡，调试工具选择“J-LINK/J.TRACE Cortex”，如图 3-22 所示。

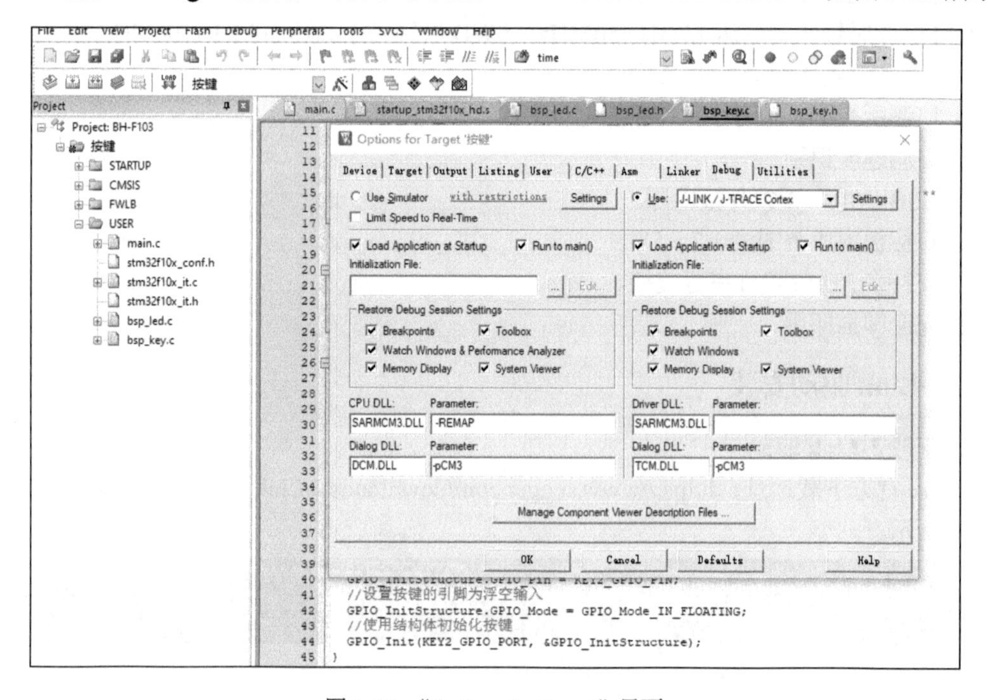

图 3-22　“Options for Target”界面

3）单击“Settings”按钮，可以看到 J-Link 的 SN、版本等信息，表示 J-Link 驱动安装成功，当前 J-Link 可正常使用。

3.4 Keil MDK5 调试方法

3.4.1 进入调试模式

进入调试模式的步骤如下：

1）连接 J-Link 到开发板 STM32 调试口，此时 J-Link USB 线不要连接计算机。

2）开发板上电。

3）连接 J-Link USB 线到计算机，J-Link 指示灯应为绿色。

4）使用 Keil5 打开一个程序。

5）进入调试模式。

单击工具栏中的“Start/Stop Debug Session”按钮或按 Ctrl+F5 组合键，可以进入或退出调试模式，如图 3-23 所示。

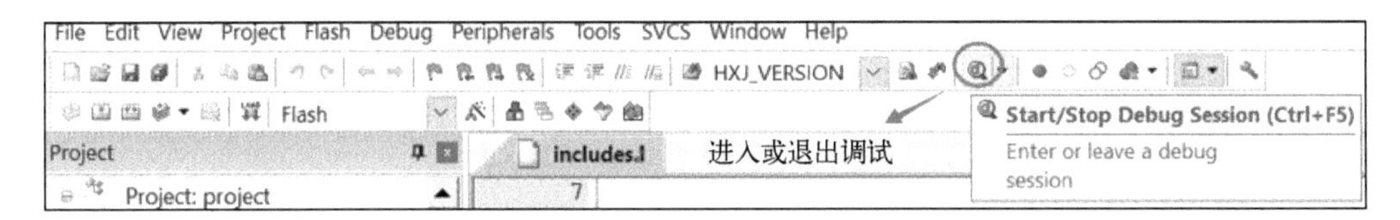

图 3-23 “Start/Stop Debug Session”按钮

3.4.2 调试界面介绍

1）调试界面中黄色箭头（运行指示箭头）处为当前执行语句。图 3-24 中的圆圈内为黄色箭头。

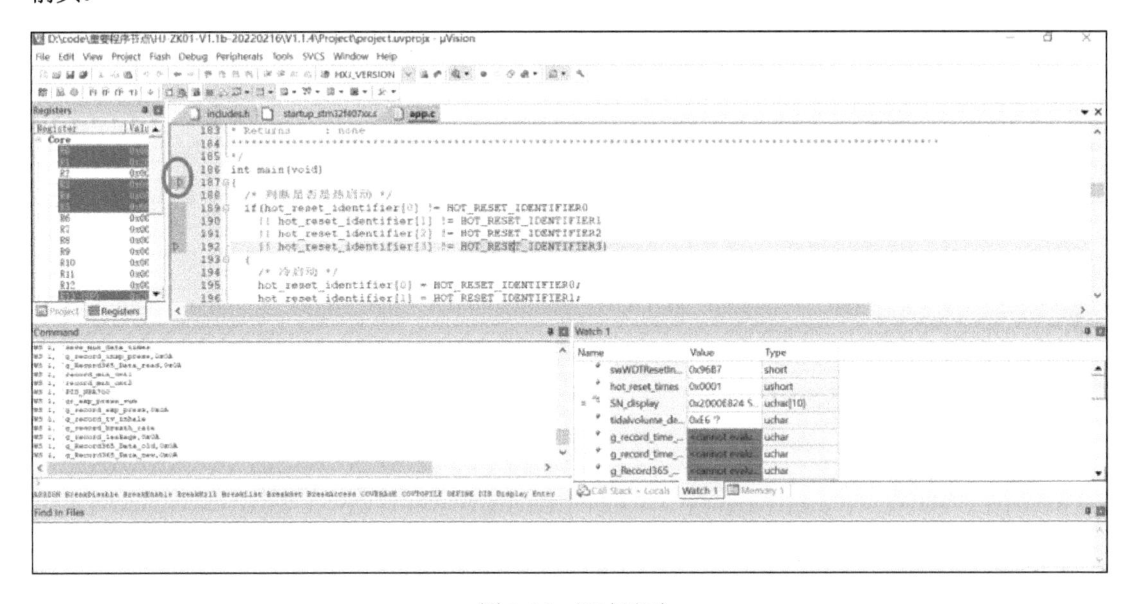

图 3-24 调试界面

2）拖动各窗口，将调试界面调整成自己习惯的布局，如图 3-25 所示。

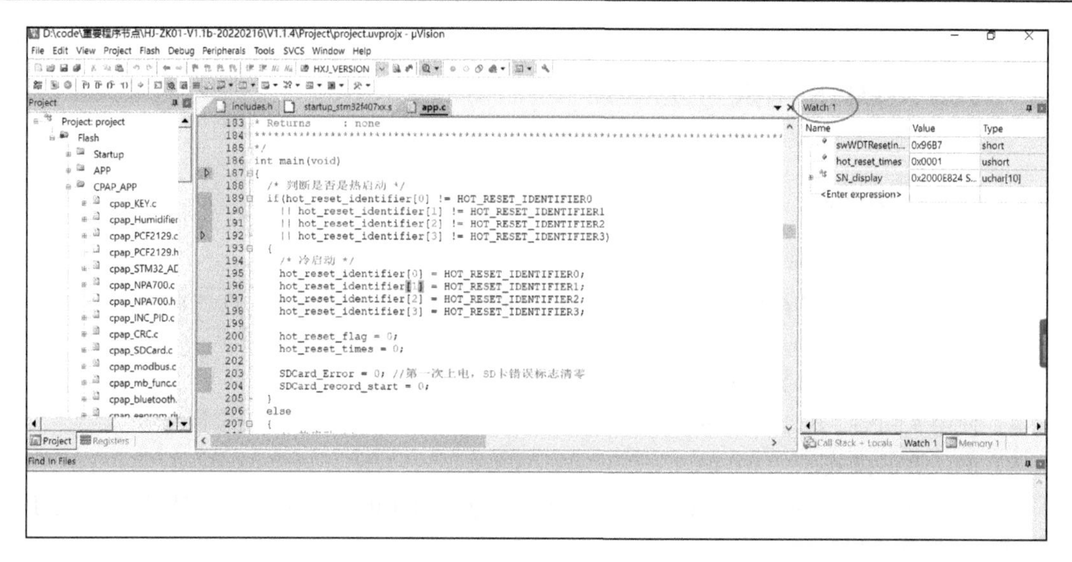

图 3-25　调整调试界面布局

3）保存当前布局，下次进入调试模式不必重新设置，调试时主要使用“Debug”菜单和工具栏。“Debug”菜单和工具栏分别如图 3-26 和图 3-27 所示。

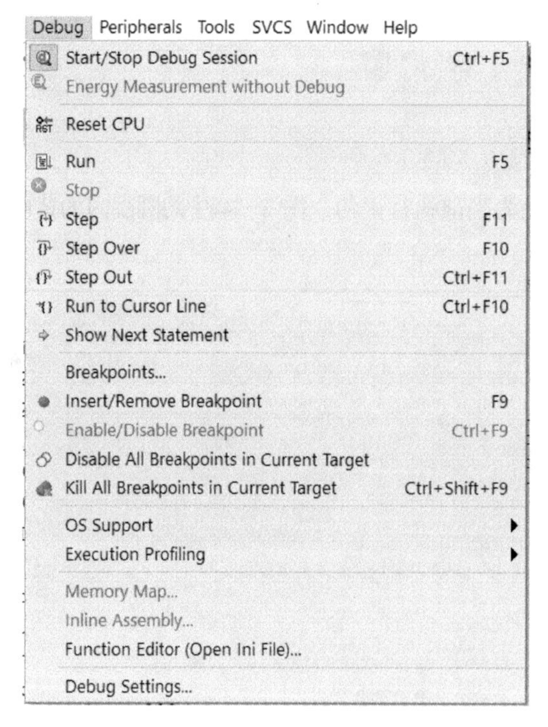

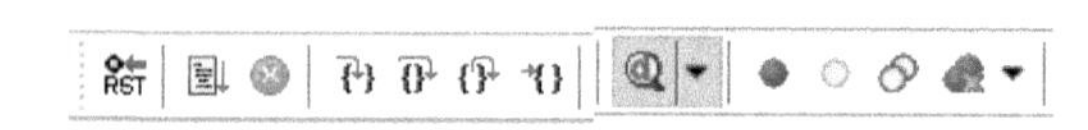

图 3-26　“Debug”菜单

图 3-27　“Debug”工具栏

“Debug”菜单命令介绍如下：

1）Start/Stop Debug Session：开始/停止调试，对应的工具栏按钮为。

2）Reset CPU：复位 CPU，对应的工具栏按钮为 。

3）Run：全速运行，对应的工具栏按钮为 。

4）Stop：停止运行，对应的工具栏按钮为 。
5）Step：单步调试（进入函数），对应的工具栏按钮为 。
6）Step Over：逐步调试（跳过函数），对应的工具栏按钮为 。
7）Step Out：跳出调试（跳出函数），对应的工具栏按钮为 。
8）Run to Cursor Line：运行到光标处，对应的工具栏按钮为 。
9）Show Next Statement：显示正在执行的代码行，对应的工具栏按钮为 。
10）Breakpoints：查看工程中所有的断点。
11）Insert/Remove Breakpoint：插入/移除断点，对应的工具栏按钮为 。
12）Enable/Disable Breakpoint：使能/失能断点，对应的工具栏按钮为 。
13）Disable All Breakpoints in Current Target：失能所有断点，对应的工具栏按钮为 。
14）Kill All Breakpoints in Current Target：取消所有断点，对应的工具栏按钮为 。
15）OS Support：系统支持（打开子菜单访问事件查看器和 RTX 任务和系统信息）。
16）Execution Profiling：执行分析。
17）Memory Map：内存映射。
18）Inline Assembly：内联汇编。
19）Function Editor（Open Ini File）：函数编辑器。
20）Debug Settings：调试设置。

3.4.3　变量查询功能

方法 1：双击选中变量，如“hot_reset_times”，拖动到“Watch1”窗口，即可查看该变量的值，如图 3-28 所示。

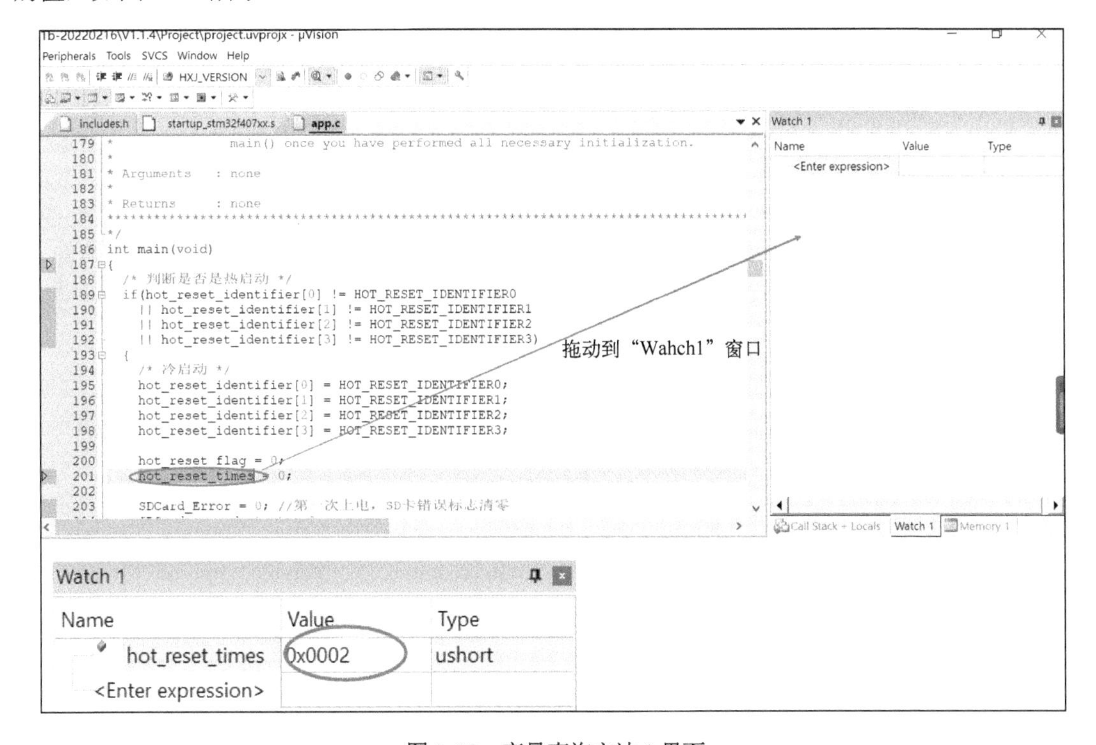

图 3-28　变量查询方法 1 界面

方法 2：可在“Watch1”窗口直接输入要查询的变量，如图 3-29 所示。

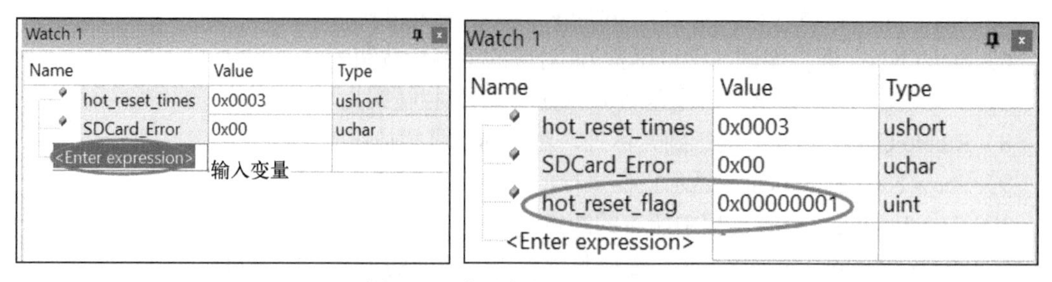

图 3-29　变量查询方法 2 界面

3.4.4　断点功能

当需要程序执行到某处停下时，可以使用断点功能。举例如下：

1）确定添加断点处代码为“GetSNdisplay(SN_display);”，如图 3-30 所示。

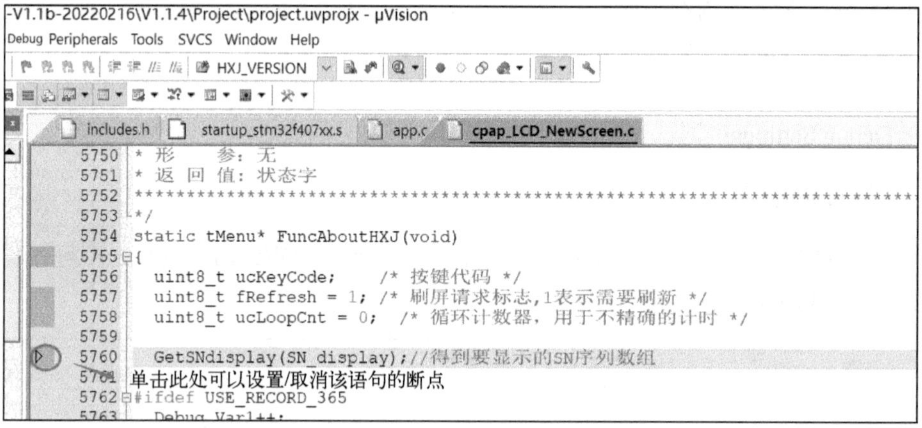

```
5750 * 形    参: 无
5751 * 返 回 值: 状态字
5752 *****************************************************************************
5753 */
5754 static tMenu* FuncAboutHXJ(void)
5755 {
5756   uint8_t ucKeyCode;     /* 按键代码 */
5757   uint8_t fRefresh = 1; /* 刷屏请求标志,1表示需要刷新 */
5758   uint8_t ucLoopCnt = 0;   /* 循环计数器, 用于不精确的计时 */
5759
5760   GetSNdisplay(SN_display);//得到要显示的SN序列数组
5761 单击此处可以设置/取消该语句的断点
5762 #ifdef USE_RECORD_365
5763   Debug_Var1++;
```

图 3-30　确定添加断点处

2）单击代码左侧阴影处（阴影表示程序可以执行到此处，无阴影一般为未编译语句或注释语句，不可设置断点），可以设置或取消该语句的断点。添加断点成功后会有一个红色圆点，如图 3-31 所示。

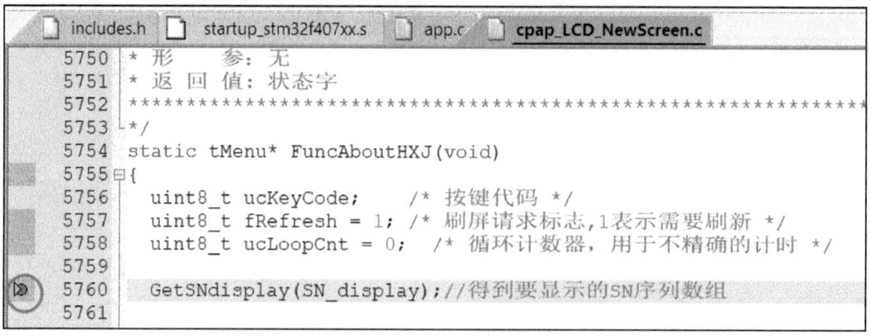

```
5750 * 形    参: 无
5751 * 返 回 值: 状态字
5752 *****************************************************************************
5753 */
5754 static tMenu* FuncAboutHXJ(void)
5755 {
5756   uint8_t ucKeyCode;     /* 按键代码 */
5757   uint8_t fRefresh = 1; /* 刷屏请求标志,1表示需要刷新 */
5758   uint8_t ucLoopCnt = 0;   /* 循环计数器, 用于不精确的计时 */
5759
5760   GetSNdisplay(SN_display);//得到要显示的SN序列数组
5761
```

图 3-31　添加断点成功

3）单击“全速运行”图标，操作某一设备，进入“信息”→“关于本机”。此时程序会运行至断点处，黄色箭头指向断点语句，如图 3-32 所示。

```
includes.h   startup_stm32f407xx.s   app.c   cpap_LCD_NewScreen.c
5752 ******************************************************************
5753 */
5754 static tMenu* FuncAboutHXJ(void)
5755 {
5756   uint8_t ucKeyCode;     /* 按键代码 */
5757   uint8_t fRefresh = 1; /* 刷屏请求标志,1表示需要刷新 */
5758   uint8_t ucLoopCnt = 0;  /* 循环计数器，用于不精确的计时 */
5759
5760   GetSNdisplay(SN_display);//得到要显示的SN序列数组
5761
5762 #ifdef USE_RECORD_365
5763   Debug Var1++;
```

图 3-32　黄色箭头指向断点语句

4）可根据调试需求，使用以下调试方法。

① Step：单步调试（进入函数）。

② Step Over：逐步调试（跳过函数）。

③ Step Out：跳出调试（跳出函数）。

④ Run to Cursor Line：运行到光标处。

此处以执行“Step”命令为例，进入 GetSNdisplay 函数，如图 3-33 所示。

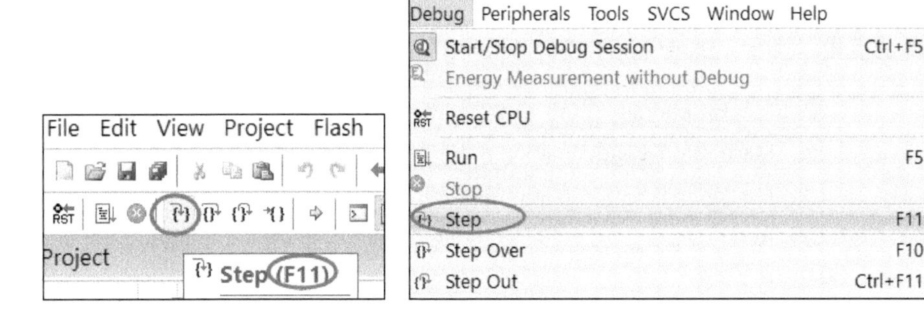

图 3-33　“Step”命令

使用“Step”命令单步调试程序界面如图 3-34 所示。

```
includes.h   startup_stm32f407xx.s   app.c   cpap_LCD_NewScreen.c   cpap_modbus.c
139     mb_add_send_byte(sCRC.items.low);
140     mb_add_send_byte(sCRC.items.high);
141   }
142
143   return TRUE;
144 }
145
146 void GetSNdisplay(unsigned char a[])//得到用于显示SN的数组元素
147 {
148   u8 data[CURRENT_SN_LEN]={0};
149   u8 i=0;
150   u8 j=0;
151   eeprom_ReadBytes(CURRENT_SN_LEN,data,ADDR_DEVICE_SN);
152   for(i=0;i<CURRENT_SN_LEN;i++)
153   {
154     a[j]=data[i]>>4;
155     a[++j]=data[i]&0x0f;
156     j++;
157   }
158
159 }
```

图 3-34　使用“Step”命令单步调试程序界面

5）调试完成后，可进入全速运行模式。全速运行模式下可正常操作所开发设备及监视变量，如图 3-35 所示。

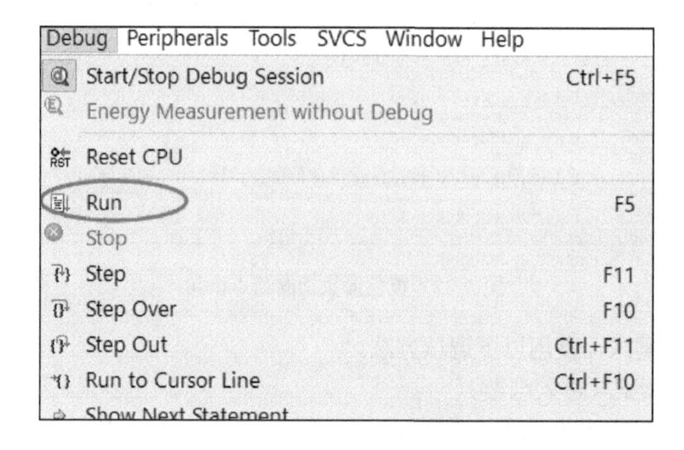

图 3-35　全速运行模式

3.4.5　结束调试模式

结束调试模式，执行“Start/Stop Debug Session”命令，如图 3-36 所示。

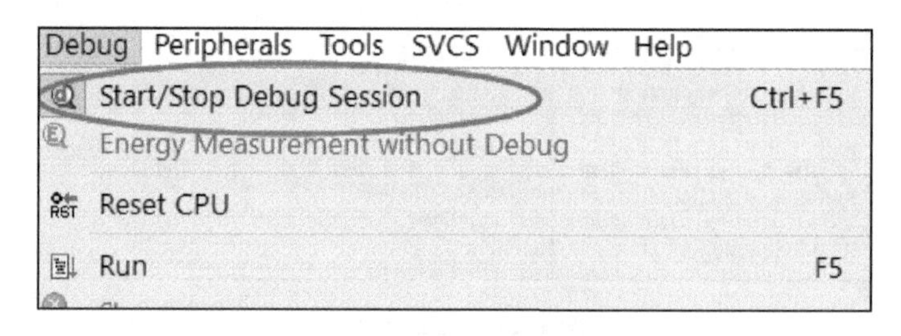

图 3-36　结束调试模式

3.5　STM32F103 开发板的选择

本书应用实例是在 ALIENTEK 战舰 STM32F103 开发板上调试通过的，该开发板可以在网购平台购买，价格因模块配置的区别而不同，在 300～800 元之间。

ALIENTEK 战舰 STM32F103 开发板使用 STM32F103ZET6 作为主控芯片，使用 4.3in（1in=0.0254m）液晶屏进行交互，可通过 Wi-Fi 接入互联网，支持使用串口（TTL）、485、CAN、USB 协议与其他设备通信，板载 Flash、EEPROM 存储器、全彩 RGB LED 灯，还提供了各式通用接口，能满足各种各样的学习需求。

ALIENTEK 战舰 STM32F103 开发板如图 3-37 所示。

ALIENTEK 战舰 STM32F103 开发板硬件资源描述（不带 TFT LCD）如图 3-38 所示。

图 3-37 ALIENTEK 战舰 STM32F103 开发板

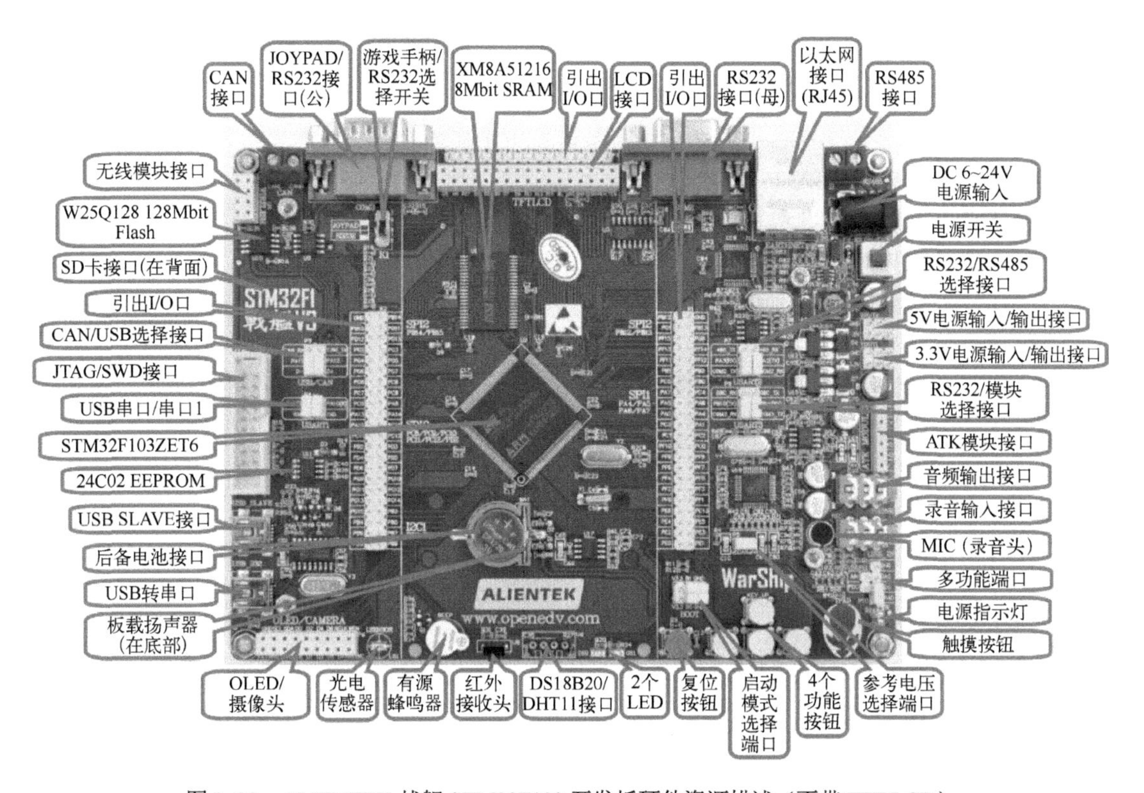

图 3-38 ALIENTEK 战舰 STM32F103 开发板硬件资源描述（不带 TFT LCD）

ALIENTEK 战舰 STM32F103 板载资源如下。

1）CPU：STM32F103ZET6，LQFP144；Flash：512KB；SRAM：64KB。

2）外扩 SRAM：XM8A51216，8Mbit。

3）外扩 SPI Flash：W25Q128，128Mbit。

4）1 个电源指示灯（蓝色）。

5）2 个状态指示灯（DS0：红色，DS1：绿色）。

6）1 个红外接收头，并配备一款小巧的红外遥控器。

7）1 个 EEPROM 芯片，24C02，容量 256B。

8）1 个板载扬声器（在底部，用于音频输出）。

9）1 个光电传感器。

10）1 个高性能音频编解码芯片，VS1053。

11）1 个无线模块接口（可接 NRF24L01/RFID 模块等）。

12）1 路 CAN 接口，采用 TJA1050 芯片。

13）1 路 RS485 接口，采用 SP3485 芯片。

14）2 路 RS232 接口，采用 SP3232 芯片。

15）1 个游戏手柄接口（与公头 RS232 串口共用 DB9 口），可接插 FC（红白机）游戏手柄。

16）1 路数字温湿度传感器接口，支持 DS18B20/DHT11 等。

17）1 个 ATK 模块接口，支持 ALIENTEK 蓝牙/GPS 模块/MPM6050 模块等。

18）1 个标准的 2.4/2.8/3.5in LCD 接口，支持触摸屏。

19）1 个摄像头模块接口。

20）1 个 OLED 模块接口（与摄像头接口共用）。

21）1 个 USB 串口，可用于程序下载和代码调试。

22）1 个 USB SLAVE 接口，用于 USB 通信。

23）1 个有源蜂鸣器。

24）1 个游戏手柄/RS232 选择开关。

25）1 个 RS232/RS485 选择接口。

26）1 个 RS232/模块选择接口。

27）1 个 CAN/USB 选择接口。

28）1 个 USB 转串口接口。

29）1 个 SD 卡接口（在板子背面，SDIO 接口）。

30）1 个 10MB/100MB 以太网接口（RJ45）。

31）1 个标准的 JTAG/SWD 调试下载接口。

32）1 个录音头（MIC）。

33）1 路立体声音频输出接口。

34）1 路立体声录音输入接口。

35）1 组多功能端口（DAC/ADC/PWM DAC/AMDIO IN/TPAD）。

36）1 组 5V 电源输入/输出接口。

37）1 组 3.3V 电源输入/输出接口。

38）1 个参考电压选择端口。

39）1 个直流电源输入接口（输入电压范围：6～24V）。

40）1 个启动模式选择端口。

41）1 个 RTC 后备电池接口，并带电池。

42）1 个复位按钮，可用于复位 MCM 和 LCD。

43）4 个功能按钮，其中 WK_MP 兼具唤醒功能。

44）1 个电容触摸按钮。

45）1 个电源开关，控制整个板的电源。

46）除晶振占用的 I/O 口外，其余 I/O 口均为引出 I/O 口。

ALIENTEK 战舰 STM32F103 的特点如下：

1）接口丰富。板子提供十多种标准接口，可以方便地进行各种外设的实验和开发。

2）设计灵活。板上很多资源都可以灵活配置，以满足不同条件下的使用。这里引出了除晶振占用的 I/O 口外的所有 I/O 口，可以极大地方便开发者扩展及使用。另外，一键下载功能可避免频繁设置 B0、B1 的麻烦，仅通过 1 根 USB 线即可实现 STM32 开发。

3）资源充足。主芯片采用自带 512KB Flash 的 STM32F103ZET6，并外扩 1MB SRAM 和 16MB Flash，满足大内存需求和大数据存储。板载高性能音频编解码芯片、双 RS232 串口、百兆网卡、光电传感器以及各种接口芯片，满足各种应用需求。

4）人性化设计。各个接口都有丝印标注，且用方框框出，使用起来一目了然；部分常用外设用大丝印标注，方便查找；接口位置设计安排合理，方便顺手；资源搭配合理，物尽其用。

3.6　STM32 仿真器的选择

开发板可以采用 ST-Link、J-Link 或野火 fireDAP 下载器（符合 CMSIS-DAP Debugger 规范）下载程序。

CMSIS-DAP 是支持访问 CoreSight 调试访问端口（DAP）的固件规范和实现，能够为各种 ARM Cortex 处理器提供 CoreSight 调试和跟踪。

如今众多 Cortex-M 处理器都能方便地调试，在于有一项基于 ARM Cortex-M 处理器设备的 CoreSight 技术，该技术引入了强大的新调试（Debug）和跟踪（Trace）功能。

（1）调试功能

1）运行处理器的控制，允许启动和停止程序。

2）单步调试源代码和汇编代码。

3）在处理器运行时设置断点。

4）即时读取/写入存储器内容和外设寄存器。

5）编程内部和外部 Flash。

（2）跟踪功能

1）串行线查看器（SWV）提供程序计数器（PC）采样、数据跟踪、事件跟踪和仪器跟踪信息。

2）指令（ETM）跟踪直接流式传输到 PC，从而实现历史序列的调试、软件性能分析和代码覆盖率分析。

正点原子 DAP 仿真器如图 3-39 所示。

J-Link 仿真器如图 3-40 所示。

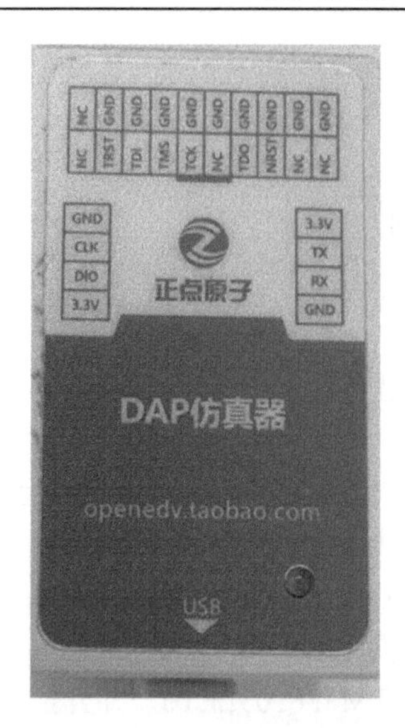

图 3-39　正点原子 DAP 仿真器

图 3-40　J-Link 仿真器

第4章　STM32通用输入/输出接口及其应用

本章介绍了STM32通用输入/输出接口及其应用，包括STM32通用输入/输出接口概述、GPIO的功能、GPIO常用库函数、GPIO使用流程、GPIO按键输入应用实例和GPIO LED输出应用实例。

4.1　STM32通用输入/输出接口概述

GPIO是通用输入/输出（General Purpose Input/Output）接口的缩写，其功能是让嵌入式处理器能够通过软件灵活地读出或控制单个物理引脚上的高、低电平，实现内核和外部系统之间的信息交换。GPIO是嵌入式处理器使用最多的外设，能够充分利用其通用性和灵活性，是嵌入式开发者必须掌握的重要技能。作为输入时，GPIO可以接收来自外部的开关量信号、脉冲信号等，如来自键盘、拨码开关的信号；作为输出时，GPIO可以将内部的数据送给外部设备或模块，如输出到LED、数码管、控制继电器等。另外，理论上讲，当嵌入式处理器上没有足够的外设时，可以通过软件控制GPIO来模仿UART、SPI、PC、FSMC等各种外设的功能。

正是因为GPIO作为外设具有无与伦比的重要性，STM32上除特殊功能的引脚外，所有的引脚都可以作为GPIO使用。以常见的LQFP144封装的STM32F103ZET6为例，有112个引脚可以作为双向I/O使用。为便于使用和记忆，STM32将它们分配到不同的组中，在每个组中再对其进行编号。具体来讲，每个组称为一个端口，端口号通常以大写字母命名，从A开始依次简写为PA、PB或PC等。每个端口中最多有16个GPIO，软件既可以读写单个GPIO，也可以通过指令一次读写端口中全部16个GPIO。每个端口内部的16个GPIO又被分别标以0～15的编号，从而可以通过PA0、PB5或PC10等方式来指代单个的GPIO。以STM32F103ZET6为例，它共有7个端口（PA、PB、PC、PD、PE、PF和PG），每个端口有16个GPIO，共7×16=112个GPIO。

在几乎所有的嵌入式系统应用中，都涉及开关量的输入和输出功能，如状态指示、报警输出、继电器闭合和断开、按钮状态读入、开关量报警信息的输入等。这些开关量的输入和输出控制都可以通过通用输入/输出接口实现。

GPIO端口的每个位都可以由软件分别配置成以下模式：

1）输入浮空。浮空（Floating）就是逻辑器件的输入引脚既不接高电平，也不接低电平。由于逻辑器件的内部结构，当它的输入引脚悬空时，相当于该引脚接了高电平。在实际运用时，一般不建议把引脚悬空，否则易受干扰。

2）输入上拉。上拉就是把电压拉高，如拉到V_{CC}。上拉就是将不确定的信号通过一个电阻钳位在高电平。电阻同时起限流作用。弱强只是上拉电阻的阻值不同，没有严格区分。

3）输入下拉。下拉就是把电压拉低，拉到GND。其原理与上拉原理相似。

4）模拟输入。模拟输入是指传统方式的模拟量输入。数字输入是输入数字信号，即0和1的二进制数字信号。

5）开漏输出。开漏输出的输出端相当于晶体管的集电极，要得到高电平状态需要上拉电阻才行，适合作为电流型驱动，其吸收电流的能力相对较强（一般在 20mA 以内）。

6）推挽输出。推挽输出可以输出高低电平，连接数字器件；推挽结构一般是指两个晶体管分别受两个互补信号的控制，总是在一个晶体管导通的时候另一个晶体管截止。

7）推挽复用输出。复用模式可以理解为 GPIO 被用作第二功能时的配置情况（即并非作为通用 I/O 口使用）。这种复用模式可工作在开漏及推挽模式。STM32 GPIO 的推挽复用功能中的输出使能、输出速度可配置。但是输出信号源于其他外设，这时的输出数据寄存器 GPIOx_ODR 是无效的；而且输入可用，通过输入数据寄存器可获取 I/O 端口的实际状态，但一般直接用外设的寄存器来获取该数据信号。

8）开漏复用输出。每个 I/O 端口可以自由编程，而 I/O 端口寄存器必须按 32 位字访问（不允许按半字或字节访问）。GPIOx_BSRR 和 GPIOx_BRR 寄存器允许对任何 GPIO 寄存器的读/更改的独立访问，这样在读和更改访问之间产生中断（IRQ）时不会发生危险。一个 I/O 端口的基本结构如图 4-1 所示。

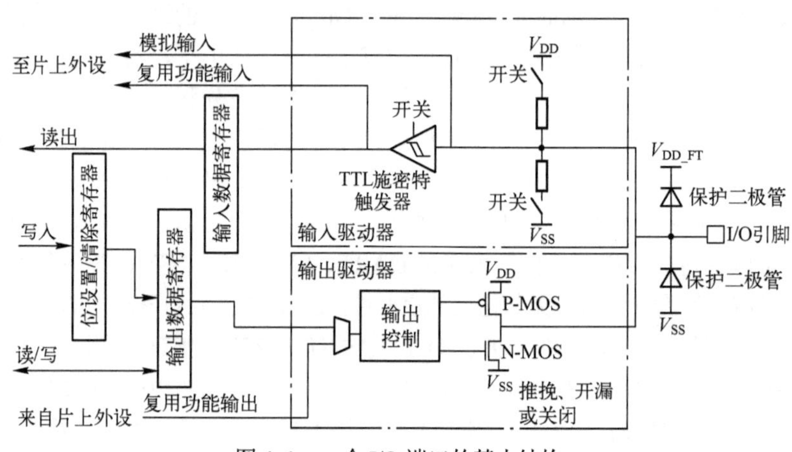

图 4-1　一个 I/O 端口的基本结构

4.2　STM32 的 GPIO 功能

4.2.1　普通 I/O 功能

复位期间和刚复位后，复用功能未开启，I/O 端口被配置成浮空输入模式。复位后，JTAG 引脚被置于输入上拉或输入下拉模式。

1）PA13：JTMS 置于输入上拉模式。

2）PA14：JTCK 置于输入下拉模式。

3）PA15：JTDI 置于输入上拉模式。

4）PB4：JNTRST 置于输入上拉模式。

当作为输出配置时，写到输出数据寄存器（GPIOx_ODR）上的值输出到相应的 I/O 引脚。可以以推挽模式或开漏模式（当输出 0 时，只有 N-MOS 被打开）使用输出驱动器。

输入数据寄存器（GPIOx_IDR）在每个 APB2 时钟周期捕捉 I/O 引脚上的数据。

所有 GPIO 引脚有一个内部弱上拉和弱下拉，当配置为输入时，它们可以被激活，也可以被断开。

4.2.2　单独的位设置或位清除

当对 GPIOx_ODR 的个别位编程时，软件不需要禁止中断：在单次 APB2 写操作中，可以只更改一个或多个位，通过对置位/复位寄存器（GPIOx_BSRR，复位寄存器是 GPIOx_BRR）中想要更改的位写 1 来实现。没被选择的位将不被更改。

4.2.3　外部中断/唤醒线

所有端口都有外部中断能力。为了使用外部中断线，端口必须配置成输入模式。

4.2.4　复用功能（AF）

使用默认复用功能（Alternate Function，AF）前必须对端口位配置寄存器编程。

1）对于复用输入功能，端口必须配置成输入模式（浮空、上拉或下拉）且输入引脚必须由外部驱动。

2）对于复用输出功能，端口必须配置成复用功能输出模式（推挽或开漏）。

3）对于双向复用功能，端口位必须配置成复用功能输出模式（推挽或开漏）。此时，输入驱动器被配置成浮空输入模式。

如果把端口配置成复用输出功能，则引脚和输出寄存器断开，并和片上外设的输出信号连接。

如果软件把一个 GPIO 引脚配置成复用输出功能，但是外设没有被激活，那么它的输出将不确定。

4.2.5　软件重新映射 I/O 复用功能

STM32F103 微控制器的 I/O 引脚除了通用功能外，还可以设置为一些片上外设的复用功能。而且，一个 I/O 引脚除了可以作为某个默认外设的复用引脚外，还可以作为其他多个不同外设的复用引脚。类似地，一个片上外设，除了默认的复用引脚，还可以有多个备用的复用引脚。在基于 STM32 微控制器的应用开发中，用户根据实际需要可以把某些外设的复用功能从默认引脚转移到备用引脚上，这就是外设复用功能的 I/O 引脚重新映射。

为了使不同封装器件的外设 I/O 功能的数量达到最优，可以把一些复用功能重新映射到其他一些引脚上。这可以通过软件配置 AFIO 寄存器来完成，这时，复用功能不再映射到它们的原始引脚上。

4.2.6　GPIO 锁定机制

锁定机制允许冻结 I/O 配置。当在一个端口位上执行了锁定（LOCK）程序，在下一次复位之前，将不能再更改端口位的配置。这个功能主要用于一些关键引脚的配置，防止程序出现问题引起灾难性后果。

4.2.7　输入配置

当 I/O 端口被配置为输入时：

1）输出缓冲器被禁止。

2）施密特触发器的输入功能被激活。

3）根据输入配置（上拉、下拉或浮动）的不同，弱上拉和下拉电阻被连接。

4）出现在 I/O 引脚上的数据在每个 APB2 时钟被采样到输入数据寄存器。

5）对输入数据寄存器的读访问可得到 I/O 状态。

I/O 端口位的输入配置如图 4-2 所示。

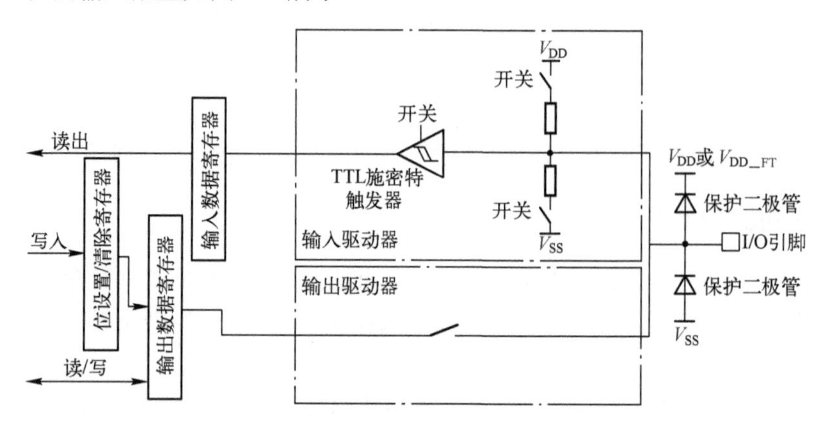

图 4-2　I/O 端口位的输入配置

4.2.8　输出配置

当 I/O 端口被配置为输出时：

1）输出缓冲器被激活。

① 开漏模式。输出数据寄存器上的 0 激活 N-MOS，而输出数据寄存器上的 1 将端口置于高阻状态（P-MOS 从不被激活）。

② 推挽模式。输出数据寄存器上的 0 激活 N-MOS，而输出数据寄存器上的 1 将激活 P-MOS。

2）施密特触发器的输入功能被激活。

3）弱上拉和下拉电阻被禁止。

4）出现在 I/O 引脚上的数据在每个 APB2 时钟被采样到输入数据寄存器。

5）在开漏模式时，对输入数据寄存器的读访问可得到 I/O 端口状态。

6）在推挽模式时，对输出数据寄存器的读访问得到最后一次写入的值。

I/O 端口位的输出配置如图 4-3 所示。

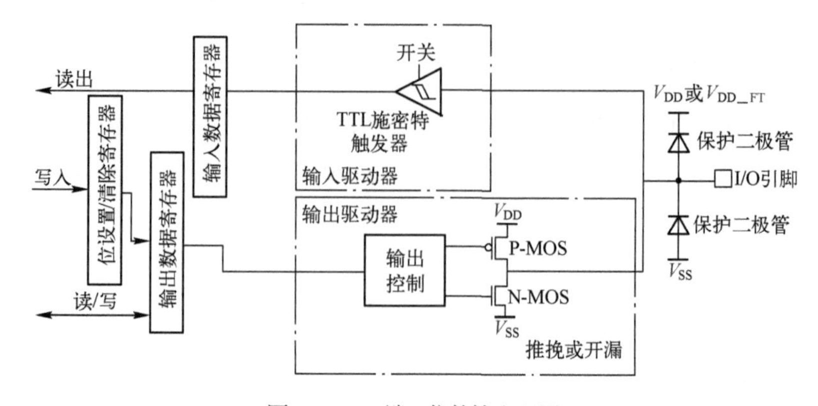

图 4-3　I/O 端口位的输出配置

4.2.9 复用功能配置

当 I/O 端口被配置为复用功能时：

1）在开漏或推挽模式配置中，输出缓冲器被打开。

2）内置外设的信号驱动输出缓冲器（复用功能输出）。

3）施密特触发器的输入功能被激活。

4）弱上拉和下拉电阻被禁止。

5）在每个 APB2 时钟周期，出现在 I/O 引脚上的数据被采样到输入数据寄存器。

6）在开漏模式时，读输入数据寄存器时可得到 I/O 端口状态。

7）在推挽模式时，读输出数据寄存器时可得到最后一次写入的值。

一组复用功能 I/O 寄存器允许用户把一些复用功能重新映像到不同的引脚。

I/O 端口位的复用功能配置如图 4-4 所示。

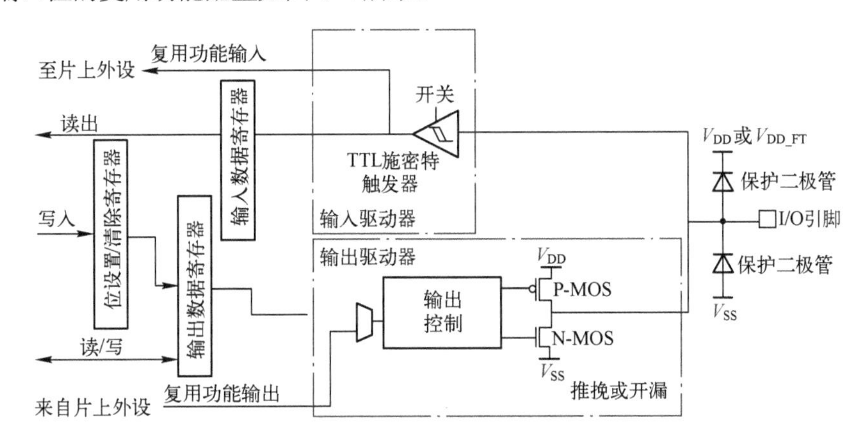

图 4-4　I/O 端口位的复用功能配置

4.2.10 模拟输入配置

当 I/O 端口被配置为模拟输入时：

1）输出缓冲器被禁止。

2）禁止施密特触发器的输入，实现了每个模拟 I/O 引脚上的零消耗。施密特触发器输出值被强制置为 0。

3）弱上拉和下拉电阻被禁止。

4）读取输入数据寄存器时数值为 0。

I/O 端口位的高阻抗模拟输入配置如图 4-5 所示。

4.3 STM32 的 GPIO 常用库函数

STM32 标准库提供了几乎覆盖所有 GPIO 操作的函数，见表 4-1。为了理解这些函数的具体使用方法，下面对标准库中的函数做详细介绍。

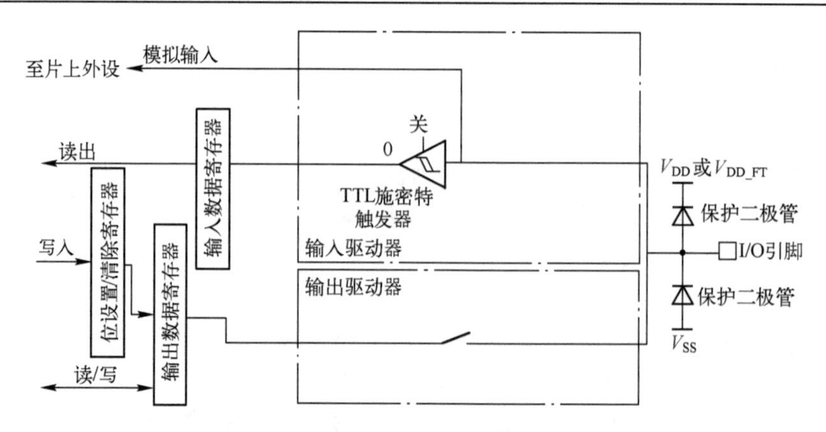

图 4-5　I/O 端口位的高阻抗模拟输入配置

表 4-1　GPIO 函数库

函数名称	功能
GPIO_DeInit	将外设 GPIOx 寄存器重设为默认值
GPIO_AFIODeInit	将复用功能（重新映射事件控制和 EXTI 设置）重设为默认值
GPIO_Init	根据 GPIO_ InitStruct 中指定的参数初始化外设 GPIOx 寄存器
GPIO_StructInit	把 GPIO_ InitStruct 中的每一个参数按默认值填入
GPIO_ReadInputDataBit	读取指定端口引脚的输入
GPIO_ReadInputData	读取指定的 GPIO 端口输入
GPIO_ReadOutputDataBit	读取指定端口引脚的输出
GPIO_ReadOutputData	读取指定的 GPIO 端口输出
GPIO_SetBits	设置指定的数据端口位
GPIO_ResetBits	清除指定的数据端口位
GPIO_WriteBit	设置或清除指定的数据端口位
GPIO_Write	向指定 GPIO 数据端口写入数据
GPIO_PinLockConfig	锁定 GPIO 引脚设置寄存器
GPIO_EventOutputConfig	选择 GPIO 引脚用作事件输出
GPIO_EventOutputCmd	使能或者失能事件输出
GPIO_PinRemapConfig	改变指定引脚的映射
GPIO_EXTILineConfig	选择 GPIO 引脚用作外部中断线路

GPIO 操作的函数一共有 17 个，这些函数都被定义在 stm32f10x_gpio.c 中，使用 stm32f10x_gpio.h 头文件。

4.4　STM32 的 GPIO 使用流程

根据 I/O 端口的特定硬件特征，I/O 端口的每个引脚都可以由软件配置成多种工作模式。在运行程序之前必须对每个用到的引脚功能进行配置。

1）如果某些引脚的复用功能没有使用，可以先配置为通用输入/输出 GPIO。

2）如果某些引脚的复用功能被使用，需要对复用的 I/O 端口进行配置。

3）I/O 端口具有锁定机制，允许冻结 I/O 端口。当在一个端口位上执行了锁定（LOCK）程序后，在下一次复位之前，将不能再更改端口位的配置。

4.4.1 普通 GPIO 配置

GPIO 是最基本的应用，其基本配置方法为：

1）配置 GPIO 时钟，完成初始化。

2）利用函数 GPIO_Init 配置引脚，包括引脚名称、引脚传输速率、引脚工作模式。

3）完成 GPIO_Init 的设置。

4.4.2 复用功能 I/O 配置

使用复用功能 I/O（AFIO）时，需要先配置 I/O 为复用功能，打开 AFIO 时钟，然后再根据不同的复用功能进行配置。对应外设的输入/输出功能有以下三种情况：

1）外设对应的引脚为输出，需要根据外围电路的配置选择对应的引脚为复用功能的推挽式输出或复用功能的开漏输出。

2）外设对应的引脚为输入，根据外围电路的配置可以选择浮空输入、带上拉输入或带下拉输入。

3）ADC 对应的引脚，配置引脚为模拟输入。

4.5 STM32 的 GPIO 按键输入应用实例

4.5.1 按键输入硬件设计

按键机械触点断开、闭合时，由于触点的弹性作用，按键开关不会马上稳定接通或立刻断开，使用按键时会产生抖动信号，需要用软件消抖处理滤波，不方便输入检测。本实例开发板连接的按键检测电路如图 4-6 所示。

由图 4-6 可知，当 KEY0、KEY1 和 KEY2 按键没有按下时，GPIO 引脚的输入状态为高电平，当 KEY0、KEY1 和 KEY2 按键按下时，GPIO 引脚的输入状态为低电平。而由于 KEY_UP 按键的一端接电源，当 KEY_UP 按键没有按下时，GPIO 引脚的输入状态为低电平，当 KEY_UP 按键按下时，GPIO 引脚的输入状态为高电平。只要按键检测引脚的输入电平，即可判断是否按下按键。

若使用的开发板按键的连接方式或引脚不一样，只需根据工程修改引脚即可，程序的控制原理相同。

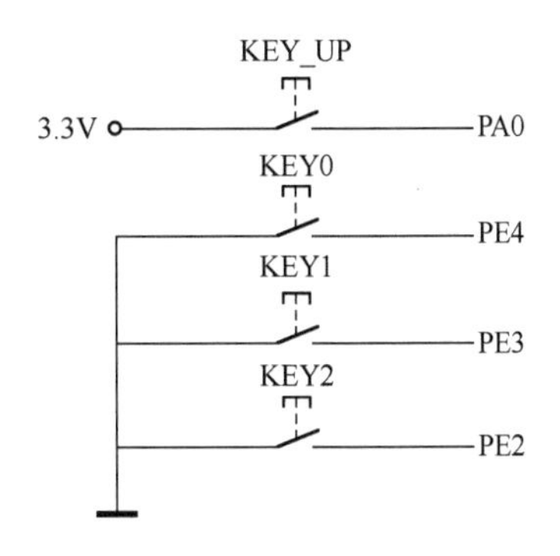

图 4-6 开发板连接的按键检测电路

4.5.2 按键输入软件设计

1. key.h 头文件

```
#ifndef__KEY_H
#define__KEY_H
#include "sys.h"
```

```
#define KEY0    GPIO_ReadInputDataBit(GPIOE,GPIO_Pin_4)//读取按键 KEY0
#define KEY1    GPIO_ReadInputDataBit(GPIOE,GPIO_Pin_3)//读取按键 KEY1
#define KEY2    GPIO_ReadInputDataBit(GPIOE,GPIO_Pin_2)//读取按键 KEY2
#define WK_UP    GPIO_ReadInputDataBit(GPIOA,GPIO_Pin_0)//读取按键 KEY_UP（WK_UP）

#define KEY0_PRES    1      //KEY0 按下
#define KEY1_PRES    2      //KEY1 按下
#define KEY2_PRES    3      //KEY2 按下
#define WKUP_PRES    4      //KEY_UP 按下（即 WK_UP/KEY_UP）

void KEY_Init(void);        //I/O 初始化
u8 KEY_Scan(u8);            //按键扫描函数
#endif
```

key.h 中还定义了 KEY0_PRES、KEY1_PRES、KEY2_PRES、WKUP_PRES 这 4 个宏定义，分别对应开发板上、下、左、右（KEY0、KEY1、KEY2、KEY_UP）按键按下时 KEY_Scan() 返回的值。这些宏定义的方向直接和开发板的按键排列方式相同，方便使用。

2．key.c 代码

打开按键实验工程可以看到，引入了 key.c 文件以及头文件 key.h。首先打开 key.c 文件，代码如下：

```
#include "stm32f10x.h"
#include "key.h"
#include "sys.h"
#include "delay.h"
//按键初始化函数
void KEY_Init(void);        //I/O 初始化
{
 GPIO_InitTypeDef GPIO_InitStructure;

 RCC_APB2PeriphClockCmd(RCC_APB2Periph_GPIOA|RCC_APB2Periph_GPIOE,ENABLE);//使能
GPIOA、GPIOE 时钟
 GPIO_InitStructure.GPIO_Pin = GPIO_Pin_2|GPIO_Pin_3|GPIO_Pin_4;//KEY0～KEY2
 GPIO_InitStructure.GPIO_Mode = GPIO_Mode_IPU; //设置成输入上拉
 GPIO_Init(GPIOE, &GPIO_InitStructure);//初始化 GPIOE2、GPIOE3、GPIOE4

 //初始化 WK_UP→GPIOA0 输入下拉
 GPIO_InitStructure.GPIO_Pin = GPIO_Pin_0;
 GPIO_InitStructure.GPIO_Mode = GPIO_Mode_IPD; //PA0 设置成输入，默认下拉
 GPIO_Init(GPIOA, &GPIO_InitStructure);//初始化 GPIOA0

}
//按键处理函数
//返回按键值
//mode：0，不支持连续按；1，支持连续按
//0，没有任何按键按下
//1，KEY0 按下
```

```
//2，KEY1 按下
//3，KEY2 按下
//4，KEY_UP 按下
//注意此函数有响应优先级，KEY0>KEY1>KEY2>KEY_UP
u8 KEY_Scan(u8 mode)
{
  static u8 key_up=1;            //按键松开标志
  if(mode)key_up=1;              //支持连续按
  if(key_up&&(KEY0==0||KEY1==0||KEY2==0||WK_UP==1))
  {
      delay_ms(10);              //去抖动
      key_up=0;
      if(KEY0==0)return KEY0_PRES;
      else if(KEY1==0)return KEY1_PRES;
      else if(KEY2==0)return KEY2_PRES;
      else if(WK_UP==1)return WKUP_PRES;
  }
else if(KEY0==1&&KEY1==1&&KEY2==1&&WK_UP==0)key_up=1;
      return 0;                  // 无按键按下
}
```

这段代码包含两个函数：void KEY_Init(void)和 u8 KEY_Scan(u8 mode)。KEY_Init()用来初始化按键输入的 I/O 口。首先使能 GPIOA 和 GPIOE 时钟，然后实现 PA0、PE2～4 的输入设置。

KEY_Scan()函数用来扫描这 4 个 I/O 口是否有按键按下，支持两种扫描方式，通过 mode 参数来设置。

当 mode 为 0 时，KEY_Scan()函数不支持连续按。扫描某个按键，该按键按下之后必须要松开，才能第二次触发，否则不会再响应这个按键；这样的好处就是可以防止按一次多次触发，而坏处就是在需要长按的时候不合适。

当 mode 为 1 时，KEY_Scan()函数支持连续按。如果某个按键一直被按住，则一直返回这个按键的键值，这样可以方便地实现长按检测。

通过参数 mode，可以根据需要选择不同的方式。需要注意的是，因为该函数里有 static 变量，所以该函数不是一个可重入函数，在有 OS 的情况下要注意。还有一点要注意，该函数的按键扫描是有优先级的，最优先的是 KEY0，第二优先的是 KEY1，接着是 KEY2，最后是 KEY_UP 按键。该函数有返回值，如果有按键按下，则返回非 0 值；如果没有按键按下或者按键不正确，则返回 0 值。

3．main.c 代码

```
#include "led.h"
#include "delay.h"
#include "key.h"
#include "sys.h"
#include "beep.h"
int main(void)
 {
  vu8 key=0;
  delay_init();              //延时函数初始化
```

```
    LED_Init();              //LED 端口初始化
        KEY_Init();              //初始化与按键连接的硬件接口
        BEEP_Init();             //初始化蜂鸣器端口
        LED0=0;                  //先点亮红灯
        while(1)
        {
            key=KEY_Scan(0);     //得到键值
            if(key)
            {
                switch(key)
                {
                    case WKUP_PRES:     //控制蜂鸣器
                        BEEP=!BEEP;
                        break;
                    case KEY2_PRES:     //控制 LED0 翻转
                        LED0=!LED0;
                        break;
                    case KEY1_PRES:     //控制 LED1 翻转
                        LED1=!LED1;
                        break;
                    case KEY0_PRES:     //同时控制 LED0、LED1 翻转
                        LED0=!LED0;
                        LED1=!LED1;
                        break;
                }
            }else delay_ms(10);
    }
    }
```

主函数代码比较简单，先进行一系列的初始化操作，然后在死循环中调用按键扫描函数KEY_Scan()扫描按键值，最后根据按键值控制 LED（DS0、DS1）和蜂鸣器翻转。程序运行后，可以通过按下 KEY0、KEY1、KEY2 和 KEY_UP 来观察 DS0、DS1 以及蜂鸣器是否跟随按键的变化而变化。

4.6　STM32 的 GPIO LED 输出应用实例

GPIO 输出应用实例是使用固件库的按键检测。

4.6.1　LED 输出硬件设计

STM32F103 与 LED 的硬件连接电路如图 4-7 所示。

图 4-7 中 LED 的阴极都连接至 STM32F103 的 GPIO 引脚，只要控制 GPIO 引脚的电平输出状态，即可控制 LED 的亮灭。如果使用的开发板中 LED 的连接方式或引脚不一样，只需修改程序的相关引脚即可，程序的控制原理相同。

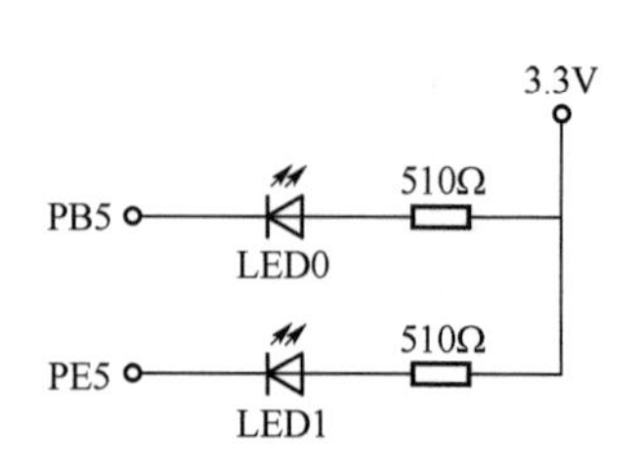

图 4-7　STM32F103 与 LED 的硬件连接电路

4.6.2　LED 输出软件设计

1. led.h 头文件

```
#ifndef __LED_H
#define __LED_H
#include "sys.h"
#define LED0 PBout(5)        // PB5
#define LED1 PEout(5)        // PE5

void LED_Init(void);         //初始化
#endif
```

2. led.c 代码

```
#include "led.h"
//初始化 PB5 和 PE5 为输出端口，并使能这两个端口的时钟
//LED I/O 初始化
void LED_Init(void)
{

 GPIO_InitTypeDef  GPIO_InitStructure;

 RCC_APB2PeriphClockCmd(RCC_APB2Periph_GPIOB|RCC_APB2Periph_GPIOE, ENABLE);//使能
PB、PE 端口时钟

 GPIO_InitStructure.GPIO_Pin = GPIO_Pin_5;                //LED0→PB5 端口配置
 GPIO_InitStructure.GPIO_Mode = GPIO_Mode_Out_PP;         //推挽输出
 GPIO_InitStructure.GPIO_Speed = GPIO_Speed_50MHz;        //I/O 端口的输出速度为 50MHz
 GPIO_Init(GPIOB, &GPIO_InitStructure);                   //根据设定参数初始化 GPIOB5
 GPIO_SetBits(GPIOB,GPIO_Pin_5);                          //PB5 输出高

 GPIO_InitStructure.GPIO_Pin = GPIO_Pin_5;                //LED1→PE5 端口配置，推挽输出
 GPIO_Init(GPIOE, &GPIO_InitStructure);                   //推挽输出
 GPIO_SetBits(GPIOE,GPIO_Pin_5);                          //PE5 输出高
}
```

上述代码里面就包含了一个函数，即 void LED_Init(void)函数，该函数的功能是配置 PB5 和 PE5 为推挽输出。注意：在配置 STM32 外设时，任何时候都要先使能该外设的时钟。GPIO 是挂载在 APB2 总线上的外设，在固件库中对挂载在 APB2 总线上的外设时钟使能是通过函数 RCC_APB2PeriphClockCmd()来实现的。

3. main.c 代码

```
#include "sys.h"
#include "delay.h"
#include "usart.h"
#include "led.h"
int main(void)
```

```
 {
delay_init();             //延时函数初始化
LED_Init();               //初始化与 LED 连接的硬件接口
while(1)
{
      LED0=0;
      LED1=1;
      delay_ms(300);  //延时 300ms
      LED0=1;
      LED1=0;
      delay_ms(300);  //延时 300ms
}
 }
```

上述代码包含了#include"led.h"语句，使得 LED0、LED1、LED_Init 等能在 main()函数中被调用。需要重申的是，在固件库 V3.5 中，系统在启动时会调用 systemstm32f10xc 中的函数 SystemInit()对系统时钟进行初始化，初始化完毕会调用 main()函数。所以不需要再在 main()函数中调用 SystemInit()函数。当然如果需要重新设置时钟系统，可以写自己的时钟设置代码，SystemInit()只是将时钟系统初始化为默认状态。

main()函数非常简单，先调用 delay_init()初始化延时，接着调用 LED_Init()初始化 GPIOB5 和 GPIOE5 为输出。最后在死循环里面实现 LED0 和 LED1 交替闪烁，间隔为 300ms，实现跑马灯的效果。

第5章　STM32中断系统与按键中断设计实例

本章介绍了STM32中断系统与按键中断设计实例，包括中断的基本概念、STM32F103中断系统、STM32F103外部中断/事件控制器、STM32F10x的中断系统库函数、STM32外部中断设计流程和外部中断设计实例。

5.1　中断的基本概念

中断是计算机系统的一种处理异步事件的重要方法。它的作用是在计算机的CPU运行软件的同时，监测系统内外有没有发生需要CPU处理的紧急事件。当需要处理的事件发生时，中断控制器会打断CPU正在处理的常规事务，转而插入一段处理该紧急事件的代码；而该事务处理完成之后，CPU又能正确地返回刚才被打断的地方，以继续运行原来的代码。中断可以分为中断响应、中断处理和中断返回三个阶段。

中断处理事件的异步性是指紧急事件发生的时间与CPU正在运行的程序完全没有关系，是无法预测的。既然无法预测，只能随时查看这些紧急事件是否发生，而中断机制最重要的作用，是将CPU从不断监测紧急事件是否发生这类繁重工作中“解放”出来，将这项相对简单的繁重工作交给中断控制器这个硬件来完成。中断机制的第二个重要作用是判断哪个或哪些中断请求更紧急、应该优先被响应和处理，并且寻找不同中断请求所对应的中断处理代码所在的位置。中断机制的第三个作用是帮助CPU在运行完处理紧急事务的代码后，正确地返回之前运行被打断的地方。由上述中断处理的过程及其作用可见，中断机制既提高了CPU正常运行常规程序的效率，又提高了响应中断的速度，是几乎所有现代计算机都配备的一种重要机制。

嵌入式系统是嵌入宿主对象中，帮助宿主对象完成特定任务的计算机系统，其主要工作就是和真实世界打交道。能够快速、高效地处理来自真实世界的异步事件成为嵌入式系统的重要标志，因此中断对于嵌入式系统而言显得尤其重要，是学习嵌入式系统的难点和重点。

在实际应用系统中，嵌入式单片机STM32可能与各种各样的外部设备相连接。这些外设的结构形式、信号种类与大小、工作速度等差异很大，因此，需要有效的方法使单片机与外部设备协调工作。通常，单片机与外设交换数据的方式有三种，即无条件传输方式、程序查询方式以及中断方式。

5.1.1　中断的定义

为了更好地描述中断，可用日常生活中常见的例子来做比喻。假如你有朋友下午要来拜访，可又不知道他具体什么时候到，为了提高效率，你就边看书边等。在看书的过程中，门铃响了，这时，你先在书签上记下你当前阅读的页码，然后暂停阅读，放下手中的书，开门接待朋友。等接待完毕后，再从书签上找到阅读进度，从刚才暂停的页码处继续看书。这个例子很好地表现了日常生活中的中断及其处理过程：门铃的铃声让你暂时中止当前的工作（看书），转去处理更为紧急的事情（朋友来访），把急需处理的事情（接待朋友）处理完毕之后，再回过头来继续做原来的事情（看书）。显然，这样的处理方式比你一个下午不做任何事情，一直站在门口等要高效多了。

类似地，在计算机执行程序的过程中，CPU 暂时中止其正在执行的程序，转去执行请求中断的那个外设或事件的服务程序，等处理完毕后再返回执行原来被中止的程序，称为中断。

5.1.2 中断的应用

1. 提高 CPU 工作效率

在早期的计算机系统中，CPU 工作速度快，外设工作速度慢，形成 CPU 等待，效率较低。设置中断后，CPU 不必花费大量的时间等待和查询外设工作。如计算机和打印机连接，计算机可以快速地传送一行字符给打印机（由于打印机存储容量有限，一次不能传送很多），打印机开始打印字符，CPU 可以不理会打印机，处理自己的工作，待打印机打印该行字符完毕，发给 CPU 一个信号，CPU 产生中断，中断正在处理的工作，转而再传送一行字符给打印机，这样在打印机打印字符期间（外设慢速工作），CPU 可以不必等待或查询，自行处理自己的工作，从而大大提高了 CPU 的工作效率。

2. 具有实时处理功能

实时控制是微型计算机系统特别是单片机系统应用领域的一个重要任务。在实时控制系统中，现场各种参数和状态的变化是随机发生的，要求 CPU 能快速响应、及时处理。有了中断系统，这些参数和状态的变化可以作为中断信号，使 CPU 中断，在相应的中断服务程序中及时处理这些参数和状态的变化。

3. 具有故障处理功能

单片机应用系统在实际运行中常会出现一些故障，如电源突然掉电、硬件自检出错、运算溢出等。利用中断，就可以执行处理故障的中断程序服务。如电源突然掉电，由于稳压电源输出端接有大电容，从电源掉电至大电容的电压下降到正常工作电压之下，一般有几毫秒至几百毫秒的时间。若在这段时间内使 CPU 产生中断，在处理掉电的中断服务程序中将需要保存的数据和信息及时转移到具有备用电源的存储器中，待电源恢复正常时再将这些数据和信息送回到原存储单元之中，返回中断点继续执行原程序。

4. 实现分时操作

单片机应用系统通常需要控制多个外设同时工作。如键盘、打印机、显示器、A-D 转换器、D-A 转换器等，这些设备的工作有些是随机的，有些是定时的。对于一些定时工作的外设，可以利用定时器，到一定时间产生中断，在中断服务程序中控制这些外设工作。如动态扫描显示，每隔一定时间会更换显示字位码和字段码。

此外，中断系统还能用于程序调试、多机连接等。因此，中断系统是计算机中的重要组成部分。可以说，有了中断系统后，计算机才能比原来无中断系统的早期计算机演绎出多姿多彩的功能。

5.1.3 中断源与中断屏蔽

1. 中断源

中断源是指能引发中断的事件。通常，中断源都与外设有关。在前面讲述的朋友来访的例子中，门铃的铃声是一个中断源，它由门铃这个外设发出，告诉主人（CPU）有客来访（事件），并等待主人（CPU）响应和处理（开门接待客人）。计算机系统中，常见的中断源有按键、定时器溢出、串口收到数据等，与此相关的外设有键盘、定时器和串口等。

每个中断源都有它对应的中断标志位，一旦该中断发生，它的中断标志位就会被置位。如果中断标志位被清除，那么它所对应的中断便不会再被响应。所以，一般在中断服务程序最后要将对应的中断标志位清零，否则将始终响应该中断，不断执行该中断服务程序。

2．中断屏蔽

中断屏蔽是中断系统一个十分重要的功能。在计算机系统中，程序设计人员可以通过设置相应的中断屏蔽位，禁止 CPU 响应某个中断，从而实现中断屏蔽。在微控制器的中断控制系统中，一个中断源能否响应，一般由中断允许总控制位和该中断自身的中断允许控制位共同决定。这两个中断控制位中的任何一个被关闭，该中断就无法响应。

中断屏蔽的目的是保证在执行一些关键程序时不响应中断，以免造成延迟而引起错误。如在系统启动执行初始化程序时屏蔽键盘中断，能够使初始化程序顺利进行，这时，按任何按键都不会响应。当然，一些重要的中断请求是不能屏蔽的，如系统重启、电源故障、内存出错等影响整个系统工作的中断请求。因此，从中断是否可以被屏蔽划分，中断可分为可屏蔽中断和不可屏蔽中断两类。

值得注意的是，尽管某个中断源可以被屏蔽，但一旦该中断发生，不管该中断被屏蔽与否，它的中断标志位都会被置位，而且只要该中断标志位不被软件清除，它就一直有效。等待该中断重新被使用时，它即允许被 CPU 响应。

5.1.4　中断处理过程

在中断系统中，通常将 CPU 处在正常情况下运行的程序称为主程序；将产生申请中断信号的事件称为中断源；由中断源向 CPU 所发出的申请中断信号称为中断请求信号；CPU 接收中断请求信号，停止现行程序的运行，转向为中断服务称为中断响应；为中断服务的程序称为中断服务程序或中断处理程序；现行程序被打断的地方称为断点；执行完中断服务程序后返回断点处继续执行主程序称为中断返回。这个处理过程称为中断处理过程，如图 5-1 所示，其大致可以分为四步，即中断请求、中断响应、中断服务和中断返回。

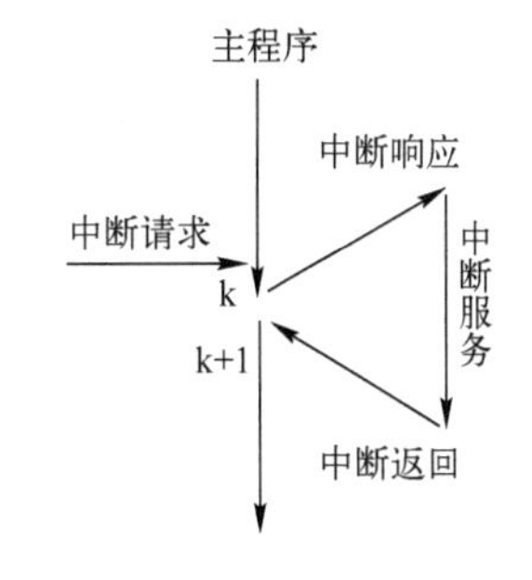

图 5-1　中断处理过程示意图

在整个中断处理过程中，由于 CPU 执行完中断处理程序之后仍然要返回主程序，因此在执行中断处理程序之前，要将主程序中断处的地址，即断点处（主程序下一条指令地址，即图 5-1 中的 k+1 点）保存起来，称为保护断点。又由于 CPU 在执行中断处理程序时，可能会使用和改变主程序使用过的寄存器、标志位，甚至内存单元，因此，在执行中断服务程序前，还要把有关的数据保护起来，称为现场保护。在 CPU 执行完中断处理程序后，则要恢复原来的数据，并返回主程序的断点处继续执行，称为恢复现场和恢复断点。

在单片机中，断点的保护和恢复操作，是在系统响应中断和执行中断返回指令时由单片机内部硬件自动实现的。简单地说，就是在响应中断时，微控制器的硬件系统会自动将断点地址压进系统的堆栈保存；而当执行中断返回指令时，硬件系统又会自动将压入堆栈的断点弹出到 CPU 的执行指针寄存器中。在新型微控制器的中断处理过程中，保护和恢复现场的工作也是由硬件自动完成的，无须用户操心，用户只需集中精力编写中断服务程序即可。

5.1.5 中断优先级与中断嵌套

1. 中断优先级

计算机系统中的中断往往不止一个，那么，对于多个同时发生的中断或者嵌套发生的中断，CPU 又该如何处理？应该先响应哪一个中断？为什么？答案就是设定中断优先级。

为了更形象地说明中断优先级的概念，还是从生活中的实例开始讲起。生活中的突发事件很多，为了便于快速处理，通常把这些事件按重要性或紧急程度从高到低依次排列。这种分级就称为优先级。如果多个事件同时发生，根据它们的优先级从高到低依次响应。如在前面讲述的朋友来访的例子中，如果门铃响的同时，电话铃也响了，那么你将在这两个中断请求中选择先响应哪一个请求。这里就有一个优先的问题。如果开门比接电话更重要（即门铃的优先级比电话的优先级高），那么就应该先开门（处理门铃中断），然后再接电话（处理电话中断），接完电话后再回来继续看书（回到原程序）。

类似地，计算机系统中的中断源众多，它们也有轻重缓急之分，这种分级就叫作中断优先级。一般来说，各个中断源的优先级都有事先规定。通常，中断的优先级是根据中断的实时性、重要性和软件处理的方便性预先设定的。当同时有多个中断请求产生时，CPU 会先响应优先级较高的中断请求。由此可见，优先级是中断响应的重要标准，也是区分中断的重要标志。

2. 中断嵌套

中断优先级除了用于并发中断，还用于嵌套中断。

还是回到前面讲述的朋友来访的例子，在你看书时电话铃响了，你去接电话，在通话的过程中门铃又响了。这时，门铃中断和电话中断形成了嵌套。由于门铃的优先级比电话的优先级高，你只能让电话中的对方稍等，放下电话去开门。开门之后再回头继续接电话，通话完毕再回去继续看书。当然，如果门铃的优先级比电话的优先级低，那么在通话的过程中门铃响了也不予理睬，继续接听电话（处理电话中断），通话结束后再去开门迎客（处理门铃中断）。

类似地，在计算机系统中，中断嵌套是指当系统正在执行一个中断服务时又有新的中断事件发生而产生了新的中断请求。此时，CPU 如何处理取决于新旧两个中断的优先级。当新发生的中断的优先级高于正在处理的中断时，CPU 将终止执行优先级较低的当前中断处理程序，转去处理新发生的、优先级较高的中断，处理完毕才返回原来的中断处理程序继续执行。通俗地说，中断嵌套其实就是更高一级的中断“加塞儿”，当 CPU 正在处理中断时，又接收了更紧急的另一件“急件”，转而处理更高一级的中断的行为。

5.2 STM32F103 中断系统

在了解了中断相关的基础知识后，下面从中断控制器、中断优先级、中断向量表和中断服务程序四个方面来分析 STM32F103 微控制器的中断系统，最后介绍设置和使用 STM32F103 中断系统的全过程。

5.2.1 嵌套向量中断控制器

嵌套向量中断控制器（NVIC）是 ARM Cortex-M3 不可分离的一部分，它与 M3 内核的逻辑紧密耦合，有一部分甚至水乳交融在一起。NVIC 与 Cortex-M3 内核相辅相成，里应外合，共同完成对中断的响应。

ARM Cortex-M3 内核共支持 256 个中断，其中 16 个内部中断、240 个外部中断和可编程的 256 级中断优先级的设置。STM32 目前支持的中断共 84 个（16 个内部中断+68 个外部中断），还有 16 级可编程的中断优先级。

STM32 支持 68 个中断通道，已经固定分配给相应的外部设备，每个中断通道都具备自己的中断优先级控制字节（8 位，但是 STM32 中只使用 4 位，高 4 位有效），每 4 个通道的 8 位中断优先级控制字构成一个 32 位的优先级寄存器。68 个通道的优先级控制字至少构成 17 个 32 位的优先级寄存器。

5.2.2　STM32F103 中断优先级

中断优先级决定了一个中断是否能被屏蔽，以及在未屏蔽的情况下何时可以响应。优先级的数值越小，则优先级越高。

STM32（Cortex-M3）中有两个优先级的概念：抢占优先级和响应优先级。响应优先级也称亚优先级或副优先级。每个中断源都需要被指定这两种优先级。

1．抢占优先级（Preemption Priority）

高抢占优先级的中断事件会打断当前主程序/中断程序的运行，即中断嵌套。

2．响应优先级（Subpriority）

在抢占优先级相同的情况下，高响应优先级的中断优先被响应。

在抢占优先级相同的情况下，如果有低响应优先级中断正在执行，高响应优先级的中断要等待已被响应的低响应优先级中断执行结束后才能得到响应（不能嵌套）。

3．判断中断是否会被响应的依据

首先是抢占优先级，其次是响应优先级。抢占优先级决定是否会有中断嵌套。

4．优先级冲突的处理

具有高抢占优先级的中断可以在具有低抢占优先级的中断处理过程中被响应，即中断嵌套，或者说高抢占优先级的中断可以嵌套低抢占优先级的中断。

当两个中断源的抢占优先级相同时，这两个中断将没有嵌套关系，当一个中断到来后，如果正在处理另一个中断，后到的中断就要等到前一个中断处理完之后才能被处理。如果这两个中断同时到达，则中断控制器根据它们的响应优先级高低来决定先处理哪一个；如果它们的抢占优先级和响应优先级都相等，则根据它们在中断表中的排位顺序决定先处理哪一个。

5．STM32 中对中断优先级的定义

STM32 中指定中断优先级的寄存器位有 4 位，这 4 个寄存器位的分组方式如下。

1）第 0 组：所有 4 位用于指定响应优先级。

2）第 1 组：最高 1 位用于指定抢占优先级，最低 3 位用于指定响应优先级。

3）第 2 组：最高 2 位用于指定抢占优先级，最低 2 位用于指定响应优先级。

4）第 3 组：最高 3 位用于指定抢占优先级，最低 1 位用于指定响应优先级。

5）第 4 组：所有 4 位用于指定抢占优先级。

STM32F103 优先级分组方式所对应的抢占优先级和响应优先级寄存器位数和所表示的优先级数如图 5-2 所示。

优先级组别	抢占优先级		响应优先级	
	位数	级数	位数	级数
第4组	4	16	0	0
第3组	3	8	1	2
第2组	2	4	2	4
第1组	1	2	3	8
第0组	0	0	4	16

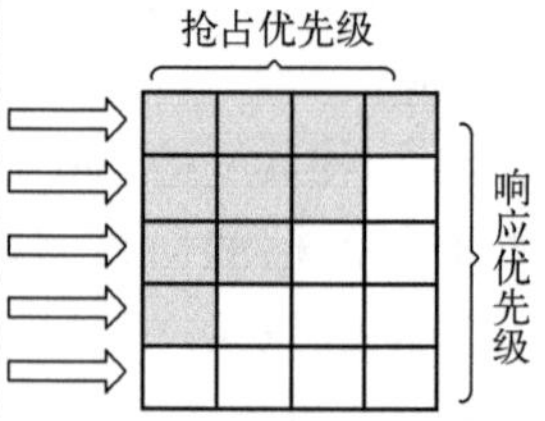

抢占优先级

响应优先级

图 5-2　STM32F103 优先级寄存器位数和优先级数分配图

5.2.3　STM32F103 中断向量表

中断向量表是中断系统中非常重要的概念。它是一块存储区域，通常位于存储器的地址处，在这块区域上按中断号从小到大依次存放着所有中断处理程序的入口地址。当某中断产生且经判断其未被屏蔽，CPU 会根据识别到的中断号到中断向量表中找到该中断的所在表项，取出该中断对应的中断服务程序的入口地址，然后跳转到该地址执行。STM32F103 中断向量表见表 5-1。

表 5-1　STM32F103 中断向量表

位置	优先级	优先级类型	名称	说明	地址
				保留	0x0000 0000
	-3	固定	Reset	复位	0x0000 0004
	-2	固定	NMI	不可屏蔽中断 RCC 时钟安全系统（CSS）连接到 NMI 向量	0x0000 0008
	-1	固定	硬件失效		0x0000 000C
	0	可设置	存储管理	存储器管理	0x0000 0010
	1	可设置	总线错误	预取指令失败，存储器访问失败	0x0000 0014
	2	可设置	错误应用	未定义的指令或非法状态	0x0000 0018
				保留	0x0000 001C
				保留	0x0000 0020
				保留	0x0000 0024
				保留	0x0000 0028
	3	可设置	SVCall	通过 SWI 指令的系统服务调用	0x0000 002C
	4	可设置	调试监控（DebugMonitor）	调试监控器	0x0000 0030
				保留	0x0000 0034
	5	可设置	PendSV	可挂起的系统服务	0x0000 0038
	6	可设置	SysTick	系统嘀嗒定时器	0x0000 003C
0	7	可设置	WWDG	窗口定时器中断	0x0000 0040
1	8	可设置	PVD	连接到 EXTI 的电源电压检测（PVD）中断	0x0000 0044
2	9	可设置	TAMPER	侵入检测中断	0x0000 0048
3	10	可设置	RTC	实时时钟（RTC）全局中断	0x0000 004C
4	11	可设置	FLASH	闪存全局中断	0x0000 0050
5	12	可设置	RCC	复位和时钟控制（RCC）中断	0x0000 0054
6	13	可设置	EXTI0	EXTI 线 0 中断	0x0000 0058
7	14	可设置	EXTI1	EXTI 线 1 中断	0x0000 005C

（续）

位置	优先级	优先级类型	名称	说明	地址
8	15	可设置	EXTI2	EXTI 线 2 中断	0x0000 0060
9	16	可设置	EXTI3	EXTI 线 3 中断	0x0000 0064
10	17	可设置	EXTI4	EXTI 线 4 中断	0x0000 0068
11	18	可设置	DMA1 通道 1	DMA1 通道 1 全局中断	0x0000 006C
12	19	可设置	DMA1 通道 2	DMA1 通道 2 全局中断	0x0000 0070
13	20	可设置	DMA1 通道 3	DMA1 通道 3 全局中断	0x0000 0074
14	21	可设置	DMA1 通道 4	DMA1 通道 4 全局中断	0x0000 0078
15	22	可设置	DMA1 通道 5	DMA1 通道 5 全局中断	0x0000 007C
16	23	可设置	DMA1 通道 6	DMA1 通道 6 全局中断	0x0000 0080
17	24	可设置	DMA1 通道 7	DMA1 通道 7 全局中断	0x0000 0084
18	25	可设置	ADC1_2	ADC1 和 ADC2 的全局中断	0x0000 0088
19	26	可设置	USB_HP_CAN_TX	USB 高优先级或 CAN 发送中断	0x0000 008C
20	27	可设置	USB_LP_CAN_RX0	USB 低优先级或 CAN 接收 0 中断	0x0000 0090
21	28	可设置	CAN_RX1	CAN 接收 1 中断	0x0000 0094
22	29	可设置	CAN_SCE	CAN SCE 中断	0x0000 0098
23	30	可设置	EXTI9_5	EXTI 线[9:5]中断	0x0000 009C
24	31	可设置	TIM1_BRK	TIM1 刹车中断	0x0000 00A0
25	32	可设置	TIM1_UP	TIM1 更新中断	0x0000 00A4
26	33	可设置	TIM1_TRG_COM	TIM1 触发和通信中断	0x0000 00A8
27	34	可设置	TIM1_CC	TIM1 捕获比较中断	0x0000 00AC
28	35	可设置	TIM2	TIM2 全局中断	0x0000 00B0
29	36	可设置	TIM3	TIM3 全局中断	0x0000 00B4
30	37	可设置	TIM4	TIM4 全局中断	0x0000 00B8
31	38	可设置	I2C1_EV	I^2C1 事件中断	0x0000 00BC
32	39	可设置	I2C1_ER	I^2C1 错误中断	0x0000 00C0
33	40	可设置	I2C2_EV	I^2C2 事件中断	0x0000 00C4
34	41	可设置	I2C2_ER	I^2C2 错误中断	0x0000 00C8
35	42	可设置	SPI1	SPI1 全局中断	0x0000 00CC
36	43	可设置	SPI2	SPI2 全局中断	0x0000 00D0
37	44	可设置	USART1	USART1 全局中断	0x0000 00D4
38	45	可设置	USART2	USART2 全局中断	0x0000 00D8
39	46	可设置	USART3	USART3 全局中断	0x0000 00DC
40	47	可设置	EXTI15_10	EXTI 线[15:10]中断	0x0000 00E0
41	48	可设置	RTCAlarm	连接 EXTI 的 RTC 闹钟中断	0x0000 00E4
42	49	可设置	USB 唤醒	连接 EXTI 的从 USB 待机唤醒中断	0x0000 00E8
43	50	可设置	TIM8_BRK	TIM8 刹车中断	0x0000 00EC
44	51	可设置	TIM8_UP	TIM8 更新中断	0x0000 00F0
45	52	可设置	TIM8_TRG_COM	TIM8 触发和通信中断	0x0000 00F4
46	53	可设置	TIM8_CC	TIM8 捕获比较中断	0x0000 00F8

（续）

位置	优先级	优先级类型	名称	说明	地址
47	54	可设置	ADC3	ADC3 全局中断	0x0000 00FC
48	55	可设置	FSMC	FSMC 全局中断	0x0000 0100
49	56	可设置	SDIO	SDIO 全局中断	0x0000 0104
50	57	可设置	TIM5	TIM5 全局中断	0x0000 0108
51	58	可设置	SPI3	SPI3 全局中断	0x0000 010C
52	59	可设置	UART4	UART4 全局中断	0x0000 0110
53	60	可设置	UART5	UART5 全局中断	0x0000 0114
54	61	可设置	TIM6	TIM6 全局中断	0x0000 0118
55	62	可设置	TIM7	TIM7 全局中断	0x0000 011C
56	63	可设置	DMA2 通道 1	DMA2 通道 1 全局中断	0x0000 0120
57	64	可设置	DMA2 通道 2	DMA2 通道 2 全局中断	0x0000 0124
58	65	可设置	DMA2 通道 3	DMA2 通道 3 全局中断	0x0000 0128
59	66	可设置	DMA2 通道 4_5	DMA2 通道 4 和 DMA2 通道 5 全局中断	0x0000 012C

STM32F1 系列微控制器不同产品支持可屏蔽中断的数量略有不同，互联型的 STM32F105 系列和 STM32F107 系列共支持 68 个可屏蔽中断通道，而其他非互联型的产品（包括 STM32F103 系列）支持 60 个可屏蔽中断通道，上述通道均不包括 ARM Cortex-M3 内核中断源，即表 5-1 中的前 16 行。

5.2.4 STM32F103 中断服务函数

中断服务程序在结构上与函数非常相似。不同的是函数一般有参数、有返回值，并在应用程序中被人为显式地调用执行，而中断服务程序一般没有参数也没有返回值，并只有中断发生时才会被自动隐式地调用执行。每个中断都有自己的中断服务程序，用来记录中断发生后要执行的真正意义上的处理操作。

STM32F103 所有的中断服务函数在该微控制器所属产品系列的启动代码文件 startup_stm32f10x_xx.s 中都有预定义，通常以 PPP_IRQHandler 命名，其中 PPP 是对应的外设名。用户开发自己的 STM32F103 应用时可在文件 stm32f10x_it.c 中使用 C 语言编写函数并重新定义。程序在编译、链接生成可执行程序阶段，会使用用户自定义的同名中断服务程序替代启动代码中原来默认的中断服务程序。

尤其需要注意的是，在更新 STM32F103 中断服务程序时，必须确保 STM32F103 中断服务程序文件（stm32f10x_it.c）中的中断服务程序名（如 EXTI1_IRQHandler）和启动代码文件（startup_stm32f10x_xx.s）中的中断服务程序名（EXTI1_IRQHandler）相同，否则在生成可执行文件时无法使用用户自定义的中断服务程序替换原来默认的中断服务程序。

5.3 STM32F103 外部中断/事件控制器

STM32F103 微控制器的外部中断/事件控制器（EXTI）由 19 个产生事件/中断请求边沿检测器组成，每个输入线可以独立地配置输入类型（脉冲或挂起）和对应的触发事件（上升沿触发或下降沿触发或者双边沿都触发）。每个输入线都可以独立地被屏蔽。挂起寄存器保持状态线的中断请求。

5.3.1　STM32F103 EXTI 内部结构

在 STM32F103 微控制器中，EXTI 由 19 根外部中断/事件输入线、APB 外设接口和 19 个产生中断/事件请求边沿检测器等部分组成，如图 5-3 所示。

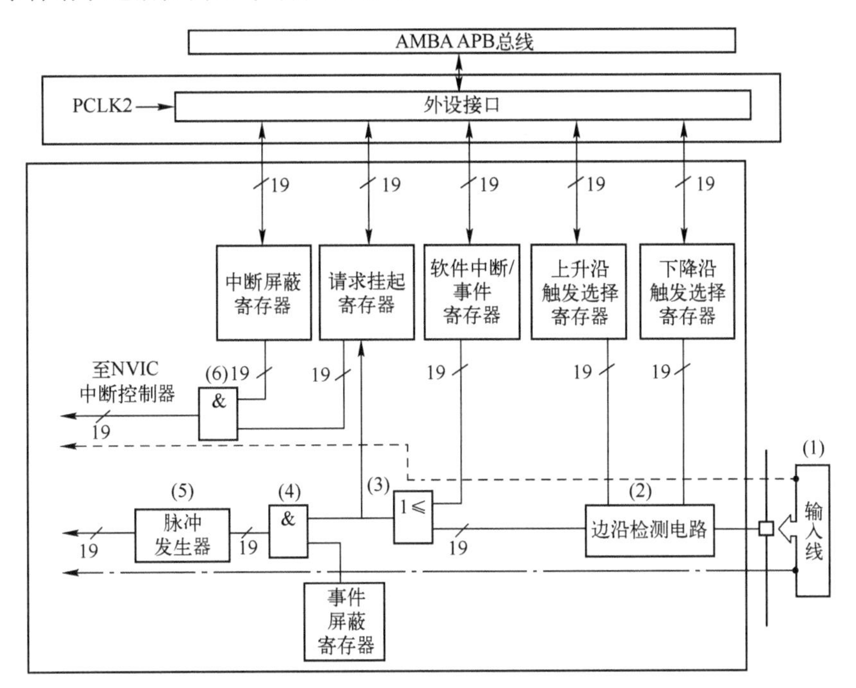

图 5-3　STM32F103 EXTI 内部结构图

1．外部中断与事件输入

由图 5-3 可以看出，STM32F103 EXTI 内部信号线上画有一条斜线，旁边标有“19”，表示这样的线路共有 19 套。

与此对应，EXTI 的外部中断/事件输入线也有 19 根，分别是 EXTI0～EXTI18。除了 EXTI16（PVD 输出）、EXTI17（RTC 闹钟）和 EXTI18（USB 唤醒）外，其他 16 根外部信号输入线 EXTI0～EXTI15 可以分别对应 STM32F103 微控制器的 16 个引脚 Px0、Px1、…、Px15，其中 x 为 A、B、C、D、E、F、G。

STM32F103 微控制器最多有 112 个引脚，以如图 5-4 所示方式连接至 16 根外部中断/事件输入线上。任一端口的 0 号引脚（如 PA0、PB0、…、PG0）映射到 EXTI 的外部中断/事件输入线 EXTI0 上，任一端口的 1 号脚（如 PA1、PB1、…、PG1）映射到 EXTI 的外部中断/事件输入线 EXTI1 上，以此类推，任一端口的 15 号引脚（如 PA15、PB15、…、PG15）映射到 EXTI 的外部中断/事件输入线 EXTI15 上。需要注意的是，在同一时刻，只能有一个端口的 n 号引脚映射到 EXTI 对应的外部中断/事件输入线 EXTIn 上，n 取 0、1、2、…、15。

另外，如果将 STM32F103 的 I/O 引脚映射为 EXTI 的外部中断/事件输入线，必须将该引脚设置为输入模式。

2．APB 外设接口

图 5-3 上部的 APB 外设模块接口是 STM32F103 微控制器每个功能模块都有的部分，CPU 通过这样的接口访问各个功能模块。

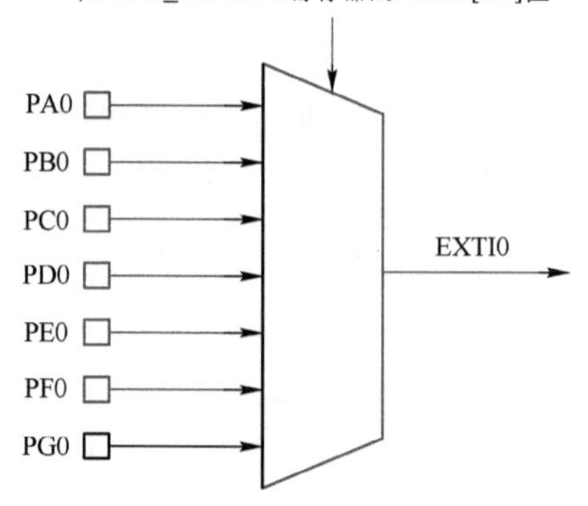

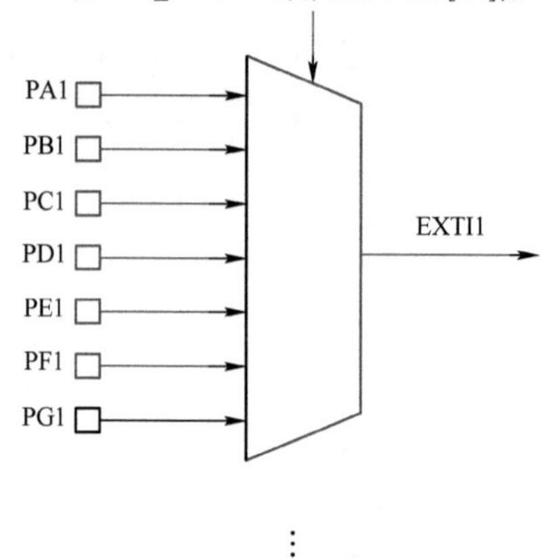

⋮

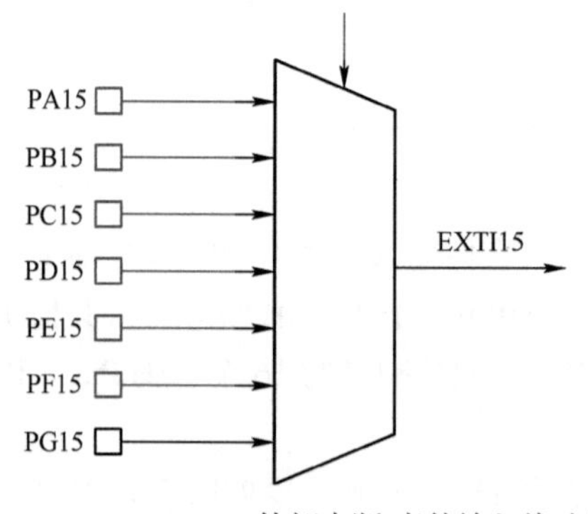

图 5-4　STM32F103 外部中断/事件输入线映像

尤其需要注意的是，如果使用 STM32F103 引脚的外部中断/事件映射功能，必须打开 APB2 总线上该引脚对应端口的时钟以及 AFIO 功能时钟。

3. 边沿检测器

EXTI 中的边沿检测器共有 19 个，用来连接 19 根外部中断/事件输入线，是 EXTI 的主体部分。每个边沿检测器由边沿检测电路、控制寄存器、门电路和脉冲发生器等部分组成。

5.3.2　STM32F103 EXTI 工作原理

1. 外部中断/事件请求的产生和传输

由图 5-3 可以看出，外部中断/事件请求的产生和传输过程如下：

1）外部信号从编号（1）的 STM32F103 微控制器引脚进入。

2）经过编号（2）边沿检测电路，这个边沿检测电路受到上升沿触发选择寄存器和下降沿触发选择寄存器控制，用户可以配置这两个寄存器选择在哪一个边沿产生中断/事件，由于选择上升或下降沿分别受两个平行的寄存器控制，因此用户还可以在双边沿（即同时选择上升沿和下降沿）都产生中断/事件。

3）经过编号（3）的或门，这个或门的另一个输入是软件中断/事件寄存器，由此可见，软件可以优先于外部信号产生一个中断/事件请求，即当软件中断/事件寄存器对应位为 1 时，不管外部信号如何，编号（3）的或门都会输出有效的信号。到此为止，无论是中断或事件，外部请求信号的传输路径都是一致的。

4）外部请求信号进入编号（4）的与门，这个与门的另一个输入是事件屏蔽寄存器。如果事件屏蔽寄存器的对应位为 0，则该外部请求信号不能传输到与门的另一端，从而实现对某个外部事件的屏蔽；如果事件屏蔽寄存器的对应位为 1，则与门产生有效的输出并送至编号（5）的脉冲发生器。脉冲发生器把一个跳变的信号转变为一个单脉冲，输出到 STM32F103 微控制器的其他功能模块。

以上是外部事件请求信号传输路径。

5）外部请求信号进入请求挂起寄存器，请求挂起寄存器记录了外部信号的电平变化。外部请求信号经过请求挂起寄存器后，最后进入编号（6）的与门。这个与门的功能和编号（4）的与门类似，用于引入中断屏蔽寄存器的控制。只有当中断屏蔽寄存器的对应位为 1 时，该外部请求信号才被送至 Cortex-M3 内核的 NVIC 中断控制器，从而发出一个中断请求，否则，屏蔽中断。以上是外部中断请求信号的传输路径。

2．事件与中断

由上述外部中断/事件请求信号的产生和传输过程可知，从外部激励信号看，中断和事件的请求信号没有区别，只是在 STM32F103 微控制器内部将它们分开。

1）一路信号（中断）会被送至 NVIC 向 CPU 产生中断请求，至于 CPU 如何响应，由用户编写或系统默认的对应的中断服务程序决定。

2）另一路信号（事件）会向其他功能模块（如定时器、USART、DMA 等）发送脉冲触发信号，至于其他功能模块会如何响应这个脉冲触发信号，则由对应的模块自行决定。

5.3.3　STM32F103 EXTI 主要特性

STM32F103 微控制器的 EXTI 具有以下主要特性：

1）每个外部中断/事件输入线都可以独立地配置它的触发事件（上升沿、下降沿或双边沿），并能够单独地被屏蔽。

2）每个外部中断都有专用的标志位（请求挂起寄存器），保持着它的中断请求。

3）可以将多达 112 个通用 I/O 引脚映射到 16 根外部中断/事件输入线上。

4）可以检测脉冲宽度低于 APB2 时钟宽度的外部信号。

5.4　STM32F10x 的中断系统库函数

STM32 中断系统是通过一个嵌套向量中断控制器（NVIC）进行中断控制的，使用中断要先对 NVIC 进行配置。STM32 标准库中提供了 NVIC 相关操作函数，见表 5-2。

表 5-2　NVIC 库函数

函数名称	功能
NVIC_DeInit	将外设 NVIC 寄存器重设为默认值
NVIC_SCBDeInit	将外设 SCB 寄存器重设为默认值
NVIC_PriorityGroupConfig	设置优先级分组，即抢占优先级和响应优先级
NVIC_Init	根据 NVIC_InitStruct 中指定的参数初始化外设 NVIC 寄存器
NVIC_StructInit	把 NVIC_InitStruct 中的每一个参数按默认值填入
NVIC_SETPRIMASK	使能 PRIMASK 优先级，提升执行优先级至 0
NVIC_RESETPRIMASK	失能 PRIMASK 优先级
NVIC_SETFAULTMASK	使能 FAULTMASK 优先级，提升执行优先级至-1
NVIC_RESETFAULTMASK	失能 FAULTMASK 优先级
NVIC_BASEPRICONFIG	改变执行优先级，从 N（最低可设置优先级）提升至 1
NVIC_GetBASEPRI	返回 BASEPRI 屏蔽值
NVIC_GetCurrentPendingIRQChannel	返回当前待处理 IRQ 标识符
NVIC_GetIRQChannelPendingBitStatus	检查指定的 IRQ 通道待处理位设置与否
NVIC_SetIRQChannelPendingBit	设置指定的 IRQ 通道待处理位
NVIC_ClearIRQChannelPendingBit	清除指定的 IRQ 通道待处理位
NVIC_GetCurrentActiveHandler	返回当前活动 Handler（IRQ 通道和系统 Handler）的标识符
NVIC_GetIRQChannelActiveBitStatus	检查指定的 IRQ 通道活动位设置与否
NVIC_GetCPUID	返回 ID 号码，Cortex-M3 内核的版本号和实现细节
NVIC_SetVectorTable	设置向量表的位置和偏移
NVIC_GenerateSystemReset	产生一个系统复位
NVIC_GenerateCoreReset	产生一个内核（内核+NVIC）复位
NVIC_SystemLPConfig	选择系统进入低功耗模式的条件
NVIC_SystemHandlerConfig	使能或者失能指定的系统 Handler
NVIC_SystemHandlerPriorityConfig	设置指定的系统 Handler 优先级
NVIC_GetSystemHandlerPendingBitStatus	检查指定的系统 Handler 待处理位设置与否
NVIC_SetSystemHandlerPendingBit	设置系统 Handler 待处理位
NVIC_ClearSystemHandlerPendingBit	清除系统 Handler 待处理位
NVIC_GetSystemHandlerActiveBitStatus	检查系统 Handler 活动位设置与否
NVIC_GetFaultHandlerSources	返回表示出错的系统 Handler 源
NVIC_GetFaultAddress	返回产生表示出错的系统 Handler 所在位置的地址

5.5　STM32 外部中断设计流程

STM32 外部中断设计包括三部分，即 NVIC 设置、中断端口配置和中断处理。

5.5.1　NVIC 设置

在使用中断时首先要对 NVIC 进行设置。如图 5-5 所示，NVIC 设置流程主要包括以下内容：

1）根据需要对中断优先级进行分组，确定抢占优先级和响应优先级的个数。

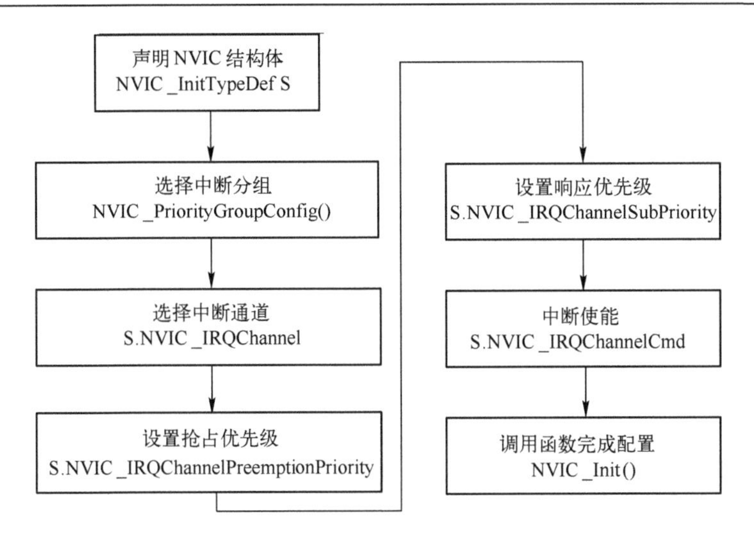

图 5-5　NVIC 设置流程

2）选择中断通道，不同的引脚对应不同的中断通道，在 stm32f10x.h 中定义了中断通道结构体 IRQn_Type，包含了所有型号芯片的所有中断通道。外部中断 EXTI0～EXTI4 有独立的中断通道 EXTI0_IRQ*n*～EXTI4_IRQ*n*，而 EXTI5～EXTI9 共用一个中断通道 EXTI9_5_IRQ*n*，EXTI15～EXTI10 共用一个中断通道 EXT15_10_IRQ*n*。

3）根据系统要求设置中断优先级，包括抢占优先级和响应优先级。

4）使能相应的中断，完成 NVIC 设置。

5.5.2　中断端口配置

NVIC 设置完成后要对中断端口进行配置，即配置哪个引脚发生什么中断。GPIO 外部中断端口配置流程如图 5-6 所示。中断端口配置主要包括以下内容：

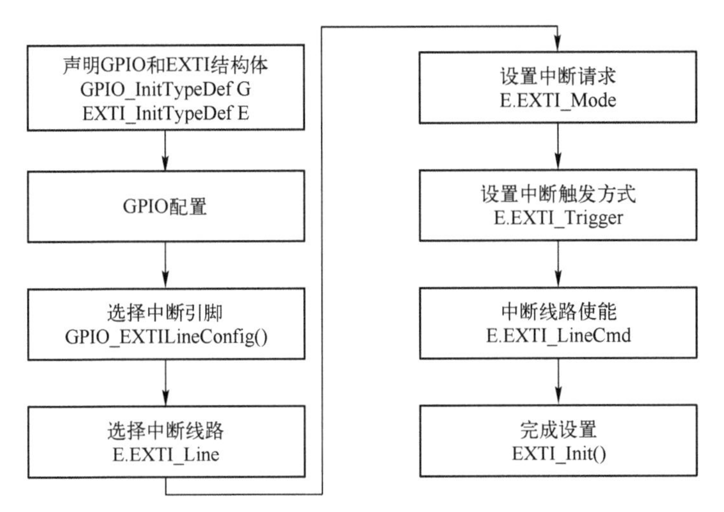

图 5-6　GPIO 外部中断端口配置流程

1）首先进行 GPIO 配置，对引脚进行配置，使能引脚。

2）然后对外部中断方式进行配置，包括中断线路设置、中断或事件选择、触发方式设置、使能中断线路、完成设置。

其中，中断线路 EXTI_Line0～EXTI_Line15 分别对应 EXTI0～EXTI15，即每个端口的16个引脚。EXTI_Line16～EXTI_Line18 分别对应 PVD 输出事件、RTC 闹钟事件和 USB 唤醒事件。

5.5.3 中断处理

中断处理的整个过程包括中断请求、中断响应、中断服务程序及中断返回四个步骤。其中，中断服务程序主要完成中断线路状态检测、中断服务内容和中断清除。

1. 中断请求

如果系统中存在多个中断源，处理器要先对当前中断的优先级进行判断，先响应优先级高的中断。当多个中断请求同时到达且抢占优先级相同时，先处理响应优先级高的中断。

2. 中断响应

在中断事件产生后，处理器响应中断要满足以下条件：

1）无同级或高级中断正在服务。

2）当前指令周期结束，如果查询中断请求的机器周期不是当前指令的最后一个周期，则无法执行当前中断请求。

3）若处理器正在执行系统指令，则需要执行到当前指令及下一条指令才能响应中断请求。

如果中断发生且处理器满足上述条件，系统将按照以下步骤执行相应中断请求。

1）置位中断优先级有效触发器，即关闭同级和低级中断。

2）调用入口地址，断点入栈。

3）进入中断服务程序。

STM32 在启动文件中提供了标准的中断入口对应相应中断。

需要注意的是，外部中断 EXTI0～EXTI4 有独立的入口 EXTI0_IRQHandler～EXTI4_IRQHandler，而 EXTI5～EXTI9 共用一个入口 EXTI9_5_IRQHandler，EXTI10～EXTI15 共用一个入口 EXTI15_10_IRQHandler。在 stm32f10x_it.c 文件中添加中断服务函数时函数名必须与后面使用的中断服务程序名称一致，无返回值无参数。

3. 中断服务程序

以外部中断为例，中断服务程序处理流程如图 5-7 所示。

4. 中断返回

中断返回是指中断服务完成后，处理器返回到断点处继续执行原来的程序。如外部中断 0 的中断服务程序为

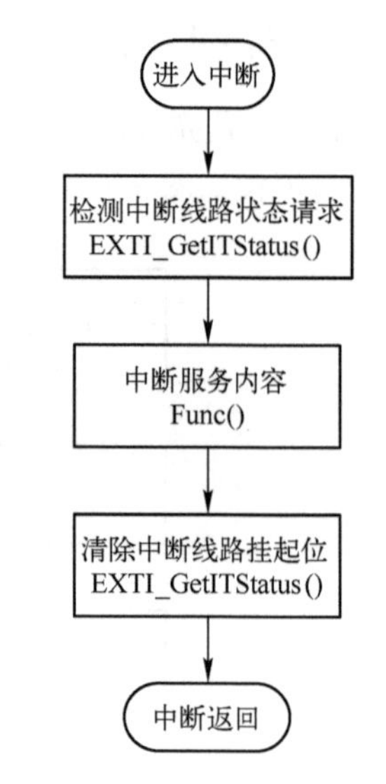

图 5-7　中断服务程序处理流程

```
void EXTI0_IRQHandler（void）
{
    if（EXTI_GetITStatus（EXTI_Line0）！=RESET）    //确保是否产生了 EXTI_Line0 中断
    {
    /*中断服务内容*/
    …
```

```
    EXTI_ClearITPendingBit（EXTI_Line0）；//清除中断标志位
    }
}
```

5.6　STM32 的外部中断设计实例

中断在嵌入式应用中占有非常重要的地位，几乎每个控制器都有中断功能。中断对保证紧急事件在第一时间处理是非常重要的。

设计使用外接的按键来作为触发源，使得控制器产生中断，并在中断服务函数中实现控制 RGB 彩灯的任务。

5.6.1　STM32 的外部中断硬件设计

STM32 的外部中断硬件电路设计如图 5-3 所示。

5.6.2　STM32 的外部中断软件设计

这里只介绍核心的部分代码，有些变量的设置、头文件的包含等并没有涉及。创建两个文件 exti.c 和 exti.h，用来存放 EXTI 驱动程序及相关宏定义，中断服务函数放在 stm32f10x_it.h 文件中。

编程要点：

1）初始化用来产生中断的 GPIO。

2）初始化 EXTI。

3）设置 NVIC。

4）编写中断服务函数。

1．exti.h 头文件

```
#ifndef__EXTI_H
#define__EXTI_H
#include "sys.h"
void EXTIX_Init(void);//外部中断初始化
#endif
```

2．key.h 头文件

```
#ifndef__KEY_H
#define__KEY_H
#include "sys.h"

#define KEY0   GPIO_ReadInputDataBit(GPIOE,GPIO_Pin_4)//读取按键 KEY0
#define KEY1   GPIO_ReadInputDataBit(GPIOE,GPIO_Pin_3)//读取按键 KEY1
#define KEY2   GPIO_ReadInputDataBit(GPIOE,GPIO_Pin_2)//读取按键 KEY2
#define WK_UP     GPIO_ReadInputDataBit(GPIOA,GPIO_Pin_0)//读取按键 KEY_UP

#define KEY0_PRES   1      //KEY0 按下
#define KEY1_PRES   2      //KEY1 按下
```

```
#define KEY2_PRES   3      //KEY2 按下
#define WKUP_PRES   4      //KEY_UP 按下(即 WK_UP/KEY_UP)

void KEY_Init(void);       //I/O 初始化
u8 KEY_Scan(u8);           //按键扫描函数
#endif
```

3．exti.c 代码

```
#include "exti.h"
#include "led.h"
#include "key.h"
#include "delay.h"
#include "usart.h"
#include "beep.h"
void EXTIX_Init(void)
{

    EXTI_InitTypeDef EXTI_InitStructure;
    NVIC_InitTypeDef NVIC_InitStructure;

    KEY_Init();//按键端口初始化

    RCC_APB2PeriphClockCmd(RCC_APB2Periph_AFIO,ENABLE);//使能复用功能时钟

    //GPIOE2 中断线以及中断初始化配置，下降沿触发
    GPIO_EXTILineConfig(GPIO_PortSourceGPIOE,GPIO_PinSource2);

    EXTI_InitStructure.EXTI_Line=EXTI_Line2;                //KEY2
    EXTI_InitStructure.EXTI_Mode = EXTI_Mode_Interrupt;
    EXTI_InitStructure.EXTI_Trigger = EXTI_Trigger_Falling;
    EXTI_InitStructure.EXTI_LineCmd = ENABLE;
    EXTI_Init(&EXTI_InitStructure);//根据 EXTI_InitStructure 中指定的参数初始化外设 EXTI 寄存器

    //GPIOE3 中断线以及中断初始化配置，下降沿触发          //KEY1
    GPIO_EXTILineConfig(GPIO_PortSourceGPIOE,GPIO_PinSource3);
    EXTI_InitStructure.EXTI_Line=EXTI_Line3;
    EXTI_Init(&EXTI_InitStructure);//根据 EXTI_InitStructure 中指定的参数初始化外设 EXTI 寄存器

    //GPIOE4 中断线以及中断初始化配置，下降沿触发          //KEY0
    GPIO_EXTILineConfig(GPIO_PortSourceGPIOE,GPIO_PinSource4);
    EXTI_InitStructure.EXTI_Line=EXTI_Line4;
    EXTI_Init(&EXTI_InitStructure);//根据 EXTI_InitStructure 中指定的参数初始化外设 EXTI 寄存器


    //GPIOA0 中断线以及中断初始化配置，上升沿触发 PA0      //KEY_UP
    GPIO_EXTILineConfig(GPIO_PortSourceGPIOA,GPIO_PinSource0);
```

```
    EXTI_InitStructure.EXTI_Line=EXTI_Line0;
    EXTI_InitStructure.EXTI_Trigger = EXTI_Trigger_Rising;
    EXTI_Init(&EXTI_InitStructure);    //根据 EXTI_InitStructure 中指定的参数初始化外设 EXTI 寄存器


    NVIC_InitStructure.NVIC_IRQChannel = EXTI0_IRQn; //使能按键 KEY_UP 所在的外部中断通道
    NVIC_InitStructure.NVIC_IRQChannelPreemptionPriority = 0x02;//抢占优先级 2
    NVIC_InitStructure.NVIC_IRQChannelSubPriority = 0x03; //响应优先级 3
    NVIC_InitStructure.NVIC_IRQChannelCmd = ENABLE;    //使能外部中断通道
    NVIC_Init(&NVIC_InitStructure);

    NVIC_InitStructure.NVIC_IRQChannel = EXTI2_IRQn;//使能按键 KEY2 所在的外部中断通道
    NVIC_InitStructure.NVIC_IRQChannelPreemptionPriority = 0x02;/抢占优先级 2
    NVIC_InitStructure.NVIC_IRQChannelSubPriority = 0x02; //响应优先级 2
    NVIC_InitStructure.NVIC_IRQChannelCmd = ENABLE;    //使能外部中断通道
    NVIC_Init(&NVIC_InitStructure);


    NVIC_InitStructure.NVIC_IRQChannel = EXTI3_IRQn;//使能按键 KEY1 所在的外部中断通道
    NVIC_InitStructure.NVIC_IRQChannelPreemptionPriority = 0x02;//抢占优先级 2
    NVIC_InitStructure.NVIC_IRQChannelSubPriority = 0x01; //响应优先级 1
    NVIC_InitStructure.NVIC_IRQChannelCmd = ENABLE;    //使能外部中断通道
    NVIC_Init(&NVIC_InitStructure);  //根据 NVIC_InitStructure 中指定的参数初始化外设 NVIC 寄存器

    NVIC_InitStructure.NVIC_IRQChannel = EXTI4_IRQn;       //使能按键 KEY0 所在的外部中断通道
    NVIC_InitStructure.NVIC_IRQChannelPreemptionPriority = 0x02;//抢占优先级 2
    NVIC_InitStructure.NVIC_IRQChannelSubPriority = 0x00; //响应优先级 0
    NVIC_InitStructure.NVIC_IRQChannelCmd = ENABLE;//使能外部中断通道
    NVIC_Init(&NVIC_InitStructure);  //根据 NVIC_InitStructure 中指定的参数初始化外设 NVIC 寄存器

}

//外部中断 0 服务程序
void EXTI0_IRQHandler(void)
{
delay_ms(10);    //消抖
if(WK_UP==1)   //KEY_UP 按键
{
BEEP=!BEEP;
}
EXTI_ClearITPendingBit(EXTI_Line0); //清除 LINE0 上的中断标志位
}

//外部中断 2 服务程序
void EXTI2_IRQHandler(void)
{
delay_ms(10);   //消抖
```

```
if(KEY2==0)  //按键 KEY2
{
LED0=!LED0;
}
EXTI_ClearITPendingBit(EXTI_Line2);  //清除 LINE2 上的中断标志位
}
//外部中断 3 服务程序
void EXTI3_IRQHandler(void)
{
delay_ms(10);  //消抖
if(KEY1==0)  //按键 KEY1
{
LED1=!LED1;
}
EXTI_ClearITPendingBit(EXTI_Line3);  //清除 LINE3 上的中断标志位
}

void EXTI4_IRQHandler(void)
{
delay_ms(10);  //消抖
if(KEY0==0)  //按键 KEY0
{
LED0=!LED0;
LED1=!LED1;
}
EXTI_ClearITPendingBit(EXTI_Line4);  //清除 LINE4 上的中断标志位
}
```

外部中断初始化函数 void EXTIX_Init(void)严格按照中断初始化步骤来初始化外部中断。首先调用 KEY_Init()函数，利用按键初始化函数来初始化外部中断输入的 I/O 口，接着调用 RCC_APB2PeriphClockCmd()函数来使能复用功能时钟。接着配置中断线和 GPIO 的映射关系，然后初始化中断线路。需要说明的是，因为 KEY_UP 按键是高电平有效，而 KEY0、KEY1 和 KEY2 是低电平有效，所以设置 KEY_UP 为上升沿触发中断，而 KEY0、KEY1 和 KEY2 则设置为下降沿触发中断。这里把所有中断都分配到第二组，把按键的抢占优先级设置为一样，而响应优先级不同，4 个按键中 KEY0 的优先级最高。

接下来介绍各个按键的中断服务函数，共 4 个。先看按键 KEY2 的中断服务函数 void EXTI2_IRQHandler(void)，该函数代码比较简单，先延时 10ms 以消抖，再检测 KEY2 是否还是为低电平，如果是低电平，则执行此次操作（翻转 LED0 控制信号）：否则，则直接跳过。最后通过 EXTI_ClearITPendingBit(EXTI_Line2)清除发生的中断请求。KEY0、KEY1 和 KEY_UP 的中断服务函数和 KEY2 按键十分相似，这里不再逐一介绍。

4．key.c 代码

```
#include "stm32f10x.h"
#include "key.h"
#include "sys.h"
#include "delay.h"
```

```
//按键初始化函数
void KEY_Init(void) //I/O 初始化
{
 GPIO_InitTypeDef GPIO_InitStructure;

 RCC_APB2PeriphClockCmd(RCC_APB2Periph_GPIOA|RCC_APB2Periph_GPIOE,ENABLE);//使能
GPIOA、GPIOE 时钟

 GPIO_InitStructure.GPIO_Pin = GPIO_Pin_2|GPIO_Pin_3|GPIO_Pin_4;//KEY0～KEY2
 GPIO_InitStructure.GPIO_Mode = GPIO_Mode_IPU; //设置为输入上拉
 GPIO_Init(GPIOE, &GPIO_InitStructure);//初始化 GPIOE2、GPIOE3、GPIOE4

 //初始化 KEY_UP→GPIOA0，输入下拉
 GPIO_InitStructure.GPIO_Pin = GPIO_Pin_0;
 GPIO_InitStructure.GPIO_Mode = GPIO_Mode_IPD; //PA0 设置为输入，默认下拉
 GPIO_Init(GPIOA, &GPIO_InitStructure);//初始化 GPIOA0

}
```

5．main.c 代码

```
#include "led.h"
#include "delay.h"
#include "key.h"
#include "sys.h"
#include "usart.h"
#include "exti.h"
#include "beep.h"
int main(void)
 {

 delay_init();                  //延时函数初始化
 NVIC_PriorityGroupConfig(NVIC_PriorityGroup_2); //设置 NVIC 中断分组 2：2 位抢占优先级，2 位
响应优先级
 uart_init(115200);             //串口初始化为 115200
 LED_Init();                    //初始化与 LED 连接的硬件接口
 BEEP_Init();                   //初始化蜂鸣器端口
 KEY_Init();                    //初始化与按键连接的硬件接口
 EXTIX_Init();                  //外部中断初始化
 LED0=0;                        //点亮 LED0
 while(1)
 {
  printf("OK\r\n");
  delay_ms(1000);
 }
 }
```

这部分代码很简单，在初始化完中断后点亮 LED0，就进入死循环等待。死循环里通过一

个 printf 函数来表明系统正在运行，在中断发生后，就执行中断服务函数做出相应的处理。

在上述代码编译成功后，下载代码到战舰 STM32 开发板上，实际验证程序是否正确。下载代码后，在串口调试助手里可以看到如图 5-8 所示信息。可以看出，程序已经在运行了，此时可以通过按下 KEY0、KEY1、KEY2 和 KEY_UP 来观察 DS0、DS1 以及蜂鸣器是否随着按键的变化而变化，其变化情况与 STM32 的 GPIO 输入应用实例中的按键输入变化情况一致。

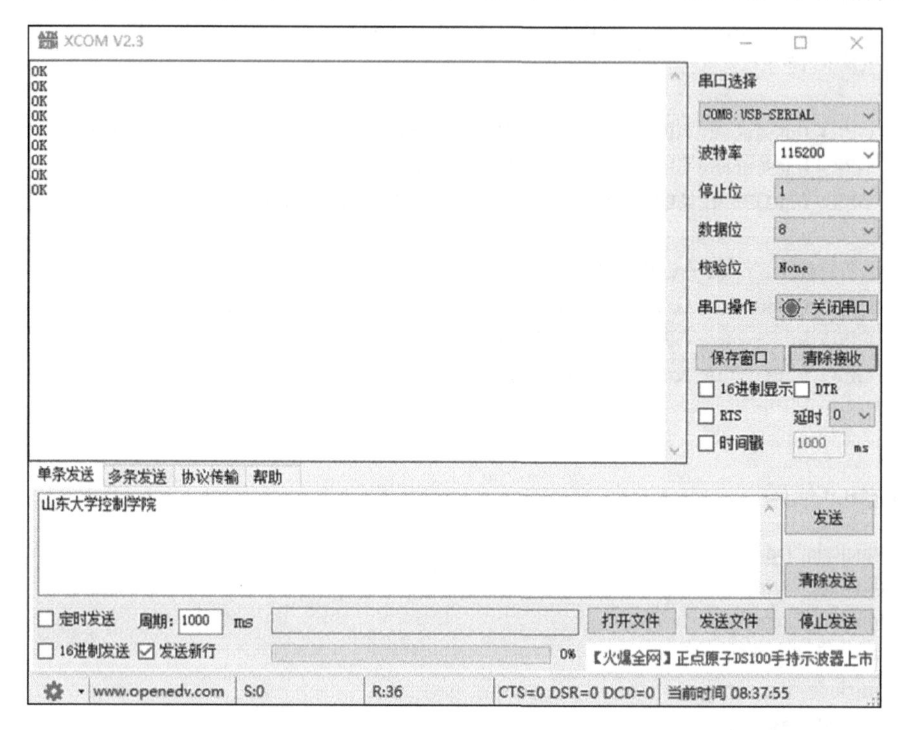

图 5-8　串口调试助手收到的“OK”字符

第 6 章　STM32 定时器系统与 PWM

本章介绍了 STM32 定时器系统与 PWM，包括 STM32F103 定时器概述、STM32 基本定时器、STM32 通用定时器、STM32 高级控制定时器、STM32 定时器库函数和 STM32 定时器应用实例，以及 STM32 PWM 输出应用实例和看门狗定时器。

6.1　STM32F103 定时器概述

从本质上讲，定时器就是“数字电路”课程中学过的计数器（Counter），它像闹钟一样忠实地为处理器完成定时或计数任务，几乎是所有现代微处理器必备的一种片上外设。很多读者在初次接触定时器时，都会提出这样一个问题：既然 ARM 内核每条指令的执行时间都是固定的，且大多数是相等的，那么可以来用软件的方法实现定时吗？如在 72MHz 系统时钟下要实现 1μs 的定时，完全可以通过执行 72 条不影响状态的“无关指令”实现。既然这样，STM32 中为什么还要有定时/计数器这样一个完成定时工作的硬件结构呢？其实，确实可以通过插入若干条不产生影响的“无关指令”实现固定时间的定时，但这会带来两个问题：其一，在这段时间中，STM32 不能做其他任何事情，否则定时将不再准确；其二，这些“无关指令”会占据大量程序空间。而当嵌入式处理器中集成了硬件的定时以后，就可以在内核执行其他任务的同时完成精确的定时，并在定时结束后通过中断/事件等方法通知内核或相关外设。简单地说，定时器最重要的作用就是将 STM32 的 ARM 内核从简单、重复的延时工作中解放出来。

当然，定时器的核心电路结构是计数器。当它对 STM32 内部固定频率的信号进行计数时，只要指定计数器的计数值，也就相当于固定了从定时器启动到溢出之间的时间长度。这种对内部已知频率计数的工作方式称为定时方式。定时器还可以对外部引脚输入的未知频率信号进行计数，此时由于外部输入时钟频率可能改变，从定时器启动到溢出之间的时间长度无法预测，软件所能判断的仅仅是外部脉冲的个数。因此，这种计数时钟来自外部的工作方式只能称为计数方式。在这两种基本工作方式的基础上，STM32 的定时器又衍生出了输入捕获、输出比较、PWM、脉冲计数、编码器接口等多种工作模式。

定时与计数的应用十分广泛。在实际生产过程中，许多场合都需要定时或者计数操作。如产生精确的时间，对流水线上的产品进行计数等。因此，定时/计数器在嵌入式微控制器中十分重要。

STM32 内部集成了多个定时/计数器。根据型号不同，STM32 系列芯片最多包含 8 个定时/计数器。其中，TIM6 和 TIM7 为基本定时器，TIM2～TIM5 为通用定时器，TIM1 和 TIM8 为高级控制定时器，功能最强。三种定时器具备的功能见表 6-1。此外，在 STM32 中还有两个看门狗定时器和一个系统滴答定时器。

表 6-1　STM32 定时器的功能

主要功能	高级控制定时器	通用定时器	基本定时器
内部时钟源（8MHz）	●	●	●
带 16 位分频的计数单元	●	●	●
更新中断和 DMA	●	●	●
计数方向	向上、向下、双向	向上、向下、双向	向上
外部事件计数	●	●	○
其他定时器触发或级联	●	●	○
4 个独立输入捕获、输出比较通道	●	●	○
单脉冲输出方式	●	●	○
正交编码器输入	●	●	○
霍尔式传感器输入	●	●	○
输出比较信号死区产生	●	○	○
制动信号输入	●	○	○

注：● 表示具备这项功能；○ 表示不具备这项功能。

STM32F103 定时器相比传统的 51 单片机要完善和复杂得多，它是专为工业控制应用量身定做的定时器，具有很多用途，包括基本定时功能、生成输出波形（比较输出、PWM 和带死区插入的互补 PWM）和测量输入信号的脉冲宽度（输入捕获）等。

6.2　STM32 基本定时器

6.2.1　基本定时器简介

STM32F103 基本定时器 TIM6 和 TIM7 各包含一个 16 位自动装载计数器，由各自的可编程预分频器驱动。它们可以为通用定时器提供时间基准，特别是可以为数-模转换器（DAC）提供时钟。实际上，它们在芯片内部直接连接到 DAC 并通过触发输出直接驱动 DAC。这两个定时器是互相独立的，不共享任何资源。

6.2.2　基本定时器的主要功能

基本定时器（TIM6 和 TIM7）的主要功能包括：

1）16 位自动重装载累加计数器。

2）16 位可编程（可实时修改）预分频器，用于对输入的时钟按系数 1～65536 之间的任意整数值分频。

3）触发 DAC 的同步电路。

4）在更新事件（计数器溢出）时产生中断/DMA 请求。

6.2.3　基本定时器的功能描述

基本定时器的内部结构如图 6-1 所示。

1. 时基单元

这个可编程定时器的主要部分是一个 16 位自动重装载累加计数器，计数器的时钟通过一个预分频器得到。软件可以读/写计数器、自动重装载寄存器和预分频寄存器，即使计数器运行时也可以操作。

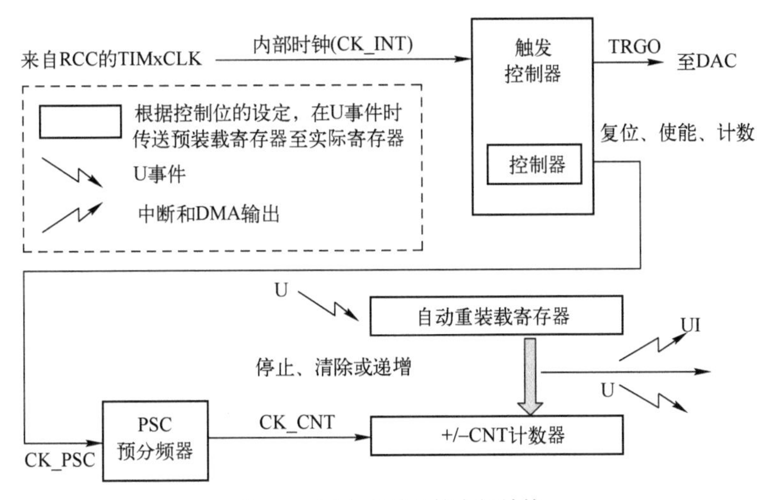

图 6-1　基本定时器的内部结构

时基单元包含：

1）计数器寄存器（TIMx_CNT）。

2）预分频寄存器（TIMx_PSC）。

3）自动重装载寄存器（TIMx_ARR）。

2．时钟源

由图 6-1 STM32F103 基本定时器内部结构可以看出，基本定时器 TIM6 和 TIM7 只有一个时钟源，即内部时钟（CK_INT）。STM32F103 的所有定时器 CK_INT 都来自 RCC 的 TIMxCLK，但对于不同的定时器，TIMxCLK 的来源不同。基本定时器 TIM6 和 TIM7 的 TIMxCLK 来源于 APB1 预分频器的输出，系统默认情况下，APB1 的时钟频率为 72MHz。

3．预分频器

预分频可以以 1～65536 之间的任意整数值作为系数对计数器时钟分频。它是通过一个 16 位寄存器（TIMx_PSC）的计数实现分频。因为 TIMx_PSC 控制寄存器具有缓冲作用，可以在运行过程中改变它的数值，新的预分频数值将在下一个更新事件时起作用。

图 6-2 为在运行过程中改变预分频系数的例子，预分频系数从 1 变到 2。

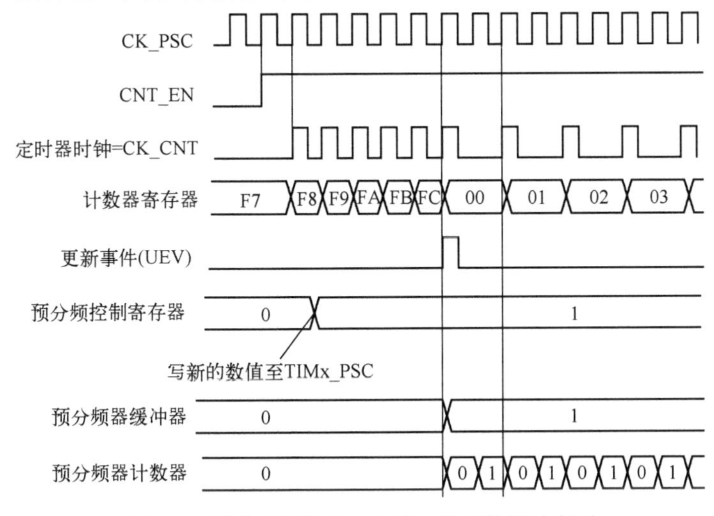

图 6-2　预分频系数从 1 变到 2 的计数器时序图

4. 计数模式

STM32F103 基本定时器只有向上计数模式，其工作过程如图 6-3 所示，其中↑表示产生溢出事件。

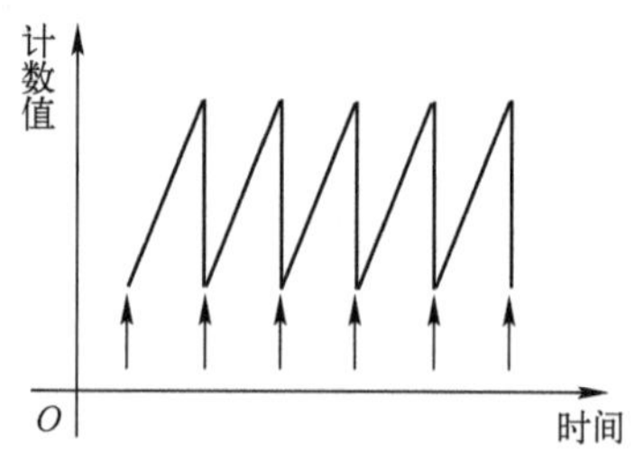

图 6-3 向上计数模式工作过程

基本定时器工作时，脉冲计数器 TIMx_CNT 从 0 累加计数到自动重装载数值（TIMx_ARR 寄存器），然后重新从 0 开始计数并产生一个计数器溢出事件。由此可见，如果使用基本定时器进行延时，延时时间计算公式为

延时时间=(TIMx_ARR+1)×(TIMx_PSC+1)/TIMx_CLK

当发生一次更新事件时，所有寄存器会被更新并设置更新标志：传送预装载值（TIMx_PSC 寄存器的内容）至预分频器的缓冲区，自动重装载影子寄存器被更新为预装载值(TIMx_ARR)。以下是一些在 TIMx_ARR=0x36 时不同时钟频率下计数器工作的图示例子。图 6-4 是内部时钟分频系数为 1 的计数器时序图，图 6-5 是内部时钟分频系数为 2 的计数器时序图。

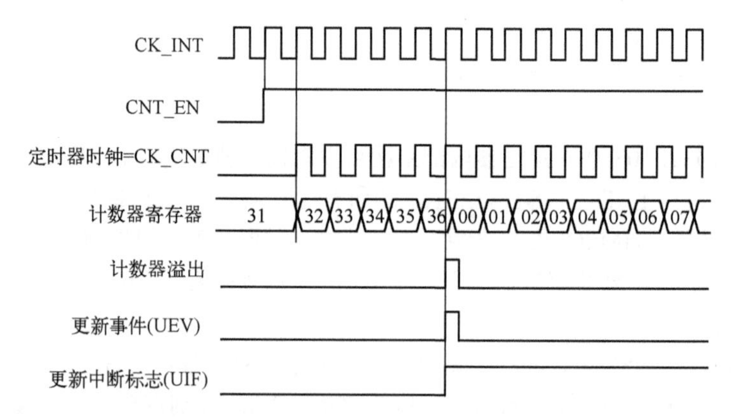

图 6-4 计数器时序图（内部时钟分频系数为 1）

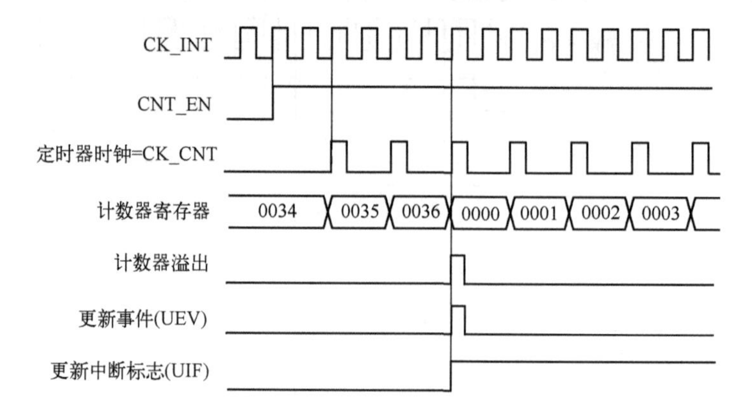

图 6-5 计数器时序图（内部时钟分频系数为 2）

6.3　STM32 通用定时器

6.3.1　通用定时器简介

通用定时器（TIM2、TIM3、TIM4 和 TIM5）由一个通过可编程预分频器驱动的 16 位自动重装载计数器构成。它适用于多种场合，包括测量输入信号的脉冲长度（输入捕获）或者产生输出波形（输出比较和 PWM）。使用定时器预分频器和 RCC 时钟控制器预分频器，脉冲长度和波形周期可以在几微秒到几毫秒间调整。每个定时器都是完全独立的，没有互相共享任何资源，可以同步操作。

6.3.2　通用定时器的主要功能

通用定时器 TIMx（TIM2、TIM3、TIM4 和 TIM5）的主要功能包括：

1）16 位向上、向下、向上/向下自动重装载计数器。

2）16 位可编程（可以实时修改）预分频器，计数器时钟频率的分频系数为 1～65536 之间的任意整数值。

3）4 个独立通道：输入捕获、输出比较、PWM 生成（边缘或中间对齐模式）和单脉冲模式输出。

4）使用外部信号控制定时器和定时器互连的同步电路。

5）以下事件发生时产生中断/DMA：

① 更新，计数器向上/向下溢出，计数器初始化（通过软件或者内部/外部触发）。

② 触发事件（计数器启动、停止、初始化或者由内部/外部触发计数）。

③ 输入捕获。

④ 输出比较。

6）支持针对定位的增量（正交）编码器和霍尔式传感器电路。

7）触发输入作为外部时钟或者按周期的电流管理。

6.3.3　通用定时器的功能描述

通用定时器内部结构如图 6-6 所示。相比基本定时器，其内部结构要复杂得多，其中最显著的就是增加了 4 个捕获/比较寄存器（TIMx_CCR），这也是通用定时器功能强大的原因。

1. 时基单元

可编程通用定时器的主要部分是一个 16 位计数器和与其相关的自动重装载寄存器。这个计数器可以向上计数、向下计数或者向上/向下双向计数。此计数器时钟由预分频器分频得到。计数器、自动重装载寄存器和预分频寄存器可以由软件读/写，在计数器运行时仍可以读/写。

时基单元包含计数器寄存器（TIMx_CNT）、预分频寄存器（TIMx_PSC）和自动重装载寄存器（TIMx_ARR）。

预分频器可以将计数器的时钟频率按 1～65536 之间的任意整数值分频。它是基于一个（在 TIMx_PSC 寄存器中）16 位寄存器控制的 16 位计数器。这个控制寄存器带有缓冲器，能够在工作时被改变。新的预分频器参数在下一次更新事件到来时被采用。

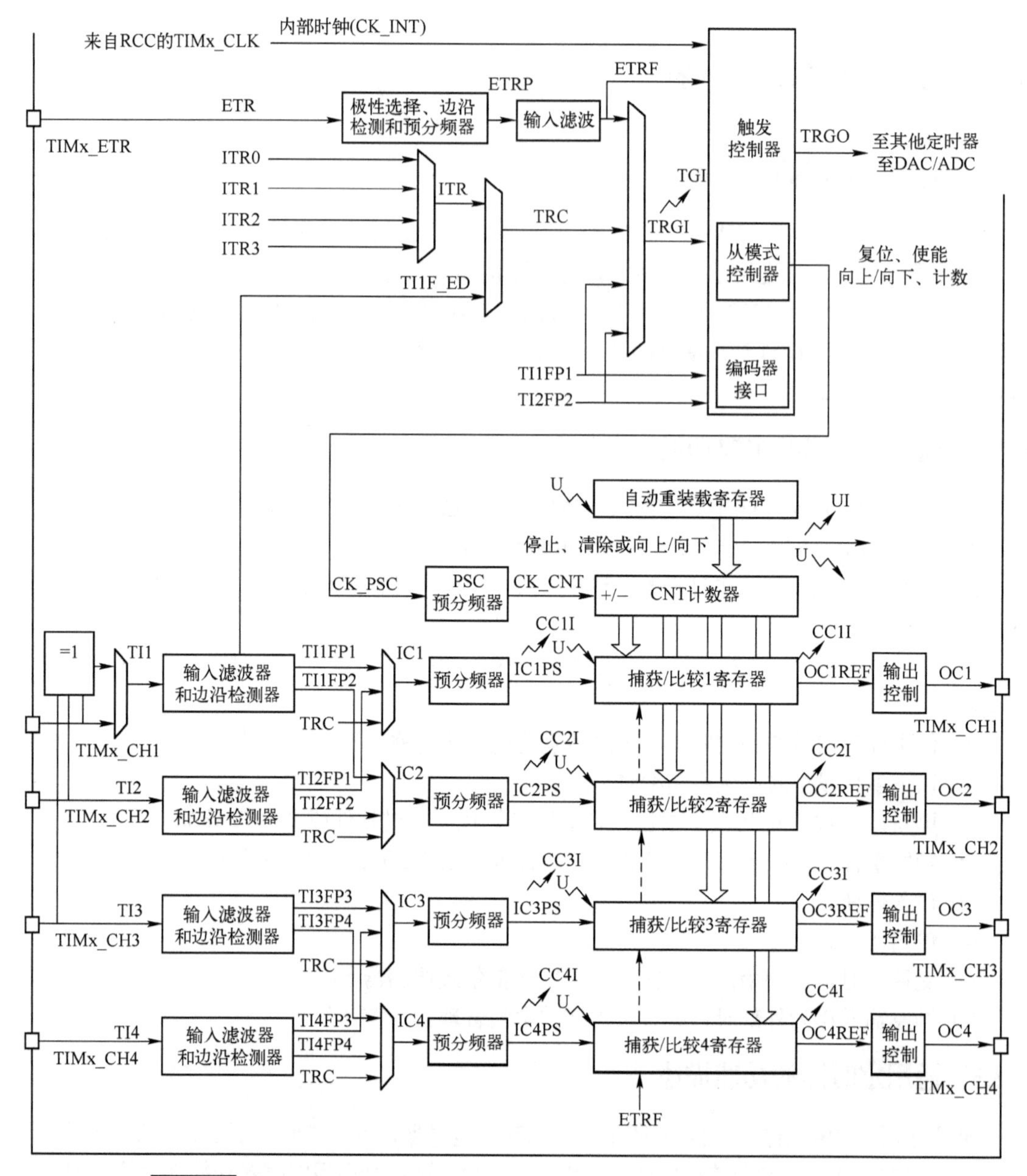

图 6-6　通用定时器内部结构

2．计数模式

（1）向上计数模式

通用定时器的向上计数模式工作过程同基本定时器的向上计数模式，工作过程见图 6-3。在向上计数模式中，计数器在时钟 CK_CNT 的驱动下从 0 计数到自动重装载寄存器 TIMx_ARR 的预设值，然后重新从 0 开始计数，并产生一个计数器溢出事件，可触发中断或 DMA 请求。

当发生一个更新事件时，所有的寄存器都被更新，硬件同时设置更新标志位。

对于一个工作在向上计数模式的通用定时器，当自动重装载寄存器 T1Mx_ARR 的值为 0x36 时，内部时钟分频系数为 4（预分频寄存器 TIMx_PSC 的值为 3）的计数器时序图如图 6-7 所示。

（2）向下计数模式

通用定时器的向下计数模式工作过程如图 6-8 所示。在向下计数模式中，计数器在时钟 CK_CNT 的驱动下从自动重装载寄存器 TIMx_ARR 的预设值开始向下计数到 0，然后从自动重装载寄存器 TIMx_ARR 的预设值重新开始计数，并产生一个计数器溢出事件，可触发中断或 DMA 请求。当发生一个更新事件时，所有的寄存器都被更新，硬件同时设置更新标志位。

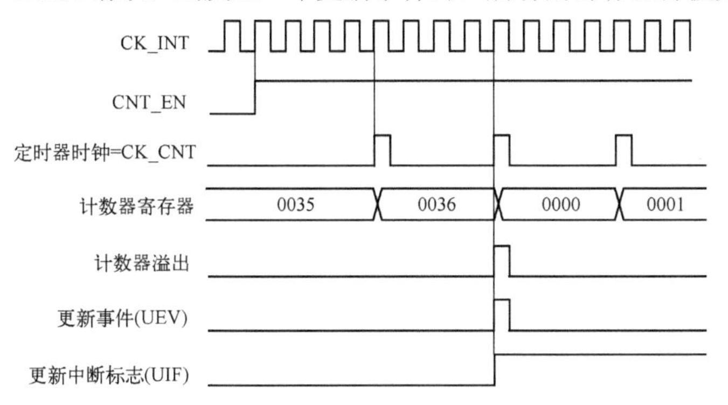

图 6-7　计数器时序图（内部时钟分频系数为 4）

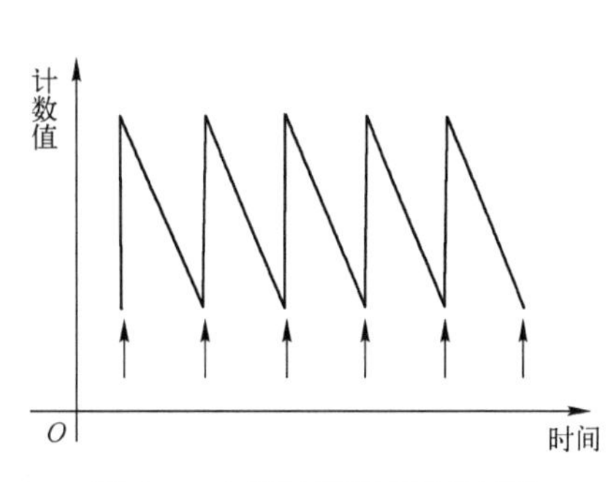

图 6-8　向下计数模式工作过程

对于一个工作在向下计数模式的通用定时器，当自动重装载寄存器 TIMx_ARR 的值为 0x36 时，内部时钟分频系数为 2（预分频寄存器 TIMx_PSC 的值为 1）的计数器时序图如图 6-9 所示。

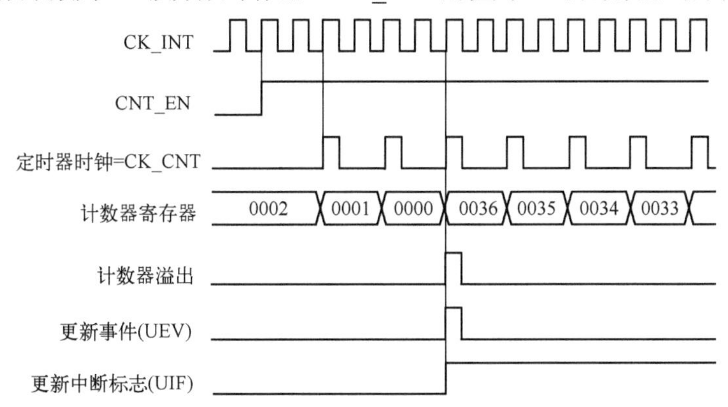

图 6-9　计数器时序图（内部时钟分频系数为 2）

（3）向上/向下计数模式

向上/向下计数模式又称为中央对齐模式或双向计数模式，其工作过程如图 6-10 所示，计数器从 0 开始计数到自动加载的值（TIMx_ARR 寄存器）-1，产生一个计数器溢出事件，然后向下计数到 1 并且产生一个计数器下溢事件；然后再从 0 开始重新计数。在这个模式中，不能写入 TIMx_CR1 中的 DIR 方向位。它由硬件更新并指示当前的计数方向。可以在每次计数上溢和每次计数下溢时产生更新事件，触发中断或 DMA 请求。

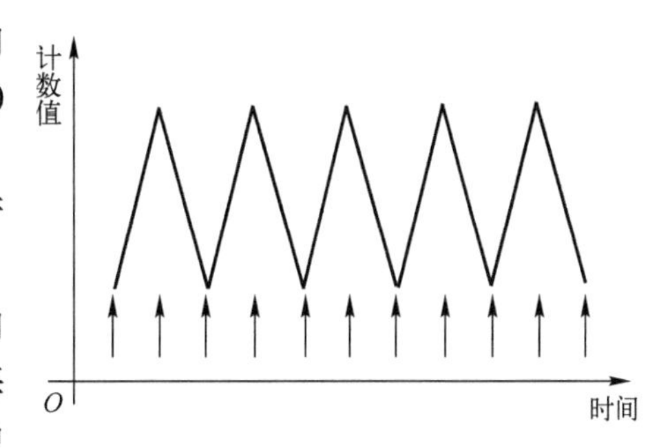

图 6-10　向上/向下计数模式工作过程

对于一个工作在向上/向下计数模式的通用定时器，当自动重装载寄存器 TIMx_ARR 的值为 0x06 时，内部时钟分频系数为 1（预分频寄存器 TIMx_PSC 的值为 0）的计数器时序图如图 6-11 所示。

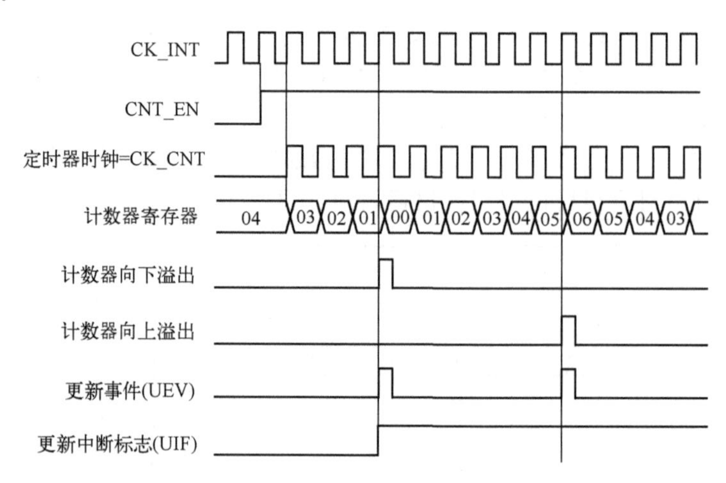

图 6-11 计数器时序图（内部时钟分频系数为 1）

3. 时钟选择

相比于基本定时器单一的内部时钟源，STM32F103 通用定时器的 16 位计数器的时钟源有多种选择，可由以下时钟源提供。

（1）内部时钟（CK_INT）

CK_INT 来自 RCC 的 TIMx_CLK，根据 STM32F103 时钟树，通用定时器 TIM2～TIM5 CK_INT 的来源为 TIMx_CLK，与基本定时器相同，都是来自 APB1 预分频器的输出，通常情况下，其时钟频率是 72MHz。

（2）外部输入捕获引脚 TIx（外部时钟模式 1）

外部输入捕获引脚 TIx（外部时钟模式 1）来自外部输入捕获引脚上的边沿信号。计数器可以在选定的输入端（引脚 1：TI1FP1 或 TI1F_ED；引脚 2：TI2FP2）的每个上升沿或下降沿计数。

（3）外部触发输入引脚 ETR（外部时钟模式 2）

外部触发输入引脚 ETR（外部时钟模式 2）来自外部引脚 ETR。计数器能在外部触发输入 ETR 的每个上升沿或下降沿计数。

（4）内部触发器输入（ITRx）

ITRx 来自芯片内部其他定时器的触发输入，使用一个定时器作为另一个定时器的预分频器。如可以配置 TIM1 作为 TIM2 的预分频器。

4. 捕获/比较通道

每一个捕获/比较通道都是围绕一个捕获/比较寄存器（包含影子寄存器），包括捕获的输入部分（数字滤波、多路复用和预分频器）和输出部分（比较器和输出控制）。输入部分对相应的 TIx 输入信号采样，并产生一个滤波后的信号 TIxF。然后，一个带极性选择的边缘检测器产生一个信号（TIxFPx），它可以作为从模式控制器的输入触发或者作为捕获控制。该信号通过预分频进入捕获寄存器（ICxPS）。输出部分产生一个中间波形 OCxRef（高有效）作为基准，链的末端决定最终输出信号的极性。

6.3.4　通用定时器的工作模式

1．输入捕获模式

在输入捕获模式下，当检测到 ICx 信号上相应的边沿后，计数器的当前值被锁存到捕获/比较寄存器（TIMx_CCRx）中。当捕获事件发生时，相应的 CCxIF 标志（TIMx_SR 寄存器）被置为 1，如果使能了中断或者 DMA 操作，则将产生中断或者 DMA 操作。如果捕获事件发生时 CCxIF 标志已经为高，那么重复捕获标志 CCxOF（TIMx_SR 寄存器）被置为 1。写 CCxIF=0 可清除 CCxIF，或读取存储在 TIMx_CCRx 寄存器中的捕获数据也可清除 CCxIF。写 CCxOF=0 可清除 CCxOF。

2．PWM 模式

PWM 模式是一种特殊的输出模式，在电力、电子和电动机控制领域得到了广泛应用。

（1）PWM 简介

PWM 简称脉宽调制。它是利用微处理器的数字输出来对模拟电路进行控制的一种非常有效的技术，因其控制简单、灵活和动态响应好等优点而成为电力、电子技术最广泛应用的控制方式，其应用领域包括测量、通信、功率控制与变换、电动机控制、伺服控制、调光、开关电源，甚至某些音频放大器，因此研究基于 PWM 技术的正负脉宽数控调制信号发生器具有十分重要的现实意义。PWM 是一种对模拟信号电平进行数字编码的方法。通过高分辨率计数器的使用，方波的占空比被调制用来对一个具体模拟信号的电平进行编码。PWM 信号仍然是数字的，因为在给定的任何时刻，满幅值的直流供电要么完全有（ON），要么完全无（OFF），电压或电流源是以一种通（ON）或断（OFF）的重复脉冲序列被加载到模拟负载上去的。通的时候即是直流供电被加到负载上的时候，断的时候即是直流供电被断开的时候。只要带宽足够，任何模拟值都可以使用 PWM 进行编码。

（2）PWM 实现

目前，在运动控制系统或电动机控制系统中实现 PWM 的方法主要有传统的数字电路、微控制器普通 I/O 模拟和微控制器的 PWM 直接输出等。

1）传统的数字电路方式。即用传统的数字电路实现 PWM（如 555 定时器），电路设计较复杂，体积大，抗干扰能力差，系统的研发周期较长。

2）微控制器普通 I/O 模拟方式。即对于微控制器中无 PWM 输出功能情况（如 51 单片机），可以通过 CPU 操控普通 I/O 口来实现 PWM 输出。但这样实现 PWM 将消耗大量的时间，大大降低 CPU 的效率，而且得到的 PWM 信号的精度不太高。

3）微控制器的 PWM 直接输出方式。即对于具有 PWM 输出功能的微控制器，在进行简单的配置后即可在微控制器的指定引脚上输出 PWM 脉冲。这也是目前使用最多的 PWM 实现方式。

STM32F103 就是这样一款具有 PWM 输出功能的微控制器，除了基本定时器 TIM6 和 TIM7，其他的定时器都可以用来产生 PWM 输出。其中高级定时器 TIM1 和 TIM8 可以同时产生多达 7 路 PWM 输出，而通用定时器也能同时产生多达 4 路 PWM 输出。STM32 最多可以同时产生 30 路 PWM 输出。

6.4　STM32 高级控制定时器

6.4.1　高级控制定时器简介

高级控制定时器（TIM1 和 TIM8）由一个 16 位的自动装载计数器组成，它由一个可编程的预分频器驱动，适合多种用途，包含测量输入信号的脉冲宽度（输入捕获），或者产生输出波形（输出比较、PWM、嵌入死区时间的互补 PWM 等）。使用定时器预分频器和 RCC 时钟控制预分频器可以实现脉冲宽度和波形周期从几微秒到几毫秒的调节。高级控制定时器（TIM1 和 TIM8）和通用定时器（TIMx）是完全独立的，它们不共享任何资源，可以同步操作。

6.4.2 高级控制定时器的主要功能

高级控制定时器（TIM1 和 TIM8）的主要功能包括：

1）16 位向上、向下、向上/下自动装载计数器。

2）16 位可编程（可以实时修改）预分频器，计数器时钟频率的分频系数为 1～65536 之间的任意整数值。

3）多达 4 个独立通道，即输入捕获、输出比较、PWM 生成（边缘或中间对齐模式）、单脉冲模式输出。

4）死区时间可编程的互补输出。

5）使用外部信号控制定时器和定时器互连的同步电路。

6）允许在指定数目的计数器周期之后更新定时器寄存器的重复计数器。

7）刹车输入信号可以将定时器输出信号置于复位状态或者一个已知状态。

8）如下事件发生时产生中断/DMA：

① 更新，计数器向上/向下溢出，计数器初始化。

② 触发事件（计数器启动、停止、初始化或者由内部/外部触发计数）。

③ 输入捕获。

④ 输出比较。

⑤ 刹车信号输入。

9）支持针对定位的增量（正交）编码器和霍尔式传感器电路。

10）触发输入作为外部时钟或者按周期的电流管理。

6.4.3 高级控制定时器的结构

STM32F103 高级控制定时器的内部结构要比通用定时器复杂一些，但其核心仍然与基本定时器、通用定时器相同，是一个由可编程的预分频器驱动的具有自动重装载功能的 16 位计数器。与通用定时器相比，STM32F103 高级控制定时器主要多了 BRK 和 DTG 两个结构，因而具有了死区时间的控制功能。

因为高级控制定时器的特殊功能，在普通应用中一般较少使用，所以不作为本书讨论的重点，如要详细了解可以查阅 STM32 中文参考手册。

6.5 STM32 定时器库函数

TIM 固件库支持 72 种库函数，见表 6-2。为了理解这些函数的具体使用方法，本节将对其中的部分库函数做详细介绍。

STM32F10x 的定时器库函数存放在 STM32F10x 标准外设库的 STM32F10x_tim.h 和 STM32F10x_tim.c 文件中。其中，头文件 STM32F10x_tim.h 用来存放定时器相关结构体和宏定义以及定时器库函数声明，源代码文件 STM32F10x_tim.c 用来存放定时器库函数定义。

表 6-2 TIM 库函数

函数名称	功能
TIM_DeInit	将外设 TIMx 寄存器重设为默认值
TIM_TimeBaseInit	根据 TIM_TimeBaseInitStruct 中指定的参数，初始化 TIMx 的时间基数单位
TIM_OCInit	根据 TIM_OCInitStruct 中指定的参数，初始化外设 TIMx
TIM_ICInit	根据 TIM_ICInitStruct 中指定的参数，初始化外设 TIMx
TIM_TimeBaseStructInit	把 TIM_TimeBaseInitStruct 中的每一个参数按默认值填入
TIM_OCStructInit	把 TIM_OCInitStruct 中的每一个参数按默认值填入
TIM_ICStructInit	把 TIM_ICInitStruct 中的每一个参数按默认值填入
TIM_Cmd	使能或者失能 TIMx 外设
TIM_ITConfig	使能或者失能指定的 TIMx 中断
TIM_DMAConfig	设置 TIMx 的 DMA 接口
TIM_DMACmd	使能或者失能指定的 TIMx 的 DMA 请求
TIM_InternalClockConfig	设置 TIMx 内部时钟
TIM_ITRxExternalClockConfig	设置 TIMx 内部触发为外部时钟模式
TIM_TIxExternalClockConfig	设置 TIMx 触发为外部时钟
TIM_ETRClockMode1Config	配置 TIMx 外部时钟模式 1
TIM_ETRClockMode2Config	配置 TIMx 外部时钟模式 2
TIM_ETRConfig	配置 TIMx 外部触发
TIM_SelectInputTrigger	选择 TIMx 输入触发源
TIM_PrescalerConfig	设置 TIMx 预分频
TIM_CounterModeConfig	设置 TIMx 计数器模式
TIM_ForcedOC1Config	置 TIMx 输出 1 为活动或者非活动电平
TIM_ForcedOC2Config	置 TIMx 输出 2 为活动或者非活动电平
TIM_ForcedOC3Config	置 TIMx 输出 3 为活动或者非活动电平
TIM_ForcedOC4Config	置 TIMx 输出 4 为活动或者非活动电平
TIM_ARRPreloadConfig	使能或者失能 TIMx 在 ARR 上的预装载寄存器
TIM_SelectCCDMA	选择 TIMx 外设的捕获/比较 DMA 源
TIM_OC1PreloadConfig	使能或者失能 TIMx 在 CCR1 上的预装载寄存器
TIM_OC2PreloadConfig	使能或者失能 TIMx 在 CCR2 上的预装载寄存器
TIM_OC3PreloadConfig	使能或者失能 TIMx 在 CCR3 上的预装载寄存器
TIM_OC4PreloadConfig	使能或者失能 TIMx 在 CCR4 上的预装载寄存器
TIM_OC1FastConfig	设置 TIMx 捕获/比较 1 快速特征
TIM_OC2FastConfig	设置 TIMx 捕获/比较 2 快速特征
TIM_OC3FastConfig	设置 TIMx 捕获/比较 3 快速特征
TIM_OC4FastConfig	设置 TIMx 捕获/比较 4 快速特征
TIM_ClearOC1Ref	在一个外部事件时清除或者保持 OCREF1 信号
TIM_ClearOC2Ref	在一个外部事件时清除或者保持 OCREF2 信号
TIM_ClearOC3Ref	在一个外部事件时清除或者保持 OCREF3 信号
TIM_ClearOC4Ref	在一个外部事件时清除或者保持 OCREF4 信号
TIM_UpdateDisableConfig	使能或者失能 TIMx 更新事件
TIM_EncoderInterfaceConfig	设置 TIMx 编码界面

（续）

函数名称	功能
TIM_GenerateEvent	设置 TIMx 事件由软件产生
TIM_OC1PolarityConfig	设置 TIMx 通道 1 极性
TIM_OC2PolarityConfig	设置 TIMx 通道 2 极性
TIM_OC3PolarityConfig	设置 TIMx 通道 3 极性
TIM_OC4PolarityConfig	设置 TIMx 通道 4 极性
TIM_UpdateRequestConfig	设置 TIMx 更新请求源
TIM_SelectHallSensor	使能或者失能 TIMx 霍尔式传感器接口
TIM_SelectOnePulseMode	设置 TIMx 单脉冲模式
TIM_SelectOutputTrigger	选择 TIMx 触发输出模式
TIM_SelectSlaveMode	选择 TIMx 从模式
TIM_SelectMasterSlaveMode	设置或重置 TIMx 主/从模式
TIM_SetCounter	设置 TIMx 计数器寄存器值
TIM_SetAutoreload	设置 TIMx 自动重装载寄存器值
TIM_SetCompare1	设置 TIMx 捕获/比较 1 寄存器值
TIM_SetCompare2	设置 TIMx 捕获/比较 2 寄存器值
TIM_SetCompare3	设置 TIMx 捕获/比较 3 寄存器值
TIM_SetCompare4	设置 TIMx 捕获/比较 4 寄存器值
TIM_SetIC1Prescaler	设置 TIMx 输入捕获 1 预分频
TIM_SetIC2Prescaler	设置 TIMx 输入捕获 2 预分频
TIM_SetIC3Prescaler	设置 TIMx 输入捕获 3 预分频
TIM_SetIC4Prescaler	设置 TIMx 输入捕获 4 预分频
TIM_SetClockDivision	设置 TIMx 的时钟分割值
TIM_GetCapture1	获得 TIMx 输入捕获 1 的值
TIM_GetCapture2	获得 TIMx 输入捕获 2 的值
TIM_GetCapture3	获得 TIMx 输入捕获 3 的值
TIM_GetCapture4	获得 TIMx 输入捕获 4 的值
TIM_GetCounter	获得 TIMx 计数器的值
TIM_GetPrescaler	获得 TIMx 预分频值
TIM_GetFlagStatus	检查指定的 TIMx 标志位设置与否
TIM_ClearFlag	清除 TIMx 的待处理标志位
TIM_GetITStatus	检查指定的 TIMx 中断发生与否
TIM_ClearITPendingBit	清除 TIMx 的中断待处理位

6.6 STM32 定时器应用实例

6.6.1 STM32 的通用定时器配置流程

通用定时器具有多种功能，其原理大致相同，但其流程有所区别。以使用中断方式为例，主要包括三部分，即 NVIC 设置、TIM 中断配置、定时器中断服务程序。

1. NVIC 设置

NVIC 设置用来完成中断分组、中断通道选择、中断优先级设置及使能中断的功能，其流程见图 5-5。其中，在选择中断通道时注意要根据不同的定时器、不同事件发生时产生的不同的中断请求、不同的功能选择相应的中断通道。

2. TIM 中断配置

TIM 中断配置用来配置定时器时基及开启中断。TIM 中断配置流程如图 6-12 所示。

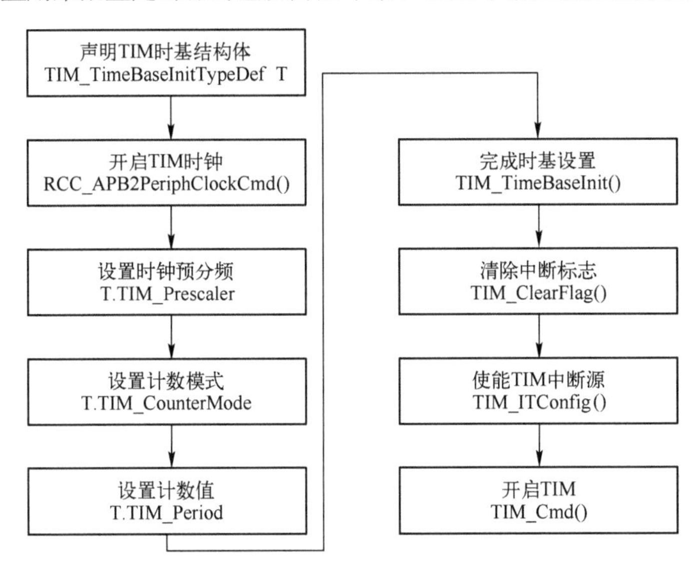

图 6-12　TIM 中断配置流程

高级控制定时器使用的是 APB2 总线，基本定时器和通用定时器使用 APB1 总线，采用相应函数开启时钟。

预分频将输入时钟频率按 1～65536 之间的任意整数值分频，分频值决定了计数频率。计数值为计数的个数，当计数寄存器的值达到计数值时，产生溢出，发生中断。如 TIM1 系统时钟为 72MHz，若设定的预分频 TIM_Prescaler=7200-1，计数值 TIM_Period=10000，则计数时钟周期（TIM_Prescaler+1）/72MHz=0.1ms，定时器产生 10000×0.1ms=1000ms 的定时，每 1s 产生一次中断。

计数模式可以设置为向上计数、向下计数或向上/向下计数，设置好时基参数后，调用函数 TIM_TimeBaseInit()完成时基设置。

为了避免在设置时进入中断，这里需要清除中断标志。如设置为向上计数模式，则调用函数 TIM_ClearFlag(TIM1,TIM_FLAG_Update)清除向上溢出中断标志。

中断在使用时必须使能，如向上溢出中断，则须调用函数 TIM_ITConfig()。不同模式的参数不同，如向上计数模式时为 TIM_ITConfig(TIM1,TIMIT_Update,ENABLE)。

需要时使用函数 TIM_Cmd()开启定时器。

3. 定时器中断处理程序

进入定时器中断后须根据设计完成响应操作，定时器中断处理流程如图 6-13 所示。

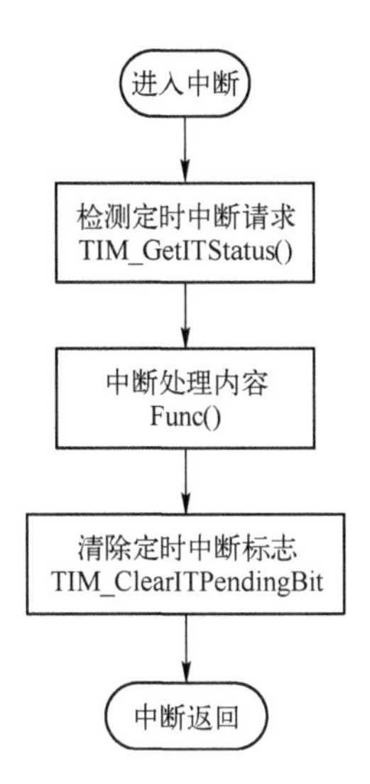

图 6-13　定时器中断处理流程

在启动文件中定义了定时器中断的入口，对于不同的中断请求要采用相应的中断函数名，程序代码如下：

```
DCD TIM1_BRK_IRQHandler          ;TIM1 刹车中断
DCD TIM1_UP_IRQHandler           ;TIM1 更新中断
DCD TIM1_TRG_COM_IRQHandler      ;TIM1 触发事件引起的中断
DCD TIM1_CC_IRQHandler           ;TIM1 捕获/比较中断
DCD TIM2_IRQHandler              ;TIM2
DCD TIM3_IRQHandler              ;TIM3
DCD TIM4_IRQHandler              ;TIM4
```

进入中断后，首先要检测定时中断请求是否为所需中断，以防误操作。如果确实是所需中断，则进行中断处理，中断处理完后清除定时中断标志，否则会一直处于中断中。

6.6.2 STM32 的定时器应用硬件设计

本实验用到的硬件资源有指示灯 DS0 和 DS1、定时器 TIM3。通过 TIM3 的中断来控制 DS1 的亮灭，DS1 是直接连接到 PE5 上的。而 TIM3 属于 STM32 的内部资源，只需要在软件中设置即可正常工作。

6.6.3 STM32 的定时器应用软件设计

1. timer.c 代码

```
#include "timer.h"
#include "led.h"

//通用定时器 TIM3 中断初始化
//这里时钟选择为 APB1 的 2 倍，而 APB1 为 36MHz
//arr：自动重装载值。
//psc：时钟预分频数
//这里使用的是定时器 TIM3
void TIM3_Int_Init(u16 arr,u16 psc)
{
 TIM_TimeBaseInitTypeDef   TIM_TimeBaseStructure;
 NVIC_InitTypeDef NVIC_InitStructure;
 RCC_APB1PeriphClockCmd(RCC_APB1Periph_TIM3, ENABLE); //时钟使能
 //定时器 TIM3 初始化
 TIM_TimeBaseStructure.TIM_Period = arr;     //设置在下一个更新事件装入活动的自动重装载寄存器
周期的值
 TIM_TimeBaseStructure.TIM_Prescaler =psc; //设置用来作为 TIMx 时钟频率除数的预分频值
 TIM_TimeBaseStructure.TIM_ClockDivision = TIM_CKD_DIV1; //设置时钟分割，TDTS = Tck_tim
 TIM_TimeBaseStructure.TIM_CounterMode = TIM_CounterMode_Up;   //TIM 向上计数模式
 TIM_TimeBaseInit(TIM3, &TIM_TimeBaseStructure); //根据指定的参数初始化 TIMx 的时间基数单位
 TIM_ITConfig(TIM3,TIM_IT_Update,ENABLE ); //使能指定的 TIM3 中断，允许更新中断
 //中断优先级 NVIC 设置
 NVIC_InitStructure.NVIC_IRQChannel = TIM3_IRQn;   //TIM3 中断
 NVIC_InitStructure.NVIC_IRQChannelPreemptionPriority = 0;   //抢占优先级 0 级
 NVIC_InitStructure.NVIC_IRQChannelSubPriority = 3;   //响应优先级 3 级
 NVIC_InitStructure.NVIC_IRQChannelCmd = ENABLE; //IRQ 通道被使能
```

```
 NVIC_Init(&NVIC_InitStructure);  //初始化 NVIC 寄存器

 TIM_Cmd(TIM3, ENABLE);  //使能 TIM3
}
//定时器 TIM3 中断服务程序
void TIM3_IRQHandler(void)     //TIM3 中断
{
  if (TIM_GetITStatus(TIM3, TIM_IT_Update) != RESET)        //检查 TIM3 更新中断发生与否
     {
     TIM_ClearITPendingBit(TIM3, TIM_IT_Update  );          //清除 TIMx 更新中断标志
     LED1=!LED1;
  }
}
```

该文件下包含一个中断服务函数和一个定时器 3 中断初始化函数。中断服务函数较简单，在每次中断后判断 TIM3 的中断类型，如果中断类型正确（溢出中断），则执行 LED1（DS1）的取反。

2．main.c 代码

```
#include "led.h"
#include "delay.h"
#include "key.h"
#include "sys.h"
#include "usart.h"
#include "timer.h"

int main(void)
 {
delay_init(); //延时函数初始化
NVIC_PriorityGroupConfig(NVIC_PriorityGroup_2); //设置 NVIC 中断分组 2：2 位抢占优先级，2 位响应优先级
 uart_init(115200);       //串口初始化为 115200
 LED_Init(); //LED 端口初始化
 TIM3_Int_Init(4999,7199);//10kHz 的计数频率，计数到 5000 为 500ms
 while(1)
 {
     LED0=!LED0;
     delay_ms(200);
 }
}
```

这段代码对 TIM3 进行初始化之后，进入死循环等待 TIM3 溢出中断，当 TIM3_CNT 的值等于 TIM3_ARR 的值时，就会产生 TIM3 的更新中断，然后在中断里取反 LED1，TIM3_CNT 再从 0 开始计数。

完成软件设计之后，将编译好的文件下载到战舰 STM32 开发板上，观察其运行结果是否与编写的代码一致。如果没有错误，可以看到 DS0 不停地闪烁（每 400ms 闪烁一次），而 DS1 也是不停地闪烁，但是闪烁时间较 DS0 慢（1s 一次）。

6.7 STM32 PWM 输出应用实例

本节要实现通过配置 STM32 的重映射功能，把 TIM3 通道 2 重映射到引脚 PB5 上，由 TIM3_CH2 输出 PWM 来控制 DS0 的亮度。下面介绍通过库函数来配置该功能的步骤。

首先，PWM 相关的函数设置在库函数文件 stm32f10x_tim.h 和 stm32f10x_tim.c 中。

1）开启 TIM3 时钟以及复用功能时钟，配置 PB5 为复用输出。

要使用 TIM3，则必须先开启 TIM3 的时钟。这里还要配置 PB5 为复用输出，这是因为 TIM3_CH2 通道将重映射到 PB5 上，此时，PB5 属于复用功能输出。库函数使能 TIM3 时钟的方法为：

```
RCC_APB1PeriphClockCmd(RCC_APB1Periph_TIM3,ENABLE);//使能定时器 TIM3 时钟库
```

函数设置 AFIO 时钟的方法为

```
RCC_APB2PeriphClockCmd(RCC_APB2Periph_AFIO,ENABLE);//复用时钟使能
```

这里简单列出 GPIO 初始化的代码为

```
GPIO_InitStructure.GPIO_Mode=GPIO_Mode_AF_PP;//推挽复用输出
```

2）设置 TIM3_CH2 重映射到 PB5 上。

因为 TIM3_CH2 是默认接在 PA7 上的，所以需要设置 TIM3_REMAP 为部分重映射（通过 AFIO_MAPR 配置），使 TIM3_CH2 重映射到 PB5 上。在库函数里设置重映射的函数为

```
void GPIO_PinRemapConfig(uint32_t GPIO_Remap, FunctionalState NewState);
```

STM32 重映射只能重映射到特定的端口。第一个入口参数可以理解为设置重映射的类型，如 TIM3 部分重映射入口参数为 GPIO_PartialRemap_TIM3。所以 TIM3 部分重映射的库函数实现方法为

```
GPIO_PinRemapConfig(GPIO_PartialRemap_TIM3,ENABLE);
```

3）初始化 TIM3，设置 TIM3 的 ARR 和 PSC。

开启 TIM3 时钟之后，就要设置 ARR 和 PSC 两个寄存器的值来控制输出 PWM 的周期。当 PWM 周期太小（低于 50Hz）时，就会明显观察到闪烁。

因此，PWM 周期在这里不宜设置得太小。这在库函数中是通过 TIM_TimeBaseInit 函数来实现的，调用格式为

```
TIM_TimeBaseStructure.TIM_Period=arr;//设置自动装载值
TIM_TimeBaseStructure.TIM_Prescaler=psc;//设置预分频值
TIM_TimeBaseStructure.TIM_ClockDivision=0;//设置时钟分割，TDTS=Tck_tim
TIM_TimeBaseStructure. TIM_CounterMode=TIM_CounterMode_Up;//向上计数模式
TIM_TimeBaseInit(TIM3,&TIM_TimeBaseStructure);//根据指定的参数初始化 TIMx
```

4）设置 TIM3_CH2 的 PWM 模式，使能 TIM3 的通道 2 输出。

接下来要设置 TIM3_CH2 为 PWM 模式（默认是冻结的），因为 DS0 是低电平亮，而实验期望当 CCR2 的值小时 DS0 暗，CCR2 值大时 DS0 亮，所以要通过配置 TIM3_CCMR1 的相关位来控制 TIM3_CH2 的模式。在库函数中，PWM 通道设置是通过函数 TIM_OC1Init()～

TIM_OC4Init()来设置的，不同通道的设置函数不一样，这里使用的是通道 2，所以使用的函数是 TIM_OC2Init()，即

```
void TIM_OC2Init(TIM_TypeDef * TIMx, TIM_OCInitTypeDef * TIM_OCInitStruct);
```

结构体 TIM_OCInitTypeDef 的定义如下：

```
typedef struct
{
uint16_t TIM_OCMode;
uint16_t TIM_OutputState;
uint16_t TIM_OutputNState;
uint16_t TIM_Pulse;
uint16_t TIM_OCPolarity;
uint16_t TIM_OCNPolarity;
uint16_t TIM_OCIdleState;
uint16_t TIM_OCNIdleState;
}TIM_OCInitTypeDef;
```

几个与要求相关的成员变量如下：

TIM_OCMode：用来设置模式是 PWM 还是输出比较，这里是 PWM 模式。

TIM_OutputState：用来设置比较输出使能，也就是使能 PWM 输出到端口。

TIM_OCPolarity：用来设置极性是高还是低。

其他参数如 TIM_OutputNState、TIM_OCNPolarity、TIM_OCIdleState 和 TIM_OCNIdleState 是高级控制定时器 TIM1 和 TIM8 中才用到的。

要实现上述场景，代码如下：

```
TIM_OCInitTypeDef.TIM_OCInitStructure;
TIM_OCInitStructure.TIM_OCMode = TIM_OCMode_PWM2;//选择 PWM 模式 2
TIM_OCInitStructure.OutputState=TIM_OutputState_Enable;//比较输出使能
TIM_OCInitStructure.TIM_OCPolarity= TIM_OCPolarity_High;//输出极性高
TIM_OC2Init(TIM3， &TIM_OCInitStructure);//初始化 TIM3 OC2
```

5）使能 TIM3。

在完成以上设置之后，需要使能 TIM3，代码为

```
TIM_Cmd(TIM3,ENABLE);//使能 TIM3
```

6）修改 TIM3_CCR2 来控制占空比。

经过以上设置之后，PWM 其实已经开始输出了，只是其占空比和频率都是固定的，通过修改 TIM3_CCR2 可以控制通道 2 的输出占空比，继而控制 DS0 的亮度。

在库函数中，修改 TIM3_CCR2 占空比的函数为

```
void TIM_SetCompare2(TIM_TypeDef*TIMx,uint16_t Compare2);
```

当然，其他通道分别有一个函数名字，函数格式为

```
TIM_SetComparex(x=1,2,3,4)
```

通过以上 6 个步骤，就可以控制 TIM3 的通道 2 输出 PWM 波。

6.7.1 PWM 输出硬件设计

本实例用到的硬件资源有指示灯 DS0、定时器 TIM3。这里用到了 TIM3 的部分重映射功能，把 TIM3_CH2 直接映射到 PB5 上，PB5 和 DS0 是直接连接的。

6.7.2 PWM 输出软件设计

1．time.h 头文件

```
#ifndef __TIMER_H
#define __TIMER_H
#include "sys.h"
void TIM3_PWM_Init(u16 arr,u16 psc);
#endif
```

2．time.c 函数

```
#include "timer.h"
#include "led.h"
#include "usart.h"
//TIM3 PWM 部分初始化
//PWM 输出初始化
//arr：自动重装载值
//psc：时钟预分频数
void TIM3_PWM_Init(u16 arr,u16 psc)
{
	GPIO_InitTypeDef GPIO_InitStructure;
	TIM_TimeBaseInitTypeDef   TIM_TimeBaseStructure;
	TIM_OCInitTypeDef   TIM_OCInitStructure;

	RCC_APB1PeriphClockCmd(RCC_APB1Periph_TIM3, ENABLE);    //使能定时器 TIM3 时钟
	RCC_APB2PeriphClockCmd(RCC_APB2Periph_GPIOB  | RCC_APB2Periph_AFIO, ENABLE);
//使能 GPIO 外设和 AFIO 复用功能模块时钟

	GPIO_PinRemapConfig(GPIO_PartialRemap_TIM3, ENABLE); //TIM3 部分重映射，TIM3_CH2→PB5

	//设置该引脚为复用输出功能，输出 TIM3 通道 2 的 PWM 脉冲波形 GPIOB.5
	GPIO_InitStructure.GPIO_Pin = GPIO_Pin_5; //TIM_CH2
	GPIO_InitStructure.GPIO_Mode = GPIO_Mode_AF_PP;  //推挽复用输出
	GPIO_InitStructure.GPIO_Speed = GPIO_Speed_50MHz;
	GPIO_Init(GPIOB, &GPIO_InitStructure);//初始化 GPIO

	//初始化 TIM3
	TIM_TimeBaseStructure.TIM_Period = arr; //设置在下一个更新事件装入活动的自动重装载寄存
器周期的值
	TIM_TimeBaseStructure.TIM_Prescaler =psc; //设置用来作为 TIMx 时钟频率除数的预分频值
	TIM_TimeBaseStructure.TIM_ClockDivision = 0; //设置时钟分割，TDTS = Tck_tim
	TIM_TimeBaseStructure.TIM_CounterMode = TIM_CounterMode_Up;  //TIM 向上计数模式
```

```
        TIM_TimeBaseInit(TIM3, &TIM_TimeBaseStructure); //根据 TIM_TimeBaseInitStruct 中指定的参
数初始化 TIMx 的时间基数单位
        //初始化 TIM3 通道 2 PWM 模式
        TIM_OCInitStructure.TIM_OCMode = TIM_OCMode_PWM2; //选择定时器模式为 TIM 脉冲宽
度调制模式 2
        TIM_OCInitStructure.TIM_OutputState = TIM_OutputState_Enable; //比较输出使能
        TIM_OCInitStructure.TIM_OCPolarity = TIM_OCPolarity_High; //输出极性为 TIM 输出比较极性高
        TIM_OC2Init(TIM3, &TIM_OCInitStructure);  //根据 TIM3 指定的参数初始化外设 TIM3 通道 2
        TIM_OC2PreloadConfig(TIM3, TIM_OCPreload_Enable);  //使能 TIM3 在 CCR2 上的预装载寄存器
        TIM_Cmd(TIM3, ENABLE);  //使能 TIM3
    }
```

3．main.c 函数

```
#include "led.h"
#include "delay.h"
#include "key.h"
#include "sys.h"
#include "usart.h"
#include "timer.h"
 int main(void)
 {
    u16 led0pwmval=0;
    u8 dir=1;
    delay_init(); //延时函数初始化
    NVIC_PriorityGroupConfig(NVIC_PriorityGroup_2);  //设置 NVIC 中断分组 2：2 位抢占优先
级，2 位响应优先级
    uart_init(115200); //串口初始化为 115200
    LED_Init(); //LED 端口初始化
    TIM3_PWM_Init(899,0);//不分频，PWM 频率=72000000Hz/900=80kHz
    while(1)
    {
        delay_ms(10);
        if(dir)led0pwmval++;
        else led0pwmval--;
        if(led0pwmval>300)dir=0;
        if(led0pwmval==0)dir=1;
        TIM_SetCompare2(TIM3,led0pwmval);
    }
 }
```

从死循环函数可以看出，将 led0pwmval 值设置为 PWM 比较值，也就是通过 led0pwmval 来控制 PWM 的占空比，然后控制 led0pwmval 的值从 0 变到 300，然后又从 300 变到 0，如此循环。因此 DS0 的亮度也会跟着从暗变到亮，然后又从亮变到暗。这里取值 300 是因为 PWM 的输出占空比达到这个值时，LED 亮度变化就不大了（虽然最大值可以设置到 899），因此设计过大的值在这里是没必要的。至此，软件设计就完成了。

在完成软件设计之后，将编译好的文件下载到战舰 STM32 开发板上，观察其运行结果是否与编写的代码一致。如果没有错误，则看到 DS0 不停地由暗变亮，然后又从亮变暗。每个过

程持续时间大概为 3s。

6.8 看门狗定时器

6.8.1 看门狗应用介绍

STM32F10×××内置两个看门狗，提供了更高的安全性、时间的精确性和使用的灵活性。两个看门狗设备（独立看门狗和窗口看门狗）可用来检测和解决由软件错误引起的故障；当计数器达到给定的超时值时，触发一个中断（仅适用于窗口看门狗）或产生系统复位。

独立看门狗（IWDG）由专用的低速时钟（LSI）驱动，即使主时钟发生故障，它也仍然有效。

窗口看门狗（WWDG）由从 APB1 时钟分频后得到的时钟驱动，通过可配置的时间窗口来检测应用程序非正常的过迟或过早操作。

IWDG 最适合应用于那些需要看门狗作为一个能够在主程序之外完全独立工作并且对时间精度要求较低的场合。

WWDG 最适合那些要求看门狗在精确计时窗口起作用的应用程序。

6.8.2 独立看门狗

1. IWDG 的主要功能

1）自由运行的递减计数器。

2）时钟由独立的 RC 振荡器提供（可在停止和待机模式下工作）。

3）看门狗被激活后，则在计数器计数至 0x000 时产生复位。

2. IWDG 的功能描述

独立看门狗模块应用框图如图 6-14 所示。

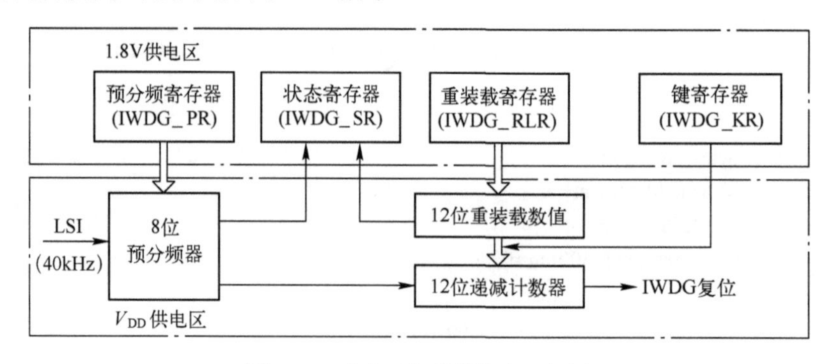

图 6-14 独立看门狗模块应用框图

在键寄存器（IWDG_KR）中写入 0xCCCC，开始启用独立看门狗；此时计数器开始从其复位值 0xFFF 递减计数。当计数器计数到末尾 0x000 时，会产生一个复位信号（IWDG_RESET）。

无论何时，只要在 IWDG_KR 中写入 0xAAAA，IWDG_RLR 中的值就会被重新加载到计数器，从而避免产生看门狗复位。

（1）硬件看门狗

如果用户在选择字节中启用了硬件看门狗功能，在系统上电复位后，看门狗会自动开始运行；在计数器计数结束前，若软件没有向键寄存器写入相应的值，则系统会产生复位。

（2）寄存器访问保护

IWDG_PR 和 IWDG_RLR 寄存器具有写保护功能。要修改这两个寄存器的值，必须先向 IWDG_KR 中写入 0x5555。以不同的值写入这个寄存器将会打乱操作顺序，寄存器将重新被保护。重装载操作（即写入 0xAAAA）也会启动写保护功能。状态寄存器指示预分频值和递减计数器是否正在被更新。

（3）调试模式

当微控制器进入调试模式时（Cortex-M3 核心停止），根据调试模块中的 DBG_IWDG_STOP 配置位的状态，IWDG 的计数器能够继续工作或停止。

6.8.3 窗口看门狗

窗口看门狗通常用来监测由外部干扰或不可预见的逻辑条件造成的应用程序背离正常的运行序列而产生的软件故障。除非递减计数器的值在 T6 位变成 0 前被刷新，看门狗电路在达到预置的时间周期时会产生一个 MCU 复位。在递减计数器达到窗口寄存器数值之前，如果 7 位的递减计数器数值（在控制寄存器中）被刷新，那么也将产生一个 MCU 复位。这表明递减计数器需要在一个有限的时间窗口中被刷新。

1．WWDG 的主要功能

1）可编程的自由运行递减计数器。

2）条件复位。当递减计数器的值小于 0x40 时，产生复位（若看门狗被启动）；当递减计数器在窗口外被重新装载，产生复位（若看门狗被启动）。

3）如果启动了看门狗并且允许中断，当递减计数器等于 0x40 时产生早期唤醒中断（EWI），它可以被用于重装载计数器以避免 WWDG 复位。

2．WWDG 的功能描述

如果看门狗被启动（控制寄存器 WWDG_CR 中的 WDGA 位被置 1），并且当 7 位（T[6:0]）递减计数器从 0x40 翻转到 0x3F（T6 位清零）时，则产生一个复位。如果软件在计数器值大于窗口寄存器中的数值时重新装载计数器，将产生一个复位。窗口看门狗应用框图如图 6-15 所示。

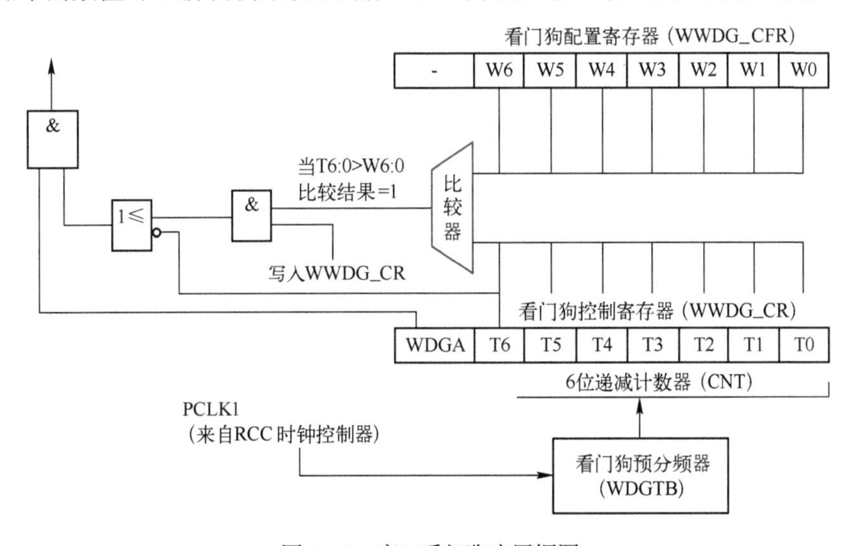

图 6-15　窗口看门狗应用框图

应用程序在正常运行过程中必须定期地写入 WWDG_CR 寄存器，以防止 MCU 发生复位。只有当计数器值小于窗口寄存器的值时，才能进行写操作。存储在 WWDG_CR 寄存器中的数值必须为 0xC0～0xFF。

（1）启动看门狗

在系统复位后，看门狗总是处于关闭状态，设置 WWDG_CR 寄存器的 WDGA 位能够开启看门狗，随后它不能再被关闭，除非发生复位。

（2）控制递减计数器

递减计数器处于自由运行状态，即使看门狗被禁止，递减计数器仍继续递减计数。当看门狗被启用时，T6 位必须被设置，以防止立即产生一个复位。

T[5:0]位包含了看门狗产生复位之前的计时数目；复位前的延时时间在一个最小值和一个最大值之间变化，这是因为写入 WWDG_CR 寄存器时，预分频值是未知的。

看门狗配置寄存器（WWDG_CFR）中包含窗口的上限值，要避免产生复位，递减计数器必须在其值小于窗口寄存器的数值并且大于 0x3F 时被重新装载。

另一个重装载计数器的方法是利用早期唤醒中断（EWI）。设置 WWDG_CFR 寄存器中的 EWI 位开启该中断。当递减计数器到达 0x40 时，产生此中断，相应的中断服务程序（ISR）可以用来加载计数器以防止 WWDG 复位。在 WWDG_SR 寄存器中写 0 可以清除该中断。

注意：可以用 T6 位产生一个软件复位（设置 WDGA 位为 1，T6 位为 0）。

6.8.4 看门狗操作相关的库函数

1．独立看门狗操作相关的库函数

（1）void IWDG_Write AccessCmd(uintIWDG_WriteAccess);

功能描述：用默认阐述初始化独立看门狗设置。

（2）void IWDG_SetPrescal(uint8_t IWDG_Prescaler);

功能描述：设置独立看门狗的预置值。

（3）void IWDG_SetReload(uint16_t Reload);

功能描述：设置 IWDG 的重新装载值。

（4）void IWDG_ReloadCounter(void);

功能描述：重新装载设定的计数值。

（5）void IWDG_Enable(void);

功能描述：使能 IWDG。

（6）FlagStatus IWDG_GetFlagStatus(uint16_t IWDG_FLAG);

功能描述：检测独立看门狗电路的状态。

2．窗口看门狗操作相关的库函数

（1）void WWDG_Delnit（void）;

功能描述：用默认阐述初始化窗口看门狗设置。

（2）void WWDG_SetPrescaler(uint32_t WWDG_Prescaler);

功能描述：设置窗口看门狗的预置值。

（3）void WWDG_Set Window Value(uint8_t WindowValue);

功能描述：设置窗口看门狗的值。

（4）void WWDG_EnableIT(void);

功能描述：设置窗口看门狗的提前唤醒中断。

（5）void WWDG_SetCounter(uint8_t Counter);

功能描述：设置窗口看门狗的计数值。

（6）void WWDG_Enable(uint8_t Counter);

功能描述：使能窗口看门狗并装载计数值。

（7）FlagStatus WWDG_GetFlagStatus(void);

功能描述：检测窗口看门狗提前唤醒中断的标志状态。

（8）void WWDG_ClearFlag(void);

功能描述：清除 EWI 的中断标志。

6.8.5　独立看门狗程序设计

1．wdg.h 头文件

```
#ifndef __WDG_H
#define __WDG_H
#include "sys.h"

void IWDG_Init(u8 prer,u16 rlr);
void IWDG_Feed(void);

#endif
```

2．wdg.c 代码

```
#include "wdg.h"
//初始化独立看门狗
//prer:分频数 0～7(只有低 3 位有效)
//分频因子=4×2^prer，但最大值只能是 256
//rlr:重装载寄存器值（低 11 位有效）
//时间计算(大概)：Tout=[(4×2^prer)*rlr]/40 (ms)
void IWDG_Init(u8 prer,u16 rlr)
{
 IWDG_WriteAccessCmd(IWDG_WriteAccess_Enable);  //使能对寄存器 IWDG_PR 和 IWDG_RLR 的
写操作
 IWDG_SetPrescaler(prer);  //设置 IWDG 预分频值，设置 IWDG 预分频值为 64
 IWDG_SetReload(rlr);  //设置 IWDG 重装载值
 IWDG_ReloadCounter();  //按照 IWDG 重装载寄存器的值重装载 IWDG 计数器
 IWDG_Enable();  //使能 IWDG
}
//喂独立看门狗
void IWDG_Feed(void)
{
  IWDG_ReloadCounter();//重装载 IWDG 计数器
}
```

上述代码只有 2 个函数，void IWDG_Init（u8 prer，ul6 rlr）是独立看门狗初始化函数，该函数有 2 个参数，分别用来设置预分频数与重装载寄存器的值。通过这两个参数就可以大概知道看门狗复位的时间周期。void IWDG_Feed(void)函数用来喂独立看门狗，因为STM32只需要向键寄存器写入0xAAAA即可，也就是调用IWDG_ReloadCounter()函数，所以，这个函数也很简单。

3．main.c 函数

接下来看看主函数main.c的代码。在主程序中先初始化系统代码，然后启动按键输入和看门狗，在看门狗开启后马上点亮LED0（DS0），并进入死循环等待按键的输入。一旦KEY_UP按键被按下，则喂狗，否则等待IWDG复位的到来。这段代码很容易理解，该部分代码如下：

```
#include "led.h"
#include "delay.h"
#include "key.h"
#include "sys.h"
#include "usart.h"
#include "wdg.h"
int main(void)
 {
 delay_init();                  //延时函数初始化
 NVIC_PriorityGroupConfig(NVIC_PriorityGroup_2); //设置NVIC中断分组2：2位抢占优先级，2位
响应优先级
 uart_init(115200);             //串口初始化为115200
 LED_Init();                    //初始化与LED连接的硬件接口
 KEY_Init();                    //按键初始化
 delay_ms(500);         //延时500ms
 IWDG_Init(4,625);      //分频数为64，重装载值为625，溢出时间为1s
 LED0=0;                //点亮LED0
 while(1)
 {
     if(KEY_Scan(0)==WKUP_PRES)
     {
      IWDG_Feed();  //如果KEY_UP被按下，则喂狗
     }
     delay_ms(10);
 }
}
```

6.8.6 窗口看门狗程序设计

1．wdg.h 头文件

```
#ifndef __WDG_H
#define __WDG_H
#include "sys.h"
void IWDG_Init(u8 prer,u16 rlr)
void IWDG_Feed(void)
void WWDG_Init(u8 tr,u8 wr,u32 fprer)   //初始化WWDG
void WWDG_Set_Counter(u8 cnt)           //设置WWDG计数器
void WWDG_NVIC_Init(void)
```

```
#endif
```

2．wdg.c 代码

```
#include "wdg.h"
#include "led.h"
void IWDG_Init(u8 prer,u16 rlr)
{
    IWDG_WriteAccessCmd(IWDG_WriteAccess_Enable);    //使能对寄存器 IWDG_PR 和 IWDG_RLR 的写操作
    IWDG_SetPrescaler(prer);  //设置 IWDG 预分频值为 64
    IWDG_SetReload(rlr);  //设置 IWDG 重装载值
    IWDG_ReloadCounter();  //按照 IWDG 重装载寄存器的值重装载 IWDG 计数器
    IWDG_Enable();  //使能 IWDG
}
//喂独立看门狗
void IWDG_Feed(void)
{
    IWDG_ReloadCounter();    //重装载计数值
}
//保存 WWDG 计数器的设置值，默认为最大
u8 WWDG_CNT=0x7f;
//初始化窗口看门狗
//tr：T[6:0]，计数器值
//wr：W[6:0]，窗口值
//fprer：分频系数（WDGTB），仅最低 2 位有效
//Fwwdg=PCLK1/(4096×2^fprer)
void WWDG_Init(u8 tr,u8 wr,u32 fprer)
{
    RCC_APB1PeriphClockCmd(RCC_APB1Periph_WWDG, ENABLE);  //WWDG 时钟使能
    WWDG_CNT=tr&WWDG_CNT;    //初始化 WWDG_CNT
    WWDG_SetPrescaler(fprer);//设置 IWDG 预分频值
    WWDG_SetWindowValue(wr);//设置窗口值
    WWDG_Enable(WWDG_CNT);   //使能看门狗，设置计数器值
    WWDG_ClearFlag();//清除提前唤醒中断标志位
    WWDG_NVIC_Init();//初始化窗口看门狗 NVIC
    WWDG_EnableIT(); //开启窗口看门狗中断
}
//重新设置 WWDG 计数器值
void WWDG_Set_Counter(u8 cnt)
{
    WWDG_Enable(cnt);//使能看门狗，设置计数器值
}
//窗口看门狗中断服务程序
void WWDG_NVIC_Init()
{
    NVIC_InitTypeDef NVIC_InitStructure;
    NVIC_InitStructure.NVIC_IRQChannel = WWDG_IRQn;     //WWDG 中断
```

```
    NVIC_InitStructure.NVIC_IRQChannelPreemptionPriority = 2;    //抢占优先级2，响应优先级3，组2
    NVIC_InitStructure.NVIC_IRQChannelSubPriority = 3;       //抢占优先级2，响应优先级3，组2
    NVIC_InitStructure.NVIC_IRQChannelCmd=ENABLE;
    NVIC_Init(&NVIC_InitStructure);//NVIC 初始化
}

void WWDG_IRQHandler(void)
 {
    WWDG_SetCounter(WWDG_CNT);       //当禁掉此句后，窗口看门狗将产生复位
    WWDG_ClearFlag();    //清除提前唤醒中断标志
    LED1=!LED1;              //LED 状态翻转
 }
```

新增的这 4 个函数都比较简单，第一个函数 void WWDG_Init(u8 tr,u8 wr,u8 fprer)用来设置 WWDG 的初始化值，包括看门狗计数器的值和看门狗比较值等。注意到这里有个全局变量 WWDG_CNT，用来保存最初设置的 WWDG_CR 计数器值，在后续的中断服务函数中，又把该数值放回 WWDG_CR 上。

WWDG_Set_Counter()函数比较简单，用来重设窗口看门狗的计数器值，然后是中断分组函数。

最后在中断服务函数中先重设窗口看门狗的计数器值，然后清除提前唤醒中断标志。最后对 LED1（DS1）取反，从而监测中断服务函数的执行状况。把这几个函数名加入到头文件中，以方便其他文件调用。

在完成以上部分代码之后，回到主函数。

3．main.c 函数

```
#include "led.h"
#include "delay.h"
#include "key.h"
#include "sys.h"
#include "usart.h"
#include "wdg.h"
int main(void)
 {
 delay_init();                    //延时函数初始化
 NVIC_PriorityGroupConfig(NVIC_PriorityGroup_2);//设置中断优先级分组为组 2：2 位抢占优先级，
2 位响应优先级
 uart_init(115200);               //串口初始化为 115200
 LED_Init();
 KEY_Init();             //按键初始化
 LED0=0;
 delay_ms(300);
 WWDG_Init(0X7F,0X5F,WWDG_Prescaler_8);//计数器值为 0X7F，窗口寄存器为 0X5F，分频系数
为 8
     while(1)
 {
  LED0=1;
```

```
    }
}
```

该函数通过 LED0（DS0）来指示是否正在初始化，而 LED1（DS1）用来指示是否发生了中断。先让 LED0 亮 300ms 然后关闭，从而判断是否有复位发生。初始化 WWDG 之后回到死循环，关闭 LED1，并等待看门狗中断的触发/复位。

在编译完成后，就可以下载这段程序到战舰 STM32 开发板上，观察结果是不是与设计目标一致。

第7章　STM32 USART及其应用

本章介绍了STM32 USART及其应用，包括USART工作原理、USART 库函数和USART串行通信应用实例。

7.1　STM32的USART工作原理

7.1.1　USART介绍

通用同步/异步收发器（Universal Synchronous/Asynchronous Receiver and Transmitter，USART）可以说是嵌入式系统中除了GPIO外最常用的一种外设。USART常用的原因不在于其性能超群，而是因为USART简单、通用。自Intel公司20世纪70年代发明USART以来，上至服务器、PC之类的高性能计算机，下到4位或8位的单片机，几乎无一例外地都配置了USART口。通过USART，嵌入式系统可以和几乎所有的计算机系统进行简单的数据交换。USART口的物理连接也很简单，只要2根或3根线即可实现通信。

与PC软件开发不同，很多嵌入式系统没有完备的显示系统，开发者在软硬件开发和调试过程中很难实时地了解系统的运行状态。一般开发者会选择用USART作为调试手段，首先完成USART的调试，在后续功能的调试中即可通过USART向PC发送嵌入式系统运行状态的提示信息，以便定位软硬件错误，加快调试进度。

USART通信的另一个优势是可以适应不同的物理层。如使用RS232或RS485可以明显提升USART通信的距离，无线FSK调制可以降低布线施工的难度。所以，USART口在工控领域也有着广泛的应用，是串行接口的工业标准。

USART提供了一种灵活的方法与使用工业标准NRZ异步串行数据格式的外部设备之间进行全双工数据交换。USART利用分数波特率发生器提供宽范围的波特率选择，支持同步单向通信和半双工单线通信，也支持LIN（局部互联网）、智能卡协议和IrDA（红外数据组织）SIR ENDEC规范，以及调制解调器（CTS/RTS）操作。它还允许多处理器通信，使用多缓冲器配置的DMA方式，可以实现高速数据通信。

SM32F103微控制器的小容量产品有2个USART，中等容量产品有3个USART，大容量产品有3个USART和2个UART（Universal Asynchronous Receiver and Transmitter，通用异步收发器）。

7.1.2　USART的主要功能

USART的主要功能包括：

1）全双工，异步通信。

2）NRZ标准格式。

3）分数波特率发生器系统。发送和接收共用的可编程波特率，最高可达4.5Mbit/s。

4）可编程数据字长度（8 位或 9 位）。

5）可配置的停止位，支持 1 个或 2 个停止位。

6）LIN 主发送同步断开符的能力以及 LIN 从检测断开符的能力。当 USART 硬件配置成 LIN 时，生成 13 位断开符；检测 10/11 位断开符。

7）发送方为同步传输提供时钟。

8）IrDA SIR 编码器/解码器。在正常模式下支持 3/16 位的持续时间。

9）智能卡模拟功能。智能卡接口支持 ISO 7816-3 标准里定义的异步智能卡协议；智能卡用到 0.5 和 1.5 个停止位。

10）单线半双工通信。

11）可配置的使用 DMA 的多缓冲器通信。在 SRAM 中利用集中式 DMA 缓冲接收/发送字节。

12）单独的发送器和接收器使能位。

13）检测标志。即接收缓冲器满、发送缓冲器空、传输结束标志。

14）校验控制。发送校验位；对接收数据进行校验。

15）4 个错误检测标志。即溢出错误、噪声错误、帧错误、校验错误。

16）10 个带标志的中断源。即 CTS 改变、LIN 断开符检测、发送数据寄存器空、发送完成、接收数据寄存器满、检测到总线为空闲、溢出错误、帧错误、噪声错误、校验错误。

17）多处理器通信。如果地址不匹配，则进入静默模式。

18）从静默模式中唤醒。通过空闲总线检测或地址标志检测。

19）两种唤醒接收器的方式。即地址位（MSB，第 9 位）和总线空闲。

7.1.3 USART 的功能描述

STM32F103 微控制器 USART 接口通过 3 个引脚与其他设备连接，其内部结构如图 7-1 所示。

任何 USART 双向通信至少需要两个引脚，即接收数据串行输入（RX）和发送数据串行输出（TX）。

RX 用于接收数据串行输入。通过过采样技术来区别数据和噪声，从而恢复数据。

TX 用于发送数据串行输出。当发送器被禁止时，输出引脚恢复到它的 I/O 端口配置。当发送器被激活并且不发送数据时，TX 引脚处于高电平。在单线和智能卡模式中，此 I/O 被同时用于数据的发送和接收。

1）总线在发送或接收前应处于空闲状态。

2）一个起始位。

3）一个数据字（8 位或 9 位），最低有效位在前。

4）0.5 个、1.5 个、2 个停止位，由此表明数据帧结束。

5）使用分数波特率发生器 12 位整数和 4 位小数的表示方法。

6）一个状态寄存器（USART_SR）。

7）数据寄存器（USART_DR）。

8）一个波特率寄存器（USART_BRR），12 位整数和 4 位小数。

9）一个智能卡模式下的保护时间寄存器（USART_GTPR）。

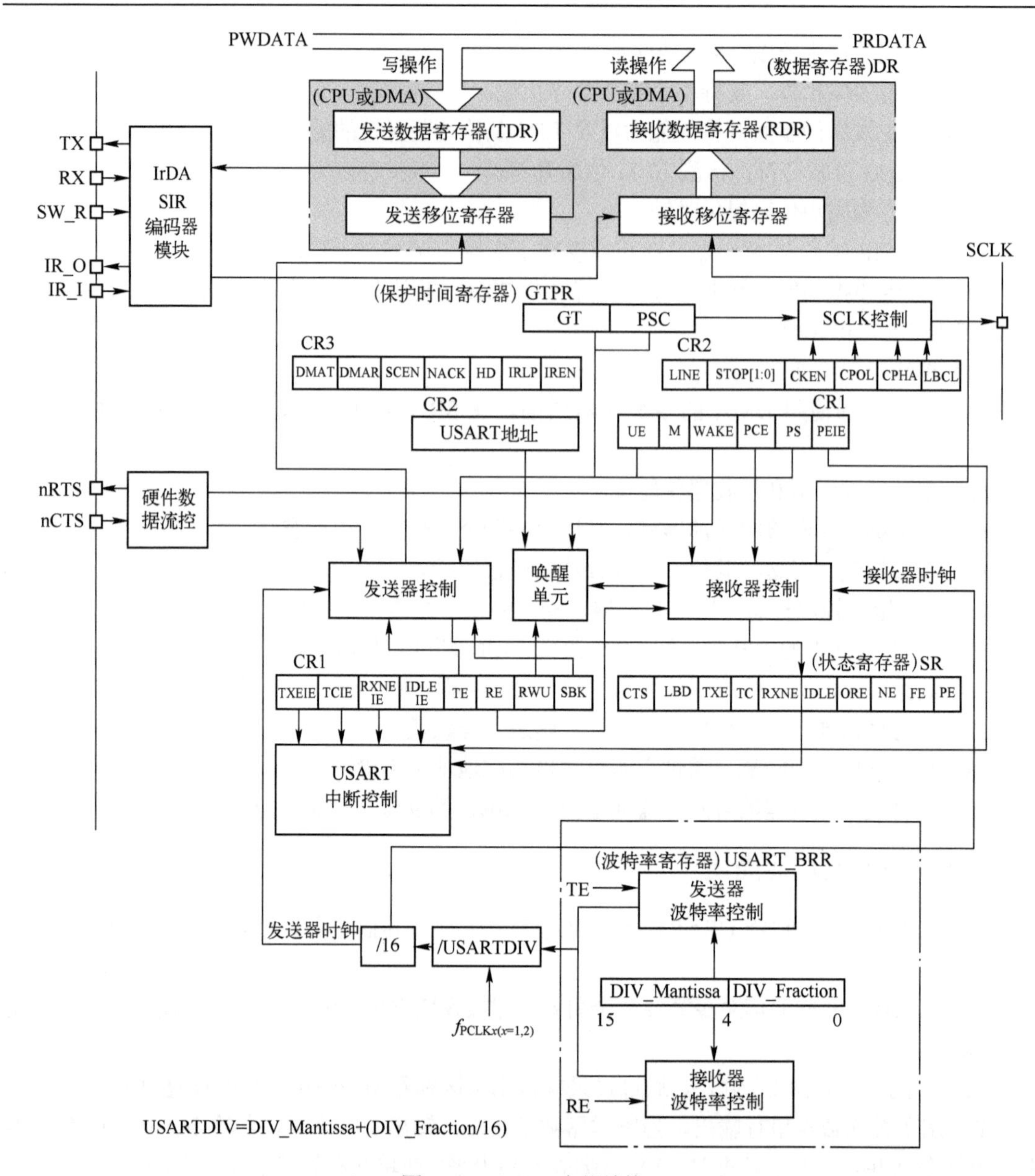

图 7-1　USART 内部结构

在同步模式下需要 CK 引脚，即发送器时钟输出引脚。此引脚输出用于同步传输的时钟，可以用来控制带有移位寄存器的外部设备（如 LCD 驱动器）。时钟相位和极性都是软件可编程的。在智能卡模式下，CK 引脚可以为智能卡提供时钟。

在 IrDA 模式下需要以下引脚：

1）IrDA_RDI：IrDA 模式下的数据输入。

2）IrDA_TDO：IrDA 模式下的数据输出。

在硬件流控模式下需要以下引脚：

1）nCTS：清除发送，若是高电平，在当前数据传输结束时阻断下一次的数据发送。

2）nRTS：发送请求，若是低电平，表明 USART 准备好接收数据。

7.2　STM32 的 USART 库函数

STM32 标准库提供了几乎覆盖所有 USART 操作的函数，见表 7-1。为了理解这些函数的具体使用方法，下面对标准库中部分函数做详细介绍。

表 7-1　USART 库函数

函数名称	功能
USART_DeInit	将外设 USARTx 寄存器重设为默认值
USART_Init	根据 USART_InitStruct 中指定的参数初始化外设 USARTx 寄存器
USART_StructInit	把 USART_InitStruct 中的每一个参数按默认值填入
USART_Cmd	使能或失能 USART 外设
USART_ITConfig	使能或失能指定的 USART 中断
USART_DMAConfig	使能或失能指定 USART 的 DMA 请求
USART_SetAddress	设置 USART 节点的地址
USART_WakeUpConfig	选择 USART 的唤醒方式
USART_ReceiveWakeUpConfig	检查 USART 是否处于静默模式
USART_LINBreakDetectLengthConfig	设置 USART LIN 中断检测长度
USART_LINCmd	使能或失能 USARTx 的 LIN 模式
USART_SendData	通过外设 USARTx 发送数据
USART_ReceiveData	通过外设 USARTx 接收数据
USART_SendBreak	发送中断字
USART_SetGuardTime	设置指定的 USART 保护时间
USART_SetPrescaler	设置 USART 时钟预分频
USART_SmartCardCmd	使能或失能指定 USART 的智能卡模式
USART_SmartCardNackCmd	使能或失能 Nack 传输
USART_HalfDuplexCmd	使能或失能 USART 半双工模式
USART_IrDAConfig	设置 USART IrDA 模式
USART_IrDACmd	使能或失能 USART IrDA 模式
USART_GetFlagStatus	检查指定的 USART 标志位设置与否
USART_ClearFlag	清除 USARTx 的待处理标志位
USART_GetITStatus	检查指定的 USART 中断发生与否
USART_ClearITPendingBit	清除 USARTx 的中断待处理位

STM32F10x 的 USART 库函数存放在 STM32F10x 标准外设库的 stm32f10x_usart.h、stm32f10x_usart.c 等文件中。其中，头文件 stm32f10x_usart.h 用来存放 USART 相关结构体和宏定义，以及 USART 库函数的声明，源代码文件 stm32f10x_usart.c 用来存放 USART 库函数的定义。

7.3　STM32 的 USART 串行通信应用实例

STM32 通常具有 3 个以上的串行通信口（USART），可根据需要选择其中一个。

在串行通信应用的实现中，难点在于正确配置、设置相应的 USART。与 51 单片机不同的是，

STM32 除了要设置串行通信口的波特率、数据位数、停止位和奇偶校验等参数外，还要正确配置 USART 涉及的 GPIO 和 USART 接口本身的时钟，即使能相应的时钟。否则，无法正常通信。

由于串行通信通常有中断法和查询法两种，因此，如果采用中断法，还必须正确配置中断向量、中断优先级，使能相应的中断，并设计具体的中断函数；如果采用查询法，则只要判断发送、接收的标志，即可进行数据的发送和接收。

USART 只需两根信号线即可完成双向通信，对硬件要求低，使得很多模块都预留 USART 接口来实现与其他模块或者控制器进行数据传输，如 GSM 模块、Wi-Fi 模块、蓝牙模块等。在硬件设计时，注意还需要一根共地线。

经常使用 USART 来实现控制器与计算机之间的数据传输，这使得调试程序非常方便。如可以把一些变量的值、函数的返回值、寄存器标志位等，通过 USART 发送到串口调试助手，从而可以非常清楚地了解程序的运行状态，在正式发布程序时再把这些调试信息去掉即可。这样不仅可以将数据发送到串口调试助手，还可以从串口调试助手发送数据给控制器，控制器程序根据接收到的数据进行下一步工作。

首先，编写一个程序实现开发板与计算机通信，在开发板上电时通过 USART 发送一串字符串给计算机，然后开发板进入中断接收等待状态。如果计算机发送数据过来，开发板就会产生中断，通过中断服务函数接收数据，并把数据返回给计算机。

7.3.1 STM32 的 USART 基本配置流程

STM32F1 的 USART 的功能有很多，最基本的功能就是发送和接收。USART 功能的实现需要串口工作方式配置、串口发送和串口接收三部分程序。本节只介绍基本配置，其他功能和技巧都是在基本配置的基础上完成的，读者可参考相关资料自行学习。USART 的基本配置流程如图 7-2 所示。

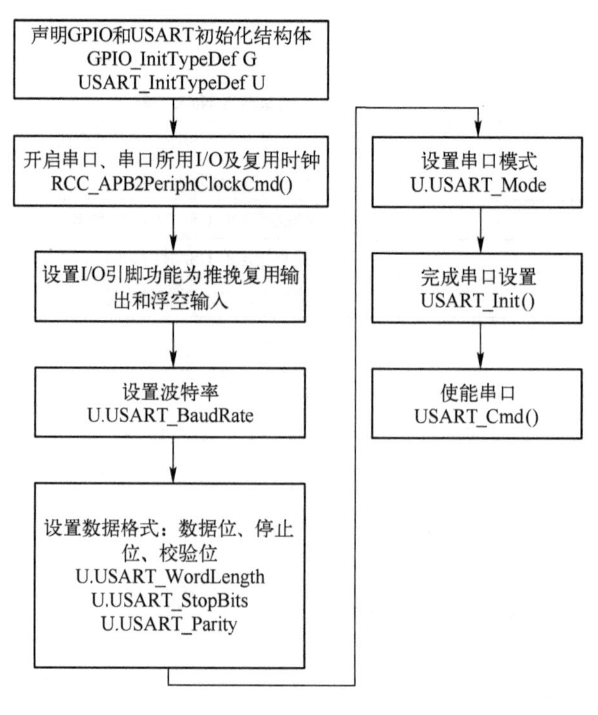

图 7-2 USART 的基本配置流程

需要注意的是，串口是 I/O 的复用功能，需要根据数据手册将相应的 I/O 配置为复用功能。如 USART1 的发送引脚和 PA9 复用，须将 PA9 配置为推挽复用输出；接收引脚和 PA10 复用，须将 PA10 配置为浮空输入，并开启复用功能时钟。另外，根据需要设置串口波特率和数据格式。

与其他外设一样，完成配置后一定要使能串口功能。

发送数据使用 USART_SendData()函数。发送数据时一般要判断发送状态，等发送完成后再执行后面的程序，代码如下：

```
/*发送数据*/
USART_SendData(USART1,i);
/*等待发送完成*/
while(USART_GetFlagStatus(USART1,USART_FLAG_TC)!=SET);
```

接收数据使用 USART_ReceiveData()函数。无论使用中断方式接收还是查询方式接收，首先要判断接收数据寄存器是否为空，非空时才进行接收，代码如下：

```
/*接收寄存器非空*/
(USART_GetFlagStatus(USART1,USART_IT_RXNE)==SET);
/*接收数据*/
i=USART_ReceiveData(USART1);
```

7.3.2 STM32 的 USART 串行通信应用硬件设计

为利用 USART 实现开发板与计算机通信，需要用到一个 USB 转 USART 的 IC 电路，选择 CH340G 芯片来实现这个功能。CH340G 是一个 USB 总线的转接芯片，实现 USB 转 USART、USB 转 IrDA 红外或者 USB 转打印机接口。使用 CH340G 芯片的 USB 转 USART 功能，具体电路设计如图 7-3 所示。

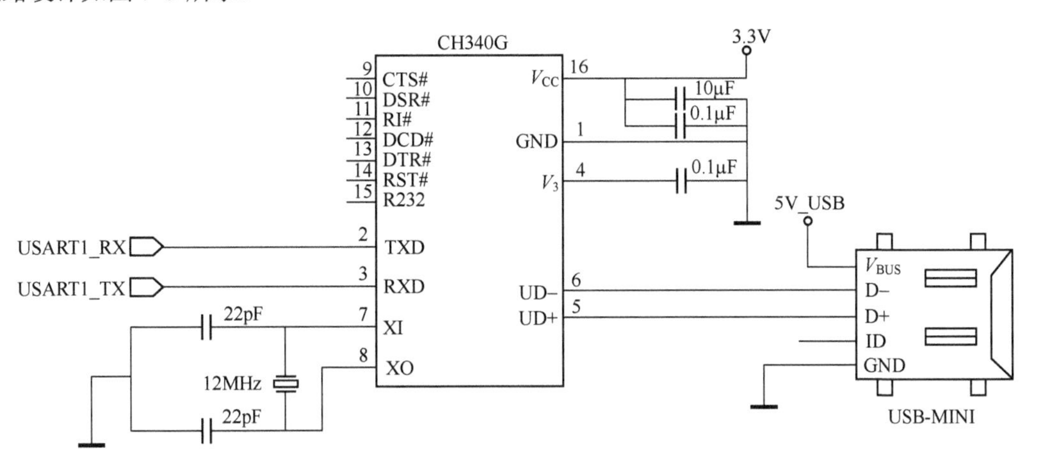

图 7-3　USB 转 USART 的硬件电路设计

将 CH340G 的 TXD 引脚与 USART1 的 RX 引脚连接，CH340G 的 RXD 引脚与 USART1 的 TX 引脚连接。CH340G 芯片集成在开发板上，其地线（GND）已与控制器的 GND 相连。

7.3.3 STM32 的 USART 串行通信应用软件设计

编程要点：

1）使能 RX 和 TX 引脚、GPIO 时钟和 USART 时钟。

2）初始化 GPIO，并将 GPIO 复用到 USART 上。

3）配置 USART 参数。

4）配置中断控制器并使能 USART 接收中断。

5）使能 USART。

6）在 USART 接收中断服务函数中实现数据接收。

1．usart.h 头文件

```
#ifndef __USART_H
#define __USART_H
#include "stdio.h"
#include "sys.h"
#define USART_REC_LEN          200       //定义最大接收字节数为 200
#define EN_USART1_RX           1         //使能（1）/禁止（0）串口 1 接收
extern u8  USART_RX_BUF[USART_REC_LEN]; //接收缓存，最多 USART_REC_LEN 个字节，末字节为换行符
extern u16 USART_RX_STA; //接收状态标记
//如果要串口中断接收，请不要注释以下宏定义
void uart_init(u32 bound);
#endif
```

2．usart.c 代码

```
#include "sys.h"
#include "usart.h"
////////////////////////////////////////////////////////////////////////////////
//如果使用 ucos，则包括下面的头文件即可
#if SYSTEM_SUPPORT_OS
#include "includes.h"    //使用 ucos
#endif

//加入以下代码，支持 printf 函数，而不需要选择 use MicroLIB
#if 1
#pragma import(__use_no_semihosting)
//标准库需要的支持函数
struct __FILE
{
    int handle;
};

FILE __stdout;
//定义_sys_exit()，以避免使用半主机模式
void _sys_exit(int x)
{
```

```
        x = x;
    }
    //重定义 fputc 函数
    int fputc(int ch, FILE *f)
    {
        while((USART1->SR&0X40)==0);//循环发送，直到发送完毕
        USART1->DR = (u8) ch;
        return ch;
    }
    #endif

    #if EN_USART1_RX    //如果使能了则接收
    //串口 1 中断服务程序
    //注意：读取 USARTx→SR 能避免莫名其妙的错误
    u8 USART_RX_BUF[USART_REC_LEN]; //接收缓冲，最多 USART_REC_LEN 个字节
    //接收状态
    //bit15，    接收完成标志
    //bit14，    接收到 0x0d
    //bit13～0，接收到的有效字节数
    u16 USART_RX_STA=0; //接收状态标记

    void uart_init(u32 bound)
    {
        //GPIO 端口设置
        GPIO_InitTypeDef GPIO_InitStructure;
        USART_InitTypeDef USART_InitStructure;
        NVIC_InitTypeDef NVIC_InitStructure;

        RCC_APB2PeriphClockCmd(RCC_APB2Periph_USART1|RCC_APB2Periph_GPIOA,ENABLE);
//使能 USART1、GPIOA 时钟

        //USART1_TX、GPIOA.9 初始化
        GPIO_InitStructure.GPIO_Pin = GPIO_Pin_9; //PA.9
        GPIO_InitStructure.GPIO_Speed = GPIO_Speed_50MHz;
        GPIO_InitStructure.GPIO_Mode = GPIO_Mode_AF_PP;    //推挽复用输出
        GPIO_Init(GPIOA, &GPIO_InitStructure);//初始化 GPIOA.9

        //USART1_RX、GPIOA.10 初始化
        GPIO_InitStructure.GPIO_Pin = GPIO_Pin_10;//PA10
        GPIO_InitStructure.GPIO_Mode = GPIO_Mode_IN_FLOATING;//浮空输入
        GPIO_Init(GPIOA, &GPIO_InitStructure);//初始化 GPIOA.10

        //USART1 NVIC 配置
        NVIC_InitStructure.NVIC_IRQChannel = USART1_IRQn;
        NVIC_InitStructure.NVIC_IRQChannelPreemptionPriority=3 ;    //抢占优先级 3
        NVIC_InitStructure.NVIC_IRQChannelSubPriority = 3;          //响应优先级 3
        NVIC_InitStructure.NVIC_IRQChannelCmd = ENABLE;             //IRQ 通道使能
```

```
        NVIC_Init(&NVIC_InitStructure); //根据指定的参数初始化 NVIC 寄存器

        //USART 初始化设置
        USART_InitStructure.USART_BaudRate = bound;//串口波特率
        USART_InitStructure.USART_WordLength = USART_WordLength_8b;//字长为 8 位数据格式
        USART_InitStructure.USART_StopBits = USART_StopBits_1;//1 个停止位
        USART_InitStructure.USART_Parity = USART_Parity_No;//无奇偶校验位
        USART_InitStructure.USART_HardwareFlowControl = USART_HardwareFlowControl_None;//无
硬件数据流控制
        USART_InitStructure.USART_Mode = USART_Mode_Rx | USART_Mode_Tx;     //收发模式

      USART_Init(USART1, &USART_InitStructure); //初始化串口 1
      USART_ITConfig(USART1, USART_IT_RXNE, ENABLE);//开启串口接收中断
      USART_Cmd(USART1, ENABLE);  //使能串口 1

    }

    void USART1_IRQHandler(void) //串口 1 中断服务程序
    {
        u8 Res;
        #if SYSTEM_SUPPORT_OS //如果 SYSTEM_SUPPORT_OS 为真，则需要支持 OS
        OSIntEnter();
    #endif
        if(USART_GetITStatus(USART1, USART_IT_RXNE) != RESET)  //接收中断(接收到的数据必
须是以 0x0d 0x0a 结尾)
            {
            Res =USART_ReceiveData(USART1);    //读取接收到的数据

            if((USART_RX_STA&0x8000)==0)//接收未完成
                {
                if(USART_RX_STA&0x4000)//接收到 0x0d
                    {
                    if(Res!=0x0a)USART_RX_STA=0;//接收错误，重新开始
                    else USART_RX_STA|=0x8000;   //接收完成
                    }
                else //还没收到 0x0d
                    {
                    if(Res==0x0d)USART_RX_STA|=0x4000;
                    else
                        {
                        USART_RX_BUF[USART_RX_STA&0X3FFF]=Res ;
                        USART_RX_STA++;
                        if(USART_RX_STA>(USART_REC_LEN-1))USART_RX_STA=0;// 接 收
数据错误，重新开始接收
                        }
                    }
                }
```

```
	}
#if SYSTEM_SUPPORT_OS		//如果 SYSTEM_SUPPORT_OS 为真，则需要支持 OS
	OSIntExit();
#endif
}
#endif
```

3. main.c 代码

```
#include "led.h"
#include "delay.h"
#include "key.h"
#include "sys.h"
#include "usart.h"

 int main(void)
 {
	u16 t;
	u16 len;
	u16 times=0;
	delay_init();			//延时函数初始化
	NVIC_PriorityGroupConfig(NVIC_PriorityGroup_2); //设置 NVIC 中断分组 2：2 位抢占优先级，
2 位响应优先级
	uart_init(115200);		//串口初始化为 115200
	LED_Init();			//LED 端口初始化
	KEY_Init();			//初始化与按键连接的硬件接口
	while(1)
	{
		if(USART_RX_STA&0x8000)
		{
			len=USART_RX_STA&0x3fff;//得到此次接收到的数据长度
			printf("\r\n 您发送的消息为:\r\n\r\n");
			for(t=0;t<len;t++)
			{
				USART_SendData(USART1, USART_RX_BUF[t]);//向串口 1 发送数据
				while(USART_GetFlagStatus(USART1,USART_FLAG_TC)!=SET);//等待发送
结束
			}
			printf("\r\n\r\n");//插入换行符
			USART_RX_STA=0;
		}else
		{
			times++;
			if(times%5000==0)
			{
				printf("\r\n 战舰 STM32 开发板 串口实验\r\n");
				printf("正点原子@ALIENTEK\r\n\r\n");
			}
```

```
                if(times%200==0) printf("请输入数据,以回车键结束\n");
                if(times%30==0) LED0=!LED0;//闪烁 LED，提示系统正在运行
                delay_ms(10);
            }
        }
    }
```

当发送“1234567890”字符串时，串口助手显示界面如图 7-4 所示。

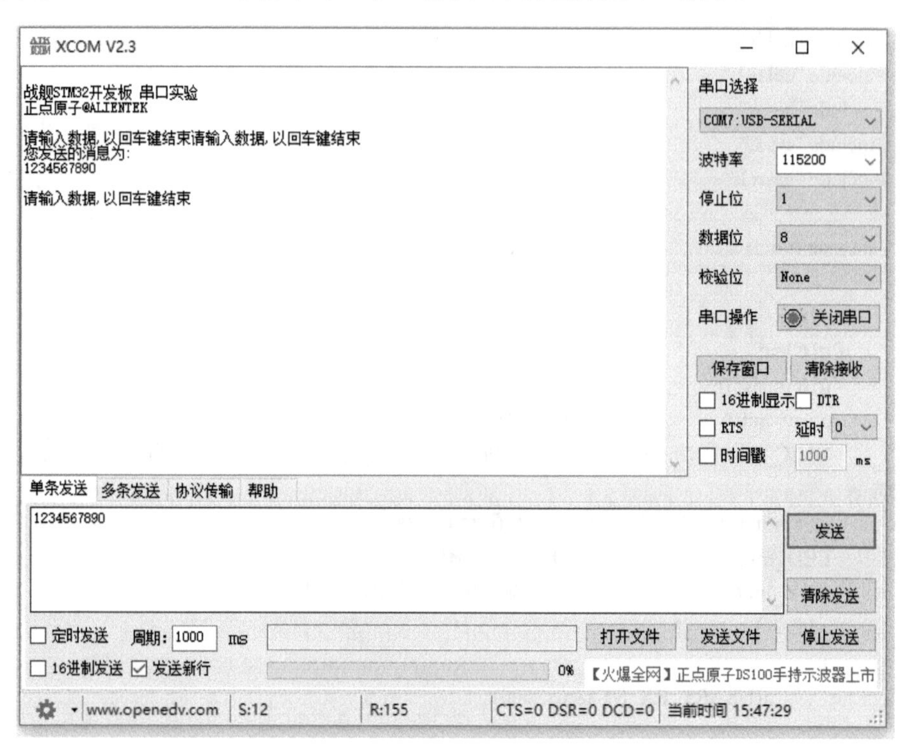

图 7-4　串口助手显示界面

第 8 章　STM32 SPI 与铁电存储器接口应用实例

本章介绍了 STM32 SPI 与铁电存储器接口应用实例，包括 STM32 的 SPI 通信原理、STM32F103 的 SPI 工作原理、STM32 的 SPI 库函数和 SPI 串行总线应用实例。

8.1　STM32 的 SPI 通信原理

实际生产生活当中，有些系统的功能无法完全通过 STM32 的片上外设来实现，如 16 位及以上的 A-D 转换器、温/湿度传感器、大容量 EEPROM 或 Flash、大功率电动机驱动芯片、无线通信控制芯片等。此时，只能通过扩展特定功能的芯片来实现这些功能。另外，有的系统需要两个或者两个以上的主控器（STM32 或 FPGA），而这些主控器之间也需要通过适当的芯片间通信方式来实现通信。

常见的系统内通信方式有并行和串行两种。并行方式指同一时刻，在嵌入式处理器和外围芯片之间传递多位数据；串行方式则是指每个时刻传递的数据只有一位，需要通过多次传递才能完成一个字节的传输。并行方式具有传输速度快的优点，但连线较多，且传输距离较近；串行方式虽然较慢，但连线数量少，且传输距离较远。早期的 MCS-51 单片机只集成了并行接口，但在实际应用中，人们发现对于可靠性、体积和功耗要求较高的嵌入式系统，串行通信更加实用。

串行通信可以分为同步串行通信和异步串行通信两种。它们的不同点在于判断一个数据位结束、另一个数据位开始的方法。同步串行端口通过另一个时钟信号来判断数据位的起始时刻。在同步通信中，这个时钟信号被称为同步时钟。如果失去了同步时钟，同步通信将无法完成。异步通信则通过时间来判断数据位的起始，即通信双方约定一个相同的时间长度作为每个数据位的时间长度（这个时间长度的倒数称为波特率）。当某位的时间到达后，发送方就开始发送下一位的数据，而接收方也把下一个时刻的数据存放到下一个数据位的位置。在使用当中，同步串行端口虽然比异步串行端口多一条时钟信号线，但无须计时操作，硬件结构比较简单，且通信速度比异步串行端口快得多。

根据同步串行通信在实际嵌入式系统中的重要程度，本书分别在后续章节中介绍以下两种同步串行端口的使用方法：

1）SPI 模式。

2）I2C 模式。

8.1.1　SPI 概述

串行外设接口（Serial Peripheral Interface，SPI）是由美国摩托罗拉（Motorola）公司提出的一种高速全双工串行同步通信接口，首先出现在 M68HC 系列处理器中，由于其简单方便、成本低廉、传输速度快，因此被其他半导体厂商广泛使用，从而成为事实上的标准。

SPI 与 USART 相比，数据传输速度要快得多，因此它被广泛地应用于微控制器与 ADC、

LCD 等设备的通信，尤其是高速通信的场合。微控制器还可以通过 SPI 组成一个小型同步网络进行高速数据交换，完成较复杂的工作。

作为全双工同步串行通信接口，SPI 采用主/从模式（Master/Slave），支持一个或多个从设备，能够实现主设备和从设备之间的高速数据通信。

SPI 具有硬件简单、成本低廉、易于使用、传输数据速度快等优点，适合用于成本敏感或者高速通信的场合。但同时，SPI 也存在无法检查纠错、不具备寻址能力和接收方没有应答信号等缺点，不适合复杂或者可靠性要求较高的场合。

SPI 是同步全双工串行通信接口。由于同步，SPI 有一根公共的时钟线；由于全双工，SPI 至少有两根数据线来实现数据的双向同时传输；由于串行，SPI 收发数据只能一位一位地在各自的数据线上传输，因此最多只有两根数据线，即一根发送数据线和一根接收数据线。由此可见，SPI 在物理层体现为 4 根信号线，分别是 SCK、MOSI、MISO 和 SS。

1）SCK（Serial Clock），即时钟线，由主设备产生。不同的设备支持的时钟频率不同。每个时钟周期可以传输一位数据，经过 8 个时钟周期，一个完整的字节数据就传输完成了。

2）MOSI（Master Output Slave Input），即主设备数据输出/从设备数据输入线。MOSI 上数据传输的方向是从主设备到从设备，即主设备从 MOSI 发送数据，从设备从 MOSI 接收数据。有的半导体厂商（如 Microchip 公司）站在从设备的角度，将其命名为 SDI。

3）MISO（Master Input Slave Output），即主设备数据输入/从设备数据输出线。MISO 上的数据传输方向是由从设备到主设备，即从设备从 MISO 发送数据，主设备从 MISO 接收数据。有的半导体厂商（如 Microchip 公司），站在从设备的角度，将其命名为 SDO。

4）SS（Slave Select），有时也称 CS（Chip Select），SPI 从设备选择信号线，当有多个 SPI 从设备与 SPI 主设备相连（即一主多从）时，SS 用来选择激活指定的从设备，由 SPI 主设备（通常是微控制器）驱动，低电平有效。当只有一个 SPI 从设备与 SPI 主设备相连（即一主一从）时，SS 并不是必需的。因此，SPI 也被称为三线同步通信接口。

除了 SCK、MOSI、MISO 和 SS 这 4 根信号线外，SPI 还包含一个串行移位寄存器，如图 8-1 所示。

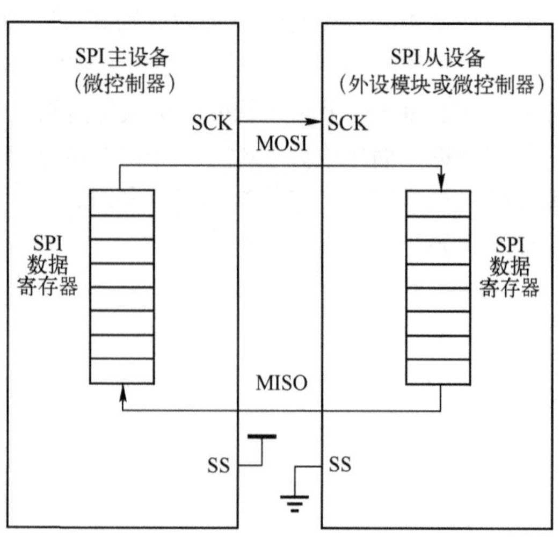

图 8-1　SPI 的组成

SPI 主设备向它的 SPI 串行移位数据寄存器写入一个字节发起一次传输，该寄存器通过数据线 MOSI 一位一位地将字节传送给 SPI 从设备；与此同时，SPI 从设备也将自己的 SPI 串行移位数据寄存器中的内容通过数据线 MISO 返回给主设备。这样，SPI 主设备和 SPI 从设备的两个数据寄存器中的内容相互交换。需要注意的是，对从设备的写操作和读操作是同步完成的。

如果只进行 SPI 从设备写操作（即 SPI 主设备向 SPI 从设备发送一个字节数据），只需忽略收到的数据即可。反之，如果要进行 SPI 从设备读操作（即 SPI 主设备要读取 SPI 从设备发送的一个字节数据），则 SPI 主设备发送一个空字节触发从设备的数据传输。

8.1.2　SPI 互连

SPI 互连主要有一主一从和一主多从两种互连方式。

1．一主一从

在一主一从的 SPI 互连方式下，只有一个 SPI 主设备和一个 SPI 从设备进行通信。这种情况下，只需要分别将主设备的 SCK、MOSI、MISO 和从设备的 SCK、MOSI、MISO 直接相连，并将主设备的 SS 置为高电平、从设备的 SS 接地（置为低电平，片选有效，选中该从设备）即可，如图 8-2 所示。

值得注意的是，USART 互连时，通信双方 USART 的两根数据线必须交叉连接，即一端的 TXD 必须与另一端的 RXD 相连，对应地，一端的 RXD 必须与另一端的 TXD 相连。而当 SPI 互连时，主设备和从设备的两根数据线必须直接相连，即主设备的 MISO 与从设备的 MISO 相连，主设备的 MOSI 与从设备的 MOSI 相连。

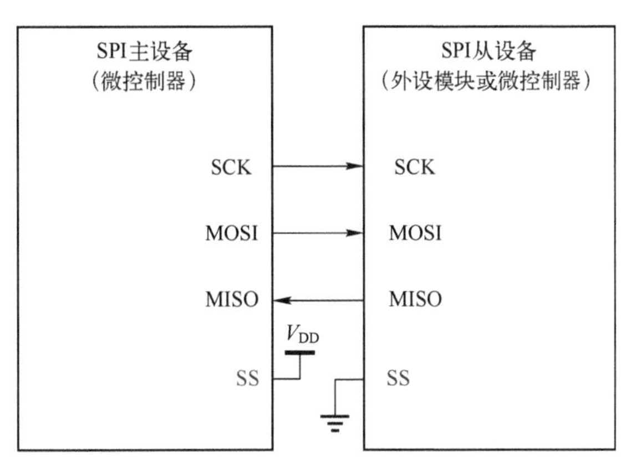

图 8-2　一主一从的 SPI 互连

2．一主多从

在一主多从的 SPI 互连方式下，一个 SPI 主设备可以和多个 SPI 从设备相互通信。这种情况下，所有的 SPI 设备（包括主设备和从设备）共享时钟线和数据线，即 SCK、MOSI、MISO 这 3 根线，并在主设备端使用多个 GPIO 引脚来选择不同的 SPI 从设备，如图 8-3 所示。显然，在多个从设备的 SPI 互连方式下，片选信号 SS 必须对每个从设备分别进行选通，增加了连接的难度和连接的数量，失去了串行通信的优势。

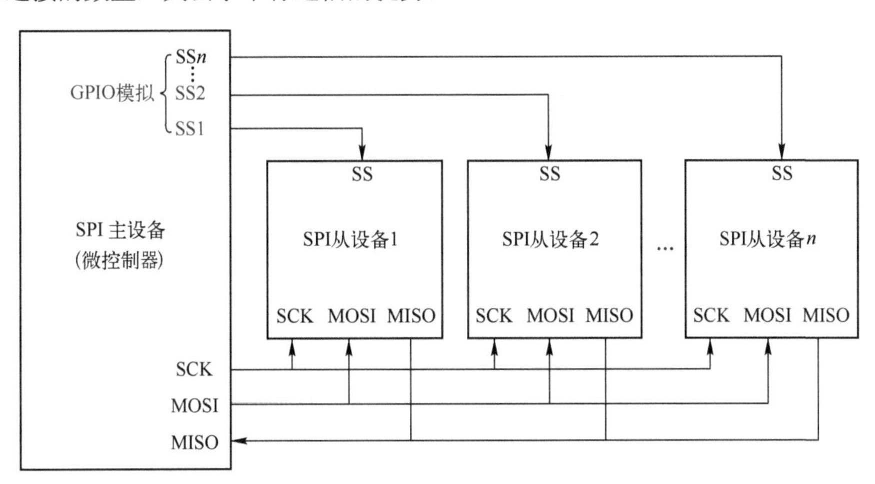

图 8-3　一主多从的 SPI 互连

需要特别注意的是，在多个从设备 SPI 的系统中，由于时钟线和数据线为所有的 SPI 设备共享，因此，在同一时刻只能有一个从设备参与通信。而且，当主设备与其中一个从设备进行通信时，其他从设备的时钟和数据线都应保持高阻态，以避免影响当前数据的传输。

8.2 STM32F103 的 SPI 工作原理

SPI 允许芯片与外部设备以半/全双工、同步、串行方式通信。SPI 接口可以被配置成主模式，并为外部从设备提供通信时钟（SCK），接口还能以多主的配置方式工作，可用于多种用途，包括使用一根双向数据线的双线单工同步传输，还可以使用 CRC 校验可靠通信。

8.2.1 SPI 的主要功能

STM32F103 微控制器的小容量产品有 1 个 SPI 接口，中等容量产品有 2 个 SPI 接口，大容量产品则有 3 个 SPI 接口。

STM32F103 微控制器的 SPI 主要具有以下功能：

1）3 线全双工同步传输。

2）带或不带第三根双向数据线的双线单工同步传输。

3）8 或 16 位传输帧格式选择。

4）主或从操作。

5）支持多主模式。

6）8 个主模式波特率预分频系数（最大为 $f_{PCLK/2}$）。

7）从模式频率（最大为 $f_{PCLK/2}$）。

8）主模式和从模式的快速通信。

9）主模式和从模式下均可以由软件或硬件进行 NSS 管理，即主/从操作模式的动态改变。

10）可编程的时钟极性和相位。

11）可编程的数据顺序，MSB 在前或 LSB 在前。

12）可触发中断的专用发送和接收标志。

13）SPI 总线忙状态标志。

14）支持可靠通信的硬件 CRC。在发送模式下，CRC 值可以作为最后一个字节发送；在全双工模式下，对接收到的最后一个字节自动进行 CRC 校验。

15）可触发中断的主模式故障、过载以及 CRC 错误标志。

16）支持 DMA 功能的一个字节发送和接收缓冲器，产生发送和接收请求。

8.2.2 SPI 的内部结构

STM32F103 的 SPI 主要由波特率发生器、收发控制和数据存储转移三部分组成，内部结构如图 8-4 所示。波特率发生器用来产生 SPI 的 SCK 时钟信号，收发控制主要由控制寄存器组成，数据存储转移主要由移位寄存器、接收缓冲区和发送缓冲区等组成。

通常 SPI 通过以下 4 个引脚与外部器件相连：

1）MISO：主设备输入/从设备输出引脚。该引脚在从模式下发送数据，在主模式下接收数据。

2）MOSI：主设备输出/从设备输入引脚。该引脚在主模式下发送数据，在从模式下接收数据。

3）SCK：串口时钟，作为主设备的输出、从设备的输入。

4）NSS：从设备选择。这是一个可选的引脚，用来选择主/从设备。它的功能是用来作为片选引脚，让主设备可以单独地与特定从设备通信，避免数据线上的冲突。

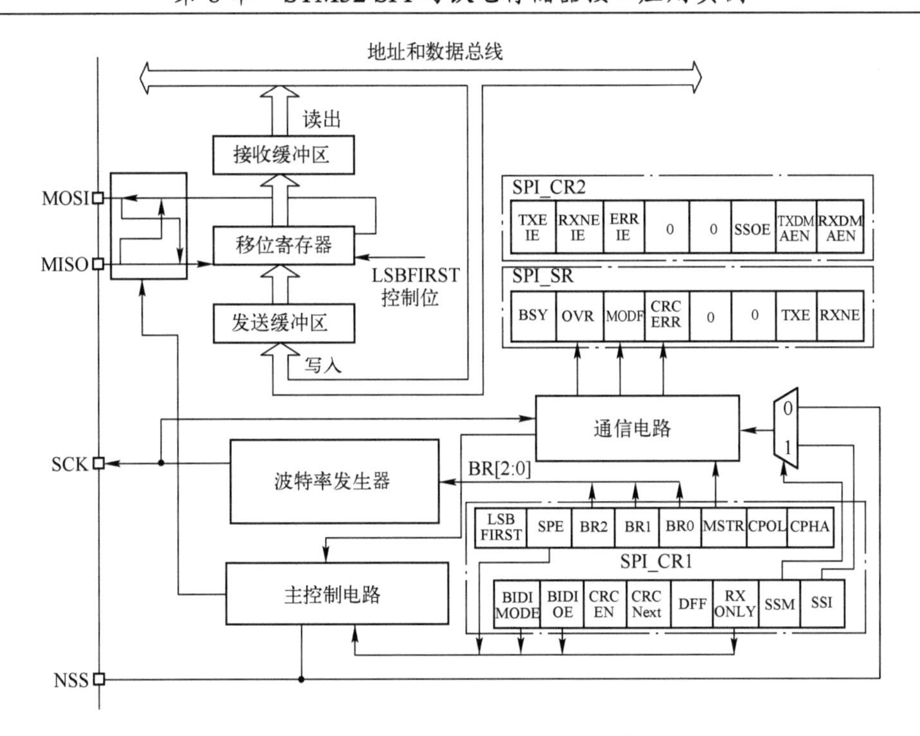

图 8-4　STM32F103 的 SPI 内部结构

1. 波特率发生器

波特率发生器可产生 SPI 的 SCK 时钟信号。波特率预分频系数为 2、4、8、16、32、64、128 或 256。通过设置波特率控制位（BR）可以控制 SCK 的输出频率，从而控制 SPI 的传输速率。

2. 收发控制

收发控制由若干个控制寄存器组成，如 SPI 控制寄存器 SPI_CR1、SPI_CR2 和 SPI 状态寄存器 SPI_SR 等。

SPI_CR1 寄存器主控收发电路，用于设置 SPI 的协议，如时钟极性、相位和数据格式等。

SPI_CR2 寄存器用于设置各种 SPI 中断使能，如使能 TXE 的 TXEIE 和 RXNE 的 RXNEIE 等。通过 SPI_SR 寄存器中的各个标志位可以查询 SPI 当前的状态。

SPI 的控制和状态查询可以通过库函数实现。

3. 数据存储转移

数据存储转移如图 8-4 的左上部分所示，主要由移位寄存器、接收缓冲区和发送缓冲区等组成。

移位寄存器与 SPI 的数据引脚 MISO 和 MOSI 连接，一方面将从 MISO 收到的数据位根据数据格式及顺序经串/并转换后转发到接收缓冲区，另一方面将从发送缓冲区收到的数据根据数据格式及顺序经并/串转换后逐位从 MOSI 上发送出去。

8.2.3 时钟信号的相位和极性

SPI_CR 寄存器的 CPOL 和 CPHA 位，能够组合成四种可能的时序关系。CPOL（时钟极性）位控制在没有数据传输时时钟的空闲状态电平，此位对主模式和从模式下的设备都有效。如果

CPOL 被清零，SCK 引脚在空闲状态保持低电平；如果 CPOL 被置 1，SCK 引脚在空闲状态保持高电平。

如图 8-5 所示，如果 CPHA（时钟相位）位被清 0，数据在 SCK 时钟的奇数（第 1、3、5、…）跳变沿（CPOL 位为 0 时为上升沿，CPOL 位为 1 时为下降沿）进行数据位的存取，数据在 SCK 时钟的偶数（第 2、4、6、…）跳变沿（CPOL 位为 0 时为下降沿，CPOL 位为 1 时为上升沿）准备就绪。

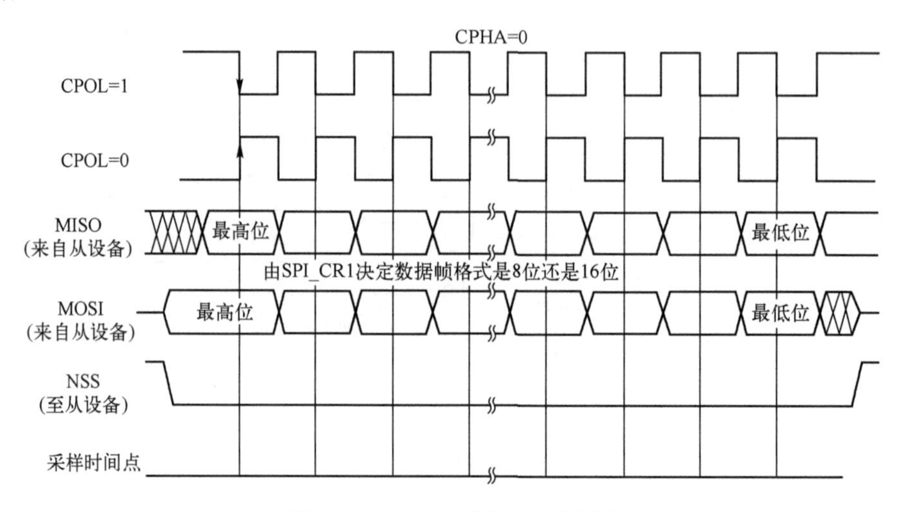

图 8-5　CPHA=0 时的 SPI 时序图

如图 8-6 所示，如果 CPHA（时钟相位）位被置 1，数据在 SCK 时钟的偶数（第 2、4、6、…）跳变沿（CPOL 位为 0 时为下降沿，CPOL 位为 1 时为上升沿）进行数据位的存取，数据在 SCK 时钟的奇数（第 1、3、5、…）跳变沿（CPOL 位为 0 时为上升沿，CPOL 位为 1 时为下降沿）准备就绪。

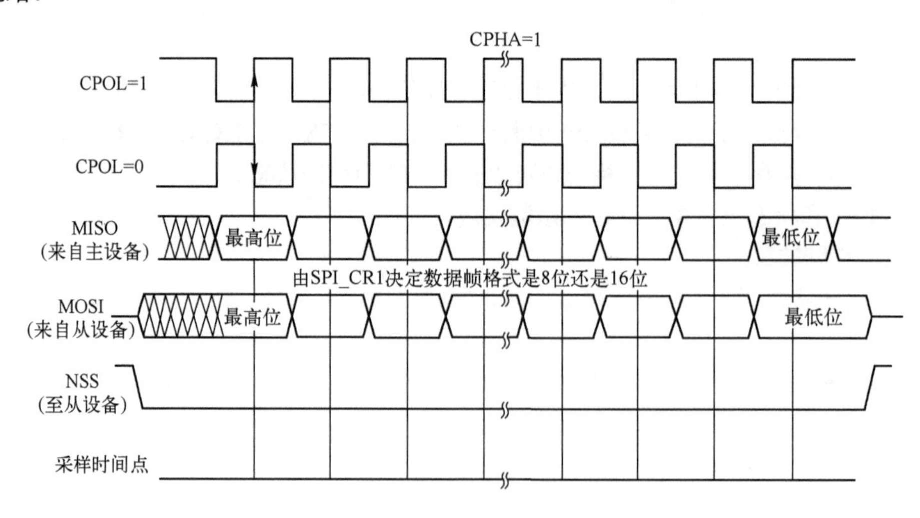

图 8-6　CPHA=1 时的 SPI 时序图

CPOL（时钟极性）和 CPHA（时钟相位）的组合选择数据捕捉的时钟边沿。图 8-5 和图 8-6 显示了 SPI 传输的四种 CPHA 和 CPOL 位组合，即主设备和从设备的 SCK、MISO、MOSI

引脚直接连接的主或从时序图。

8.2.4　数据帧格式

根据 SPI_CR1 寄存器中的 LSBFIRST 位，输出数据位时可以 MSB 在前也可以 LSB 在前。

根据 SPI_CR1 寄存器的 DFF 位，每个数据帧可以是 8 位或是 16 位。所选择的数据帧格式决定发送/接收的数据长度。

8.2.5　配置 SPI 为主模式

SPI 为主模式时，在 SCK 引脚产生串行时钟。按照以下步骤配置 SPI 为主模式。

1. 配置步骤

1）通过 SPI_CR1 寄存器的 BR[2:0]位定义串行时钟波特率。

2）选择 CPOL 和 CPHA 位，定义数据传输和串行时钟间的相位关系。

3）设置 DFF 位来定义 8 位或 16 位数据帧格式。

4）配置 SPI_CR1 寄存器的 LSBFIRST 位定义帧格式。

5）如果需要 NSS 引脚工作在输入模式，则在硬件模式下，在整个数据帧传输期间应把 NSS 引脚连接到高电平；在软件模式下，需设置 SPI_CR1 寄存器的 SSM 位和 SSI 位。如果 NSS 引脚工作在输出模式，则只需设置 SSOE 位。

6）必须设置 MSTR 位和 SPE 位（只当 NSS 引脚被连接到高电平，这些位才能保持置位）。配置 MOSI 引脚为数据输出、MISO 引脚为数据输入。

2. 数据发送过程

当写入数据至发送缓冲器时，发送过程开始。

在发送第一个数据位时，数据字被并行地（通过内部总线）传入移位寄存器，而后串行地移出到 MOSI 引脚上；MSB 在前还是 LSB 在前，取决于 SPI_CR1 寄存器中 LSBFIRST 位的设置。

数据从发送缓冲器传输到移位寄存器时 TXE 标志将被置位，如果设置了 SPI_CR1 寄存器中的 TXEIE 位，将产生中断。

3. 数据接收过程

对于接收器来说，当数据传输完成时：

1）传送移位寄存器中的数据至接收缓冲器，并且 RXNE 标志被置位。

2）如果设置了 SPI_CR2 寄存器中的 RXNEIE 位，则产生中断。

在最后一个采样时钟沿，RXNE 位被设置，在移位寄存器中接收到的数据字被传送到接收缓冲器。读 SPI_DR 寄存器时，SPI 设备返回接收缓冲器中的数据。读 SPI_DR 寄存器将清除 RXNE 位。

8.3　STM32 的 SPI 库函数

SPI 固件库支持 21 种库函数，见表 8-1。为了理解这些函数的具体使用方法，下面对标准库中部分函数做详细介绍。

表 8-1 SPI 库函数

函数名称	功能
SPI_DeInit	将外设 SPIx 寄存器重设为默认值
SPI_Init	根据 SPI_InitStruct 中指定的参数初始化外设 SPIx 寄存器
SPI_StructInit	把 SPI_InitStruct 中的每一个参数按默认值填入
SPI_Cmd	使能或者失能 SPI 外设
SPI_ITConfig	使能或者失能指定的 SPI 中断
SPI_DMACmd	使能或者失能指定 SPI 的 DMA 请求
SPI_SendData	通过外设 SPIx 发送一个数据
SPI_ReceiveData	返回通过 SPIx 接收最近数据
SPI_DMALastTransferCmd	使下一次 DMA 传输为最后一次传输
SPI_NSSInternalSoftwareConfig	为选定的 SPI 软件配置内部 NSS 引脚
SPI_SSOutputCmd	使能或者失能指定的 SPI
SPI_DataSizeConfig	设置选定的 SPI 数据大小
SPI_TransmitCRC	发送 SPIx 的 CRC 值
SPI_CalculateCRC	使能或者失能指定 SPI 的传输字 CRC 值计算
SPI_GetCRC	返回指定 SPI 的发送或者接收 CRC 寄存器值
SPI_GetCRCPolynomial	返回指定 SPI 的 CRC 多项式寄存器值
SPI_BiDirectionalLineConfig	选择指定 SPI 在双向模式下的数据传输方向
SPI_GetFlagStatus	检查指定的 SPI 标志位设置与否
SPI_ClearFlag	清除 SPIx 的待处理标志位
SPI_GetITStatus	检查指定的 SPI 中断发生与否
SPI_ClearITPendingBit	清除 SPIx 的中断待处理位

8.4 STM32 的 SPI 串行总线应用实例

8.4.1 STM32 的 SPI 配置流程

SPI 是一种同步串行通信协议，由一个主设备和一个或多个从设备组成，主设备启动一个与从设备的同步通信，从而完成数据的交换。该总线大量用在 Flash、ADC、RAM 和显示驱动器之类的慢速外设器件中。因为不同的器件通信命令不同，下面具体介绍 STM32 的 SPI 配置方法，关于具体器件可参考相关说明书。

SPI 配置流程图如图 8-7 所示，主要包括开启时钟、相关引脚配置和 SPI 工作模式设置。其中，GPIO 配置需将 SPI 器件片选设置为高电平，SCK、MISO、MOSI 设置为复用功能。

配置完成后，可根据器件功能和命令进行读/写操作。

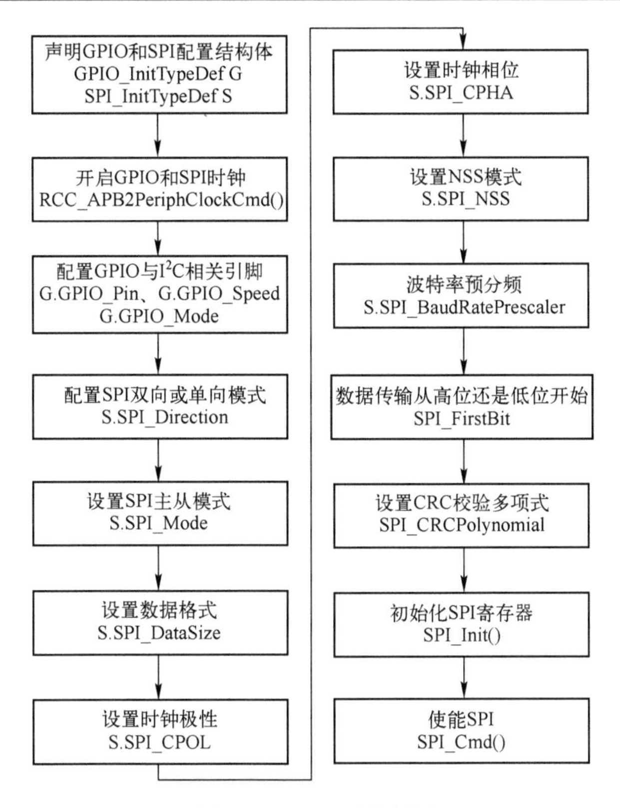

图 8-7　SPI 配置流程图

8.4.2　SPI 与 MB85RS16 铁电存储器接口的硬件设计

MB85RS16 是一种配置为 2048 字×8 位的 FRAM（铁电随机存取存储器）芯片，采用铁电工艺和硅栅 CMOS 工艺技术形成非易失性存储单元。MB85RS16 采用串行外围接口（SPI）。MB85RS16 能够在不使用备用电池的情况下保留数据，正如 SRAM 所需要的。MB85RS16 中使用的存储单元可用于 10^{12} 次读/写操作，这是对 Flash 和 E2PROM 支持的读和写操作数量的显著改进。MB85RS16 不像闪存或 E2PROM 那样需要很长时间来写入数据，并且 MB85RS16 不需要等待时间。

MB85RS16 主要特点如下：

1）位配置为 2048 字× 8 位。

2）SPI（串行外围接口）对应于 SPI 模式 0（0，0）和模式 3（1，1）。

3）工作频率 20MHz（最大）。

4）高耐久性，每字节 1 万亿次读/写。

5）数据保存 10 年（+85°C）、95 年（+55°C）、200 年以上（+35°C）。

6）工作电源电压 2.7～3.6V。

7）低功耗，工作电源电流 1.5 mA(Typ@20MHz)，备用电流 5μA（典型值）。

8）工作环境温度范围−40～+85℃。

9）符合 RoHS 标准的 8 针塑料 SOP（FPT-8P-M02）和 8 针塑料 SON（LCC-8P-M04）封装。

SPI 与 MB85RS15 铁电存储器接口电路如图 8-8 所示。

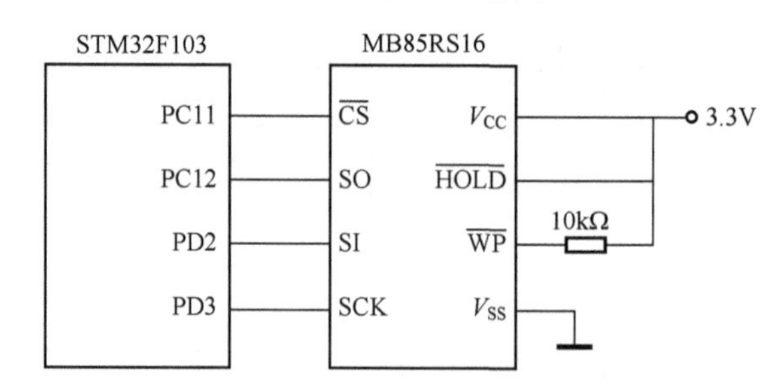

图 8-8　SPI 与 MB85RS15 铁电存储器接口电路

8.4.3　SPI 与 MB85RS16 铁电存储器接口的软件设计

SPI 与 MB85RS16 接口的程序清单如下：

```
/*******************************************************************************
* ***************以下为对 MB85RS16 的操作函数***********************************/
/*2 MB85RS16 I/O 口操作*/
#define MB85RS16_CS_H      GPIO_SetBits(GPIOC,GPIO_Pin_11)// MB85RS16 片选信号置高
#define MB85RS16_CS_L      GPIO_ResetBits(GPIOC,GPIO_Pin_11)// MB85RS16 片选信号置低
#define MB85RS16_SI_H      GPIO_SetBits(GPIOD,GPIO_Pin_2)      // MB85RS16 数据输出置高
#define MB85RS16_SI_L      GPIO_ResetBits(GPIOD,GPIO_Pin_2) // MB85RS16 数据输出置低
#define MB85RS16_SCK_H     GPIO_SetBits(GPIOD,GPIO_Pin_3)// MB85RS16 时钟信号置高
#define MB85RS16_SCK_L     GPIO_ResetBits(GPIOD,GPIO_Pin_3) // MB85RS16 时钟信号置低
#define MB85RS16_SO        GPIO_ReadInputDataBit(GPIOC,GPIO_Pin_12)// MB85RS16 数据输入
/*MB85RS16 命令字定义*/
#define WREN_INST   0x06
#define WRDI_INST   0x04
#define WRSR_INST   0x01
#define RDSR_INST   0x05
#define WRITE_INST 0x02
#define READ_INST   0x03
#define STATUS_REG 0x00
/****************************************************
* 函数名：MB85RS16_wrbyte
* 功  能：MB85RS16 写一个字节子函数
* 入  口：无
* 出  口：无
* 调用处：fm_wren()，MB85RS16_writes()，MB85RS16_reads()
****************************************************/
void MB85RS16_wrbyte(void)
{
    u8 temp1,temp2;
    for(temp1=0;temp1<8;temp1++)
    {
        temp2=eepom_buf;
        temp2&=0x80;
```

```
            if(temp2)
            MB85RS16_SI_H;
            else
            MB85RS16_SI_L;

            MB85RS16_SCK_L;
            delayus(1);
            delayus(1);
            MB85RS16_SCK_H;
            eepom_buf=eepom_buf<<1;
      }
}
/****************************************
* 函数名：MB_wren
* 功  能：MB85RS16 写使能子函数
* 入  口：无
* 出  口：无
****************************************/
void MB_wren(void)
{
      MB85RS16_CS_L ;
      delayus(1);
      eepom_buf=WREN_INST;//0x06
      MB85RS16_wrbyte();// eepom_buf=0x06
      MB85RS16_CS_H ;
}
/*******************************************************
* 函数名：MB85RS16_writes
* 功  能：MB85RS16 向指定位置写指定数据
* 入  口：len，要写的字节数；*data_buf，指向要写的数据；
          bit8，0→存储在低 256 字节，1→存储在高 256 字节；
          position，要写的数据在 MB85RS16 的偏移位置
* 出  口：无
*******************************************************/
void MB85RS16_writes(u8 len,u8 *data_buf,u16 position)
{
      MB85RS16_CS_H ;
      delayus(1);
     MB85RS16_SCK_H;
      delayus(1);
      MB85RS16_SI_L ;

      MB_wren();

      delayus(1);
      delayus(1);
      delayus(1);
```

```
        MB85RS16_CS_L ;

        delayus(1);
        delayus(1);
        delayus(1);
        eepom_buf=WRITE_INST;//0x02
        MB85RS16_wrbyte();

        eepom_buf=(unsigned char)(position>>8);  //地址高 8 位
        MB85RS16_wrbyte();
        eepom_buf=(unsigned char)position;                 //地址低 8 位
        MB85RS16_wrbyte();
        while(len)
            {
              eepom_buf=*data_buf;
              delayus(1);
              MB85RS16_wrbyte();
              data_buf++;
              len--;
            }
        MB85RS16_CS_H ;
        delayus(1);
}
/************************************
* 函数名：MB85RS16_rdbyte
* 功  能：MB85RS16 读 1 字节子函数
* 入  口：无
* 出  口：无
* 调用处：MB85RS16 相关函数
************************************/
void MB85RS16_rdbyte(void)
{
        u8 temp1;
       eepom_buf=0;
        for(temp1=0;temp1<8;temp1++)
          {
            MB85RS16_SCK_L;
            eepom_buf=eepom_buf<<1;

            if(MB85RS16_SO)
              eepom_buf|=0x01;
            else
                eepom_buf&=0xfe;

            delayus(1);
            delayus(1);
```

```
            MB85RS16_SCK_H;
        }
}
/*****************************************************************
* 函数名：MB85RS16_reads
* 功  能：MB85RS16 从指定位置读指定数据
* 入  口：len，要读的字节数；*data_buf，指向读出数据存储的变量地址；
        bit8，0→读低 256 字节，1→读高 256 字节；position，要读的数据在 MB85RS16 的偏移位置
* 出  口：无
*****************************************************************/
void MB85RS16_reads(u8 len,u8 *data_buf,u16 position)
{
    MB85RS16_CS_L ;
    delayus(1);
    delayus(1);

    eepom_buf=READ_INST;
    MB85RS16_wrbyte();

    eepom_buf=(unsigned char)(position>>8);
    delayus(1);
    MB85RS16_wrbyte();
    eepom_buf=(unsigned char)position;
    MB85RS16_wrbyte();
    while(len)
    {
        MB85RS16_rdbyte();
        *data_buf=eepom_buf;
        data_buf++;
        len--;

    }
    MB85RS16_CS_H ;
    delayus(1);
}
```

第 9 章　STM32 I²C 与日历时钟接口应用实例

本章介绍了 STM32 I²C 与日历时钟接口应用实例，包括 STM32 的 I²C 通信原理、STM32F103 的 I²C 接口、STM32F103 的 I²C 库函数和 I²C 控制器应用实例。

9.1　STM32 的 I²C 通信原理

集成电路（Inter-Integrated Circuit，I²C）总线是原 Philips 公司推出的一种用于 IC 器件之间连接的 2 线制串行扩展总线，它通过 2 根信号线（SDA，串行数据线；SCL，串行时钟线）在连接到总线上的器件之间传送数据，所有连接在总线的 I²C 器件都可以工作于发送方式或接收方式。

I²C 总线主要用来连接整体电路。I²C 是一种多向控制总线，也就是说多个芯片可以连接到同一总线结构下，同时每个芯片都可以作为实时数据传输的控制源。这种方式简化了信号传输总线接口。

9.1.1　I²C 总线概述

I²C 总线结构如图 9-1 所示。I²C 总线的 SDA 和 SCL 是双向 I/O 线，必须通过上拉电阻接到正电源，当总线空闲时，两线都是高电平。所有连接在 I²C 总线上的器件引脚必须是开漏或集电极开路输出，即具有线与功能。所有挂在总线上的器件的 I²C 引脚接口也应该是双向的；SDA 输出电路用于总线上发数据，而 SDA 输入电路用于接收总线上的数据；主机通过 SCL 输出电路发送时钟信号，同时其本身的接收电路需检测总线上的 SCL 电平，以决定下一步的动作，从机的 SCL 输入电路接收总线时钟，并在 SCL 控制下向 SDA 发出或从 SDA 接收数据，另外也可以通过拉低 SCL（输出）来延长总线周期。

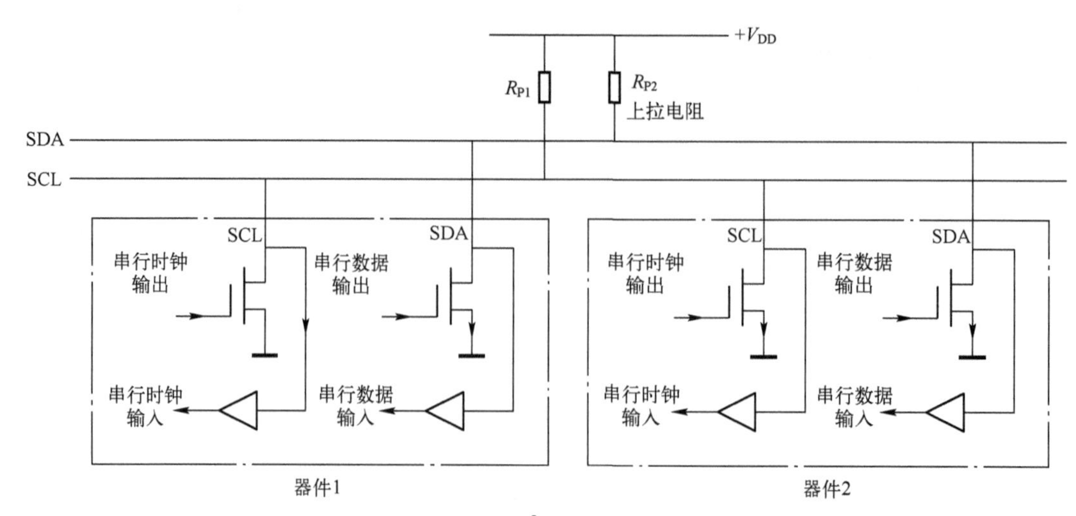

图 9-1　I²C 总线结构

9.1.2 I²C 总线的数据传送

1. 数据位的有效性规定

如图 9-2 所示，I²C 总线进行数据传送时，时钟信号为高电平期间，数据线上的数据必须保持稳定，只有在时钟线上的信号为低电平期间，数据线上的高电平或低电平状态才允许变化。

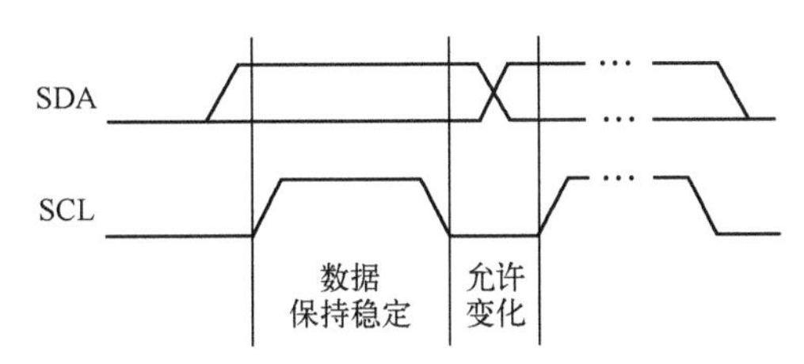

图 9-2　I²C 数据位的有效性规定

2. 起始和终止信号

I²C 总线规定，当 SCL 为高电平时，SDA 的电平必须保持稳定不变的状态，只有当 SCL 处于低电平时，才可以改变 SDA 的电平值，但起始信号和停止信号是特例。因此，当 SCL 处于高电平时，SDA 的任何跳变都会被识别成为一个起始信号或停止信号。如图 9-3 所示，SCL 线为高电平期间，SDA 线由高电平向低电平的变化表示起始信号；SCL 线为高电平期间，SDA 线由低电平向高电平的变化表示终止信号。

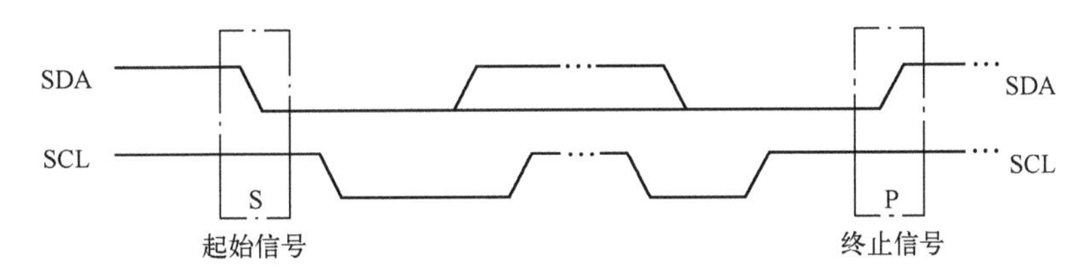

图 9-3　I²C 总线起始信号和终止信号

起始和终止信号都是由主机发出的，在起始信号产生后，总线就处于被占用的状态；在终止信号产生后，总线就处于空闲状态。连接到 I²C 总线上的器件若具有 I²C 总线的硬件接口，则很容易检测到起始和终止信号。

每当发送器件每传输完一个字节的数据，后面必须紧跟一个校验位，这个校验位是接收端通过控制 SDA（数据线）来实现的，以提醒发送方发送的数据已经接收完成，数据传送可以继续进行。

3. 数据传送格式

（1）字节传送与应答

在 I²C 总线的数据传输过程中，发送到 SDA 信号线上的数据以字节为单位，每个字节必须为 8 位，而且是高位（MSB）在前，低位（LSB）在后，每次发送数据的字节数量不受限制。但在这个数据传输过程中需要着重强调的是，当发送方发送完每一个字节后，都必须等待接收方返回一个应答响应信号，如图 9-4 所示。响应信号宽度为 1 位，紧跟在 8 个数据位后面，所以发送 1 个字节的数据需要 9 个 SCL 时钟脉冲。响应时钟脉冲也是由主机产生的，主机在响应时钟脉冲期间释放 SDA 线，使其处在高电平。

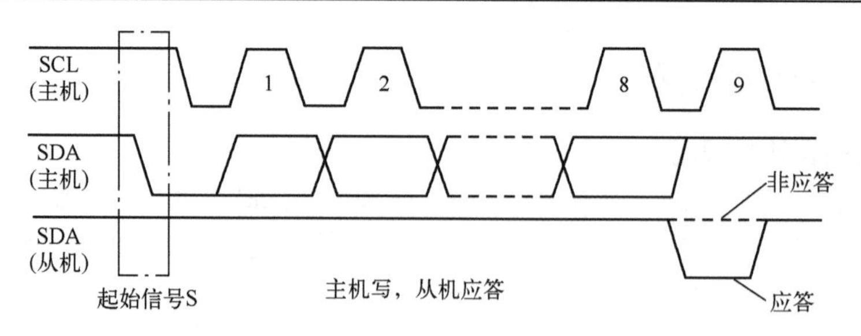

图 9-4　I²C 总线字节传送与应答

而在响应时钟脉冲期间，接收方需要将 SDA 拉低，使 SDA 在响应时钟脉冲高电平期间保持稳定的低电平，即为有效应答信号（ACK 或 A），表示接收器件已经成功地接收了该字节数据。

如果在响应时钟脉冲期间，接收方没有将 SDA 拉低，使 SDA 在响应时钟脉冲高电平期间保持稳定的高电平，即为非应答信号（NAK 或/A），表示接收器件接收该字节没有成功。

由于某种原因从机不对主机寻址信号应答时（如从机正在进行实时性的处理工作而无法接收总线上的数据），它必须将数据线置于高电平，而由主机产生一个终止信号以结束总线的数据传送。

当从机对主机进行了应答，但在数据传送一段时间后无法继续接收更多的数据时，从机可以通过对无法接收的第一个数据字节的非应答通知主机，主机则应发出终止信号以结束数据的继续传送。

当主机接收数据时，它收到最后一个字节数据后，必须向从机发出一个结束传送的信号。这个信号是通过对从机的非应答来实现的。然后，从机释放 SDA 线，以允许主机产生终止信号。

（2）总线的寻址

挂在 I²C 总线上的器件可以很多，但相互间只有两根线连接（数据线和时钟线），如何进行识别寻址呢？具有 I²C 总线结构的器件在其出厂时已经给定了器件的地址编码。I²C 总线器件地址 SLA（以 7 位为例）格式如图 9-5 所示。

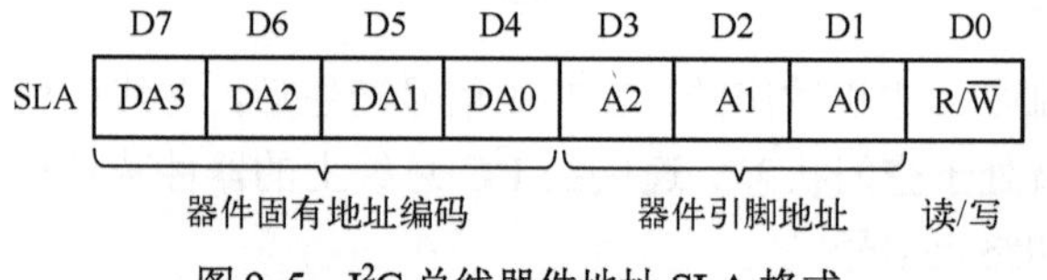

图 9-5　I²C 总线器件地址 SLA 格式

1）DA3～DA0。这 4 位器件地址是 I²C 总线器件固有的地址编码，器件出厂时就已给定，用户不能自行设置。如 I²C 总线器件 E2PROM AT24CXX 的器件地址为 1010。

2）A2～A0。这 3 位引脚地址用于相同地址器件的识别。若 I²C 总线上挂有相同地址的器件，或同时挂有多片相同器件，可用硬件连接方式对 3 位引脚 A2～A0 接 V_{CC} 或接地，形成地址数据。

3）R/$\overline{W}$。R/$\overline{W}$ 用于确定数据传送方向。R/$\overline{W}$ =1 时，主机接收（读）；R/$\overline{W}$ =0 时，主机发送（写）。

主机发送地址时，总线上的每个从机都将这 7 位地址编码与自己的地址进行比较，如果相同，则认为自己正被主机寻址，根据 R/$\overline{W}$ 位将自己确定为发送器件或接收器件。

（3）数据帧格式

I²C 总线上传送的数据信号是广义的，既包括地址信号，又包括真正的数据信号。在起始信号后必须传送一个从机的地址（7 位），第 8 位是数据的传送方向位（R/$\overline{W}$），用 0 表示主机发送数据（$\overline{W}$），1 表示主机接收数据（R）。每次数据传送总是由主机产生的终止信号结束。但是，若主机希望继续占用总线进行新的数据传送，则可以不产生终止信号，立即再次发出起始信号对另一从机进行寻址。

（4）数据传送方式

在总线的一次数据传送过程中，可以有以下几种组合方式。

1）主机向从机写数据。主机向从机写 *n* 个字节数据，数据传送方向在整个传送过程中不变。I^2C 的数据线 SDA 上的数据流如图 9-6 所示。阴影部分表示数据由主机向从机传送，无阴影部分则表示数据由从机向主机传送。A 表示应答，$\overline{A}$ 表示非应答（高电平），S 表示起始信号，P 表示终止信号。

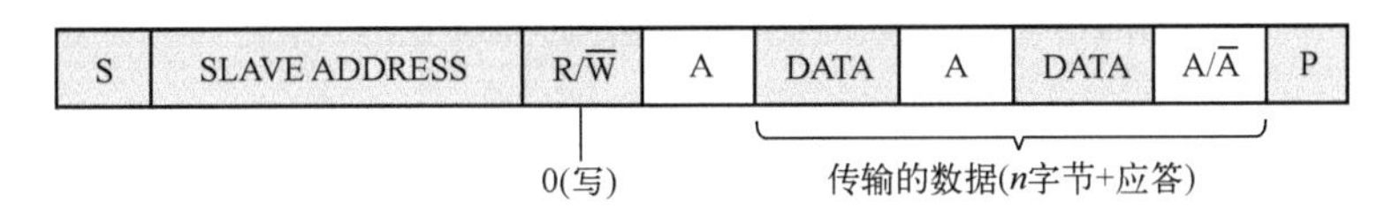

图 9-6　主机向从机写数据时 SDA 上的数据流

如果主机要向从机传输一个或多个字节数据，在 SDA 上需经历以下过程：

① 主机产生起始信号 S。

② 主机发送寻址字节 SLAVE ADDRESS，其中的高 7 位表示数据传输目标的从机地址；最后 1 位是传输方向位，此时其值为 0，表示数据传输方向从主机到从机。

③ 当某个从机检测到主机在 I^2C 总线上广播的地址与它的地址相同时，该从机就被选中，并返回一个应答信号 A。没被选中的从机会忽略之后 SDA 上的数据。

④ 当主机收到来自从机的应答信号后，开始发送数据 DATA。主机每发送完一个字节，从机产生一个应答信号。如果在 I^2C 的数据传输过程中，从机产生了非应答信号 $\overline{A}$，则主机提前结束本次数据传输。

⑤ 当主机的数据发送完毕后，主机产生一个停止信号结束数据传输，或者产生一个重复起始信号进入下一次数据传输。

2）主机从从机读数据。主机从从机读 *n* 个字节数据时，I^2C 数据线 SDA 上的数据流如图 9-7 所示。其中，阴影部分表示数据由主机传输到从机，无阴影部分表示数据由从机传输到主机。

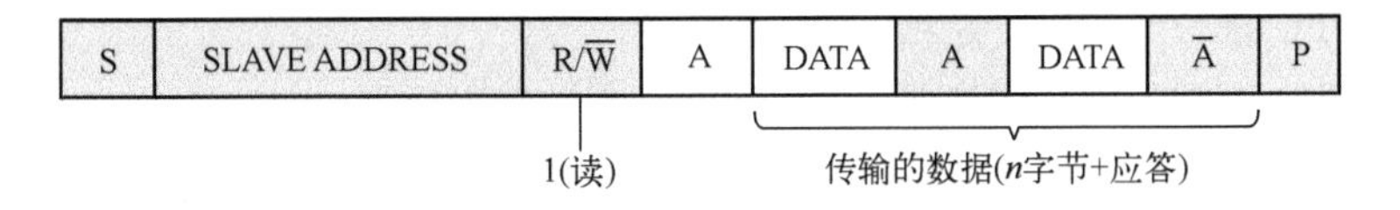

图 9-7　主机从从机读数据时 SDA 上的数据流

如果主机要从从机读取一个或多个字节数据，在 SDA 上需经历以下过程：

① 主机产生起始信号 S。

② 主机发送寻址字节 SLAVE ADDRESS，其中的高 7 位表示数据传输目标的从机地址；最后 1 位是传输方向位，此时其值为 1，表示数据传输方向由从机到主机。寻址字节 SLAVE ADDRESS 发送完毕后，主机释放 SDA（拉高 SDA）。

③ 当某个从机检测到主机在 I^2C 总线上广播的地址与它的地址相同时，该从机就被选中，并返回一个应答信号 A。没被选中的从机会忽略之后 SDA 上的数据。

④ 当主机收到应答信号后，从机开始发送数据 DATA。从机每发送完一个字节，主机产生一个应答信号。当主机读取从机数据完毕或者主机想结束本次数据传输时，可以向从机返回一个非应答信号 $\bar{A}$，从机即自动停止数据传输。

⑤ 当传输完毕后，主机产生一个停止信号结束数据传输，或者产生一个重复起始信号进入下一次数据传输。

3）主机和从机双向数据传送。在数据传送过程中，当需要改变传送方向时，起始信号和从机地址都被重复产生一次，但两次读/写方向位正好反向。I²C 的数据线 SDA 上的数据流如图 9-8 所示。

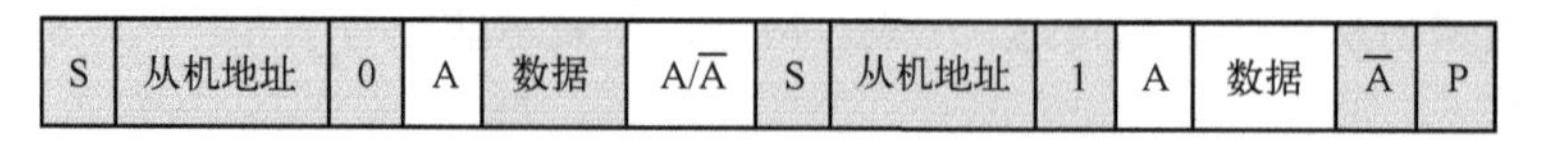

图 9-8　主机和从机双向数据传送时 SDA 上的数据流

主机和从机双向数据传送的过程是主机向从机写数据和主机从从机读数据的组合，故不再赘述。

4．传输速率

I²C 的标准传输速率为 100kbit/s，快速传输可达 400kbit/s。目前还增加了高速模式，最高传输速率可达 3.4Mbit/s。

9.2　STM32F103 的 I²C 接口

STM32F103 的 I²C 模块连接微控制器和 I²C 总线，提供多主机功能，支持标准和快速两种传输速率，控制所有 I²C 总线特定的时序、协议、仲裁和定时，支持标准和快速两种模式，同时与 SMBus 2.0 兼容。I²C 模块有多种用途，包括 CRC 码的生成和校验、SMBus（System Management Bus，系统管理总线）和 PMBus（Power Management Bus，电源管理总线）。根据特定设备的需要，可以使用 DMA 以减轻 CPU 的负担。

9.2.1　STM32F103 的 I²C 主要功能

STM32F103 微控制器的小容量产品有 1 个 I²C，中等容量和大容量产品有 2 个 I²C。

STM32F103 微控制器的 I²C 主要具有以下功能：

1）所有的 I²C 都位于 APB1 总线。

2）支持标准（100kbit/s）和快速（400kbit/s）两种传输速率。

3）所有的 I²C 可工作于主模式或从模式，可以作为主发送器、主接收器、从发送器或者从接收器。

4）支持 7 位或 10 位寻址和广播呼叫。

5）具有 3 个状态标志，即发送器/接收器模式标志、字节发送结束标志、总线忙标志。

6）具有 2 个中断向量，即 1 个中断用于地址/数据通信成功，1 个中断用于错误。

7）具有单字节缓冲器的 DMA。

8）兼容系统管理总线 SMBus2.0。

9.2.2　STM32F103 的 I²C 内部结构

STM32F103 微控制器的 I²C 内部结构由 SDA 线和 SCL 线展开，主要分为时钟控制、数据控制和控制逻辑等部分，负责实现 I²C 的时钟产生、数据收发、总线仲裁和中断、DMA 等功能，如图 9-9 所示。

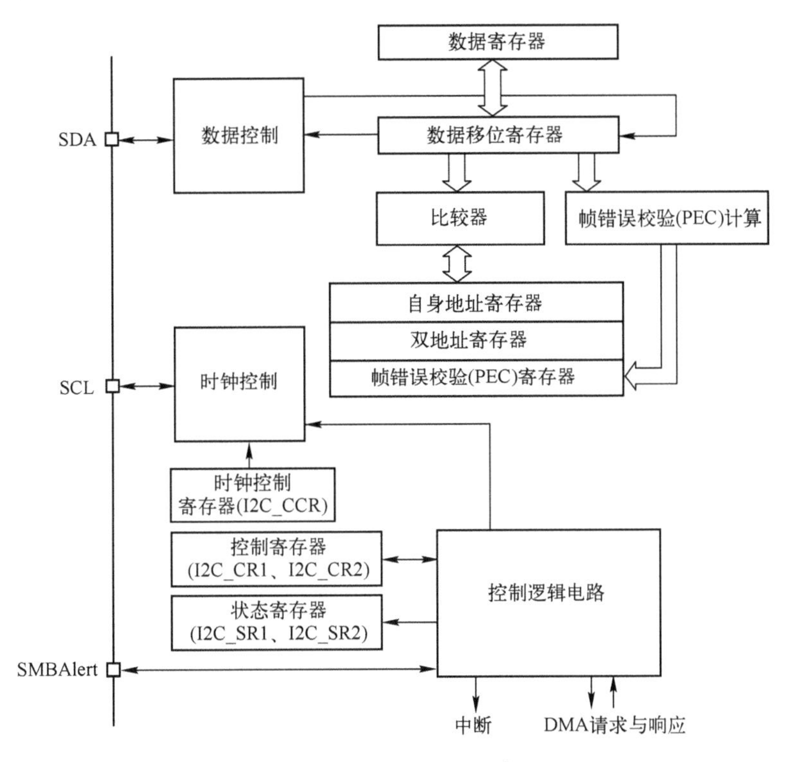

图 9-9　STM32F103 微控制器的 I²C 内部结构

1. 时钟控制

时钟控制模块根据时钟控制寄存器 I2C_CCR、控制寄存器 I2C_CR1 和 I2C_CR2 中的配置产生 I²C 协议的时钟信号，即 SCL 线上的信号。为了产生正确的时序，必须在 I2C_CR2 寄存器中设定 I²C 的输入时钟。当 I²C 工作在标准传输速率时，输入时钟的频率必须大于或等于 2MHz；当 I²C 工作在快速传输速率时，输入时钟的频率必须大于或等于 4MHz。

2. 数据控制

数据控制模块通过一系列控制架构，在将要发送数据的基础上，按照 I²C 的数据格式加上起始信号、地址信号、应答信号和停止信号，将数据一位一位从 SDA 线上发送出去。读取数据时，则从 SDA 线上的信号中提取出接收到的数据值。发送和接收的数据都被保存在数据寄存器中。

3. 控制逻辑

控制逻辑用于产生 I²C 中断和 DMA 请求。

9.3　STM32F103 的 I²C 库函数

STM32 标准库中提供了几乎覆盖所有 I²C 操作的函数，I²C 库函数见表 9-1。为了理解这些函数的具体使用方法，下面将对标准库中部分函数做详细介绍。

表 9-1　I^2C 库函数

函数名称	功能
I2C_DeInit	将外设 I2Cx 寄存器重设为默认值
I2C_Init	根据 I2C_InitStruct 中指定的参数初始化外设 I2Cx 寄存器
I2C_StructInit	把 I2C_InitStruct 中的每一个参数按默认值填入
I2C_Cmd	使能或者失能 I^2C 外设
I2C_DMACmd	使能或者失能指定 I^2C 的 DMA 请求
I2C_DMALastTransferCmd	使下一次 DMA 传输为最后一次传输
I2C_GenerateSTART	产生 I2Cx 传输 START 条件
I2C_GenerateSTOP	产生 I2Cx 传输 STOP 条件
I2C_AcknowledgeConfig	使能或者失能指定 I^2C 的应答功能
I2C_OwnAddress2Config	设置指定 I^2C 的自身地址 2
I2C_DualAddressCmd	使能或者失能指定 I^2C 的双地址模式
I2C_GeneralCallCmd	使能或者失能指定 I^2C 的广播呼叫功能
I2C_ITConfig	使能或者失能指定的 I^2C 中断
I2C_SendData	通过外设 I2Cx 发送一个数据
I2C_ReceiveData	读取 I2Cx 最近接收的数据
I2C_Send7bitAddress	向指定的从 I^2C 设备传送地址字
I2C_ReadRegister	读取指定的 I^2C 寄存器并返回其值
I2C_SoftwareResetCmd	使能或者失能指定 I^2C 的软件复位
I2C_SMBusAlertConfig	驱动指定 I2Cx 的 SMBusAlert 引脚电平为高或低
I2C_TransmitPEC	使能或者失能指定 I^2C 的 PEC 传输
I2C_PECPositionConfig	选择指定 I^2C 的 PEC 位置
I2C_CalculatePEC	使能或者失能指定 I^2C 的传输字 PEC 值计算
I2C_GetPEC	返回指定 I^2C 的 PEC 值
I2C_ARPCmd	使能或者失能指定 I^2C 的 ARP
I2C_StretchClockCmd	使能或者失能指定 I^2C 的时钟延展
I2C_FastModeDutyCycleConfig	选择指定 I^2C 的快速模式占空比
I2C_GetLastEvent	返回最近一次 I^2C 事件
I2C_CheckEvent	检查最近一次 I^2C 事件是否是输入的事件
I2C_GetFlagStatus	检查指定的 I^2C 标志位设置与否
I2C_ClearFlag	清除 I2Cx 的待处理标志位
I2C_GetITStatus	检查指定的 I^2C 中断发生与否
I2C_ClearITPendingBit	清除 I2Cx 的中断待处理位

9.4　STM32 的 I^2C 控制器应用实例

EEPROM 是一种掉电后数据不丢失的存储器，常用来存储一些配置信息，以便系统重新上电时加载之。EEPROM 芯片最常用的通信方式就是 I^2C 协议，本节以 EEPROM 的读写实验为例，介绍 STM32 的 I^2C 使用方法。实例中 STM32 的 I^2C 外设采用主模式，分别用作主发送器和主接收器，通过查询事件的方式来确保正常通信。

9.4.1　STM32 的 I²C 配置流程

虽然不同器件实现的功能不同，但是只要遵守 I²C 协议，其通信方式都是一样的，配置流程也基本相同。对于 STM32，首先要对 I²C 进行配置，使其能够正常工作，再结合不同器件的驱动程序，完成 STM32 与不同器件的数据传输。STM32 的 I²C 配置流程如图 9-10 所示。

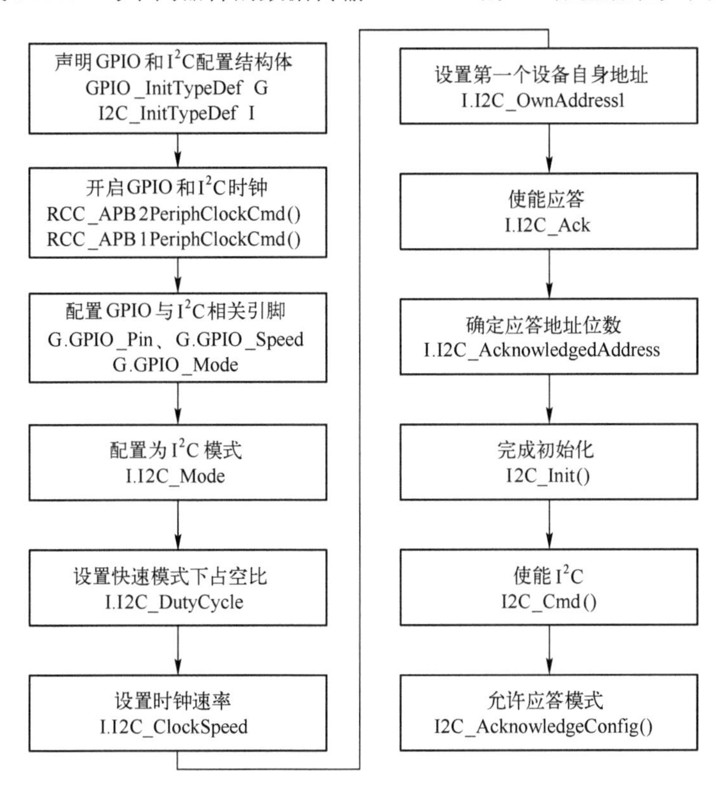

图 9-10　STM32 的 I²C 配置流程

9.4.2　I²C 与日历时钟 PCF2129 接口的硬件设计

PCF2129 是 NXP 公司生产的一款 CMOS 实时时钟和日历，集成了温度补偿晶体振荡器(TCXO)和 32.768kHz 石英晶体，优化后适用于高精度和低功耗应用。PCF2129 具有可选的 I²C 总线或 SPI 总线、备用电池切换电路、可编程看门狗功能、时间戳功能及许多其他特性。

PCF2129 的主要特性如下：

1）工作温度范围-40～+85℃。

2）带集成式电容的温度补偿型晶体振荡器。

3）典型精度：PCF2129AT 为-15～+60℃，±3ppm（$1ppm=10^{-6}$）；PCF2129T 为-30～+80℃，±3ppm。

4）在同一封装中集成 32.768kHz 石英晶体和振荡器。

5）提供年、月、日、周、时、分、秒和闰年校正。

6）时间戳功能：具备中断能力；可在一个多电平输入引脚上检测两个不同的事件（如用于篡改检测）。

7）两线路双向 400kHz 快速模式 I²C 总线接口。

8）数据线输入和输出分离的 3 线 SPI 总线（最大速度为 6.5Mbit/s）。

9）电池备用输入引脚和切换电路。

10）电池后备输出电压。

11）电池电量低检测功能。

12）上电复位。

13）振荡器停止检测功能。

14）中断输出（开漏）。

15）可编程 1s 或 1min 中断。

16）具备中断能力的可编程看门狗定时器。

17）具备中断能力的可编程警报功能。

18）可编程方波输出。

19）时钟工作电压 1.8～4.2V。

20）低电源电流，典型值为 0.70μA，V_{DD} = 3.3V。

PCF2129 接口电路如图 9-11 所示。

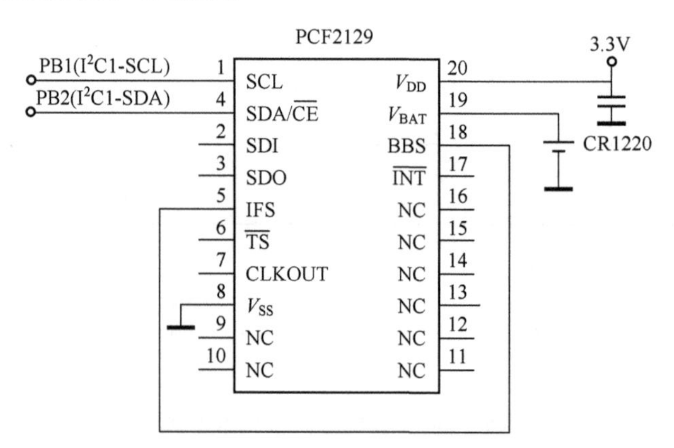

图 9-11　PCF2129 接口电路

9.4.3　I²C 与日历时钟 PCF2129 接口的软件设计

1．bsp_STM32_I2C.h 头文件

```
#ifndef __BSP_STM32_I2C_H
#define __BSP_STM32_I2C_H
#define   I2C_delay()   delayus(3)
#define   I2C_PCF2129     2

//PCF2129
#define GPIO_PORT2_I2C          GPIOB        /* GPIO 端口 */
#define RCC_I2C_PORT2           RCC_AHB1Periph_GPIOB   /* GPIO 端口时钟 */
#define I2C_SCL2_PIN            GPIO_Pin_1             /* 连接到 SCL 时钟线的 GPIO */
#define I2C_SDA2_PIN            GPIO_Pin_2             /* 连接到 SDA 数据线的 GPIO */
//SCL 串行时钟，2 线接口中的串行时钟，下降沿数据移出，上升沿数据移入
```

```
//此端口具有施密特触发器，用于提高抗干扰性能
#define SCL2_H          (GPIO_PORT2_I2C->BSRRL = I2C_SCL2_PIN)
#define SCL2_L          (GPIO_PORT2_I2C->BSRRH = I2C_SCL2_PIN)

/*SDA 串行数据、地址，2 线接口中的双向信号线，开漏输出，可用于与 2 线总线上其他器件进行线或。此引脚输入具有施密特触发器，用于提高抗干扰性能，输出具有下降沿斜率控制，必须外加上拉电阻*/
#define SDA2_H          (GPIO_PORT2_I2C->BSRRL = I2C_SDA2_PIN)
#define SDA2_L          (GPIO_PORT2_I2C->BSRRH = I2C_SDA2_PIN)

#define SCL2_STATUS     GPIO_ReadInputDataBit(GPIO_PORT2_I2C,I2C_SCL2_PIN)
#define SDA2_STATUS     GPIO_ReadInputDataBit(GPIO_PORT2_I2C,I2C_SDA2_PIN)

#define SCL2_OUTPUT
{
    GPIO_PORT2_I2C->MODER|=0X00001000;
    GPIO_PORT2_I2C->MODER&=0XFFFFDFFF;
    GPIO_PORT2_I2C->OTYPER|=0X00000040;
}//通用开漏输出
#define SCL2_INPUT
{
    GPIO_PORT2_I2C->MODER&=0XFFFFCFFF;
} //浮空输入 PB6
#define SDA2_OUTPUT
{
    GPIO_PORT2_I2C->MODER|=0X00004000;
    GPIO_PORT2_I2C->MODER&=0XFFFF7FFF;
    GPIO_PORT2_I2C->OTYPER|=0X00000080;
} //通用开漏输出
#define SDA2_INPUT
{
    GPIO_PORT2_I2C->MODER&=0XFFFF3FFF;
} //浮空输入 PB7
/*------------------------------------------------------------------------*/
void delayus(unsigned char tickus);
void STM32_I2C_Init(void);
void I2C_Start(void);
void I2C_Stop(void);
u8 I2C_SendByte(u8 Wdata);
u8 I2C_RecvByte(etI2cAck ack);
void I2c_StartCondition(void);
void I2c_StopCondition(void);
ErrorCode I2c_WriteByte(uint8_t txByte);
uint8_t I2c_ReadByte(etI2cAck ack);
#endif
/* __STM32_I2C_H */
```

2. bsp_PCF2129.h 头文件

```
/*******************************************************************************
```

```
* 文件名称：PCF2129_H
* 函数功能：PCF2129 头文件
*****************************************************************************/
#ifndef __BSP_PCF2129_H
#define __BSP_PCF2129_H

#include "ucos_ii.h"
#include "stdint.h"

/* PCF2129 命令 */
#define PCF_Write     0xA2
#define PCF_Read      0xA3
#define PCF_24h       0x08
#define PCF_12h       0x0b

/* PCF2129 寄存器地址 */
#define AddContr1     0x00
#define AddContr2     0x01
#define AddContr3     0x02

#define SECOND      0x03  //3
#define MINUTE      0x04  //4
#define HOUR        0x05  //5
#define DAY         0x06  //6
#define WEEK        0x07  //7
#define MONTH       0x08  //8
#define YEAR        0x09  //9

//RTC 时钟结构体，BCD 码形式，低半位字节为个位，高半位字节为十位
typedef struct
{
u8 year;
u8 month;
u8 date;
u8 week;
u8 hour;
u8 minute;
u8 second;

u8 OSF;
}RTC_Time;

//设置、显示、上传时使用的时钟结构体
typedef struct
{
u8 year[4];
u8 month[2];
```

```
u8 date[2];
u8 week;
u8 hour[2];
u8 minute[2];
u8 second[2];
}SET_Time;

/*-----------PCF2129 操作函数--------------*/
ErrorStatus I2C2_Start(void);
void I2C2_Stop(void);
void I2C2_Ack(void);
void I2C2_NoAck(void);
ErrorStatus I2C2_WaitAck(void);
ErrorStatus I2C2_WriteByte(u8 Wdata);
u8 I2C2_ReadByte(void);
ErrorStatus PCF2129_ReadReg(unsigned int RegAdd,u8 *p_ReadReg);
ErrorStatus PCF2129_WriteReg(unsigned int RegAdd,u8 Reg_data);
ErrorStatus PCF2129_WriteRTC(RTC_Time realtime);
ErrorStatus PCF2129_ReadRTC(RTC_Time* realtime);

u8 Week_21Centry(u8 year,u8 month, u8 day, u8 flag);//2000—2099 年星期算法

#endif
```

3. bsp_PCF2129.c 程序

```
/*******************************************************************************
* 文件名称：PCF2129.c
* 函数功能：PCF2129 程序
*******************************************************************************/
#include "includes.h"
/************************************
* 函数名：Week_21Centry
* 功　能：2000—2099 年星期算法
* 入　口：year，年份（不含世纪），BCD 码 month，月份，BCD 码
            day，日，BCD 码
            flag，1 为闰年，0 为平年
* 出　口：星期 0~6
************************************/
u8 Week_21Centry(u8 year,u8 month, u8 day, u8 flag)//2000—2099 年星期算法
{
  u8 week=0;

  year=((year>>4)&0x0f)*10+(year&0x0f); //BCD 码转化为十进制数
  month=((month>>4)&0x0f)*10+(month&0x0f);
  day=((day>>4)&0x0f)*10+(day&0x0f);

  year=year+year/4;
```

```
    week=year+day+2;
    if(flag==0)
    {
  week+=Month_Week_Tab[month-1];
    }
    else
    {
week+=Month_Week_Tab1[month-1];
    }
    return (week%7); //星期=(年+年/4+月表+2+日)%7
}

/*****************************************************************************
* 函数名：I2C2_Start
* 功  能：开始状态
当主机把 SDA 从高电平拉为低电平，并且 SCL 信号为高电平时，被认为是开始信号，所有的读/写操作均由开始信号开始。任何时候发布一个开始信号，一个进行中的操作都会被中止。使用开始信号中止一个操作的同时，PCF2129 也会处于开始一个新操作的就绪状态。在操作过程中，如果电压降低到 VTP 以下，任何进行中的传输都会中止，PCF2129 执行新操作前，系统必须发布一个开始信号
* 入  口：无
* 出  口：无
*****************************************************************************/
ErrorStatus I2C2_Start(void)
{
SDA2_OUTPUT;
SDA2_H; I2C_delay();
SCL2_H; I2C_delay();
if (SCL2_STATUS==0)return ERROR;
    if (SDA2_STATUS==0)return ERROR;

SDA2_L; I2C_delay();
SCL2_L; I2C_delay();
return SUCCESS;
}
/*****************************************************************************
* 函数名：I2C2_Stop
* 功  能：停止状态
当主机把 SDA 从低电平拉为高电平，并且 SCL 信号为高电平时，认为是停止信号，PCF2129 所进行的所有操作都必须以此信号结束，如果一个操作还未完成而此时出现了一个停止信号，那么这个操作将被中止。为了发布停止信号，主机必须控制 SDA 总线
* 入  口：无
* 出  口：无
*****************************************************************************/
void I2C2_Stop(void)
{
SDA2_OUTPUT;
```

```
SCL2_L; I2C_delay();
SDA2_L; I2C_delay();

SCL2_H; I2C_delay();
SDA2_H; I2C_delay();
}
/*********************************
* 函数名：I2C2_Ack
* 功　能：STM32→PCF2129 应答
    在任何传送中，应答信号出现在第8位数据位被传送之后，在这个状态下，发送方应该释放SDA信
号以便由接收方驱动。接收方驱动 SDA 为低电平，以应答收到一个字节数据。如果接收方没有发出应答信
号，那么这是一个无应答状态，操作将被中止
* 入　口：无
* 出　口：无
*********************************/
void I2C2_Ack(void)
{
    SDA2_OUTPUT;
SCL2_L; I2C_delay();
SDA2_L; I2C_delay();
SCL2_H; I2C_delay();
SCL2_L; I2C_delay();
}
/*******************************
* 函数名：I2C_NoAck
* 功　能：STM32->PCF2129 无应答
* 入　口：无
* 出　口：无
*******************************/
void I2C2_NoAck(void)
{
    SDA2_OUTPUT;
SCL2_L; I2C_delay();
SDA2_H; I2C_delay();
SCL2_H; I2C_delay();
SCL2_L; I2C_delay();
}
/**************************************************
* 函数名：I2C_WaitAck
* 功　能：STM32 查询 PCF2129 应答状态
* 入　口：无
* 出　口：返回=1 有 ACK，返回=0 无 ACK
* 调用处：该函数并未使用，因其在 I2C_WriteByte()已实现
**************************************************/
ErrorStatus I2C2_WaitAck(void)
{
    SDA2_OUTPUT;
```

```
SCL2_L; //I2C_delay();
SDA2_H; //I2C_delay();
I2C_delay();
SCL2_H; //I2C_delay();

SDA2_INPUT;
if(SDA2_STATUS)
{
        SCL2_L;
        return ERROR;
}
SCL2_L;
return SUCCESS;
}
/*********************************************
* 函数名：I2C2_WriteByte
* 功  能：PCF2129 写一个字节，数据从高位到低位
* 入  口：Wdata，要写入的一个字节
* 出  口：无
*********************************************/
ErrorStatus I2C2_WriteByte(u8 Wdata)
{
u8 i;
SDA2_OUTPUT;
SCL2_L;  I2C_delay();
for(i=0x80;i!=0;i>>=1)
{
      if(Wdata & i)
        SDA2_H;
      else
        SDA2_L;

      I2C_delay();
      SCL2_H;  I2C_delay();
      SCL2_L;  I2C_delay();
}

SDA2_H; I2C_delay();
SCL2_H; I2C_delay();

SDA2_INPUT;
if(SDA2_STATUS)
{
        SCL2_L;
        return ERROR;
}
SCL2_L;
```

```
        return SUCCESS;
}
/*******************************************
* 函数名：I2C2_ReadByte
* 功　能：PCF2129 读一个字节，数据从高位到低位
* 入　口：无
* 出　口：RetValue，读出的一个字节
*******************************************/
u8 I2C2_ReadByte(void)
{
unsigned int i;
u8 RetValue=0;

SDA2_INPUT;
SDA2_H;
SCL2_L;    I2C_delay();

for(i=0;i<8;i++)
{
        RetValue <<= 1;
        SCL2_H;   I2C_delay();
        RetValue+= SDA2_STATUS;    I2C_delay();
        SCL2_L;   I2C_delay();
}

return RetValue;
}

/**************************************
* 函数名：PCF2129_ReadReg
* 功　能：PCF2129 读数据
* 入　口：RegAdd，地址
            p_ReadReg，指向要存放数据的变量
* 出　口：无
**************************************/
#if 0
ErrorStatus PCF2129_ReadReg(unsigned int RegAdd,u8 *p_ReadReg)
{
      u8 ReadReg_Times=2;//读 2 次
ErrorStatus ReadReg_Status=ERROR;

PCF2129_ReadReg_Start:
      if((ReadReg_Times--)==0)
{
   I2C2_NoAck();
   I2C2_Stop();
   return ERROR ;
```

```
}
      ReadReg_Status=I2C2_Start();
if(ReadReg_Status==ERROR)goto PCF2129_ReadReg_Start;

ReadReg_Status=I2C2_WriteByte(PCF_Write);
if(ReadReg_Status==ERROR)goto PCF2129_ReadReg_Start;

ReadReg_Status=I2C2_WriteByte((RegAdd|0XA0));
if(ReadReg_Status==ERROR)goto PCF2129_ReadReg_Start;
I2C2_Stop();

ReadReg_Status=I2C2_Start();
if(ReadReg_Status==ERROR)goto PCF2129_ReadReg_Start;

ReadReg_Status=I2C2_WriteByte(PCF_Read);
if(ReadReg_Status==ERROR)goto PCF2129_ReadReg_Start;

*p_ReadReg = I2C2_ReadByte();
      I2C2_NoAck();        //根据时序图，最后一个字节无应答
      I2C2_Stop();

      return SUCCESS;
}
#endif

ErrorStatus PCF2129_ReadReg(unsigned int RegAdd,u8 *p_ReadReg)
{
   u8 ReadReg_Times=2;//读 2 次
ErrorStatus ReadReg_Status=ERROR;

while(1)
{
        if((ReadReg_Times--)==0)
        {
                I2C2_NoAck();
                I2C2_Stop();
                return ERROR ;
        }
        ReadReg_Status=I2C2_Start();
        if(ReadReg_Status==ERROR)
                continue;

        ReadReg_Status=I2C2_WriteByte(PCF_Write);
        if(ReadReg_Status==ERROR)
                continue;

        ReadReg_Status=I2C2_WriteByte((RegAdd|0XA0));
```

```
        if(ReadReg_Status==ERROR)
            continue;
        I2C2_Stop();

        ReadReg_Status=I2C2_Start();
        if(ReadReg_Status==ERROR)
            continue;

        ReadReg_Status=I2C2_WriteByte(PCF_Read);
        if(ReadReg_Status==ERROR)
            continue;

        *p_ReadReg = I2C2_ReadByte();
        I2C2_NoAck();      //根据时序图，最后一个字节无应答
        I2C2_Stop();

        return SUCCESS;
    }
}

/**********************************
* 函数名：PCF2129_WriteReg
* 功　能：PCF2129 写数据
* 入　口：RegAdd，地址
          Reg_data，要写入的变量
* 出　口：无
**********************************/
ErrorStatus PCF2129_WriteReg(unsigned int RegAdd,u8 Reg_data)
{
    u8 WriteReg_Times=2;//写 2 次
ErrorStatus WriteReg_Status=ERROR;

PCF2129_WriteReg_Start:
    if((WriteReg_Times--)==0)
{
   I2C2_Stop();
   return ERROR ;
}
    WriteReg_Status=I2C2_Start();
if(WriteReg_Status==ERROR)goto PCF2129_WriteReg_Start;

    WriteReg_Status=I2C2_WriteByte(PCF_Write);
    if(WriteReg_Status==ERROR)goto PCF2129_WriteReg_Start;


    WriteReg_Status=I2C2_WriteByte(RegAdd);
    if(WriteReg_Status==ERROR)goto PCF2129_WriteReg_Start;
```

```
    WriteReg_Status=I2C2_WriteByte(Reg_data);
    if(WriteReg_Status==ERROR)goto PCF2129_WriteReg_Start;

    I2C2_Stop();

    return SUCCESS;
}
/****************************************
* 函数名：PCF2129_WriteRTC
* 功  能：设置处理器中的实时时间
* 入  口：realtime，存放要写入 RTC 的数据
* 出  口：无
****************************************/
ErrorStatus PCF2129_WriteRTC(RTC_Time realtime)
{
     ErrorStatus WriteRTC_Status=ERROR;

WriteRTC_Status=PCF2129_WriteReg(SECOND,realtime.second);
if(WriteRTC_Status==ERROR) return ERROR;

WriteRTC_Status=PCF2129_WriteReg(MINUTE,realtime.minute);
if(WriteRTC_Status==ERROR) return ERROR;

WriteRTC_Status=PCF2129_WriteReg(HOUR,realtime.hour);
if(WriteRTC_Status==ERROR) return ERROR;

WriteRTC_Status=PCF2129_WriteReg(DAY,realtime.date);
if(WriteRTC_Status==ERROR) return ERROR;

WriteRTC_Status=PCF2129_WriteReg(WEEK,realtime.week);
if(WriteRTC_Status==ERROR) return ERROR;

WriteRTC_Status=PCF2129_WriteReg(MONTH,realtime.month);
if(WriteRTC_Status==ERROR) return ERROR;

WriteRTC_Status=PCF2129_WriteReg(YEAR,realtime.year);
if(WriteRTC_Status==ERROR) return ERROR;

return SUCCESS;
}
/*****************************************************
* 函数名：PCF2129_ReadRTC
* 功  能：读实时时间
* 入  口：realtime，读出时间要存入的 RTC 结构体
* 出  口：无
*****************************************************/
```

```
ErrorStatus PCF2129_ReadRTC(RTC_Time* realtime)
{
    ErrorStatus ReadRTC_Status=ERROR;

ReadRTC_Status=PCF2129_ReadReg(SECOND,&realtime->second);
if(ReadRTC_Status==ERROR) return ERROR;

ReadRTC_Status=PCF2129_ReadReg(MINUTE,&realtime->minute);
if(ReadRTC_Status==ERROR) return ERROR;

ReadRTC_Status=PCF2129_ReadReg(HOUR,&realtime->hour);
if(ReadRTC_Status==ERROR) return ERROR;

ReadRTC_Status=PCF2129_ReadReg(DAY,&realtime->date);
if(ReadRTC_Status==ERROR) return ERROR;

ReadRTC_Status=PCF2129_ReadReg(WEEK,&realtime->week);
if(ReadRTC_Status==ERROR) return ERROR;

ReadRTC_Status=PCF2129_ReadReg(MONTH,&realtime->month);
if(ReadRTC_Status==ERROR) return ERROR;

ReadRTC_Status=PCF2129_ReadReg(YEAR,&realtime->year);
if(ReadRTC_Status==ERROR) return ERROR;

realtime->OSF = (realtime->second & 0x80) >> 7;/*OSF 标志，1 表示晶振停止过*/
realtime->second &= 0x7F;/*SECOND 寄存器，bit0～bit6 是秒*/

return SUCCESS;
}
```

第 10 章　STM32 模-数转换器（ADC）及其应用

本章介绍了 STM32 模-数转换器（ADC）及其应用，包括 STM32F103ZET6 集成的 ADC 模块，STM32 的 ADC 库函数、ADC 应用实例。

10.1　STM32F103ZET6 集成的 ADC 模块

真实世界的物理量，如温度、压力、电流和电压等，都是连续变化的模拟量。但数字计算机处理器主要由数字电路构成，无法直接认知这些连续变换的物理量。ADC 和 DAC（A-D 和 D-A 转换器）就是跨越模拟量和数字量之间“鸿沟”的桥梁。A-D 转换器将连续变化的物理量转换为数字计算机可以理解的、离散的数字信号。D-A 转换器则反过来将数字计算机产生的离散的数字信号转换为连续变化的物理量。如果把嵌入式处理器比作人的大脑，A-D、D-A 转换器可以理解为这个大脑的眼、耳、鼻等感觉器官。嵌入式系统作为一种在真实物理世界中和宿主对象协同工作的专用计算机系统，A-D 和 D-A 转换器是其必不可少的组成部分。

传统意义上的嵌入式系统会使用独立的单片的 A-D 或 D-A 转换器实现其与真实世界的接口，但随着片上系统技术的普及，设计和制造集成了 ADC 和 DAC 功能的嵌入式处理器变得越来越容易。目前市面上常见的嵌入式处理器都集成了 A-D、D-A 转换功能。STM32 则是最早把 12 位高精度的 ADC 和 DAC，以及 Cortex-M 系列处理器集成到一起的主流嵌入式处理器。

STM32F103ZET6 微控制器集成有 18 路 12 位高速逐次逼近型模-数转换器（ADC），可测量 16 个外部和 2 个内部信号源。各通道的 A-D 转换可以单次、连续、扫描或间断模式执行。ADC 的结果可以左对齐或右对齐方式存储在 16 位数据寄存器中。

模拟看门狗特性允许应用程序检测输入电压是否超出用户定义的高/低阈值。

ADC 的输入时钟不得超过 14MHz，由 PCLK2 经分频产生。

10.1.1　STM32 的 ADC 的主要功能

STM32F103 的 ADC 的主要功能如下：

1）12 位分辨率。

2）转换结束、注入转换结束和发生模拟看门狗事件时产生中断。

3）单次和连续转换模式。

4）从通道 0 到通道 n 的自动扫描模式。

5）自校准功能。

6）带内嵌数据一致性的数据对齐。

7）采样间隔可以按通道分别编程。

8）规则转换和注入转换均有外部触发选项。

9）间断模式。

10）双重模式（带 2 个或以上 ADC 的器件）。

11）ADC 转换时间时钟为 56MHz 时为 1μs，时钟为 72MHz 为 1.17μs。

12）ADC 供电要求 2.4～3.6V。

13）ADC 输入范围 $V_{REF-} \leqslant V_{IN} \leqslant V_{REF+}$。

14）规则通道转换期间有 DMA 请求产生。

10.1.2　STM32 的 ADC 模块结构

STM32 的 ADC 模块结构如图 10-1 所示。ADC3 只存在于大容量产品中。

ADC 相关引脚如下：

1）模拟电源 V_{DDA}：等效于 V_{DD} 的模拟电源，且 2.4V$\leqslant V_{DDA} \leqslant V_{DD}$（3.6V）。

2）模拟电源地 V_{SSA}：等效于 V_{SS} 的模拟电源地。

3）模拟参考正极 V_{REF+}：ADC 使用的高端/正极参考电压，2.4V$\leqslant V_{REF+} \leqslant V_{DDA}$。

4）模拟参考负极 V_{REF-}：ADC 使用的低端/负极参考电压，$V_{REF-}=V_{SSA}$。

5）模拟信号输入端 ADCx_IN[15:0]：16 个模拟输入通道。

10.1.3　STM32 的 ADC 配置

1．ADC 开关控制

ADC_CR2 寄存器的 ADON 位可以给 ADC 上电。第一次设置 ADON 位时，它将 ADC 从断电状态唤醒。ADC 上电延迟一段时间后（t_{STAB}），再次设置 ADON 位时开始进行 A-D 转换。

通过清除 ADON 位可以停止 A-D 转换，并将 ADC 置于断电模式。在这个模式下，ADC 耗电仅几微安。

2．ADC 时钟

由时钟控制器提供的 ADCCLK 时钟和 PCLK2（APB2 时钟）同步。RCC 控制器为 ADC 时钟提供一个专用的可编程预分频器。

3．通道选择

可以把转换组织成两组，即规则组和注入组。

规则组：由多达 16 个转换通道组成。对一组指定的通道，按照指定的顺序，逐个转换这组通道，转换结束后，再从头循环，这些指定的通道组就称为规则组。如可以按通道 3、通道 8、通道 2、通道 2、通道 0、通道 2、通道 2、通道 15 顺序完成转换。规则通道和它们的转换顺序在 ADC_SQRx 寄存器中选择。规则组中转换的总数应写入 ADC_SQRI 寄存器的 L[3:0]位中。

注入组：由多达 4 个转换通道组成。在实际应用中，有可能需要临时中断规则组的转换，对某些通道进行转换，这些需要中断规则组而进行转换的通道组，就称为注入通道组，简称注入组。注入通道和它们的转换顺序在 ADC_JSQR 寄存器中选择。注入组里的转换总数应写入 ADC_JSQR 寄存器的 L[1:0]位中。

如果 ADC_SQRx 或 ADC_JSQR 寄存器在转换期间被更改，则当前的转换被清除，一个新的启动脉冲将发送到 ADC 以转换新选择的组。

内部通道：温度传感器和 V_{REFINT}。温度传感器和通道 ADC1_IN16 相连接，内部参照电压 V_{REFINT} 和 ADC1_IN17 相连接。可以按注入或规则通道对这两个内部通道进行转换（温度传感器和 V_{REFINT} 只能出现在 ADC1 中）。

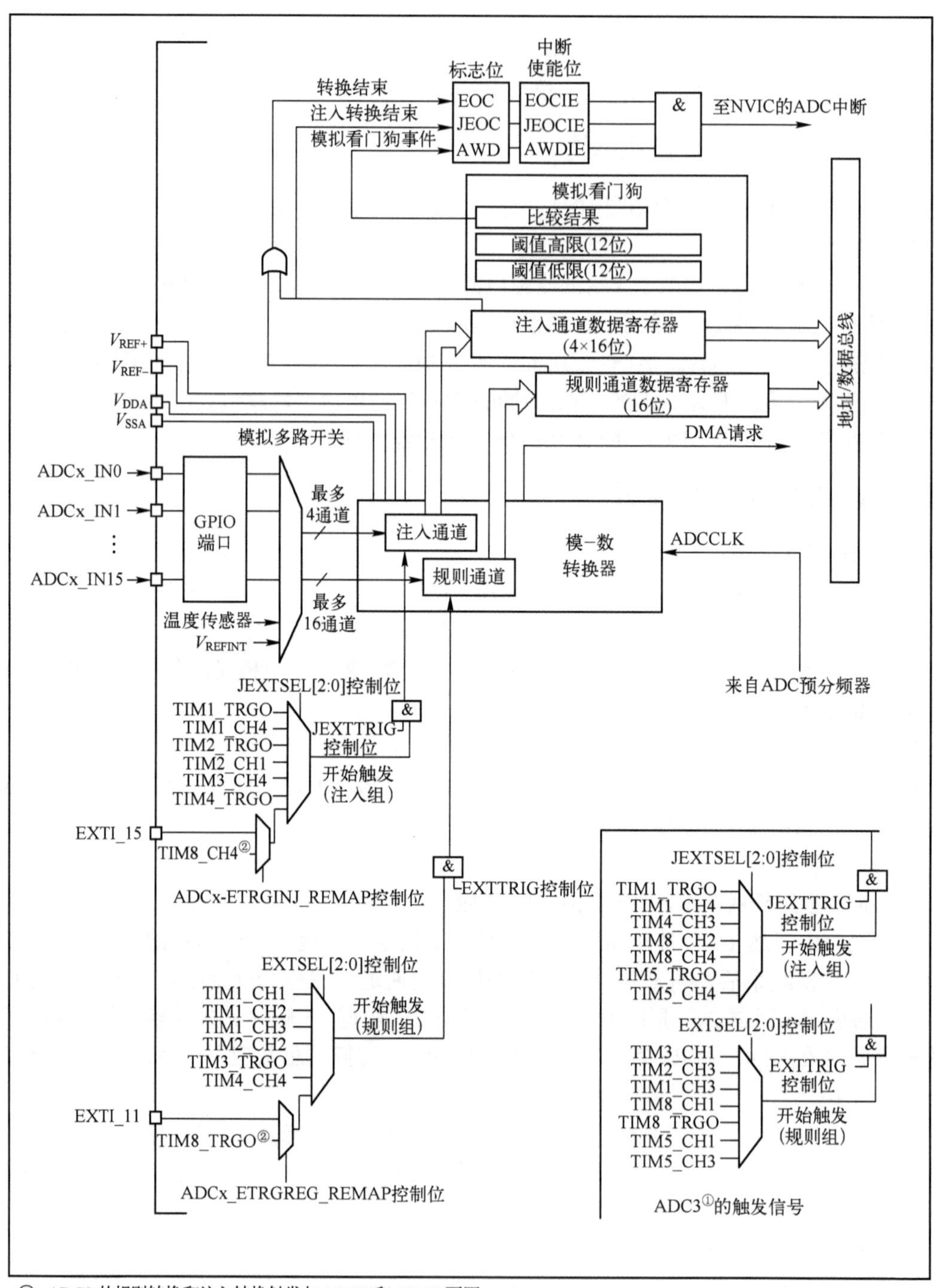

① ADC3 的规则转换和注入转换触发与 ADC1 和 ADC2 不同。

② TIM8_CH4 和 TIM8_TRGO 及它们的重映射位只存在于大容量产品中。

图 10-1 STM32 的 ADC 模块结构

4. 单次转换模式

在单次转换模式下，ADC 只执行一次转换。该模式既可通过设置 ADC_CR2 寄存器的 ADON 位（只适用于规则通道）启动，也可通过外部触发启动（适用于规则通道或注入通道），这时 CONT 位为 0。

一旦选择通道的转换完成：

1）如果一个规则通道转换完成，则转换数据存储在 16 位 ADC_DR 寄存器中；EOC（规则转换结束）标志置位；如果设置了 EOCIE，则产生中断。

2）如果一个注入通道转换完成，则转换数据存储在 16 位 ADC_DRJ1 寄存器中；JEOC（注入转换结束）标志置位；如果设置了 JEOCIE 位，则产生中断。

然后 ADC 停止。

5. 连续转换模式

在连续转换模式下，当上一次 ADC 转换一结束马上就启动另一次转换。该模式可通过外部触发启动或通过设置 ADC_CR2 寄存器的 ADON 位启动，此时 CONT 位为 1。每次转换后：

1）如果一个规则通道转换完成，则转换数据存储在 16 位 ADC_DR 寄存器中；EOC（规则转换结束）标志置位；如果设置了 EOCIE，则产生中断。

2）如果一个注入通道转换完成，则转换数据存储在 16 位 ADC_DRJ1 寄存器中；JEOC（注入转换结束）标志置位；如果设置了 JEOCIE 位，则产生中断。

6. 时序图

ADC 转换时序图如图 10-2 所示，ADC 在开始精确转换前需要一个稳定时间 t_{STAB}，在开始 ADC 转换 14 个时钟周期后，EOC 标志被设置，16 位 ADC 数据寄存器包含转换后的结果。

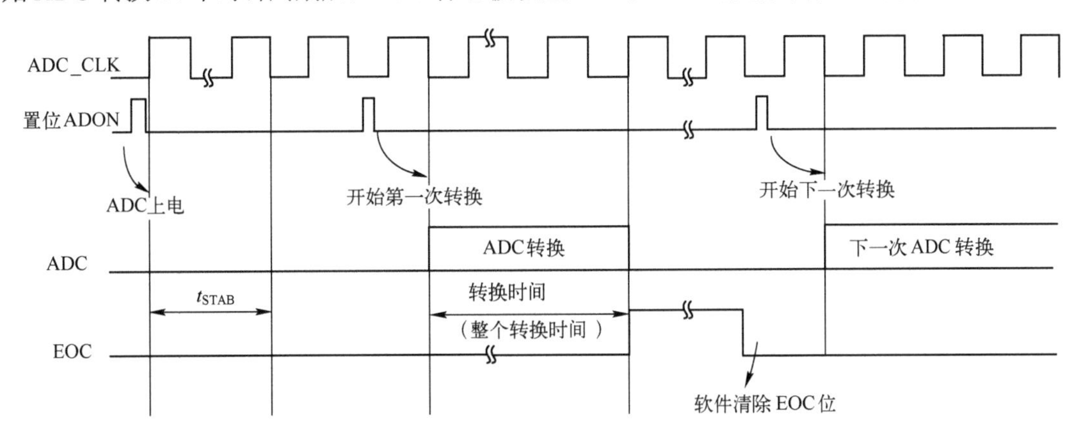

图 10-2　ADC 转换时序图

7. 扫描模式

扫描模式用来扫描一组模拟通道。扫描模式可通过设置 ADC_CR1 寄存器的 SCAN 位来选择。一旦这个位被设置，ADC 就扫描被 ADC_SQRx 寄存器（对规则通道）或 ADC_JSQR（对注入通道）选中的所有通道，在每个组的每个通道上执行单次转换。在每个转换结束时，同一组的下一个通道被自动转换。如果设置了 CONT 位，转换不会在选择组的最后一个通道停止，而是再次从选择组的第一个通道继续转换。如果设置了 DMA 位，在每次 EOC 后，DMA 控制器把规则组通道的转换数据传输到 SRAM 中。而注入通道转换的数据总是存储在 ADC_DRJx 寄存器中。

10.1.4 STM32的ADC应用特征

1. 校准

ADC 有一个内置自校准模式。校准可大幅度减小因内部电容器组的变化而造成的精度误差。在校准期间，每个电容器上都会计算得出一个误差修正码（数字值），用于消除在随后的转换中每个电容器上产生的误差。

通过设置ADC_CR2寄存器的CAL位启动校准。一旦校准结束，CAL位被硬件复位，可以开始正常转换。建议在每次上电后执行一次ADC校准。启动校准前，ADC必须处于关电状态（ADON=0）至少两个ADC时钟周期。校准阶段结束后，校准码存储在ADC_DR中。ADC校准时序图如图10-3所示。

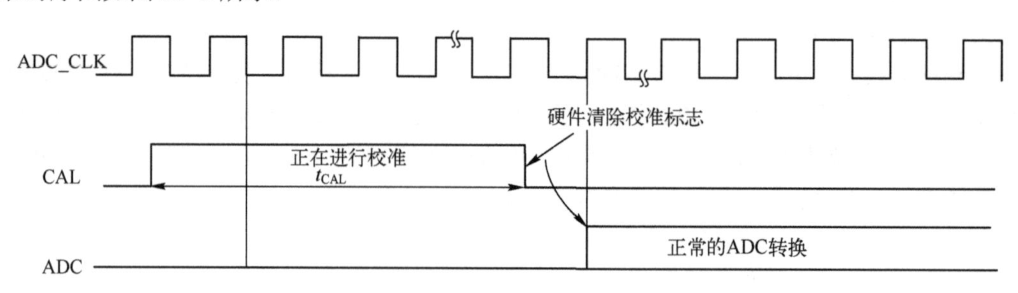

图10-3 ADC校准时序图

2. 数据对齐

ADC_CR2寄存器中的ALIGN位选择转换后数据存储的对齐方式。数据可以右对齐或左对齐，如图10-4和图10-5所示。

注入组

SEXT	SEXT	SEXT	SEXT	D11	D10	D9	D8	D7	D6	D5	D4	D3	D2	D1	D0

规则组

0	0	0	0	D11	D10	D9	D8	D7	D6	D5	D4	D3	D2	D1	D0

图10-4 数据右对齐

注入组

SEXT	D11	D10	D9	D8	D7	D6	D5	D4	D3	D2	D1	D0	0	0	0

规则组

D11	D10	D9	D8	D7	D6	D5	D4	D3	D2	D1	D0	0	0	0	0

图10-5 数据左对齐

注入组通道转换的数据值已经减去了ADC_JOFRx寄存器中定义的偏移量，因此结果可以是一个负值。SEXT位是扩展的符号值。

对于规则组通道，不需要减去偏移值，因此只有12个位有效。

3. 可编程的通道采样时间

ADC使用若干个ADC_CLK周期对输入电压采样，采样周期数可以通过ADC_SMPR1和ADC_SMPR2寄存器中的SMP[2:0]位更改。每个通道可以分别用不同的时间采样。

总转换时间计算公式为

$$T_{CONV}=采样时间+12.5\ 个周期 \tag{10-1}$$

例如，当 ADCCLK=14MHz，采样时间为 1.5 周期时，T_{CONV}=1.5+12.5=14(个周期)=1(μs)。

4．外部触发转换

可以由外部事件触发（如定时器捕获、EXTI 线）。如果设置了 EXTTRIG 控制位，则外部事件就能够触发转换，EXTSEL[2:0]和 JEXTSEL[2:0]控制位允许应用程序 8 个可能事件中的 1 个，可以触发规则组和注入组的采样。ADC1 和 ADC2 用于规则通道的外部触发源，见表 10-1。

表 10-1　ADC1 和 ADC2 用于规则通道的外部触发源

触发源	连接类型	EXTSEL[2:0]
TIM1_CC1 事件	来自片上定时器的内部信号	000
TIM1_CC2 事件		001
TIM1_CC3 事件		010
TIM2_CC2 事件		011
TIM3_TRGO 事件		100
TIM4_CC4 事件		101
EXTI_11/TIM8_TRGO 事件①②	外部引脚/来自片上定时器的内部信号	110
SWSTART	软件控制位	111

① TIM8_TRGO 事件只存在于大容量产品中。
② 对于规则通道，选中 EXTI_11 或 TIM8_TRGO 作为外部触发事件，可以分别通过设置 ADC1 和 ADC2 的 ADC1_ETRGREG_REMAP 位和 ADC2_ETRGREG_REMAP 位实现。

ADC1 和 ADC2 用于注入通道的外部触发源，见表 10-2。ADC3 用于规则通道的外部触发源，见表 10-3。ADC3 用于注入通道的外部触发源，见表 10-4。

表 10-2　ADC1 和 ADC2 用于注入通道的外部触发源

触发源	连接类型	JEXTSEL[2:0]
TIM1_TRGO 事件	来自片上定时器的内部信号	000
TIM1_CC4 事件		001
TIM2_TRGO 事件		010
TIM2_CC1 事件		011
TIM3_CC4 事件		100
TIM4_TRGO 事件		101
EXTI_15/TIM8_CC4 事件①②	外部引脚/来自片上定时器的内部信号	110
JSWSTART	软件控制位	111

① TIM8_CC4 事件只存在于大容量产品中。
② 对于注入通道，选中 EXTI_15 或 TIM8_CC4 作为外部触发事件，可以分别通过设置 ADC1 和 ADC2 的 ADC1_ETRGINJ_REMAP 位和 ADC2_ ETRGINJ_REMAP 位实现。

表 10-3　ADC3 用于规则通道的外部触发源

触发源	连接类型	EXTSEL[2:0]
TIM3_CC1 事件	来自片上定时器的内部信号	000
TIM2_CC3 事件		001
TIM1_CC3 事件		010
TIM8_CC1 事件		011
TIM8_TRGO 事件		100
TIM5_CC1 事件		101
TIM5_CC3 事件		110
SWSTART 事件	软件控制位	111

表 10-4　ADC3 用于注入通道的外部触发源

触发源	连接类型	JEXTSEL[2:0]
TIM1_TRGO 事件	来自片上定时器的内部信号	000
TIM1_CC4 事件		001
TIM4_CC3 事件		010
TIM8_CC2 事件		011
TIM8_CC4 事件		100
TIM5_TRGO 事件		101
TIM5_CC4 事件		110
JSWSTART 事件	软件控制位	111

当外部触发信号被选为 ADC 规则或注入转换时，只有上升沿可以启动转换。

软件触发事件可以通过对寄存器 ADC_CR2 的 SWSTART 或 JSWSTART 位置 1 产生。规则组的转换可以被注入触发中断。

5. DMA 请求

因为规则通道转换的值存储在一个相同的数据寄存器 ADC_DR 中，所以当转换多个规则通道时需要使用 DMA，可以避免丢失已经存储在 ADC_DR 寄存器中的数据。

只有在规则通道的转换结束时才产生 DMA 请求，并将转换的数据从 ADC_DR 寄存器传输到用户指定的目的地址。

注意：只有 ADC1 和 ADC3 拥有 DMA 功能。由 ADC2 转换的数据可以通过双 ADC 模式，利用 ADC1 的 DMA 功能传输。

6. 双 ADC 模式

在有 2 个或以上 ADC 模块的产品中，可以使用双 ADC 模式。在双 ADC 模式下，根据 ADC1_CR1 寄存器中 DUALMOD[2:0]位所选的模式，转换的启动可以是 ADC1 主和 ADC2 从的交替触发或同步触发。

在双 ADC 模式下，当转换配置成由外部事件触发时，用户必须将其设置成仅触发主 ADC，从 ADC 设置成软件触发，这样可以防止意外触发从转换。但是，主和从 ADC 的外部触发必须同时被激活。

一共有六种可能的模式，即同步注入模式、同步规则模式、快速交叉模式、慢速交叉模式、交替触发模式和独立模式。

可以用以下方式组合使用上面的模式：

1）同步注入模式+同步规则模式。

2）同步规则模式+交替触发模式。

3）同步注入模式+交叉模式。

在双 ADC 模式下，为了在主数据寄存器上读取从转换数据，必须使能 DMA 位，即使不使用 DMA 传输规则通道数据。

10.2　STM32 的 ADC 库函数

STM32 标准库中提供了几乎覆盖所有 ADC 操作的函数，见表 10-5，所有 ADC 相关函数均在 stm32f10x_adc.c 和 stm32f10x_adc.h 中进行定义和声明。为了理解这些函数的具体使用方法，下面对标准库中部分函数做详细介绍。

表 10-5　ADC 库函数

函数名称	功能
ADC_DeInit	将外设 ADCx 的全部寄存器重设为默认值
ADC_Init	根据 ADC_InitStruct 中指定的参数初始化外设 ADCx 的寄存器
ADC_StructInit	把 ADC_InitStruct 中的每一个参数按默认值填入
ADC_Cmd	使能或者失能指定的 ADC
ADC_DMACmd	使能或者失能指定的 ADC 的 DMA 请求
ADC_ITConfig	使能或者失能指定的 ADC 的中断
ADC_ResetCalibration	重置指定的 ADC 的校准寄存器
ADC_GetResetCalibrationStatus	获取 ADC 重置校准寄存器的状态
ADC_StartCalibration	开始指定 ADC 的校准程序
ADC_GetCalibrationStatus	获取指定 ADC 的校准状态
ADC_SoftwareStartConvCmd	使能或者失能指定的 ADC 的软件转换启动功能
ADC_GetSoftwareStartConvStatus	获取 ADC 软件转换启动状态
ADC_DiscModeChannelCountConfig	对 ADC 规则组通道配置中断模式
ADC_DiscModeCmd	使能或者失能指定的 ADC 规则组通道的中断模式
ADC_RegularChannelConfig	设置指定 ADC 的规则组通道，设置它们的转换顺序和采样时间
ADC_ExternalTrigConvConfig	使能或者失能 ADCx 的经外部触发启动转换功能
ADC_GetConversionValue	得到最近一次 ADCx 规则组的转换结果
ADC_GetDuelModeConversionValue	得到最近一次双 ADC 模式下的转换结果
ADC_AutoInjectedConvCmd	使能或者失能指定 ADC 在规则组转换后自动开始注入组转换
ADC_InjectedDiscModeCmd	使能或者失能指定 ADC 的注入组中断模式
ADC_ExternalTrigInjectedConvConfig	配置 ADCx 的外部触发启动注入组转换功能
ADC_ExternalTrigInjectedConvCmd	使能或者失能 ADCx 的经外部触发启动注入组转换功能
ADC_SoftwareStartinjectedConvCmd	使能或者失能 ADCx 软件启动注入组转换功能
ADC_GetsoftwareStartinjectedConvStatus	获取指定 ADC 的软件启动注入组转换状态
ADC_InjectedChannelConfig	设置指定 ADC 的注入组通道，设置它们的转换顺序和采样时间
ADC_InjectedSequencerLengthConfig	设置注入组通道的转换序列长度
ADC_SetinjectedOffset	设置注入组通道的转换偏移值
ADC_GetInjectedConversionValue	返回 ADC 指定注入通道的转换结果
ADC_AnalogWatchdogCmd	使能或者失能指定单个/全体，规则/注入组通道上的模拟看门狗
ADC_AnalogWatchdogThresholdsConfig	设置模拟看门狗的高/低阈值

（续）

函数名称	功能
ADC_AnalogWatchdogSingleChannelConfig	对单个 ADC 通道设置模拟看门狗
ADC_TampSensorVrefintCmd	使能或者失能温度传感器和内部参考电压通道
ADC_GetFlagStatus	检查制定 ADC 标志位置 1 与否
ADC_ClearFlag	清除 ADCx 的待处理标志位
ADC_GetITStatus	检查指定的 ADC 中断是否发生
ADC_ClearITPendingBit	清除 ADCx 的中断待处理位

10.3 STM32 的 ADC 应用实例

STM32 的 ADC 功能繁多，比较基础实用的是单通道采集，实现开发板上电位器的动触点输出引脚电压的采集，并通过串口输出至 PC 端串口调试助手。单通道采集适用于 ADC 转换完成中断，在中断服务函数中读取数据，不使用 DMA 传输，在多通道采集时才使用 DMA 传输。

10.3.1 STM32 的 ADC 配置流程

STM32 的 ADC 功能较多，可以 DMA、中断等方式进行数据传输，结合标准库并根据实际需要，按步骤进行配置，可以大大提高 ADC 的使用效率。ADC 配置流程如图 10-6 所示。

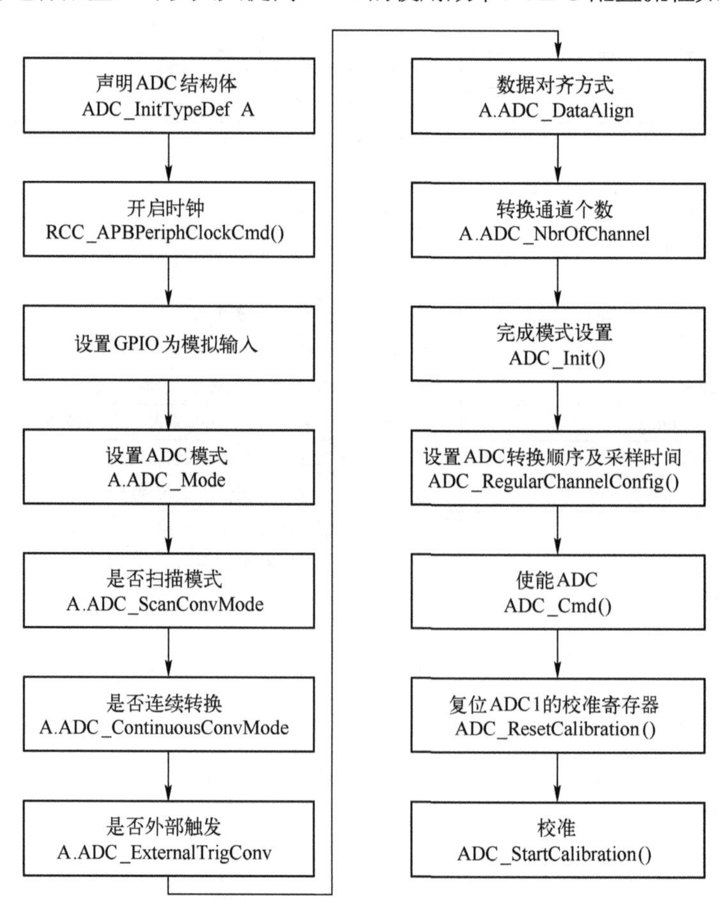

图 10-6　ADC 配置流程

如果使用中断功能，需要进行中断配置；如果使用 DMA 功能，需要进行 DMA 配置。值得注意的是，DMA 通道外设基地址的计算，对于 ADC1，其 DMA 通道外设基地址为 ADC1 外设基地址（0x4001 2400）加上 ADC 数据寄存器（ADC_DR）的偏移地址（0x4C），即 0x4001 244C。

ADC 设置完成后，根据触发方式，当满足触发条件时 ADC 进行转换。如不使用 DMA 传输，通过函数 ADC_GetConversion Value 可得到转换后的值。

10.3.2　STM32 的 ADC 应用硬件设计

本实验用到的硬件资源有指示灯 DS0、TFT LCD 模块、ADC、杜邦线。

10.3.3　STM32 的 ADC 应用软件设计

编程要点：

1）初始化 ADC 用到的 GPIO。

2）设置 ADC 的工作参数并初始化。

3）设置 ADC 工作时钟。

4）设置 ADC 转换通道顺序及采样时间。

5）配置使能 ADC 转换完成中断，在中断内读取转换完的数据。

6）使能 ADC。

7）使能软件触发 ADC 转换。

ADC 转换结果数据使用中断方式读取，这里没有使用 DMA 进行数据传输。

1．adc.h 头文件

```
#ifndef __ADC_H
#define __ADC_H
#include "sys.h"

void Adc_Init(void);
u16 Get_Adc(u8 ch);
u16 Get_Adc_Average(u8 ch,u8 times);
#endif
```

2．adc.c 代码

```
#include "adc.h"
#include "delay.h"

//初始化 ADC
//这里仅以规则通道为例
//默认将开启通道 0～3

void Adc_Init(void)
{
ADC_InitTypeDef ADC_InitStructure;
GPIO_InitTypeDef GPIO_InitStructure;
```

```
RCC_APB2PeriphClockCmd(RCC_APB2Periph_GPIOA |RCC_APB2Periph_ADC1, ENABLE );//使能ADC1 通道时钟
RCC_ADCCLKConfig(RCC_PCLK2_Div6); //设置 ADC 分频系数为 6，72MHz/6=12MHz，ADC 最大时钟频率不能超过 14MHz
//PA1 作为模拟通道输入引脚
GPIO_InitStructure.GPIO_Pin = GPIO_Pin_1;
GPIO_InitStructure.GPIO_Mode = GPIO_Mode_AIN;//模拟输入引脚
GPIO_Init(GPIOA, &GPIO_InitStructure);

ADC_DeInit(ADC1); //复位 ADC1

ADC_InitStructure.ADC_Mode = ADC_Mode_Independent;//ADC 工作模式：ADC1 和 ADC2 工作在独立模式
ADC_InitStructure.ADC_ScanConvMode = DISABLE;//ADC 工作在单通道模式
ADC_InitStructure.ADC_ContinuousConvMode = DISABLE;//ADC 工作在单次转换模式
ADC_InitStructure.ADC_ExternalTrigConv = ADC_ExternalTrigConv_None; //转换由软件而不是外部触发启动
ADC_InitStructure.ADC_DataAlign = ADC_DataAlign_Right;//ADC 数据右对齐
ADC_InitStructure.ADC_NbrOfChannel = 1;//顺序进行规则转换的 ADC 通道数
ADC_Init(ADC1, &ADC_InitStructure); //根据 ADC_InitStruct 中指定的参数初始化外设 ADCx 的寄存器

ADC_Cmd(ADC1, ENABLE);//使能指定的 ADC1
ADC_ResetCalibration(ADC1);//使能复位校准
while(ADC_GetResetCalibrationStatus(ADC1));//等待复位校准结束
ADC_StartCalibration(ADC1);//开启 ADC 校准
while(ADC_GetCalibrationStatus(ADC1));//等待校准结束
//ADC_SoftwareStartConvCmd(ADC1, ENABLE);//使能指定的 ADC1 的软件转换启动功能
}
//获得 ADC 值
//ch:通道值 0～3
u16 Get_Adc(u8 ch)
{
//设置指定 ADC 的规则组通道，一个序列，采样时间
ADC_RegularChannelConfig(ADC1, ch, 1, ADC_SampleTime_239Cycles5 ); //ADC1，ADC 通道，采样时间为 239.5 个周期

ADC_SoftwareStartConvCmd(ADC1, ENABLE);//使能指定的 ADC1 的软件转换启动功能

while(!ADC_GetFlagStatus(ADC1, ADC_FLAG_EOC ));//等待转换结束

return ADC_GetConversionValue(ADC1);//返回最近一次 ADC1 规则组的转换结果
}

u16 Get_Adc_Average(u8 ch,u8 times)
{
u32 temp_val=0;
```

```
u8 t;
for(t=0;t<times;t++)
{
      temp_val+=Get_Adc(ch);
      delay_ms(5);
}
return temp_val/times;
}
```

这部分代码就 3 个函数，Adc_Init 函数用于初始化 ADC1。Get_Adc 函数用于读取某个通道的 ADC 值，如读取通道 1 的 ADC 值就可以通过 Get_Adc（1）得到。Get_Adc_Average 函数用于多次获取 ADC 值，取平均，用来提高精度。

3．main.c 代码

```
#include "led.h"
#include "delay.h"
#include "key.h"
#include "sys.h"
#include "lcd.h"
#include "usart.h"
#include "adc.h"

int main(void)
 {
 u16 adcx;
 float temp;
 delay_init();       //延时函数初始化
 NVIC_PriorityGroupConfig(NVIC_PriorityGroup_2);//设置中断优先级分组为组 2：2 位抢占优先级，
2 位响应优先级
 uart_init(115200);            //串口初始化为 115200
 LED_Init();                   //LED 端口初始化
 LCD_Init();
 Adc_Init();                   //ADC 初始化

 POINT_COLOR=RED;//设置字体为红色
 LCD_ShowString(60,50,200,16,16,"WarShip STM32");
 LCD_ShowString(60,70,200,16,16,"ADC TEST");
 LCD_ShowString(60,90,200,16,16,"ATOM@ALIENTEK");
 LCD_ShowString(60,110,200,16,16,"2022/5/31");
 //显示提示信息
 POINT_COLOR=BLUE;//设置字体为蓝色
 LCD_ShowString(60,130,200,16,16,"ADC_CH0_VAL:");
 LCD_ShowString(60,150,200,16,16,"ADC_CH0_VOL:0.000V");
 while(1)
 {
      adcx=Get_Adc_Average(ADC_Channel_1,10);
      LCD_ShowxNum(156,130,adcx,4,16,0);//显示 ADC 值
      temp=(float)adcx*(3.3/4096);
```

```
        adcx=temp;
        LCD_ShowxNum(156,150,adcx,1,16,0);//显示电压值
        temp-=adcx;
        temp*=1000;
        LCD_ShowxNum(172,150,temp,3,16,0X80);
        LED0=!LED0;
        delay_ms(250);
    }
}
```

这部分代码中，程序先在 TFT LCD 模块上显示一些提示信息，然后每隔 250ms 读取一次 ADC 通道 0 的值，并显示读到的 ADC 值（数字量）以及转换成模拟量后的电压值。同时控制 LED0 闪烁，以提示程序正在运行。

在代码编译成功后，下载代码到 ALIENTEK 战舰 STM32 开发板上，可以看到 LCD 显示如图 10-7 所示。图 10-7 是将 ADC 和 TPAD 连接在一起，可以看到 TPAD 信号电平为 3V 左右，这是因为存在上拉电阻的缘故。可以试试用杜邦线连接 ADC 的 PA1 输入到其他地方，观察电压值是否准确。但是一定不要接到 5V 电源上，以免烧坏 ADC。

图 10-7　LCD 显示

第 11 章　STM32 DMA 及其应用

本章介绍了 STM32 DMA 及其应用，包括 STM32 DMA 的基本概念、结构和主要功能、功能描述、库函数和应用实例。

11.1　STM32 DMA 的基本概念

很多实际应用有进行大量数据传输的需求，这时如果 CPU 参与数据的转移，则在数据传输过程中 CPU 不能进行其他工作。如果找到一种可以不需要 CPU 参与的数据传输方式，则可以解放 CPU，让它去进行其他操作。特别是在大量数据传输应用中，这一需求显得尤为重要。

直接存储器访问（Direct Memory Access，DMA）就是基于以上设想设计的，它的作用就是解决大量数据转移过度消耗 CPU 资源的问题。DMA 是一种可以大大减轻 CPU 工作量的数据转移方式，用于在外设与存储器之间及存储器与存储器之间提供高速数据传输。DMA 操作可以在无须任何 CPU 操作的情况下快速移动数据，从而解放 CPU 资源以用于其他操作。DMA 使 CPU 更专注于更加实用的操作——计算、控制等。

DMA 传输方式无须 CPU 直接控制传输，也没有中断处理方式需要保留现场和恢复现场的过程，通过硬件为 RAM 和外设开辟一条直接传输数据的通道，使得 CPU 的效率大大提高。

DMA 的作用就是实现数据的直接传输，虽然去掉了传统数据传输需要 CPU 寄存器参与的环节，但本质上是一样的，都是从内存的一区域传输到内存的另一区域（外设的数据寄存器本质上就是内存的一个存储单元）。在用户设置好参数（主要涉及源地址、目标地址、传输数据量）后，DMA 控制器就会启动数据传输，传输的终点就是剩余传输数据量为 0。

如图 11-1 所示为 DMA 数据传输示意图。

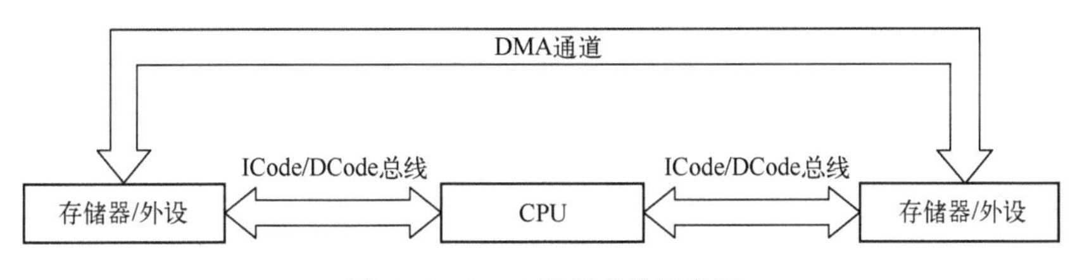

图 11-1　DMA 数据传输示意图

CPU 通常是存储器或外设间数据交互的中介和核心，在 CPU 上运行的软件控制着数据交互的规则和时机。但许多数据交互的规则非常简单，如很多数据传输会从某个地址区域连续地读出数据转存到另一个连续的地址区域。这类简单的数据交互工作往往由于传输的数据量巨大而占据了大量的 CPU 时间。DMA 的设计思路正是通过硬件控制逻辑电路产生简单数据交互所需的地址调整信息，在无须 CPU 参与的情况下完成存储器或外设之间的数据交互。从图 11-1 可以看出，DMA 越过 CPU 构建了一条直接的数据通路，将 CPU 从繁重、简单的数据传输工作中解脱出来，提高了计算机系统的可用性。

11.2 STM32 DMA 的结构和主要功能

在 DMA 模式下，CPU 只需向 DMA 控制器下达指令，让 DMA 来处理数据的传送，数据传送完毕再把信息反馈给 CPU，这样在很大程度上减轻了 CPU 资源占有率，可以大大节省系统资源。DMA 主要用于快速设备和主存储器成批交换数据的场合。在这种应用中，处理问题的出发点集中到两点：一是不能丢失快速设备提供的数据，二是进一步减少快速设备输入/输出操作过程中对 CPU 的打扰。这可以通过把这批数据的传输过程交由 DMA 来控制，让 DMA 代替 CPU 控制在快速设备与主存储器之间直接传输数据。当完成一批数据传输之后，快速设备还是要向 CPU 发一次中断请求，报告本次传输结束的同时，“请示”下一步的操作要求。

STM32 的两个 DMA 控制器有 12 个通道（DMA1 有 7 个通道，DMA2 有 5 个通道），每个通道专门用来管理来自一个或多个外设对存储器访问的请求。还有一个仲裁器来协调各个 DMA 请求的优先权。DMA 的功能框图如图 11-2 所示。

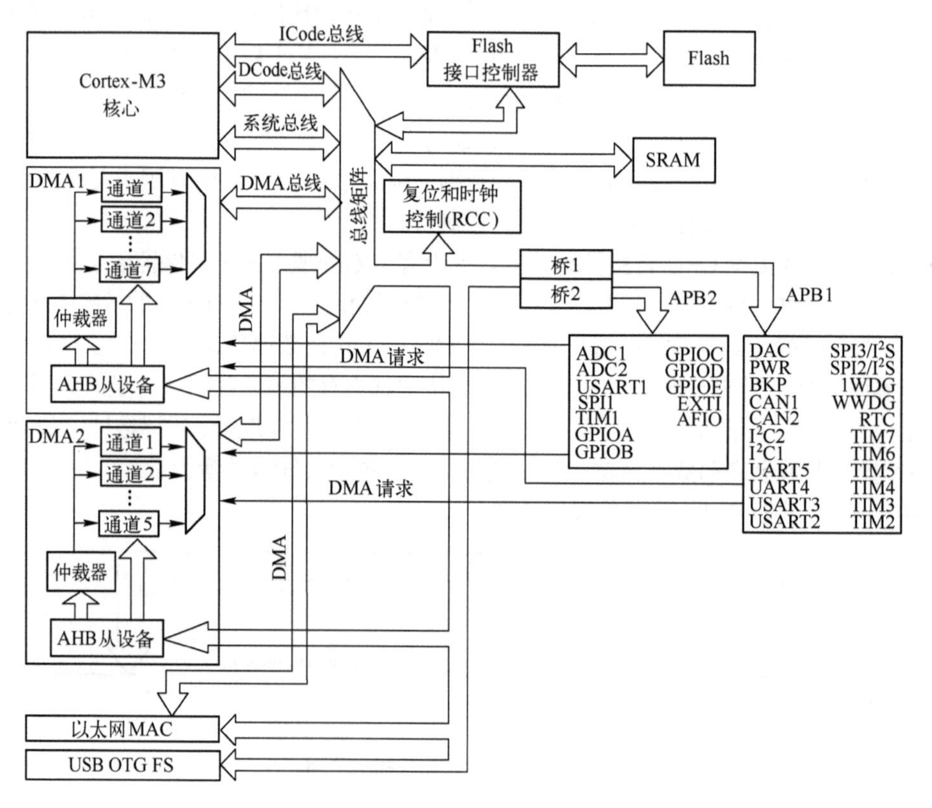

图 11-2　DMA 的功能框图

STM32F103VET6 的 DMA 模块具有以下功能：

1）12 个独立的可配置通道（请求），DMA1 有 7 个通道，DMA2 有 5 个通道。

2）每个通道都直接连接专用的硬件 DMA 请求，每个通道都支持软件触发。这些功能通过软件来配置。

3）在同一个 DMA 模块上，多个请求间的优先权可以通过软件编程设置（共有 4 级，即很高、高、中等和低），优先权设置相等时由硬件决定（请求 0 优先于请求 1，以此类推）。

4）独立数据源和目标数据区的传输宽度（字节、半字、全字）是独立的，模拟打包和拆包的过程。源和目标地址必须按数据传输宽度对齐。

5）支持循环的缓冲器管理。

6）每个通道都有 3 个事件标志（DMA 半传输、DMA 传输完成和 DMA 传输出错），这 3 个事件标志通过逻辑或运算成为一个单独的中断请求。

7）存储器和存储器间的传输。

8）外设和存储器、存储器和外设之间的传输。

9）Flash、SRAM、外设的 SRAM、APB1、APB2 和 AHB 外设均可作为访问的源和目标。

10）可编程的数据传输最大数目为 65536。

11.3　STM32 DMA 的功能描述

DMA 控制器和 Cortex-M3 核心共享系统数据总线，执行直接存储器数据传输。当 CPU 和 DMA 同时访问相同的目标（RAM 或外设）时，DMA 请求会暂停 CPU 访问系统总线若干个周期，总线仲裁器执行循环调度，以保证 CPU 至少可以得到一半的系统总线（存储器或外设）使用时间。

11.3.1　DMA 处理

发生一个事件后，外设向 DMA 控制器发送一个请求信号。DMA 控制器根据通道的优先权处理请求。当 DMA 控制器开始访问发出请求的外设时，DMA 控制器立即发送给外设一个应答信号。当从 DMA 控制器得到应答信号时，外设立即释放请求。一旦外设释放了请求，DMA 控制器同时撤销应答信号。如果有更多的请求，外设可以在下一个周期启动请求。

总之，每次 DMA 传送由以下 3 个操作组成：

1）从外设数据寄存器或者从当前外设/存储器地址寄存器指示的存储器地址读取数据，第一次传输时的开始地址是 DMA_CPARx 或 DMA_CMARx 寄存器指定的外设基地址或存储器单元。

2）将读取的数据保存到外设数据寄存器或者当前外设/存储器地址寄存器指示的存储器地址，第一次传输时的开始地址是 DMA_CPARx 或 DMA_CMARx 寄存器指定的外设基地址或存储器单元。

3）执行一次 DMA_CNDTRx 寄存器的递减操作，该寄存器包含未完成的操作数目。

11.3.2　仲裁器

仲裁器根据通道请求的优先级启动外设/存储器的访问。

优先权管理分两个阶段：

1）软件。每个通道的优先权可以在 DMA_CCRx 寄存器中的 PL[1:0]设置，有 4 个等级，即最高优先级、高优先级、中等优先级、低优先级。

2）硬件：如果两个请求有相同的软件优先级，则较低编号的通道比较高编号的通道有较高的优先权。如通道 2 优先于通道 4。

DMA1 控制器的优先级高于 DMA2 控制器的优先级。

11.3.3 DMA 通道

每个通道都可以在有固定地址的外设寄存器和存储器之间执行 DMA 传输。DMA 传输的数据量是可编程的，最大为 65535。数据项数量寄存器包含要传输的数据项数量，在每次传输后递减。

1．可编程的数据量

外设和存储器的传输数据量可以通过 DMA_CCRx 寄存器中的 PSIZE 和 MSIZE 位编程设置。

2．指针增量

通过设置 DMA_CCRx 寄存器中的 PINC 和 MINC 标志位，外设和存储器的指针在每次传输后可以有选择地完成自动增量。当设置为增量模式时，下一个要传输的地址将是前一个地址加上增量值，增量值取决于所选的数据宽度，为 1、2 或 4。第一个传输的地址存放在 DMA_CPARx/DMA_CMARx 寄存器中。在传输过程中，这些寄存器保持它们初始的数值，软件不能改变和读出当前正在传输的地址（它在内部的当前外设/存储器地址寄存器中）。

当通道配置为非循环模式时，传输结束后（即传输计数变为 0）将不再产生 DMA 操作。要开始新的 DMA 传输，需要在关闭 DMA 通道的情况下，在 DMA_CNDTRx 寄存器中重新写入传输数目。

在循环模式下，最后一次传输结束时，DMA_CNDTRx 寄存器的内容会自动地被重新加载为其初始数值，内部的当前外设/存储器地址寄存器也被重新加载为 DMA_CPARx/DMA_CMARx 寄存器设定的初始基地址。

3．通道配置过程

DMA 通道的配置过程如下：

1）在 DMA_CPARx 寄存器中设置外设寄存器的地址。发生外设数据传输请求时，这个地址将是数据传输的源或目标地址。

2）在 DMA_CMARx 寄存器中设置数据存储器的地址。发生存储器数据传输请求时，传输的数据将从这个地址读出或写入这个地址。

3）在 DMA_CNDTRx 寄存器中设置要传输的数据量。在每个数据传输后，这个数值递减。

4）在 DMA_CCRx 寄存器的 PL[1:0]位中设置通道的优先级。

5）在 DMA_CCRx 寄存器中设置数据传输的方向、循环模式、外设和存储器的增量模式、外设和存储器的数据宽度、传输一半产生中断或传输完成产生中断。

6）设置 DMA_CCRx 寄存器的 ENABLE 位，启动该通道。

一旦启动了 DMA 通道，即可响应连接到该通道的外设的 DMA 请求。

当传输一半的数据后，半传输标志（HTIF）被置 1，当设置了允许半传输中断位（HTIE）时，将产生中断请求。在数据传输结束后，传输完成标志（TCIF）被置 1，如果设置了允许传输完成中断位（TCIE），则将产生中断请求。

4．循环模式

循环模式用于处理循环缓冲区和连续的数据传输（如 ADC 的扫描模式）。DMA_CCRx 寄存器中的 CIRC 位用于开启这一功能。当循环模式启动时，要被传输的数据数目会自动地被重新装载为配置通道时设置的初值，DMA 操作将会继续进行。

5. 存储器到存储器模式

DMA 通道的操作可以在没有外设请求的情况下进行，这种操作就是存储器到存储器模式。

如果设置了 DMA_CCRx 寄存器中的 MEM2MEM 位，在软件设置了 DMA_CCRx 寄存器中的 EN 位启动 DMA 通道时，DMA 传输将马上开始。当 DMA_CNDTRx 寄存器为 0 时，DMA 传输结束。存储器到存储器模式不能与循环模式同时使用。

11.3.4 DMA 中断

每个 DMA 通道都可以在 DMA 传输过半、传输完成和传输错误时产生中断。为应用的灵活性考虑，通过设置寄存器的不同位来打开这些中断。相关的中断事件标志位及对应的使能控制位分别为：

1）传输过半的中断事件标志位是 HTIF，中断使能控制位是 HTIE。

2）传输完成的中断事件标志位是 TCIF，中断使能控制位是 TCIE。

3）传输错误的中断事件标志位是 TEIF，中断使能控制位是 TEIE。

读/写一个保留的地址区域，将会产生 DMA 传输错误。在 DMA 读/写操作期间发生 DMA 传输错误时，硬件会自动清除发生错误的通道所对应的通道配置寄存器（DMA_CCRx）的 EN 位，该通道操作被停止。此时，在 DMA_IFR 寄存器中对应该通道的传输错误中断标志位（TEIF）将被置位，如果在 DMA_CCRx 寄存器中设置了传输错误中断允许位，则将产生中断。

11.4 STM32 的 DMA 库函数

DMA 固件库支持 10 种库函数，见表 11-1。为了理解这些函数的具体使用方法，下面将对这些函数做详细介绍。

表 11-1　DMA 库函数

函数名称	功能
DMA_DeInit	将 DMA 的通道 x 寄存器重设为默认值
DMA_Init	根据 DMA_InitStruct 中指定的参数，初始化 DMA 的通道 x 寄存器
DMA_StructInit	把 DMA_InitStruct 中的每一个参数按默认值填入
DMA_Cmd	使能或者失能指定通道 x
DMA_ITConfig	使能或者失能指定通道 x 的中断
DMA_GetCurrDataCounter	得到当前 DMA 通道 x 剩余的待传输数据数目
DMA_GetFlagStatus	检查指定的 DMA 通道 x 标志位设置与否
DMA_ClearFlag	清除 DMA 通道 x 待处理标志位
DMA_GetITStatus	检查指定的 DMA 通道 x 中断发生与否
DMA_ClearITPendingBit	清除 DMA 通道 x 中断待处理标志位

11.5 STM32 的 DMA 应用实例

本节介绍一个从存储器到外设的 DMA 应用实例。先定义一个数据变量，存于 SRAM 中，通过 DMA 方式传输到串口的数据寄存器，然后通过串口把这些数据发送到计算机显示出来。

11.5.1 STM32 的 DMA 配置流程

DMA 的应用广泛，可完成外设到外设、外设到内存、内存到外设的传输。以使用中断方式为例，其基本使用流程由三部分构成，即 NVIC 设置、DMA 模式及中断配置、DMA 中断服务。

1. NVIC 设置

NVIC 设置用来完成中断分组、中断通道选择、中断优先级设置及使能中断的功能。NVIC 设置流程见图 5-5。

2. DMA 模式及中断配置

DMA 模式及中断配置用来配置 DMA 工作模式及开启 DMA 中断，流程如图 11-3 所示。DMA 使用的是 AHB 总线，使用函数 RCC_AHBPeriphClockCmd()开启 DMA 时钟。

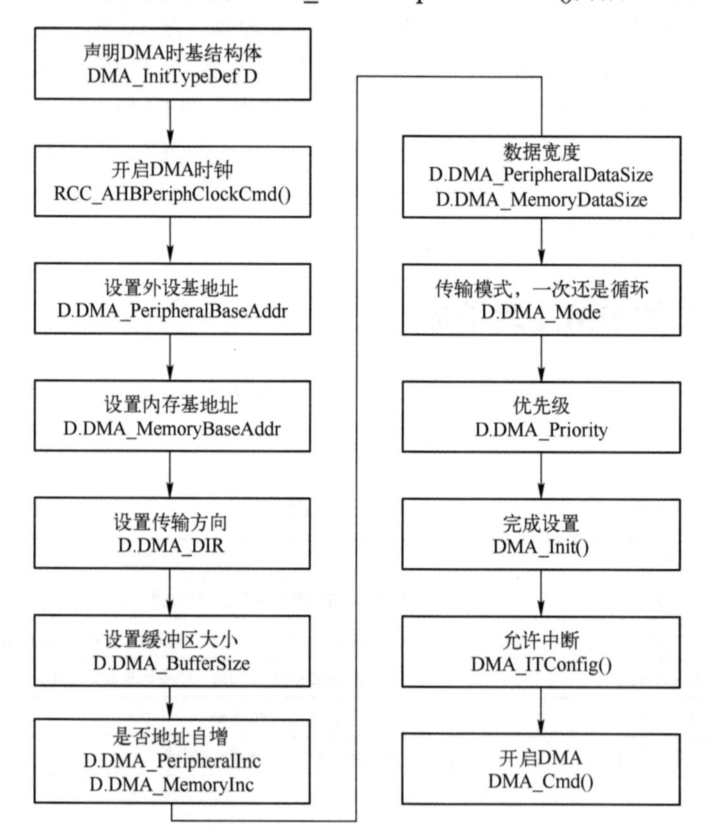

图 11-3　DMA 模式与中断配置流程

某外设的 DMA 通道外设基地址是由该设备的外设基地址加上相应数据存储器的偏移地址（0x4C）得到的（0x4001 244C），即为 ADC1 的 DMA 通道外设基地址。

如果使用内存，则基地址为内存数组地址。

传输方向是针对外设而言，即外设为源或目标地址。

缓冲区大小可以为 0～65536。

对于外设，应禁止地址自增；对于存储器，则需要使用地址自增。

数据宽度都有三种选择，即字节、半字和字，应根据外设特点选择相应的宽度。

传输模式可选普通模式（传输一次）或者循环模式，内存到内存传输时，只能选择普通模式。

以上参数在 DMA_Init()函数中有详细描述，这里不再赘述。

3．DMA 中断服务

进入定时器中断后需根据设计完成响应操作，DMA 中断服务流程如图 11-4 所示。

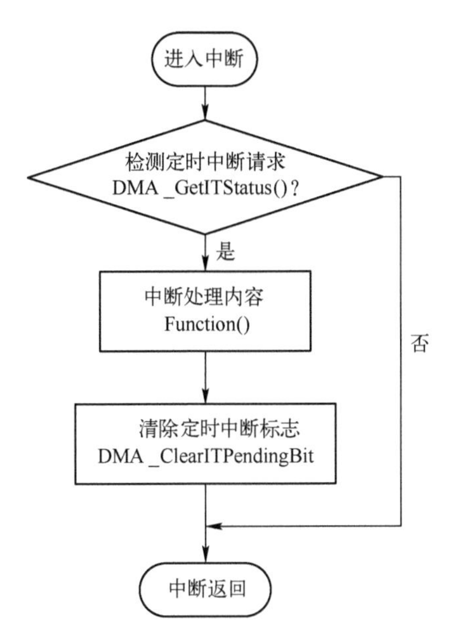

图 11-4　DMA 中断服务流程

启动文件中定义了定时器中断的入口，对于不同的中断请求，要采用相应的中断函数名。进入中断后首先要检测中断请求是否为所需中断，以防误操作。如果是所需中断，则进行中断处理，中断处理完成后清除中断标志位，避免重复处于中断。

11.5.2　STM32 的 DMA 应用硬件设计

STM32 的 DMA 应用硬件设计用到的硬件资源有指示灯 DS0、KEY0 按键、串口、TFT LCD 模块、DMA。利用外部按键 KEY0 来控制 DMA 的传送，每按一次 KEY0，DMA 就传送一次数据到 USART1，然后在 TFT LCD 模块上显示进度等信息。DS0 作为程序运行的指示灯。

11.5.3　STM32 的 DMA 应用软件设计

这里只讲解部分核心的代码，有些变量的设置、头文件的包含等并没有涉及，完整的代码可参考开发板的工程模板。编写两个串口驱动文件 bsp_usart_dma.c 和 bsp_usartdma.h，有关串口和 DMA 的宏定义以及驱动函数都在驱动文件中。

编程要点：

1）配置 USART 通信功能。

2）设置串口 DMA 工作参数。

3）使能 DMA。

4）DMA 传输的同时，CPU 可以运行其他任务。

DMA 使用的主要工作是 DMA 的初始化设置，包括以下几个步骤：

1）开启 DMA 时钟。

2）定义 DMA 通道外设基地址（DMA_InitStructure.DMA_PeripheralBaseAddr）。

3）定义 DMA 通道存储器地址（DMA_InitStructure.DMA_MemoryBaseAddr）。

4）指定源地址（方向）（DMA_InitStructure.DMA_DIR）。

5）定义 DMA 缓冲区大小（DMA_InitStructure.DMA_BufferSize）。

6）设置外设寄存器地址的变化特性（DMA_InitStructure.DMA_PeripheralInc）。

7）设置存储器地址的变化特性（DMA_InitStructure.DMA_MemoryInc）。

8）定义外设数据宽度（DMA_InitStructure.DMA_PeripheralDataSize）。

9）定义存储器数据宽度（DMA_InitStructure.DMA_MemoryDataSize）。

10）设置 DMA 的通道操作模式（DMA_InitStructure.DMA_Mode）。

11）设置 DMA 的通道优先级（DMA_InitStructure.DMA_Priority）。

12）设置是否允许 DMA 通道存储器到存储器传输（DMA_InitStructure.DMA_M2M）。

13）初始化 DMA 通道（DMA_Init 函数）。

14）使能 DMA 通道（DMA_Cmd 函数）。

15）中断配置（如果使用中断）（DMA_ITConfig 函数）。

1．dma.h 头文件

```
#ifndef __DMA_H
#define __DMA_H
#include "sys.h"

void MYDMA_Config(DMA_Channel_TypeDef*DMA_CHx,u32 cpar,u32 cmar,u16 cndtr);//配置 DMA1_CHx

void MYDMA_Enable(DMA_Channel_TypeDef*DMA_CHx);//使能 DMA1_CHx

#endif
```

2．dma.c 代码

```
#include "dma.h"

DMA_InitTypeDef DMA_InitStructure;
u16 DMA1_MEM_LEN;//保存 DMA 每次传送数据的长度
//DMA1 的各通道配置
//这里的传输形式是固定的，需要根据不同的情况来修改
//存储器→外设模式，8 位数据宽度，存储器增量模式
//DMA_CHx：DMA 通道 x
//cpar：外设地址
//cmar：存储器地址
//cndtr：数据传输量
void MYDMA_Config(DMA_Channel_TypeDef* DMA_CHx,u32 cpar,u32 cmar,u16 cndtr)
{
	RCC_AHBPeriphClockCmd(RCC_AHBPeriph_DMA1, ENABLE);	//使能 DMA 传输
```

```
        DMA_DeInit(DMA_CHx);    //将 DMA 的通道 1 寄存器重设为默认值

        DMA1_MEM_LEN=cndtr;
        DMA_InitStructure.DMA_PeripheralBaseAddr = cpar; //DMA 外设基地址
        DMA_InitStructure.DMA_MemoryBaseAddr = cmar;  //DMA 内存基地址
        DMA_InitStructure.DMA_DIR = DMA_DIR_PeripheralDST;
                                        //数据传输方向，从内存读取发送到外设
        DMA_InitStructure.DMA_BufferSize = cndtr;  //DMA 通道的 DMA 缓存的大小
        DMA_InitStructure.DMA_PeripheralInc = DMA_PeripheralInc_Disable;  //外设地址寄存器不变
        DMA_InitStructure.DMA_MemoryInc = DMA_MemoryInc_Enable;      //内存地址寄存器递增
        DMA_InitStructure.DMA_PeripheralDataSize = DMA_PeripheralDataSize_Byte;  //数据宽度为 8 位
        DMA_InitStructure.DMA_MemoryDataSize = DMA_MemoryDataSize_Byte;  //数据宽度为 8 位
        DMA_InitStructure.DMA_Mode = DMA_Mode_Normal;          //工作在正常模式
        DMA_InitStructure.DMA_Priority = DMA_Priority_Medium;     //DMA 通道 x 拥有中优先级
        DMA_InitStructure.DMA_M2M = DMA_M2M_Disable;
                                    //DMA 通道 x 没有设置为内存到内存传输
        DMA_Init(DMA_CHx, &DMA_InitStructure);  //根据 DMA_InitStruct 中指定的参数初始化 DMA
的通道 USART1_Tx_DMA_Channel 所标识的寄存器

    }
    //开启一次 DMA 传输
    void MYDMA_Enable(DMA_Channel_TypeDef*DMA_CHx)
    {
        DMA_Cmd(DMA_CHx, DISABLE );  //关闭 USART1 TX DMA1 所指示的通道
        DMA_SetCurrDataCounter(DMA_CHx,DMA1_MEM_LEN);//DMA 通道的 DMA 缓存的大小
        DMA_Cmd(DMA_CHx, ENABLE);  //使能 USART1 TX DMA1 所指示的通道
    }
```

3. main.c 代码

```
    #include "led.h"
    #include "delay.h"
    #include "key.h"
    #include "sys.h"
    #include "lcd.h"
    #include "usart.h"
    #include "dma.h"

    #define SEND_BUF_SIZE 8200    //发送数据长度，最好等于 TEXT_TO_SEND 数据长度+2 的整数倍

    u8 SendBuff[SEND_BUF_SIZE];  //发送数据缓冲区
    const u8 TEXT_TO_SEND[]={"ALIENTEK WarShip STM32F1 DMA 串口实验"};
     int main(void)
     {
        u16 i;
        u8 t=0;
        u8 j,mask=0;
        float pro=0;//进度
```

```
delay_init(); //延时函数初始化
NVIC_PriorityGroupConfig(NVIC_PriorityGroup_2);//设置中断优先级分组为组 2：2 位抢占优先级，2 位响应优先级
uart_init(115200); //串口初始化为 115200
LED_Init();//初始化与 LED 连接的硬件接口
LCD_Init();//初始化 LCD
KEY_Init();//按键初始化
MYDMA_Config(DMA1_Channel4,(u32)&USART1->DR,(u32)SendBuff,SEND_BUF_SIZE);
//DMA1 通道 4，外设为串口 1，存储器为 SendBuff，数据长度为 SEND_BUF_SIZE
POINT_COLOR=RED;//设置字体为红色
LCD_ShowString(30,50,200,16,16,"WarShip STM32");
LCD_ShowString(30,70,200,16,16,"DMA TEST");
LCD_ShowString(30,90,200,16,16,"ATOM@ALIENTEK");
LCD_ShowString(30,110,200,16,16,"2022/5/31");
LCD_ShowString(30,130,200,16,16,"KEY0:Start");
//显示提示信息
j=sizeof(TEXT_TO_SEND);
for(i=0;i<SEND_BUF_SIZE;i++)//填充数据到 SendBuff
{
    if(t>=j)//加入换行符
    {
        if(mask)
        {
            SendBuff[i]=0x0a;
            t=0;
        }
        else
        {
            SendBuff[i]=0x0d;
            mask++;
        }
    }
    else//复制 TEXT_TO_SEND 语句
    {
        mask=0;
        SendBuff[i]=TEXT_TO_SEND[t];
        t++;
    }
}
POINT_COLOR=BLUE;//设置字体为蓝色
i=0;
while(1)
{
    t=KEY_Scan(0);
    if(t==KEY0_PRES)//KEY0 按下
    {
        LCD_ShowString(30,150,200,16,16,"Start Transimit....");
        LCD_ShowString(30,170,200,16,16,"    %");//显示百分号
```

```
            printf("\r\nDMA DATA:\r\n");
          USART_DMACmd(USART1,USART_DMAReq_Tx,ENABLE); //使能串口 1 的 DMA 发送
            MYDMA_Enable(DMA1_Channel4);//开始一次 DMA 传输
            //等待 DMA 传输完成，此时来做另外一些事，点灯
            //实际应用中，传输数据期间可以执行另外的任务
            while(1)
            {
                if(DMA_GetFlagStatus(DMA1_FLAG_TC4)!=RESET)//判断通道 4 传输完成
                {
                    DMA_ClearFlag(DMA1_FLAG_TC4);//清除通道 4 传输完成标志
                    break;
                }
                pro=DMA_GetCurrDataCounter(DMA1_Channel4);//得到当前还剩余多少数据量
                pro=1-pro/SEND_BUF_SIZE;//得到百分比
                pro*=100;         //扩大 100 倍
                LCD_ShowNum(30,170,pro,3,16);
            }
            LCD_ShowNum(30,170,100,3,16);//显示 100%
            LCD_ShowString(30,150,200,16,16,"Transimit Finished!");//提示传送完成
        }
        i++;
        delay_ms(10);
        if(i==20)
        {
            LED0=!LED0;//提示系统正在运行
            i=0;
        }
    }
}
```

main 函数的流程大致是先初始化内存 SendBuff 的值，然后通过 KEY0 开启串口 DMA 发送，在发送过程中，通过 DMA_GetCurrDataCounter()函数获取当前还剩余的数据量，从而计算传输百分比；最后在传输结束之后清除相应标志位，提示已经传输完成。因为是使用串口 1 DMA 发送，所以代码中使用 USART_DMACmd()函数开启串口的 DMA 发送，代码为

```
USART_DMACmd（USART1，USART_DMAReq_Tx，ENABLE）；//使能串口 1 的 DMA 发送
```

至此，DMA 串口传输的软件设计就完成了。

代码编译成功后下载到开发板，DMA 串口数据传输如图 11-5 所示，串口收到的数据内容如图 11-6 所示。

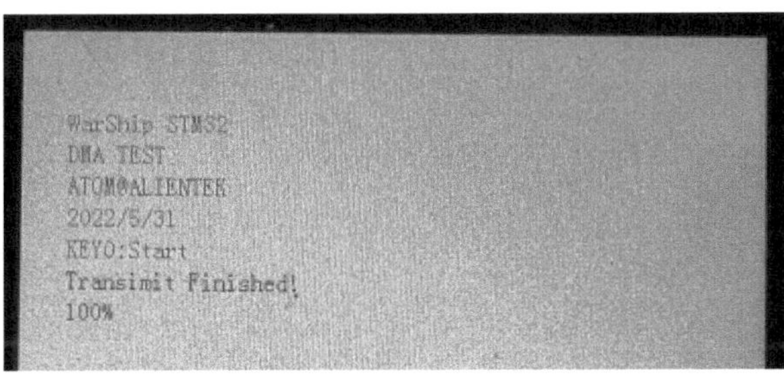

图 11-5　DMA 串口数据传输

图 11-6　串口收到的数据内容

第 12 章　STM32 CAN 总线系统设计

本章介绍了 STM32 CAN 总线系统设计，包括 CAN 的特点，STM32 的 CAN 总线概述，STM32 的 bxCAN 工作模式、测试模式和功能描述，以及 STM32 的 CAN 总线操作和 CAN 通信应用实例。

12.1　CAN 的特点

20 世纪 80 年代初，德国 BOSCH 公司提出了用控制器局域网（Controller Area Network，CAN）来解决汽车内部的复杂硬信号接线。目前，CAN 的应用范围已不再局限于汽车工业，而向过程控制、纺织机械、农用机械、机器人、数控机床、医疗器械及传感器等领域发展。CAN 以其独特的设计、低成本、高可靠性、实时性、抗干扰能力强等特点得到了广泛的应用。

1993 年 11 月，ISO 正式颁布了道路交通运输工具、数据信息交换、高速通信控制器局域网国际标准，即 ISO 11898 CAN 高速应用标准和 ISO 11519 CAN 低速应用标准，这为控制器局域网的标准化、规范化铺平了道路。

CAN 具有如下特点：

1）CAN 为多主方式工作，网络上任一节点均可以在任意时刻主动地向网络上其他节点发送信息而不分主从，通信方式灵活，且无须站地址等节点信息。利用这一特点可方便地构成多机备份系统。

2）CAN 上的节点信息分成不同的优先级，可满足不同的实时要求，高优先级的数据最多可在 134μs 内得到传输。

3）CAN 采用非破坏性总线仲裁技术。当多个节点同时向总线发送信息时，优先级较低的节点会主动地退出发送，而最高优先级的节点可不受影响地继续传输数据，从而大大节省了总线冲突仲裁时间，尤其是在网络负载很重的情况下也不会出现网络瘫痪情况（以太网则可能）。

4）CAN 只需通过报文滤波即可实现点对点、一点对多点及全局广播等几种方式传送接收数据，无须专门的调度。

5）CAN 的直接通信距离最远可达 10km（传输速率在 5kbit/s 以下）；通信速率最高可达 1Mbit/s（此时通信距离最长为 40m）。

6）CAN 上的节点数主要取决于总线驱动电路，目前可达 110 个；报文标识符可达 2032 种（CAN 2.0A），而扩展标准（CAN 2.0B）的报文标识符几乎不受限制。

7）CAN 采用短帧结构，传输时间短，受干扰概率低，具有极好的检错效果。

8）CAN 的每帧信息都有 CRC 校验及其他检错措施，保证了数据出错率极低。

9）CAN 的通信介质可为双绞线、同轴电缆或光纤，选择灵活。

10）CAN 节点在错误严重的情况下具有自动关闭输出功能，以使总线上其他节点的操作不受影响。

12.2　STM32 的 CAN 总线概述

现场总线（Fieldbus）自产生以来，一直是自动化领域技术发展的热点之一，被誉为自动化领域的计算机局域网，各自动化厂商纷纷推出自己的现场总线产品，并在不同的领域和行业得到了越来越广泛的应用，目前已处于稳定发展期。近几年，无线传感网络与物联网（IoT）技术也融入了工业测控系统中。

按照IEC对现场总线的定义，现场总线是一种应用于生产现场，在现场设备之间、现场设备与控制装置之间实行双向、串行、多节点数字通信的技术。这是由IEC/TC 65负责测量和控制系统数据通信部分国际标准化工作的SC 65/WG 6定义的。它作为工业数据通信网络的基础，沟通了生产过程现场级控制设备之间及其与更高控制管理层之间的联系。它不仅是一个基层网络，而且还是一种开放式、新型全分布式控制系统。这项以智能传感、控制、计算机、数据通信为主要内容的综合技术，已受到世界范围的关注而成为自动化技术发展的热点，并将导致自动化系统结构与设备的深刻变革。

由于技术和利益的原因，目前国际上存在着几十种现场总线标准，比较流行的主要有FF、CAN、DeviceNet、LonWorks、PROFIBUS、HART、INTERBUS、CC-Link、ControlNet、WorldFIP、P-Net、SwiftNet、EtherCAT、SERCOS、POWERLINK、PROFINET、EPA等现场总线和工业以太网。

欧美各国凭借多年的积累和沉淀，在现场总线技术和产品上拥有绝对的优势。通过对现有成熟的网络通信技术进行改造，使之成为符合现场设备互联和控制要求的总线技术，是一种很好的研发思路，也是我国在现场总线技术上实现自主创新、建立民族品牌的一个很好的途径。其中，浙江中控技术有限公司以Ethernet、Internet、Web技术为基础，推出了基于工业以太网的EPA现场总线控制系统，获得了不错的市场占有率，并被列入现场总线国际标准IEC 61158（4版），标志着我国第一个拥有自主知识产权的现场总线国际标准得到了IEC的正式承认，并全面进入现场总线国际标准化体系。

目前，现场总线与工业以太网的核心技术主要掌握在欧美等发达国家，我国在该领域的研究起步较晚，因此，需要我国的企业和研究人员发扬艰苦奋斗、求真务实、百折不挠、坚持真理的科研精神、为国奉献的精神、创新创业的精神，使我国的现场总线与工业以太网技术赶超世界先进水平，研发出具有独立自主知识产权的产品。

CAN总线通信协议主要规定了通信节点之间是如何传递信息的，以及通过一个怎样的规则传递消息。在当前汽车产业中，出于对安全性、舒适性、低成本的要求，各种各样的电子控制系统都运用了CAN总线技术来使自己的产品更具竞争力。在生产实践中，CAN总线传输速度可达1Mbit/s，发动机控制单元模块、传感器和防制动模块挂接在CAN总线的高、低两个电平总线上。CAN总线采取的是分布式实时控制，能够满足比较高安全等级的分布式控制需求。CAN总线技术的这种高、低端兼容性使得其既可以使用在高速网络中，又可以在低速的多路接线情况下应用。

12.2.1 bxCAN的主要特点

bxCAN是基本扩展CAN（Basic Extended CAN）的缩写，它支持CAN协议2.0A和2.0B。它的设计目标是以最小的CPU负载来高效处理大量收到的报文。bxCAN支持报文发送的优先级要求（优先级特性可软件配置）。

对于安全紧要的应用，bxCAN提供所有支持时间触发通信模式所需的硬件功能。

bxCAN的主要特点如下：

（1）支持的协议

1）支持 CAN 协议 2.0A 和 2.0B 主动模式。

2）波特率最高可达 1Mbit/s。

3）支持时间触发通信功能。

（2）发送

1）3 个发送邮箱。

2）发送报文的优先级特性可软件配置。

3）记录发送 SOF 时刻的时间戳。

（3）接收

1）3 级深度的 2 个接收 FIFO。

2）可变的过滤器组。在互联型产品中，CAN1 和 CAN2 分享 28 个过滤器组。其他 STM32F103 系列产品有 14 个过滤器组。

3）标识符列表。

4）FIFO 溢出处理方式可配置。

5）记录接收 SOF 时刻的时间戳。

（4）时间触发通信模式

1）禁止自动重传模式。

2）16 位自由运行定时器。

3）可在最后 2 个数据字节发送时间戳。

（5）管理

中断可屏蔽；邮箱占用单独一块地址空间，便于提高软件效率。

（6）双 CAN

1）CAN1 是主 bxCAN，负责管理从 bxCAN 和 512B 的 SRAM 存储器之间的通信。

2）CAN2 是从 bxCAN，不能直接访问 SRAM 存储器。

3）这 2 个 bxCAN 模块共享 512B 的 SRAM 存储器。

CAN 网络拓扑结构如图 12-1 所示。

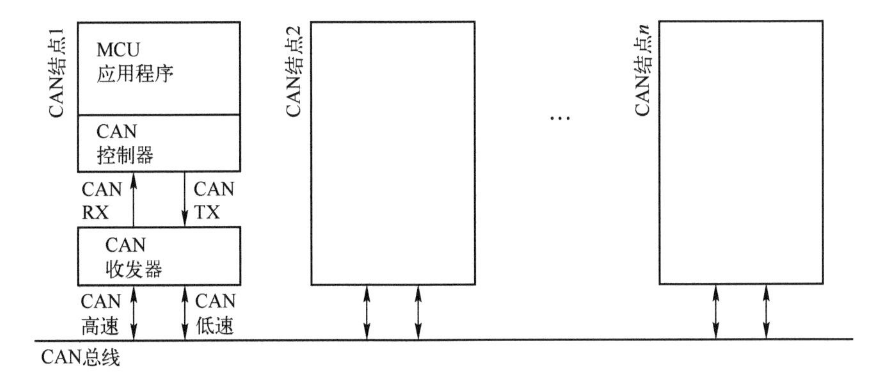

图 12-1　CAN 网拓扑结构

bxCAN 模块可以完全自动地接收和发送 CAN 报文，且完全支持标准标识符（11 位）和扩展标识符（29 位）。控制、状态和配置寄存器应用程序通过这些寄存器，可以实现以下功能：

1）配置 CAN 参数，如波特率。

2）请求发送报文。

3）处理报文接收。

4）管理中断。

5）获取诊断信息。

bxCAN 共有 3 个发送邮箱供软件发送报文。发送调度器根据优先级决定哪个邮箱的报文先被发送。在互联型产品中，bxCAN 提供 28 个位宽可变/可配置的标识符过滤器组，软件通过对它们编程，从而在引脚收到的报文中选择需要的报文，而把其他报文丢弃掉。

12.2.2 CAN 物理层特性

CAN 协议经过 ISO 标准化后有两个标准，即 ISO 11898 标准和 ISO 11519-2 标准。其中 ISO 11898 标准是针对通信速率为 125kbit/s～1Mbit/s 的高速通信标准，而 ISO 11519-2 标准是针对通信速率为 125kbit/s 以下的低速通信标准。本章使用的是 ISO 11898 标准 450kbit/s 的通信速率，该物理层特性如图 12-2 所示。

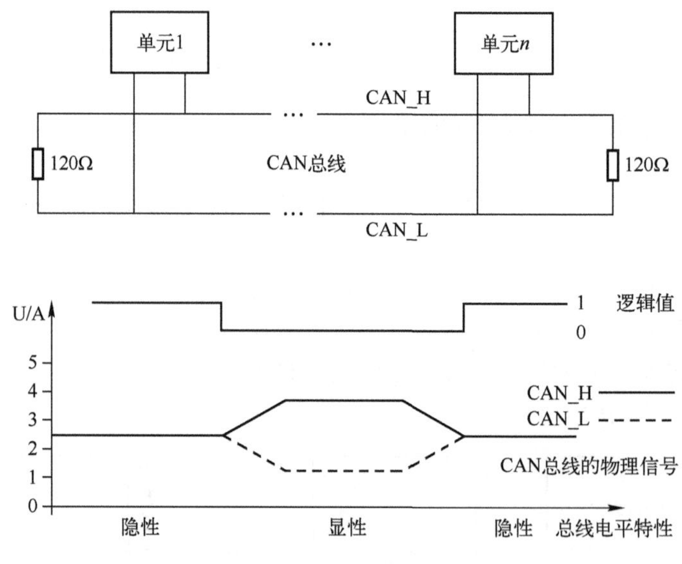

图 12-2　ISO 11898 标准的物理层特性

从 CAN 物理层特性可以看出，显性电平对应的逻辑为 0，CAN_H 和 CAN_L 之差为 2.5V 左右，而隐性电平对应逻辑 1，CAN_H 和 CAN_L 之差为 0V。在 CAN 总线上显性电平具有优先权，只要有一个单元输出是显性电平，总线上即为显性电平。而隐性电平则具有包容的意味，只有所有的单元都输出隐性电平，总线上才为隐性电平。另外，在 CAN 总线的起止端都有一个 120Ω的终端电阻，作为阻抗匹配，以减少回波反射。

CAN 协议通过五种类型的帧进行，即数据帧、遥控帧、错误帧、过载帧、间隔帧。

另外，数据帧和遥控帧有标准格式和扩展格式两种格式。标准格式有 11 个位标识符，扩展格式有 29 个位标识符。CAN 协议各种帧及其用途见表 12-1。

表 12-1　CAN 协议各种帧及其用途

帧类型	帧用途
数据帧	用于发送单元向接收单元传送数据的帧
遥控帧	用于接收单元向具有相同 ID 的发送单元请求数据的帧
错误帧	用于当检测出错误时间向其他单元通知错误的帧
过载帧	用于接收单元通知其尚未做好接收准备的帧
间隔帧	用于将数据帧及遥控帧与前面的帧分离出来的帧

数据帧是用户接触使用频率最高的帧，下面重点介绍数据帧。数据帧由以下 7 个段构成：

1）帧起始，表示数据帧开始的段。

2）仲裁段，表示数据帧优先级的段。

3）控制段，表示数据的字节数及保留的段。

4）数据段，数据的内容，一帧可发送 0～8B 的数据。

5）CRC 段，检查帧的传输错误的段。

6）ACK 段，表示确定正常接收的段。

7）帧结束，表示数据帧结束的段。

数据帧的构成如图 12-3 所示。

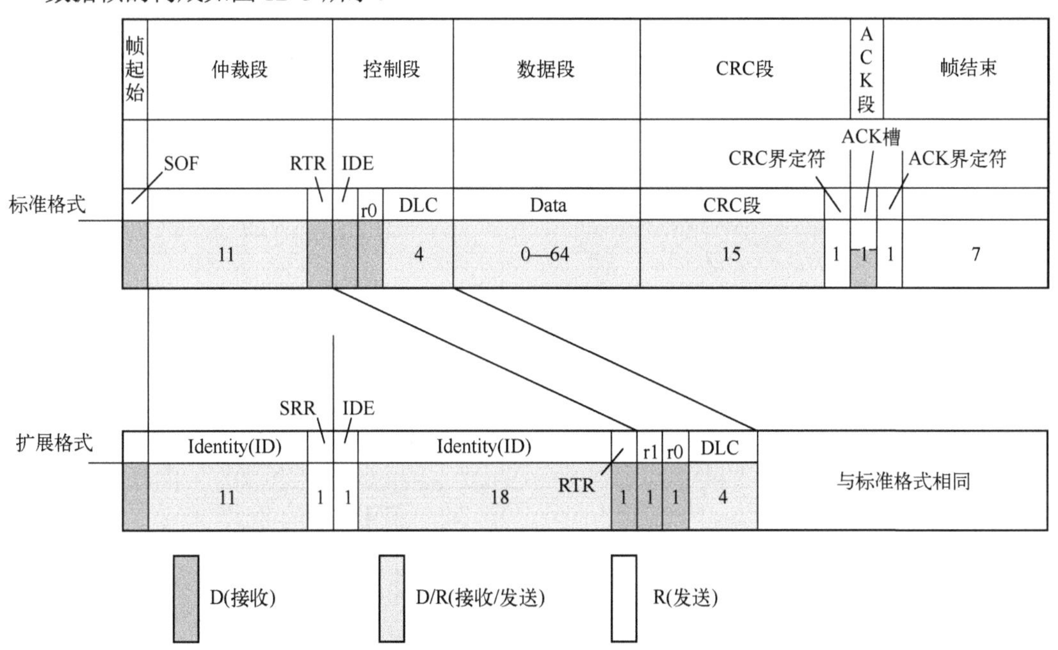

图 12-3　数据帧的构成（D 表示显性电平，R 表示隐性电平）

帧起始在标准格式和扩展格式中都是由 1 个位的显性电平表示帧的开始。

仲裁段表示数据优先级的段，在标准格式和扩展格式中有所不同，如图 12-4 所示。

标准格式的 ID 有 11 位，从 ID28～ID18 依次发送，禁止高 7 位都为隐性电平。

扩展格式的 ID 有 29 位，基本 ID 由 ID28～ID18 表示，扩展 ID 由 ID17～ID0 表示。基本 ID 和标准格式的 ID 相同。禁止高 7 位都为隐性电平。

RTR 位用于标识是否是远程帧（0 为数据帧；1 为远程帧），IDE 位为标识符选择位（0 为使用标准标识符；1 为使用扩展标识符），SRR 位为代替远程请求位，为隐性位，它代替标准格式中的 RTR 位。

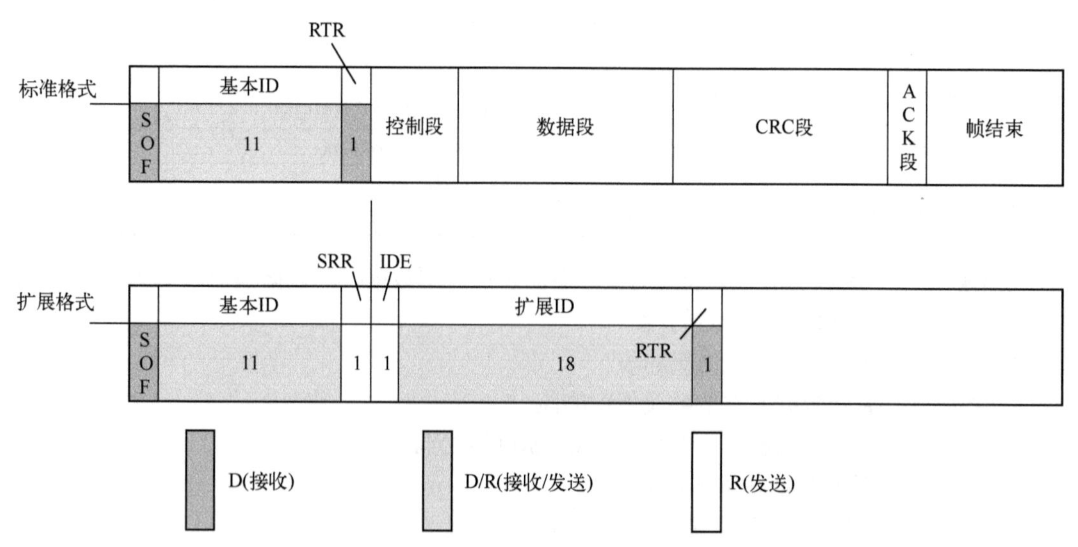

图 12-4　仲裁段的构成（D 表示显性电平，R 表示隐性电平）

控制段由 6 个位构成，表示数据段的字节数。标准格式和扩展格式中的控制段稍有不同，如图 12-5 所示。

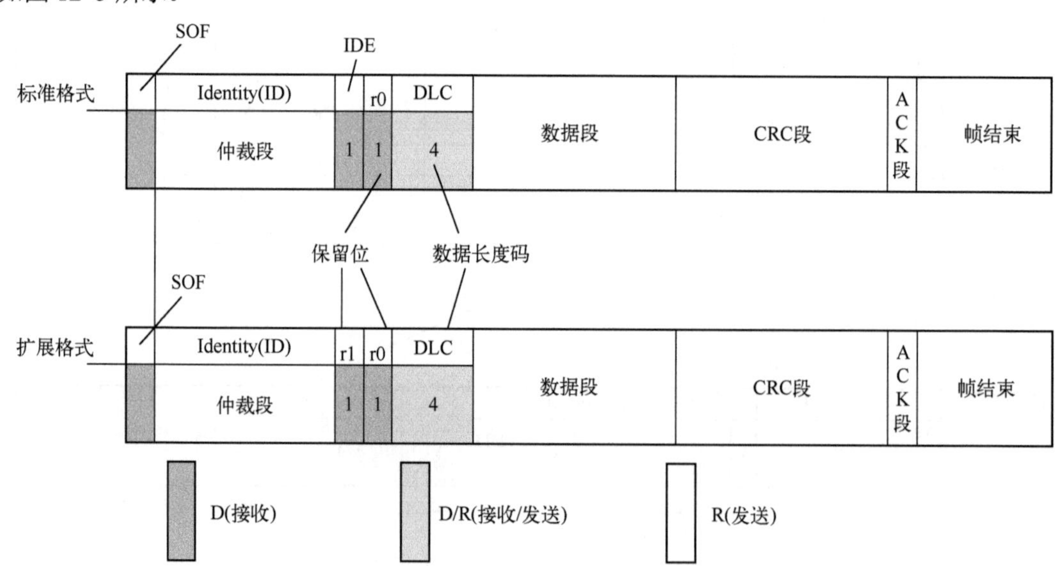

图 12-5　控制段的构成（D 表示显性电平，R 表示隐性电平）

图 12-5 中，r0 和 r1 为保留位，必须全部以显性电平发送，但是接收方可以接收显性、隐性及任意组合的电平。DLC 段为数据长度表示段，高位在前，DLC 段有效值为 0～8，但是接收方接收到 9～15 的有效值时并不认为是错误的。

数据段可包含 0～8B 数据。从最高位开始输出，在标准格式和扩展格式中表示相同。

CRC 段用于检查帧的传输错误，由 15 位的 CRC 顺序和 1 位的 CRC 界定符组成，在标准格式和扩展格式中表示相同。

此段 CRC 值计算范围包括帧起始、仲裁段、控制段、数据段。接收方以同样的算法计算 CRC 值并进行比较，不一致时会报错。

ACK 段用来确认是否正常接收，由 ACK 槽和 ACK 界定符 2 位组成，在标准格式和扩展格式中表示相同。

发送单元的 ACK 发送 2 个位的隐性位，而接收到正确消息的单元在 ACK 槽发送显性位，通知发送单元正常接收结束，这个过程称为发送 ACK/返回 ACK。发送 ACK 的是在既不处于总线关闭态也不处于休眠态的所有接收单元中接收到正常消息的单元。

帧结束比较简单，在标准格式和扩展格式中表示相同，由 7 个隐性位组成。

12.2.3　CAN 的位时序

由发送单元在非同步的情况下每秒钟发送的位数称为位速率，一个位分为 4 段，即同步段（SS）、传播时间段（PTS）、相位缓冲段 1（PBS1）和相位缓冲段 2（PBS2）。这些段又由可称为时间量（t_q）的最小时间单位构成，称为时序；可以任意设定位时序，如 1 位由多少个 t_q 构成、每个段又由多少个 t_q 构成等。通过设定位时序，多个单元可同时采样，也可任意设定采样点。一个位各段的作用和 t_q 数见表 12-2。

表 12-2　一个位各段的作用及其 t_q 数

<table>
<tr><th>段名称</th><th>段的作用</th><th colspan="2">t_q 数</th></tr>
<tr><td>同步段（SS）</td><td>多个连接在总线上的单元通过此段实现时序调整，同步进行接收和发送工作。由隐性电平到显性电平的边沿或由显性电平到隐性电平的边沿最好出现在此段中</td><td>t_q</td><td rowspan="4">$(8\sim25)t_q$</td></tr>
<tr><td>传播时间段（PTS）</td><td>用于吸收网络上的物理延迟的段。所谓的网络上的物理延迟指发送单元的输出延迟、总线上信号的传播延迟、接收单元的输入延迟。这个段的时间为以上各延迟的时间和的 2 倍</td><td>$(1\sim8)t_q$</td></tr>
<tr><td>相位缓冲段 1（PBS1）</td><td rowspan="2">当信号边沿不能被包含于 SS 段中时，可在此段进行补偿。由于各个单元按各自独立的时钟工作，细微的时钟误差会累积起来，PBS 段可通过对相位缓冲段加减 SJW 吸收此误差。SJW 加大后允许误差加大，但通信速率下降</td><td>$(1\sim8)t_q$</td></tr>
<tr><td>相位缓冲段 2（PBS2）</td><td>$(2\sim8)t_q$</td></tr>
</table>

注：SJW 为再同步补偿宽度。因时钟频率误差、传递延迟等，各单元有同步误差。SJW 为补偿误差的最大值，一般取值为$(1\sim4)t_q$。

一个位的构成如图 12-6 所示。

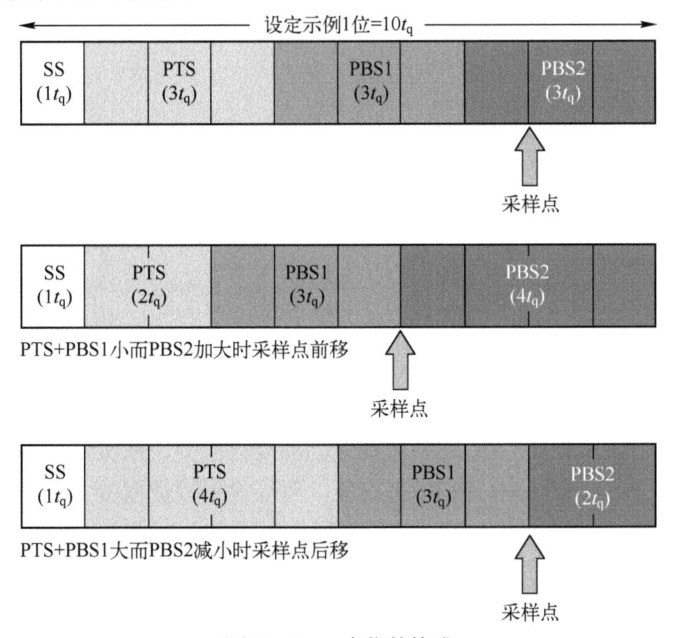

图 12-6　一个位的构成

图 12-6 中的采样点指读取总线电平，并将读到的电平作为位置的点。位置在 PBS1 结束处。根据这个位时序，就可以计算 CAN 通信的波特率。

12.2.4 STM32 的 CAN 控制器

STM32 的互联型产品带有 2 个 CAN 控制器，大部分使用的普通产品均只有一个 CAN 控制器。2 个 CAN 控制器结构框图如图 12-7 所示。

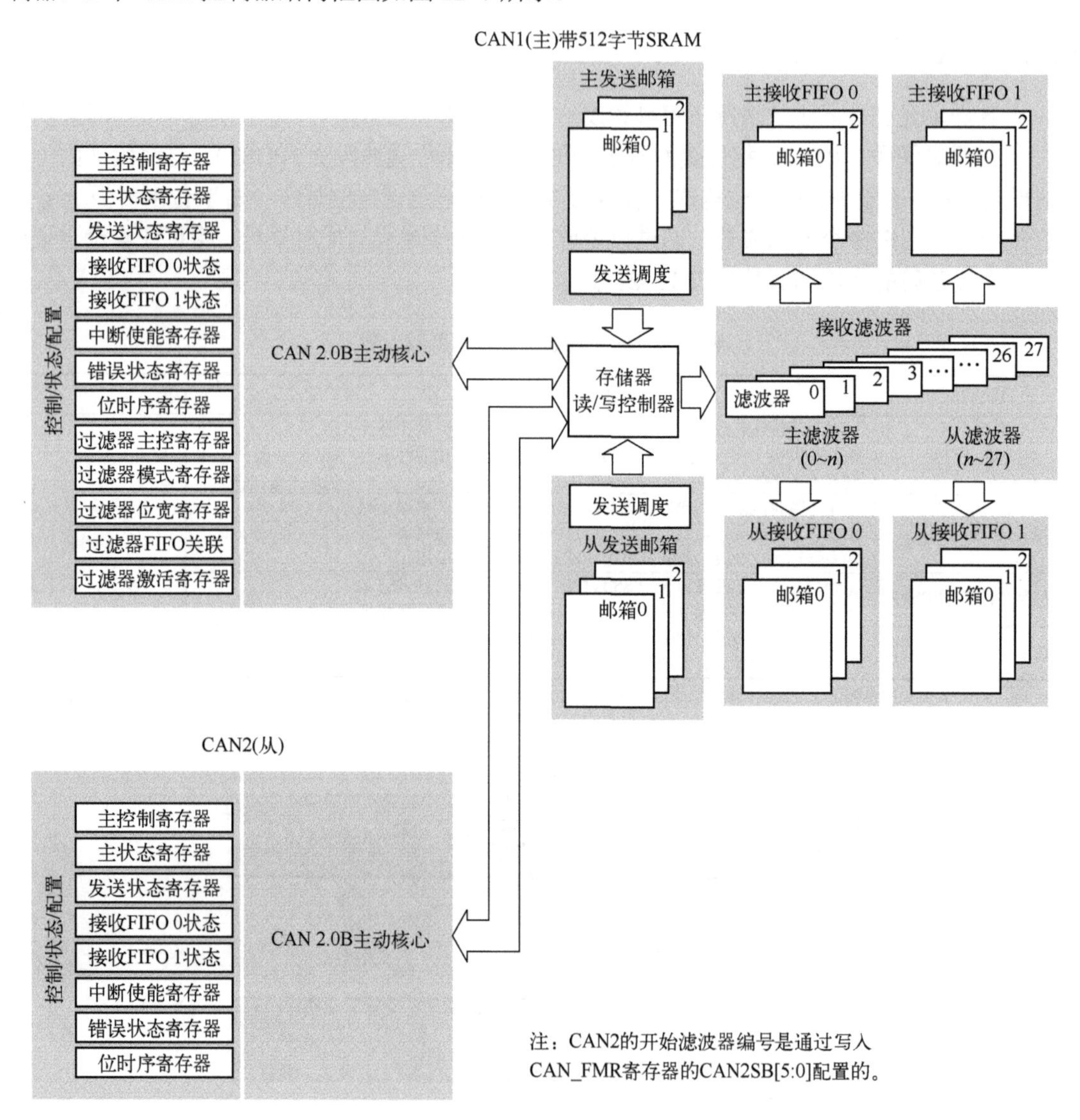

图 12-7　2 个 CAN 控制器结构框图

由图 12-7 可以看出，2 个 CAN 控制器都分别拥有自己的发送邮箱和接收 FIFO，但是它们共用 28 个过滤器。通过设置 CAN_FMR 寄存器，可以设置滤波器的分配方式。

STM32 的标识符过滤是一个比较复杂的过程，它的存在减少了 CPU 处理 CAN 通信的开销。STM32 的过滤器组最多有 28 个，每个过滤器组由 2 个 32 位寄存器，即 CAN_FxR1 和 CAN_FxR2 组成。

STM32 的每个过滤器组的位宽都可以独立配置，以满足应用程序的不同需求。根据位宽的不同，每个过滤器组可提供：

1）1 个 32 位过滤器，包括 STDID[10:0]、EXTID[17:0]、IED 和 RTR 位。

2）2 个 16 位过滤器，包括 STDID[10:0]、IED、RTR 和 EXTID[17:15]位。

此外，过滤器可配置为屏蔽位模式和标识符列表模式。

在屏蔽位模式下，标识符寄存器和屏蔽寄存器一起制定报文标识符的任何一位，按照必须匹配或不用关注处理。在标识符列表模式下，屏蔽寄存器也被当作标识符寄存器用。因此，不是采用一个标识符加一个屏蔽位的方式，而是使用 2 个标识符寄存器。接收报文标识符的每一位都必须与过滤器标识符相同。

12.2.5　STM32 的 CAN 过滤器

通过 CAN_FMR 寄存器，可以配置过滤器组的位宽和工作模式，如图 12-8 所示。

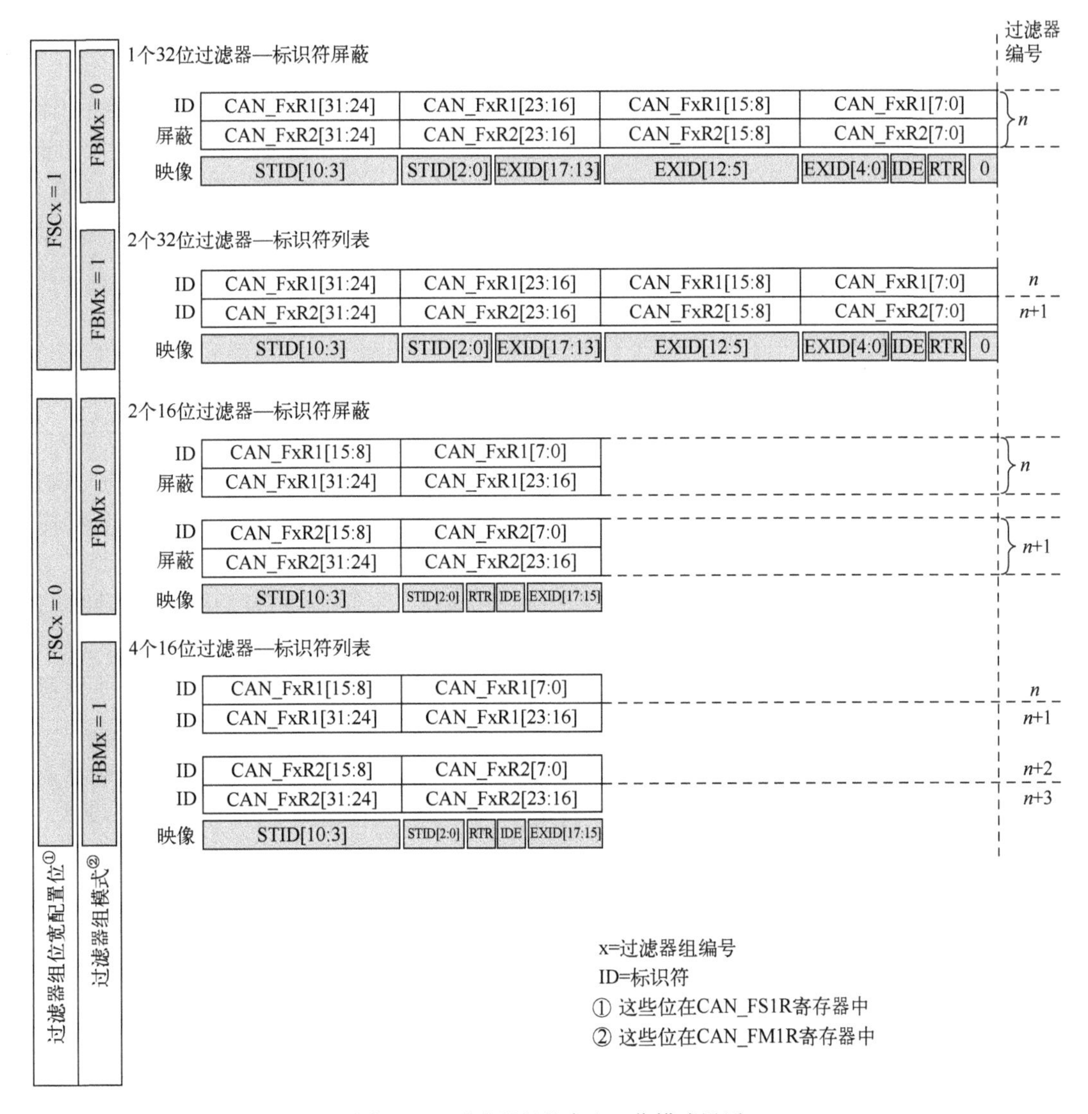

图 12-8　过滤器组位宽和工作模式设置

为了过滤出一组标识符，应该设置过滤器组工作在屏蔽位模式。为了过滤出一个标识符，应该设置过滤器组工作在标识符列表模式。应用程序不用的过滤器组，应该保持在禁用状态。过滤器组中每个过滤器都被编号，编号范围为从 9 开始到某个最大数值（取决于过滤器组的工作模式和位宽设置）。

举个简单的例子，设置过滤器组 0 工作在：1 个 32 位过滤器—标识符屏蔽模式，然后设置 CAN_FOR1=0xFFFF0000，CAN_FOR2=0xFF00FF00。其中存放到 CAN_FOR1 的值就是期望收到的 ID，即期望收到的映像（STID+EXTID+IDE+RTR）最好是 0xFFFF0000。而 0xFF00FF00 就是设置必须匹配的 ID，表示收到的映像，其位[31:24]和位[15:8]这 16 个位必须和 CAN_FOR1 中对应位一致，而另外的 16 个位则无关紧要，可以一致，也可以不一致，都认为是正确的 ID，即收到的映像必须是 0xFFxx00xx，才算正确的（x 表示无关紧要）。

12.3　STM32 的 bxCAN 工作模式

bxCAN 有三种主要的工作模式：初始化、正常和睡眠模式。

在硬件复位后，bxCAN 工作在睡眠模式以节省电能，同时 CANTX 引脚的内部上拉电阻被激活。软件通过对 CAN_MCR 寄存器的 INRQ 或 SLEEP 位置 1，可以请求 bxCAN 进入初始化或睡眠模式。一旦进入了初始化或睡眠模式，bxCAN 就对 CAN_MSR 寄存器的 INAK 或 SLAK 位置 1 来进行确认，同时内部上拉电阻被禁用。当 INAK 和 SLAK 位都为 0 时，bxCAN 就处于正常模式。在进入正常模式前，bxCAN 必须跟 CAN 总线取得同步；为取得同步，bxCAN 要等待 CAN 总线达到空闲状态，即在 CANRX 引脚上监测到 11 个连续的隐性位。

12.3.1　初始化模式

软件初始化应该在硬件处于初始化模式时进行。设置 CAN_MCR 寄存器的 INRQ 位为 1，请求 bxCAN 进入初始化模式，然后等待硬件对 CAN_MSR 寄存器的 INAK 位置 1 来进行确认。

清除 CAN_MCR 寄存器的 INRQ 位为 0，请求 bxCAN 退出初始化模式，当硬件对 CAN_MSR 寄存器的 INAK 位清 0 即表明确认了初始化模式的退出。

当 bxCAN 处于初始化模式时，禁止报文的接收和发送，并且 CANTX 引脚输出隐性位（高电平）。进入初始化模式，不会改变配置寄存器。

软件对 bxCAN 的初始化至少包括位时间特性（CAN_BTR）和控制（CAN_MCR）这两个寄存器。

在对 bxCAN 的过滤器组（模式、位宽、FIFO 关联、激活和过滤器值）进行初始化前，软件要对 CAN_FMR 寄存器的 FINIT 位置 1。对过滤器的初始化可以在非初始化模式下进行。

当 FINIT=1 时，报文的接收被禁止。

可以先对过滤器激活位清 0（在 CAN_FA1R 中），然后修改相应过滤器值。

如果过滤器组没有使用，那么就应该让它处于非激活状态（保持其 FACT 位为清 0 状态）。

12.3.2　正常模式

在初始化完成后，软件应该让硬件进入正常模式，以便正常接收和发送报文。软件可以通过对 CAN_MCR 寄存器的 INRQ 位清 0，请求 bxCAN 从初始化模式进入正常模式，然后等待硬件确认对 CAN_MSR 寄存器的 INAK 位置 1。在跟 CAN 总线取得同步，即在 CANRX 引脚上监测到 11 个连续的隐性位（等效于总线空闲）后，bxCAN 才能正常接收和发送报文。

不需要在初始化模式下进行过滤器初值的设置，但过滤器初值的设置必须在它处在非激活状态下完成（相应的 FACT 位清 0）。而过滤器的位宽和工作模式的设置，则必须在初始化模式中进入正常模式前完成。

12.3.3　睡眠模式（低功耗）

bxCAN 可工作在低功耗的睡眠模式。软件通过对 CAN_MCR 寄存器的 SLEEP 位置 1，请求进入睡眠模式。在该模式下，bxCAN 的时钟停止，但软件仍然可以访问邮箱寄存器。

当 bxCAN 处于睡眠模式时，软件必须对 CAN_MCR 寄存器的 INRQ 位置 1 并同时对 SLEEP 位清 0，才能进入初始化模式。

有两种方式可以唤醒（退出睡眠模式）bxCAN，即通过软件对 SLEEP 位置 1，或硬件检测到 CAN 总线的活动。

如果 CAN_MCR 寄存器的 AWUM 位为 1，一旦检测到 CAN 总线的活动，硬件就自动对 SLEEP 位清 0 来唤醒 bxCAN。如果 CAN_MCR 寄存器的 AWUM 位为 0，软件必须在唤醒中断中对 SLEEP 位清 0 才能退出睡眠状态。

如果唤醒中断被允许（CAN_IER 寄存器的 WKUIE 位为 1），那么一旦检测到 CAN 总线活动就会产生唤醒中断，而不管硬件是否会自动唤醒 bxCAN。

在对 SLEEP 位清 0 后，睡眠模式的退出必须与 CAN 总线同步。当硬件对 SLAK 位清 0 时，就确认了睡眠模式的退出。

12.4　STM32 的 bxCAN 测试模式

通过对 CAN_BTR 寄存器的 SILM 和/或 LBKM 位置 1 选择一种测试模式。只能在初始化模式下修改这两位。在选择了一种测试模式后，软件需要对 CAN_MCR 寄存器的 INRQ 位清 0，以真正进入测试模式。

12.4.1　静默模式

通过对 CAN_BTR 寄存器的 SILM 位置 1 选择静默模式。bxCAN 工作在静默模式如图 12-9 所示。

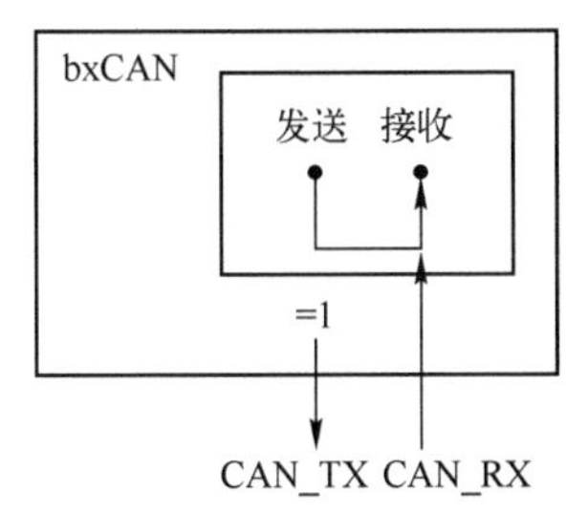

图 12-9　bxCAN 工作在静默模式

在静默模式下，bxCAN 可以正常地接收数据帧和远程帧，但只能发出隐性位，而不能真正发送报文。如果 bxCAN 需要发出显性位（确认位、过载标志、主动错误标志），那么这样的显性位在内部被接收回来从而可以被 CAN 内核检测到，同时 CAN 总线不会受到影响而仍然维持在隐性位状态。因此，静默模式通常用于分析 CAN 总线的活动，而不会对总线造成影响，显性位（确认位、错误帧）不会真正发送到总线上。

12.4.2 环回模式

通过对 CAN_BTR 寄存器的 LBKM 位置 1 选择环回模式。在环回模式下，bxCAN 把发送的报文当作接收的报文并保存（如果可以通过接收过滤）在接收邮箱里。bxCAN 工作在环回模式如图 12-10 所示。

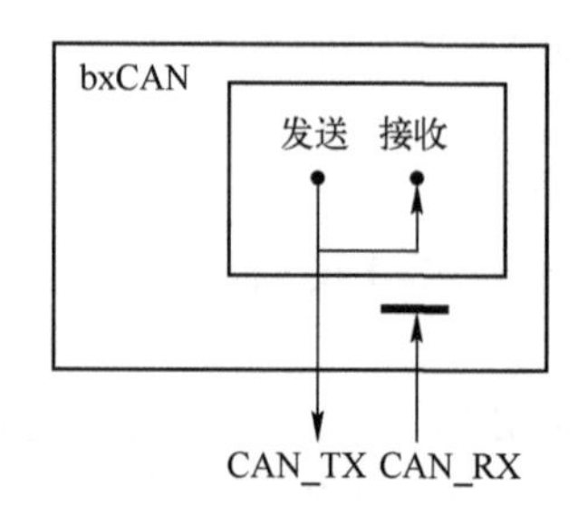

图 12-10　bxCAN 工作在环回模式

12.5 STM32 的 bxCAN 功能描述

12.5.1 CAN 发送流程

发送报文的流程为应用程序选择 1 个空置的发送邮箱；设置标识符、数据长度和待发送数据；然后对 CAN_TIxR 寄存器的 TXRQ 位置 1 请求发送。TXRQ 位置 1 后，邮箱就不再是空邮箱；而一旦邮箱不再为空置，软件对邮箱寄存器就不再有写的权限。TXRQ 位置 1 后，邮箱马上进入挂号状态，并等待成为最高优先级的邮箱（参见发送优先级）。一旦邮箱成为最高优先级的邮箱，其状态就变为预定发送状态。一旦 CAN 总线进入空闲状态，预定发送邮箱中的报文就马上被发送（进入发送状态）。一旦邮箱中的报文被成功发送，邮箱马上变为空置邮箱；硬件相应地对 CAN_TSR 寄存器的 RQCP 和 TXOK 位置 1 表明一次成功发送。

如果发送失败，由于仲裁引起的就对 CAN_TSR 寄存器的 ALST 位置 1，由于发送错误引起的就对 TERR 位置 1。

1．发送优先级

（1）发送优先级由标识符决定

当有超过 1 个发送邮箱在挂号时，发送顺序由邮箱中报文的标识符决定。根据 CAN 协议，标识符数值最低的报文具有最高的优先级。如果标识符的值相等，那么邮箱号小的报文先被发送。

（2）发送优先级由发送请求次序决定

通过对 CAN_MCR 寄存器的 TXFP 位置 1，可以把发送邮箱配置为发送 FIFO。该模式下发送的优先级由发送请求次序决定。该模式对分段发送很有用。

2．中止

通过对 CAN_TSR 寄存器的 ABRQ 位置 1 可以中止发送请求。邮箱如果处于挂号或预定发送状态，则发送请求马上被中止。如果邮箱处于发送状态，那么中止请求可能导致两种结果。如果邮箱中的报文被成功发送，那么邮箱变为空置邮箱，并且 CAN_TSR 寄存器的 TXOK 位被硬件置 1。如果邮箱中的报文发送失败，那么邮箱变为预定发送状态，然后发送请求被中止，邮箱变为空置邮箱且 TXOK 位被硬件清 0。因此，如果邮箱处于发送状态，那么在发送操作结束后，邮箱都会变为空置邮箱。

3. 禁止自动重传模式

禁止自动重传模式主要用于满足CAN标准中时间触发通信选项的需求。通过对CAN_MCR寄存器的 NART 位置 1 使硬件工作在该模式。

在该模式下，发送操作只会执行一次。如果发送操作失败，不管是由于仲裁丢失或发送出错，硬件都不会再自动发送该报文。

在一次发送操作结束后，硬件认为发送请求已经完成，从而对 CAN_TSR 寄存器的 RQCP 位置 1，同时发送的结果反映在 TXOK、ALST 和 TERR 位上。

CAN 的发送流程为：

1）选择 1 个空置邮箱（TME=1）。

2）设置标识符（ID）、数据长度和发送数据。

3）设置 CAN_TIxR 的 TXRQ 位为 1，请求发送。

4）邮箱挂号，等待成为最高优先级。

5）预定发送，等待总线空闲。

6）发送。

7）邮箱空置。

12.5.2　CAN 接收流程

CAN 接收到的有效报文被存储在 3 级邮箱深度的 FIFO 中。FIFO 完全由硬件来管理，从而节省了 CPU 的处理负载，简化了软件并保证了数据的一致性。应用程序只能通过读取 FIFO 输出邮箱来读取 FIFO 中最先收到的报文。这里的有效报文是指被正确接收、直到 EOF 域的最后一位都没有错误，而且通过了标识符过滤的报文。CAN 接收两个 FIFO，每个滤波器组都可以设置其关联的 FIFO，通过设置 CAN_FFAIR，可以将滤波器组并联到 FIFO 0/FIFO 1。

CAN 的接收流程为：

1）FIFO 空。

2）收到有效报文。

3）挂号_1，存入 FIFO 的 1 个邮箱，由硬件自动控制。

4）收到有效报文。

5）挂号_2。

6）收到有效报文。

7）挂号_3。

8）收到有效报文。

9）溢出。

CAN 接收流程中没有考虑从 FIFO 读出报文的情况，实际情况是必须在 FIFO 溢出之前，读出至少一个报文，否则当报文到来时，导致 FIFO 溢出，从而出现报文丢失。每读出 1 个报文，相应的挂号就减 1，直到 FIFO 空。

12.5.3 STM32 的 CAN 位时间特性

STM32 把传播时间段和相位缓冲段 1（或称为时间段 1）合并在一起。STM32 的 CAN 的一个位包括同步段（SYNC_SEG）、时间段 1（BS1）、时间段 2（BS2）。

STM32 的 BS1 段可以设置为 1～16 个时间单元，刚好等于传播时间段和相位缓冲段 1 之和。STM32 的 CAN 位时序如图 12-11 所示。

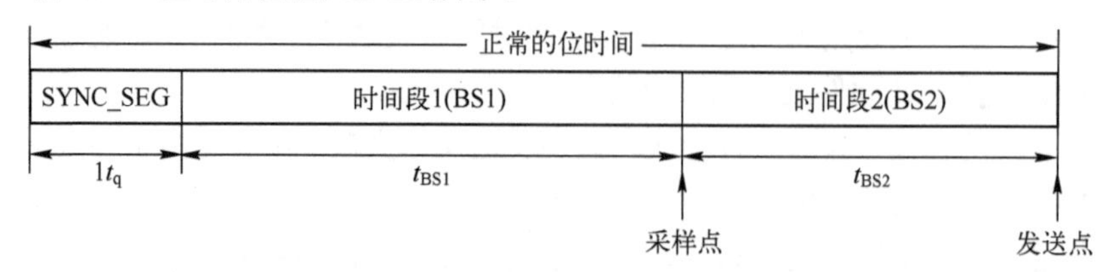

图 12-11 STM32 的 CAN 位时序

波特率=1/正常的位时间=$1\times t_q+t_{BS1}+t_{BS2}$

其中，t_q 为 1 个时间单元，t_q=(BRP[9:0]+1)t_{PCLK}，

t_{PCLK} 为 APB1 时钟的时间周期；$t_{BS1}=t_q$(TS1[3:0]+1)；$t_{BS2}=t_q$(TS2[2:0]+1)。BRP[9:0]、TS1[3:0] 和 TS2[2:0]在 CAN_BTR 寄存器中定义。

12.6 STM32 的 CAN 总线操作

通过以上寄存器的介绍，了解了 STM32 的 CAN 寄存器模式的相关设置，接下来学习库函数方式操作定时器。表 12-3 为操作 CAN 总线的库函数。下面重点介绍几个常用的函数。

表 12-3 操作 CAN 总线的库函数

函数名	描述
CAN_DeInit	将外设 CAN 的全部寄存器重设为默认值
CAN_Init	根据 CAN_InitStruct 中指定的参数初始化外设 CAN 的寄存器
CAN_FilterInit	根据 CAN_FilterInitStruct 中指定的参数初始化外设 CAN 的寄存器
CAN_StructInit	把 CAN_InitStruct 中的每一个参数按默认值填入
CAN_ITConfig	使能或者失能指定的 CAN 中断
CAN_Transmit	开始一个消息的传输
CAN_TransmitStatus	检查消息传输的状态
CAN_CancelTransmit	取消一个传输请求
CAN_FIFORelease	释放一个 FIFO
CAN_MessagePending	返回挂号的信息数量
CAN_Receive	接收一个消息
CAN_Sleep	使 CAN 进入低功耗模式
CAN_WakeUp	将 CAN 唤醒
CAN_GetFlagStatus	检查指定的 CAN 标志位被设置与否
CAN_ClearFlag	清除 CAN 的待处理标志位
CAN_GetITStatus	检查指定的 CAN 中断发生与否
CAN_ClearITPendingBit	清除 CAN 的中断待处理标志位

12.7　STM32 的 CAN 通信应用实例

CAN 在工业上有较多的应用，本节通过 CAN 总线主机和从机通信案例说明 CAN 通信的基本过程，演示如何使用 STM32 的 CAN 外设实现两个设备之间的通信。实验中使用了两个实验板，如果只有一个实验板，也可以使用 CAN 的回环模式进行测试。

12.7.1　STM32 的 CAN 通信应用硬件设计

双 CAN 通信实验硬件连接图如图 12-12 所示。开发板采用的是正点原子 F103 战舰开发板，微控制器采用 ST 公司的 STM32F103ZET6，收发器采用 TJA1050。

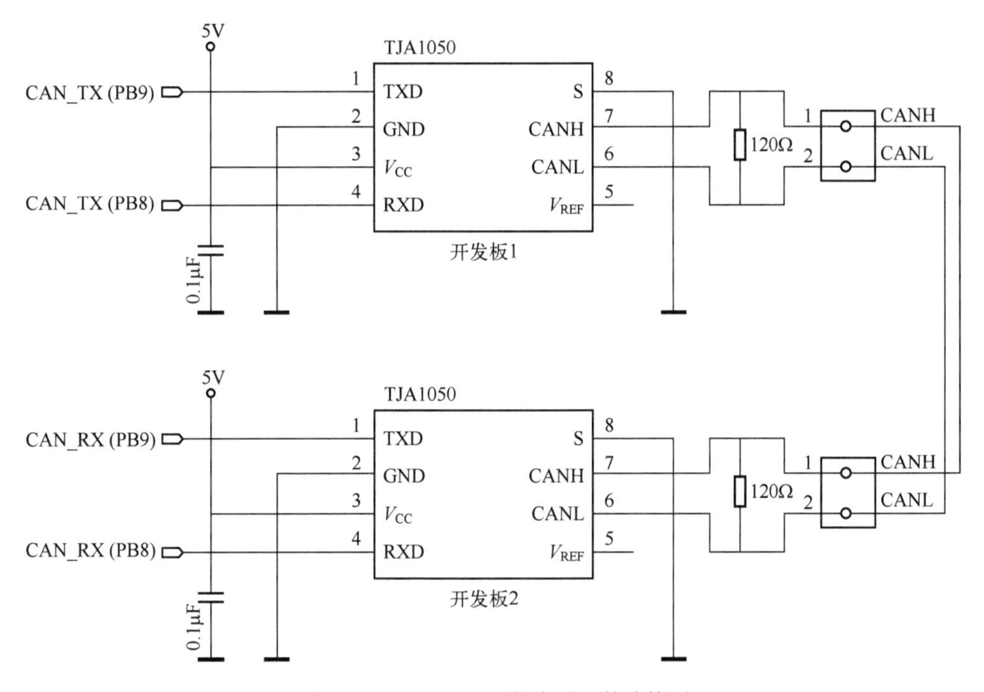

图 12-12　双 CAN 通信实验硬件连接图

图 12-12 是两个开发板的硬件连接。在单个开发板中，作为 CAN 控制器的 STM32 引出 CAN_TX 和 CAN_RX 两个引脚与 CAN 收发器 TJA1050 相连，收发器使用 CANH 及 CANL 引脚连接至 CAN 总线网络中。为了方便使用，每个实验板引出的 CANH 及 CANL 都连接了 1 个 120Ω的电阻作为 CAN 总线的终端电阻。

要实现通信，还要使用导线把开发板引出的 CANH 及 CANL 两根总线连接起来才能构成完整的网络。开发板之间 CANH 与 CANH 连接、CANL 与 CANL 连接即可。

如果是单机回环测试工程实验，就不需要使用导线连接开发板，而且也不需要给收发器供电，因为回环模式的信号是不经过收发器的。

12.7.2　STM32 的 CAN 通信应用软件设计

编程要点：

1）初始化 CAN 通信使用的目标引脚及端口时钟。

2）使能 CAN 外设的时钟。

3）配置 CAN 外设的工作模式、位时序以及波特率。

4）配置筛选器的工作方式。

5）编写测试程序，收发报文并校验。

1．can.h 头文件

```
#ifndef __CAN_H
#define __CAN_H
#include "sys.h"

//CAN 接收 RX0 中断使能
#define CAN_RX0_INT_ENABLE0 //0：不使能；1：使能

u8 CAN_Mode_Init(u8 tsjw,u8 tbs2,u8 tbs1,u16 brp,u8 mode);//CAN 初始化

u8 Can_Send_Msg(u8* msg,u8 len); //发送数据

u8 Can_Receive_Msg(u8 *buf); //接收数据
#endif
```

2．can.c 代码

```
#include "led.h"
#include "delay.h"
#include "usart.h"
//CAN 初始化
//tsjw：重新同步跳跃时间单元，范围为 CAN_SJW_1tq~ CAN_SJW_4tq
//tbs2：时间段 2 的时间单元，范围为 CAN_BS2_1tq~CAN_BS2_8tq
//tbs1：时间段 1 的时间单元，范围为 CAN_BS1_1tq ~CAN_BS1_16tq
//brp：波特率分频器，范围为 1～1024，tq=(brp)tpclk1
//波特率=fpclk1/[(tbs1+1+tbs2+1+1)brp]
//mode：CAN_Mode_Normal，普通模式；CAN_Mode_LoopBack，环回模式
//fpclk1 的时钟在初始化时设置为 36MHz，如果设置 CAN_Mode_Init(CAN_SJW_1tq,CAN_ BS2_8tq,
CAN_BS1_9tq,4,CAN_Mode_LoopBack)，则波特率为 36MHz/[(8+9+1)×4]=500kbit/s
//返回值：0，初始化成功
//返回值：其他，初始化失败
u8 CAN_Mode_Init(u8 tsjw,u8 tbs2,u8 tbs1,u16 brp,u8 mode)
{
    GPIO_InitTypeDef           GPIO_InitStructure;
    CAN_InitTypeDef            CAN_InitStructure;
    CAN_FilterInitTypeDef      CAN_FilterInitStructure;
#if CAN_RX0_INT_ENABLE
    NVIC_InitTypeDef           NVIC_InitStructure;
#endif

    RCC_APB2PeriphClockCmd(RCC_APB2Periph_GPIOA, ENABLE);//使能 PORTA 时钟

    RCC_APB1PeriphClockCmd(RCC_APB1Periph_CAN1, ENABLE);//使能 CAN1 时钟
```

```
	GPIO_InitStructure.GPIO_Pin = GPIO_Pin_12;
	GPIO_InitStructure.GPIO_Speed = GPIO_Speed_50MHz;
	GPIO_InitStructure.GPIO_Mode = GPIO_Mode_AF_PP;	//推挽复用输出
	GPIO_Init(GPIOA, &GPIO_InitStructure);//初始化 I/O

	GPIO_InitStructure.GPIO_Pin = GPIO_Pin_11;
	GPIO_InitStructure.GPIO_Mode = GPIO_Mode_IPU;//上拉输入
	GPIO_Init(GPIOA, &GPIO_InitStructure);//初始化 I/O

	//CAN 单元设置
	CAN_InitStructure.CAN_TTCM=DISABLE;	//非时间触发通信模式
	CAN_InitStructure.CAN_ABOM=DISABLE;	//软件自动离线管理
	CAN_InitStructure.CAN_AWUM=DISABLE;	//睡眠模式，通过软件唤醒（清除 CAN->MCR
的 SLEEP 位）
	CAN_InitStructure.CAN_NART=ENABLE;	//禁止报文自动传送
	CAN_InitStructure.CAN_RFLM=DISABLE;	//报文不锁定，新的覆盖旧的
	CAN_InitStructure.CAN_TXFP=DISABLE;	//优先级由报文标识符决定
	CAN_InitStructure.CAN_Mode= mode;	//模式设置，0 为普通模式；1 为环回模式
	//设置波特率
	CAN_InitStructure.CAN_SJW=tsjw;//重新同步跳跃宽度(tsjw)为 tsjw+1 个时间单位，CAN_SJW_
1tq，CAN_SJW_2tq，CAN_SJW_3tq，CAN_SJW_4tq
	CAN_InitStructure.CAN_BS1=tbs1; //tbs1=tbs1+1 个时间单位，CAN_BS1_1tq ~CAN_BS1_16tq
	CAN_InitStructure.CAN_BS2=tbs2;//tbs2=tbs2+1 个时间单位，CAN_BS2_1tq ~CAN_BS2_8tq
	CAN_InitStructure.CAN_Prescaler=brp;	//分频系数(fdiv)为 brp+1
	CAN_Init(CAN1, &CAN_InitStructure);	//初始化 CAN1

	CAN_FilterInitStructure.CAN_FilterNumber=0;	//过滤器 0
	CAN_FilterInitStructure.CAN_FilterMode=CAN_FilterMode_IdMask;	//屏蔽位模式
	CAN_FilterInitStructure.CAN_FilterScale=CAN_FilterScale_32bit;	//32 位宽
	CAN_FilterInitStructure.CAN_FilterIdHigh=0x0000;	//32 位 ID
	CAN_FilterInitStructure.CAN_FilterIdLow=0x0000;
	CAN_FilterInitStructure.CAN_FilterMaskIdHigh=0x0000;	//32 位 MASK
	CAN_FilterInitStructure.CAN_FilterMaskIdLow=0x0000;
	CAN_FilterInitStructure.CAN_FilterFIFOAssignment=CAN_Filter_FIFO0;//过滤器 0 关联到 FIFO0
	CAN_FilterInitStructure.CAN_FilterActivation=ENABLE;	//激活过滤器 0

	CAN_FilterInit(&CAN_FilterInitStructure);	//过滤器初始化

#if CAN_RX0_INT_ENABLE
	CAN_ITConfig(CAN1,CAN_IT_FMP0,ENABLE);	//FIFO0 消息挂号中断允许

	NVIC_InitStructure.NVIC_IRQChannel = USB_LP_CAN1_RX0_IRQn;
	NVIC_InitStructure.NVIC_IRQChannelPreemptionPriority = 1;	//主优先级为 1
	NVIC_InitStructure.NVIC_IRQChannelSubPriority = 0;	//次优先级为 0
	NVIC_InitStructure.NVIC_IRQChannelCmd = ENABLE;
	NVIC_Init(&NVIC_InitStructure);
```

```
#endif
        return 0;
}

#if CAN_RX0_INT_ENABLE        //使能 RX0 中断
//中断服务函数
void USB_LP_CAN1_RX0_IRQHandler(void)
{
        CanRxMsg RxMessage;
        int i=0;
       CAN_Receive(CAN1, 0, &RxMessage);
        for(i=0;i<8;i++)
        printf("rxbuf[%d]:%d\r\n",i,RxMessage.Data[i]);
}
#endif

//CAN 发送一组数据(固定格式：ID 为 0X12，标准帧，数据帧)
//len：数据长度(最大为 8)
//msg：数据指针，最大为 8B
//返回值：0，成功
//返回值：其他，失败
u8 Can_Send_Msg(u8* msg,u8 len)
{
        u8 mbox;
        u16 i=0;
        CanTxMsg TxMessage;
        TxMessage.StdId=0x12;                    // 标准标识符
        TxMessage.ExtId=0x12;                    // 设置扩展标示符
        TxMessage.IDE=CAN_Id_Standard;           // 标准帧
        TxMessage.RTR=CAN_RTR_Data;              // 数据帧
        TxMessage.DLC=len;                       // 要发送的数据长度
        for(i=0;i<len;i++)
        TxMessage.Data[i]=msg[i];
        mbox= CAN_Transmit(CAN1, &TxMessage);
        i=0;
        while((CAN_TransmitStatus(CAN1, mbox)==CAN_TxStatus_Failed)&&(i<0XFFF))i++; //等待发
送结束
        if(i>=0XFFF)return 1;
        return 0;
}
//CAN 口接收数据查询
//buf：数据缓存区
//返回值：0，无数据被接收到
//返回值：其他，接收的数据长度;
u8 Can_Receive_Msg(u8 *buf)
{
        u32 i;
```

```
    CanRxMsg RxMessage;
    if( CAN_MessagePending(CAN1,CAN_FIFO0)==0)return 0;        //没有接收到数据，直接退出
    CAN_Receive(CAN1, CAN_FIFO0, &RxMessage);                  //读取数据
    for(i=0;i<8;i++)
    buf[i]=RxMessage.Data[i];
    return RxMessage.DLC;
}
```

此部分代码总共包括 3 个函数。首先是 CAN_Mode_Init 函数，用于 CAN 初始化，带有 5 个参数，可以设置 CAN 通信的波特率和工作模式等。本章设计过滤器组 0 工作在 32 位标识符屏蔽模式，从设计值可以看出，该过滤器不会对任何标识符进行过滤，因为所有的标识符位都被设置成不需要关心，方便读者实验。

Can_Send_Msg 函数用于 CAN 报文的发送，主要是设置标识符 ID 等信息，最后写入数据长度、数据并请求发送，实现一次报文的发送。

Can_Receive_Msg 函数用来接收数据并且将接收到的数据存放到 buf 中。

3．main.c 代码

```
#include "led.h"
#include "delay.h"
#include "key.h"
#include "sys.h"
#include "lcd.h"
#include "usart.h"
#include "can.h"

int main(void)
 {
    u8 key;
    u8 i=0,t=0;
    u8 cnt=0;
    u8 canbuf[8];
    u8 res;
    u8 mode=CAN_Mode_LoopBack;//CAN 工作模式，CAN_Mode_Normal(0)：普通模式；CAN_Mode_LoopBack(1)：环回模式

    delay_init(); //延时函数初始化
    NVIC_PriorityGroupConfig(NVIC_PriorityGroup_2);//设置中断优先级分组为组 2：2 位抢占优先级，2 位响应优先级
    uart_init(115200);//串口初始化为 115200
    LED_Init();//初始化与 LED 连接的硬件接口
    LCD_Init();//初始化 LCD
    KEY_Init();//按键初始化

    CAN_Mode_Init(CAN_SJW_1tq,CAN_BS2_8tq,CAN_BS1_9tq,4,CAN_Mode_LoopBack);//CAN 初始化环回模式，波特率为 500kbit/s

    POINT_COLOR=RED;//设置字体为红色
    LCD_ShowString(60,50,200,16,16,"WarShip STM32");
```

```
        LCD_ShowString(60,70,200,16,16,"CAN TEST");
        LCD_ShowString(60,90,200,16,16,"ATOM@ALIENTEK");
        LCD_ShowString(60,110,200,16,16,"2022/5/31");
        LCD_ShowString(60,130,200,16,16,"LoopBack Mode");
        LCD_ShowString(60,150,200,16,16,"KEY0:Send WK_UP:Mode")        //;显示提示信息
        POINT_COLOR=BLUE;//设置字体为蓝色
        LCD_ShowString(60,170,200,16,16,"Count:");                     //显示当前计数值
        LCD_ShowString(60,190,200,16,16,"Send Data:");                 //提示发送的数据
        LCD_ShowString(60,250,200,16,16,"Receive Data:");              //提示接收到的数据
        while(1)
        {
            key=KEY_Scan(0);
            if(key= =KEY0_PRES)//KEY0 按下，发送一次数据
            {
                for(i=0;i<8;i++)
                {
                    canbuf[i]=cnt+i;//填充发送缓冲区
                    if(i<4)LCD_ShowxNum(60+i*32,210,canbuf[i],3,16,0X80);      //显示数据
                    else LCD_ShowxNum(60+(i-4)*32,230,canbuf[i],3,16,0X80);    //显示数据
                }
                res=Can_Send_Msg(canbuf,8);//发送 8 个字节
                if(res)LCD_ShowString(60+80,190,200,16,16,"Failed");       //提示发送失败
                else LCD_ShowString(60+80,190,200,16,16,"OK");             //提示发送成功

            }else if(key= =WKUP_PRES)//KEY_UP 按下，改变 CAN 的工作模式
            {
                mode=!mode;
                CAN_Mode_Init(CAN_SJW_1tq,CAN_BS2_8tq,CAN_BS1_9tq,4,mode);//CAN 普通模
式初始化，波特率为 500kbit/s
                POINT_COLOR=RED;//设置字体为红色
                if(mode= =0)//普通模式，需要 2 个开发板
                {
                    LCD_ShowString(60,130,200,16,16,"Nnormal Mode ");
                }else //环回模式，一个开发板即可测试
                {
                    LCD_ShowString(60,130,200,16,16,"LoopBack Mode");
                }
                POINT_COLOR=BLUE;//设置字体为蓝色
            }
            key=Can_Receive_Msg(canbuf);
            if(key)//接收到有数据
            {
                LCD_Fill(60,270,130,310,WHITE);//清除之前的显示
                for(i=0;i<key;i++)
                {
                    if(i<4)LCD_ShowxNum(60+i*32,270,canbuf[i],3,16,0X80);      //显示数据
                    else LCD_ShowxNum(60+(i-4)*32,290,canbuf[i],3,16,0X80);    //显示数据
                }
            }
```

```
                t++;
                delay_ms(10);
                if(t==20)
                {
                    LED0=!LED0;//提示系统正在运行
                    t=0;
                    cnt++;
                    LCD_ShowxNum(60+48,170,cnt,3,16,0X80);    //显示数据
                }
            }
        }
```

此部分代码主要关注 CAN_Mode_Init（CAN_SJW_1tq，CAN_BS1_8tq，CANBS2_9tq，4，CAN_Mode_LoopBack），该函数用于设置波特率和 CAN 的工作模式。根据前面的波特率计算公式可知，这里的波特率被初始化为 500kbit/s。mode 参数用于设置 CAN 的工作模式（正常模式/环回模式），通过 KEY_UP 按键可以随时切换模式。cnt 是一个累加数，一旦 KEY_RIGHT（KEY0）按下，就以这个数位基准连续发送 8 个数据。当 CAN 总线收到数据时，就将收到的数据直接显示在 LCD 屏幕上。CAN 环回模式程序运行效果如图 12-13 所示。

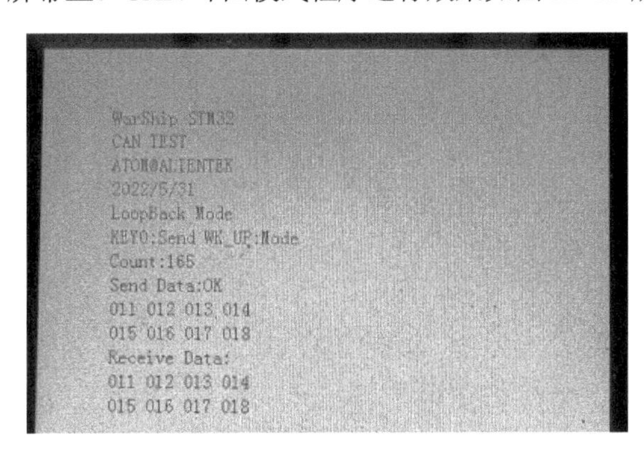

图 12-13　CAN 环回模式程序运行效果

CAN 正常模式程序运行效果如图 12-14 所示。

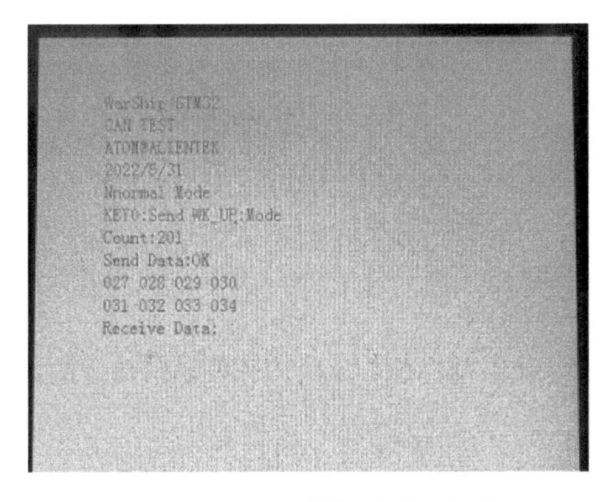

图 12-14　CAN 正常模式程序运行效果

第13章　人机接口和DGUS屏的应用开发

本章介绍了人机接口和DGUS屏的应用开发，包括独立式键盘接口设计、矩阵式键盘接口设计、LED显示器接口设计和DGUS彩色液晶显示屏的开发。

13.1　独立式键盘接口设计

在嵌入式控制系统中，为了实现人机对话或某种操作，需要一个人机接口（Human Machine Interface，HMI，或Man Machine Interface，MMI），通过设计一个过程运行操作台（面板）来实现。由于生产过程各异，要求管理和控制的内容也不尽相同，所以操作台（面板）一般由用户根据工艺要求自行设计。

操作台（面板）的主要功能如下：

1）输入和修改源程序。

2）显示和打印中间结果及采集参数。

3）对某些参数进行声光报警。

4）启动和停止系统的运行。

5）选择工作方式，如自动/手动（A/M）切换。

6）各种功能键的操作。

7）显示生产工艺流程。

为了完成上述功能，操作台一般由数字键、功能键、开关、显示器和各种输入/输出设备组成。

键盘是计算机控制系统中不可缺少的输入设备，它是人机对话的纽带，它能实现向计算机输入数据、传送命令。

13.1.1　键盘的特点及确认

1．键盘的特点

键盘实际上是一组按键开关的组合。通常，按键所用开关为机械弹性开关，均利用了机械触点的合、断作用。一个按键开关通过机械触点的断开、闭合过程，其波形如图13-1所示。由于机械触点的弹性作用，一个按键开关在闭合时不会马上稳定地接通，在断开时也不会立刻断开。因而在闭合与断开的瞬间均伴随着一连串的抖动，抖动时间的长短由按键的机械特性决定，一般为5～10ms。

按键的稳定闭合期的长短则是由操作人员的按键动作决定的，一般为零点几秒到几秒的时间。

2．按键的确认

一个按键的电路如图13-2所示。当按键SB按下时，V_A=0，为低电平；当按键SB未按下时，V_A=1，为高电平。反之，当V_A=0时，表示按键SB按下；当V_A=1时，表示按键SB未按下。

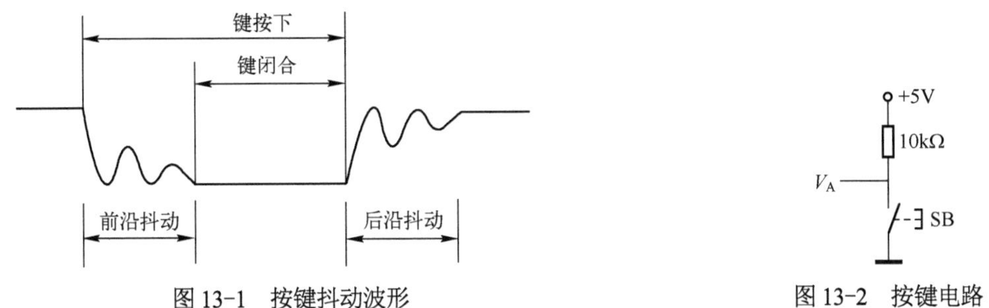

图 13-1　按键抖动波形　　　图 13-2　按键电路

按键的闭合与否，反应在电压上就是呈现出高电平或低电平，如果高电平表示断开，那么低电平则表示闭合，所以通过对电平的高低状态检测，便可确认按键按下与否。

3．消除按键的抖动

消除按键抖动的方法有两种：硬件方法和软件方法。

（1）硬件方法

采用 RC 滤波消抖电路或 RS 双稳态消抖电路。

（2）软件方法

如果按键较多，采用硬件消抖将无法实现。因此，常采用软件的方法进行消抖。第一次检测到有键按下时，执行一段延时 10ms 的子程序后，再确认该键电平是否仍保持闭合状态电平，如果保持闭合状态电平则确认为真正有键按下，从而消除了抖动的影响。但这种方法占用 CPU 的时间。

13.1.2　独立式按键扩展实例

独立式按键就是各按键相互独立，每个按键各接一根输入线，一根输入线上的按键工作状态不会影响其他输入线上按键的工作状态。因此，通过检测输入线的电平状态可以很容易判断哪个按键被按下。

独立式按键电路配置灵活，软件结构简单。但每个按键需占用一根输入口线，在按键数量较多时，输入口浪费大，电路结构显得很复杂，故这种键盘适用于按键较少或操作速度较快的场合。下面介绍几种独立按键的接口。

采用 74HC245 三态缓冲器扩展独立式按键的电路如图 13-3 所示。

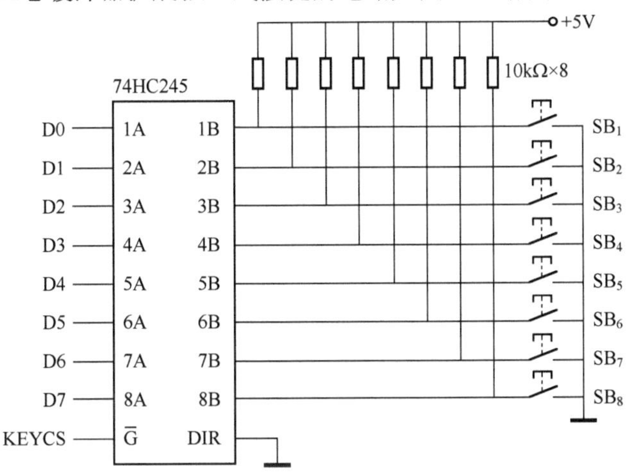

图 13-3　采用 74HC245 三态缓冲器扩展独立式按键的电路

图 13-3 中，KEYCS 为读键值口地址。按键 SB_1～SB_8 的键值为 00H～07H，如果这 8 个按键均为功能键，为简化程序设计，可采用散转程序设计方法。

数据总线 D0～D7 和 KEYCS 片选信号接 STM32 的 GPIO 口。

13.2 矩阵式键盘接口设计

矩阵式键盘适用于按键数量较多的场合，它由行线和列线组成，按键位于行、列的交叉点上。如图 13-4 所示，一个 4×4 的行、列结构可以构成一个含有 16 个按键的键盘。很明显，在按键数量较多的场合，矩阵键盘与独立式按键键盘相比，要节省很多的 I/O 口。

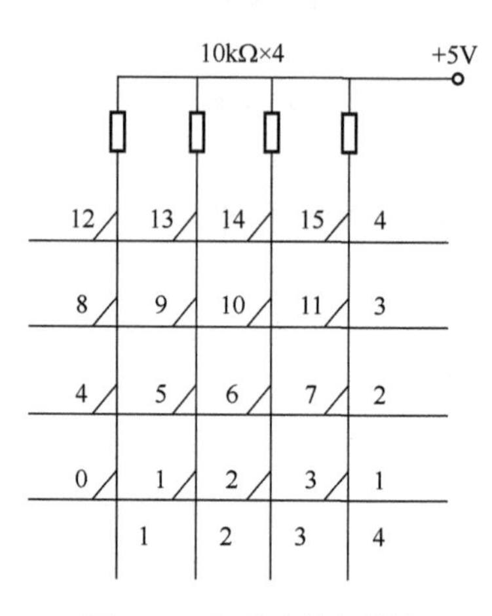

图 13-4　矩阵式键盘结构

13.2.1 矩阵式键盘工作原理

按键设置在行、列线交点上，行、列线分别连接到按键开关的两端，行线通过上拉电阻接到+5V 上。平时无按键动作时，行线处于高电平状态，而当有按键按下时，行线电平状态将由与此行线相连的列线电平决定。列线电平如果为低电平，则行线电平为低电平；列线电平如果为高电平，则行线电平亦为高电平。这一点是识别矩阵键盘按键是否被按下的关键所在。由于矩阵键盘中行、列线为多键共用，各按键均影响该按键所在行和列的电平。因此，各按键彼此将相互发生影响，所以必须将行、列线信号配合起来并进行适当的处理，才能正确地确定闭合按键的位置。

13.2.2 按键的识别方法

矩阵键盘按键的识别分两步进行：

第一步，识别键盘有无按键被按下。

第二步，如果有按键被按下，识别出具体的按键。

识别键盘有无按键被按下的方法是设置所有行线均为 0 电平，检查各列线电平是否有变化，如果有变化，则说明有按键被按下，如果没有变化，则说明无按键被按下。（实际编程时应考虑按键抖动的影响，通常总是采用软件延时的方法进行消抖处理。）

识别具体按键的方法（亦称之为扫描法）是逐行置为 0 电平，其余各行置为高电平，检查各列线电平的变化，如某列电平由高电平变为 0 电平，则可确定此行此列交叉点处的按键被按下。

13.2.3　键盘的编码

对于独立式按键键盘，由于按键的数目较少，可根据实际需要灵活编码。对于矩阵式键盘，按键的位置由行号和列号唯一确定，所以分别对行号和列号进行二进制编码，然后将两值合成一个字符，高 4 位是行号，低 4 位是列号，这将是非常直观的。

无论以何种方式编码，均应以处理问题方便为原则，而最基本的是按键所处的物理位置即行号和列号，它是各种编码之间相互转换的基础，编码相互转换可通过查表的方法实现。

13.3　LED 显示器接口设计

发光二极管（Light Emitting Diode, LED）是一种电—光转换型器件，是 PN 结结构。在 PN 结上加正向电压，产生少子注入，少子在传输过程中不断扩散，不断复合而发光。改变所采用的半导体材料，就能得到不同波长的发光颜色。

早期开发的普通型 LED，是中、低亮度的红、橙、黄、绿 LED，已获广泛使用。近期开发的新型 LED 是指蓝光 LED 和高亮度、超高亮度 LED。

LED 产业的重点一直为可见光范围 380～760nm，约占 LED 总产量的 90%以上。

LED 的发光机理是电子、空穴带间跃迁复合发光。

LED 的主要优点如下：

1）主动发光，一般产品亮度>1cd/m^2，高的可达 10cd/m^2。

2）工作电压低，约为 2V。

3）由于是正向偏置工作，因此性能稳定，工作温度范围宽，寿命长(10^5h)。

4）响应速度快。对于直接复合型材料，响应频率为 16～160MHz；对于间接复合材料，响应频率为 10^5～10^6Hz。

5）尺寸小。一般 LED 的 PN 结芯片面积为 0.3mm^2。

LED 的主要缺点是电流大、功耗大。

13.3.1　LED 显示器的结构

LED 显示器由发光二极管组成，分为共阴极和共阳极两种，其结构如图 13-5 所示。图 13-5a 为共阴极接法，图 13-5b 为共阳极接法。

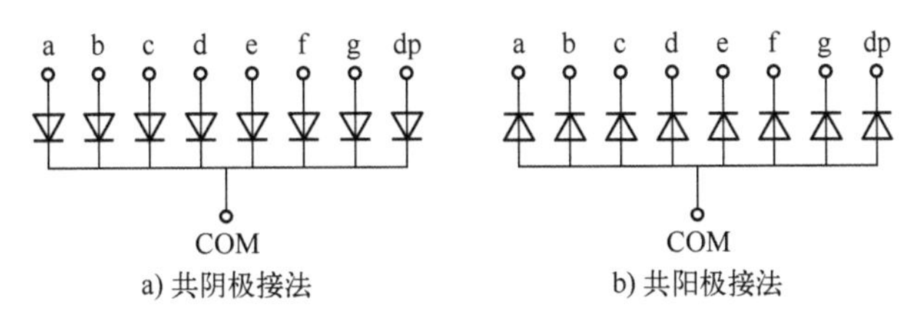

图 13-5　LED 显示器结构

LED 显示器的外形图如图 13-6 所示。

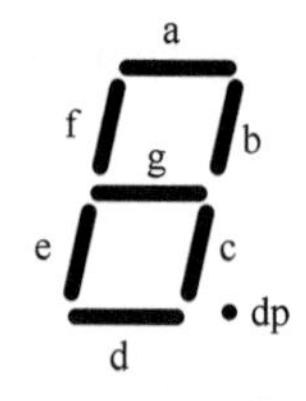

图 13-6 LED 显示器外形图

在图 13-6 中，每一段与数据线的对应关系如下：

数据线：	D7	D6	D5	D4	D3	D2	D1	D0
LED 段：	dp	g	f	e	d	c	b	a

共阴极 LED 显示器将所发光二极管的阴极连在一起，作为公共端 COM，如果将 COM 端接低电平，当某个发光二极管的阳极为高电平时，对应字段点亮。同样，共阳极 LED 数码显示器将所有发光二极管的阳极连在一起，作为公共端 COM，如果 COM 端接高电平，当某个发光二极管的阴极为低电平时，对应字段点亮。a、b、c、d、e、f、g 为 7 段数码显示，dp 为小数点显示。共阴极和共阳极 LED 显示器的字模见表 13-1。

表 13-1 LED 显示器字模表

显示字符	共阳极	共阴极	显示字符	共阳极	共阴极
0	C0H	3FH	b	83H	7CH
1	F9H	06H	c	C6H	39H
2	A4H	5BH	d	A1H	5EH
3	B0H	4FH	E	86H	79H
4	99H	66H	F	8EH	71H
5	92H	6DH	P	8CH	73H
6	82H	7DH	U	C1H	3EH
7	F8H	07H	Y	91H	31H
8	80H	7FH	H	89H	6EH
9	90H	6FH	L	C7H	76H
A	88H	77H	“灭”	FFH	00H

13.3.2 LED 显示器的扫描方式

LED 显示器为电流型器件，有两种显示扫描方式。

1. 静态显示扫描方式

（1）显示电路

静态显示扫描方式下每一位 LED 显示器占用一个控制电路，如图 13-7 所示。

图 13-7 中每一个控制电路包括锁存器、译码器、驱动器，DB 为数据总线。当控制电路中包括译码器时，通常只用 4 位数据总线，由译码器实现 BCD 码到 7 段码的译码，但一般不包括小数点，小数点需要单独的电路；当控制电路中不包括译码器时，通常需要 8 位数据总线，此时写入的数据为对应字符或数字的字模，包括小数点。CS0、CS1、…、CS*n* 为片选信号。

数据总线 DB 和 CS0、CS1、…、CS*n* 片选信号接 STM32 的 GPIO 口。

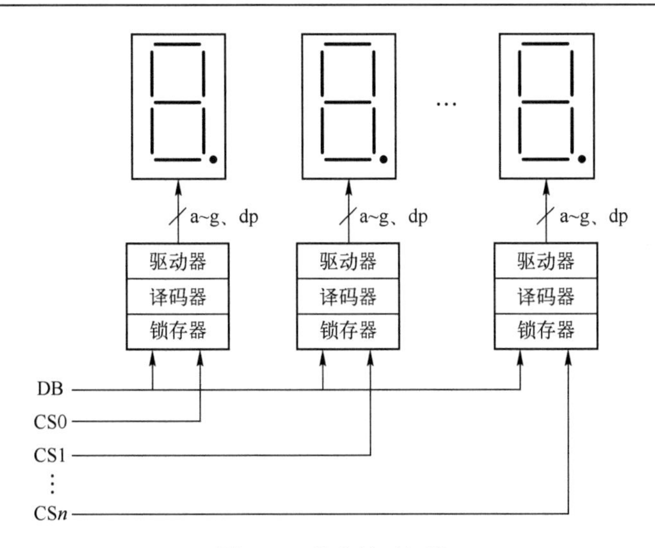

图 13-7　静态显示扫描

（2）程序设计

静态显示扫描方式下被显示的数据（1 位 BCD 码或字模）写入相应口地址（CS0～CS*n*）。

2．动态显示扫描方式

（1）显示电路

动态显示扫描方式下所有 LED 显示器共用 a～g、dp 段，如图 13-8 所示。

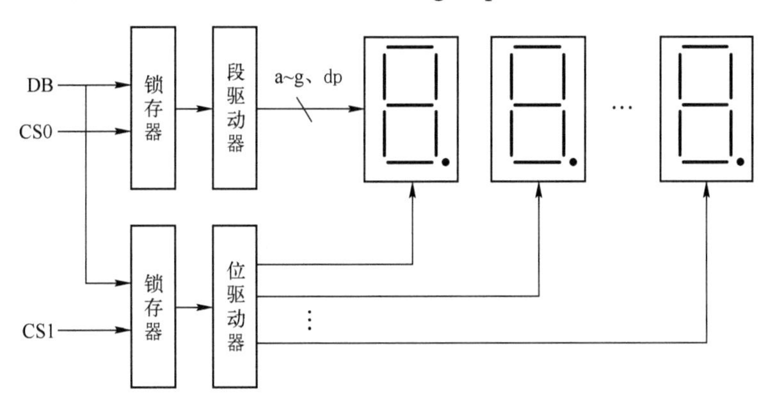

图 13-8　动态显示扫描

图 13-8 中，CS0 控制段驱动器，驱动电流一般为 5～10mA，对于大尺寸的 LED 显示器，段驱动电流会大一些；CS1 控制位驱动器，驱动电流至少是段驱动电流的 8 倍。根据 LED 是共阴极还是共阳极接法，需改变驱动回路。

数据总线 DB 和 CS0、CS1 片选信号接 STM32 的 GPIO 口。

动态扫描显示是利用人的视觉停留现象，20ms 内将所有 LED 显示器扫描一遍。在某一时刻，只有一位亮，位显示切换时，先关显示。

（2）程序设计

以 6 位 LED 显示器为例，动态显示扫描程序设计方法如下：

1）设置显示缓冲区，如图 13-9 所示被显示的数存放于对应单元。

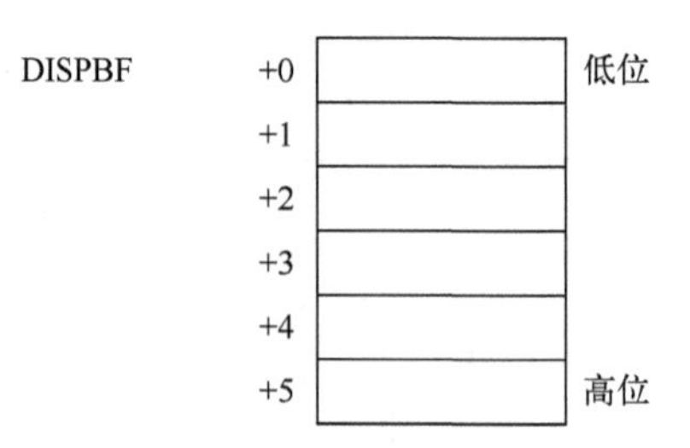

图 13-9　显示缓冲区

2）设置显示位数计数器 DISPCNT，表示现在显示哪一位。DISPCNT 初值为 00H，表示在最低位。每更新一位显示其内容加 1，当加到 06H 时，回到初值 00H。

3）设置位驱动计数器 DRVCNT。初值为 01H，对应最低位。某位为 0，禁止显示。某位为 1，允许显示。

4）确定口地址。段驱动口地址为 CS0；位驱动口地址为 CS1。

5）建立字模表。

6）显示程序流程。

动态显示扫描显示程序流程如图 13-10 所示。

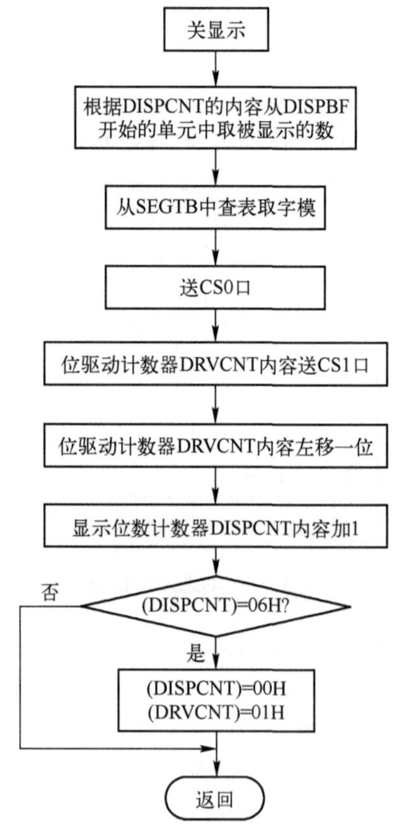

图 13-10　动态显示扫描显示程序流程

13.4　DGUS 彩色液晶显示屏的开发

DMT32240C035_06WN 是北京迪文科技有限公司生产的一款 DGUS 彩色液晶显示屏，该显示屏基于 T5 双核 CPU，GUI 和 OS 核主频均为 250MHz，功耗极低。外观大小为 3.5in，能显示的画面大小为 320×240 像素，无触摸功能，5V 供电，使用 16 位调色板（5R6G5B），可显示 65K 色，可进行 100 级亮度调节。

DGUS 彩色液晶显示屏与外部的两个接口分别为排线和 SD 卡槽，其中排线为 UART 串行通信口和电源（共 4 根线，V_{DD}、TXD、RXD、V_{SS}），与呼吸机主板相连，用来实现主板向彩色液晶显示屏发送显示命令；SD 卡槽用来下载用 DGUS 开发的显示界面和显示配置。

DGUS 彩色液晶显示屏通过 DGUS 开发软件，可以非常方便地显示汉字、数字、符号、图形、图片、曲线、仪表盘等，特别易于后续修改，彻底改变了液晶显示器采用点阵显示的开发方式，节省了大量的人力物力。DGUS 不同于一般的液晶显示器的开发方式，是一种全新的开发方式。微控制器通过 UART 串行通信接口发送显示的命令，每页显示的内容变化通过页切换即可实现。

DGUS 彩色液晶显示屏的尺寸有 2.0in、2.4in、2.8in、3.0in、3.5in、4.0in、4.1in、4.3in、4.5in、5.0in、5.6in、5.7in、6.8in、7.0in、8.0～21.5in 不同规格。

详细的介绍可以参考北京迪文科技有限公司官网：http://www.dwin.com.cn/。国内生产类似彩色液晶显示屏的厂家还有广州大彩光电科技有限公司，官网为：http://www.gz-dc.com/。

13.4.1　屏存储空间

DMT32240C035_06WN 彩色液晶显示屏的存储空间介绍如下。

1．数据变量空间

数据变量空间是一个最大 128KB 的双口 RAM，两个 CPU 核通过数据变量空间交换数据，每个地址是 Word 类型，地址空间为 0～0xFFFF。分区定义见表 13-2。

表 13-2　DGUS 彩色液晶显示屏数据变量空间分区定义

变量地址区间	区间大小（千字）	定义	说明
0x0000～0x03FF	1.0	系统变量接口	硬件、存储器访问控制、数据交换，具体定义和硬件平台有关
0x0400～0x07FF	1.0	系统保留	用户不要使用
0x0800～0x0BFF	1.0	系统保留	用户不要使用
0x0C00～0x0FFF	1.0	语音播放写数据缓冲区	I^2S 或 PWM 语音播放数据接口（用户通过 DWIN OS 控制）
0x1000～0xFFFF	60	用户变量区	用户变量、存储器读/写缓冲区等，用户自行规划

其中，0x0000～0x0FFF 变量地址区间被系统保留使用，包括 2KB 的系统变量接口，4KB 的系统保留，2KB 的语音播放写数据缓冲区；0x1000～0xFFFF 变量地址区间用户可以自由使用。另外，产品中会提供一些基本的库，这些库提前规划占用了 0xA000～0xFFFF 变量地址区间，所以实际编程中应用程序可用地址区间为 0x1000～0x9FFF，主要用于数据变量、文本变量、图标变量、基本图形变量的存储。使用 0x82（写）/0x83（读）指令来访问，以字为单位。

2．字库（图标）空间

DGUS 彩色液晶显示屏有 64MB Flash 存储器作为字库（图标）存储器。其中，后 32MB 为字库和音乐空间复用，前 32MB 划分为 128 个大小为 256KB 的字库空间，对应的字库空间 ID 为 0～127，具体说明见表 13-3。用户只能使用 ID 为 24～127 的空间来存储字库文件或图标文件，即在给字库文件或图标文件命名时，开头只能为 24～127 的数字。在存储文件时，要保证存储空间大于文件大小，若文件大小超过256KB，则占用多个ID，下一个文件命名时不能使用已被占用的ID。

表13-3　DGUS彩色液晶显示屏字库（图标）空间分配

字库ID	大小	说明	备注
0	3072KB	0#ASCII字库	0_DWIN_ASC.HZK
13	256KB	触控配置文件	13_触控.BIN
14	2048KB	变量配置文件，最多1024页，每页最多64个变量	14_变量.BIN
24～127	26MB	字库（图标）库，其中64～127字库也可以作为用户数据库	用户自定义

3．图片空间

DGUS彩色液晶显示屏有64MB Flash存储器专门用来保存图片，共可储存320×240分辨率的图片245张，这些图片全部作为背景显示界面，命名时全部以数字开头来表示其ID号，切换显示界面时只需切换相应的ID号。

4．寄存器

T5的DWIN OS一共有2048个寄存器，分成8页来访问，每页256个寄存器，对应R0～R255。

寄存器页面定义见表13-4。

表13-4　DGUS彩色液晶显示屏寄存器页面定义

寄存器页面ID	定义	说明
0x00～0x07	数据寄存器	每组256个，R0～R255
0x08	接口寄存器	DR0～DR255

其中接口寄存器用于对硬件资源的快速访问接口，见表13-5。

表13-5　DGUS彩色液晶显示屏接口寄存器

DR#	长度	R/W	定义	说明
0	1	R/W	REG_Page_Sel	OS的8个寄存器页切换，DR0=0x00～0x07
1	1	R/W	SYS_STATUS	系统状态寄存器，按位定义：.7 CY为进位标记；.6 DGUS为屏变量自动上传功能控制，1=关闭，0=开启
2	14	--	系统保留	禁止访问
16	1	R	UART3_TTL_Status	串口接收帧超时定时器状态：0x00=接收超时定时器溢出，其他=未溢出。必须先用RDXLEN指令读取接收长度，长度不为0再检查超时定时器状态
17	1	R	UART4_TTL_Status	
18	1	R	UART5_TTL_Status	
19	1	R	UART6_TTL_Status	
20	1	R	UART7_TTL_Status	
21	1		保留	
22	1	R	UART3_TX_LEN	UART3发送缓冲区使用深度（Bytes），缓冲区大小为256B，用户只读
23	1	R	UART4_TX_LEN	UART4发送缓冲区使用深度（Bytes），缓冲区大小为256B，用户只读
24	1	R	UART5_TX_LEN	UART5发送缓冲区使用深度（Bytes），缓冲区大小为256B，用户只读
25	1	R	UART6_TX_LEN	UART6发送缓冲区使用深度（Bytes），缓冲区大小为256B，用户只读

（续）

DR#	长度	R/W	定义	说明
26	1	R	UART7_TX_LEN	UART7 发送缓冲区使用深度（Bytes），缓冲区大小为 256B，用户只读
27	1		保留	
28	1	R/W	UART3_TTL_SET	UART3 接收帧超时定时器时间，单位 0.5ms，0x01～0xFF，上电设置为 0x0A
29	1	R/W	UART4_TTL_SET	UART4 接收帧超时定时器时间，单位 0.5ms，0x01～0xFF，上电设置为 0x0A
30	1	R/W	UART5_TTL_SET	UART5 接收帧超时定时器时间，单位 0.5ms，0x01～0xFF，上电设置为 0x0A
31	1	R/W	UART6_TTL_SET	UART6 接收帧超时定时器时间，单位 0.5ms，0x01～0xFF，上电设置为 0x0A
32	1	R/W	UART7_TTL_SET	UART7 接收帧超时定时器时间，单位 0.5ms，0x01～0xFF，上电设置为 0x0A
33	1	--	保留	
34	1	R/W	T0	8 位用户定时器 0，++计数，基准 10μs
35	2	R/W	T1	16 位用户定时器 1，++计数，基准 10μs
37	2	R/W	T2	16 位用户定时器 2，++计数，基准由用户用 CONFIG 指令设定
39	2	R/W	T3	16 位用户定时器 3，++计数，基准由用户用 CONFIG 指令设定
41	1	R/W	CNT0_Sel	相应位置 1，选择对应 I/O 进行跳变计数，对应 IO7～IO0
42	1	R/W	CNT1_Sel	相应位置 1，选择对应 I/O 进行跳变计数，对应 IO7～IO0
43	1	R/W	CNT2_Sel	相应位置 1，选择对应 I/O 进行跳变计数，对应 IO15～IO8
44	1	R/W	CNT3_Sel	相应位置 1，选择对应 I/O 进行跳变计数，对应 IO15～IO8
45	1	R/W	Int_Reg	中断控制寄存器：.7=中断总开关，1=使能（是否开启取决于单独中断控制位），0=禁止；.6=Timer INT0 Enable，1=中断定时器 0 中断开启，0=中断定时器 0 中断关闭；.5=Timer INT1 Enable，1=中断定时器 1 中断开启，0=中断定时器 1 中断关闭；.4=Timer INT2 Enable，1=中断定时器 2 中断开启，0=中断定时器 2 中断关闭
46	1	R/W	Timer INT0 Set	8 位定时器中断 0 设置值，中断时间=Timer_INT0_Set*10μs，0x00 =256
47	1	R/W	Timer INT1 Set	8 位定时器中断 1 设置值，中断时间=Timer_INT1_Set*10μs，0x00 =256
48	2	R/W	Timer INT2 Set	16 位定时器中断 2 设置值，中断时间=(Timer_INT2_Set+1)*10μs
50	10	R/W	Polling_Out0_Set	第 1 路 IO0～IO15 定时扫描输出配置，每个配置 10 个字节：D9（DR50），0x5A=扫描输出使用，其他为不使用；D8，输出数据的寄存器页面，0x00～0x07；D7，输出数据的起始地址，0x00～0xFF；D6，输出数据的字长度，0x01～0x80，每个数据 2 个字节，对应 IO15～IO0；D5～D4，IO15～IO0 输出通道选择，需要输出的通道相应位设置为 1；D3～D2，单步输出间隔 T，单位为（T+1）×10μs；D1～D0，输出周期计数设定，每完成 1 个周期输出后减 1，减到 0 后输出为 0
60	10	R/W	Polling_Out1_Set	第 2 路 IO0～IO15 定时扫描输出配置
70	9		保留	
80	6	R/W	IO6 触发时间	D5=0x5A 表示捕捉到一次 IO6 下跳沿触发；D4 为 D3=触发时 IO15～IO0 的状态；D2 为 D0=捕捉的系统定时器时间，0x00 0000～0x00 FFFF 循环，单位为 1/41.75μs
86	6	R/W	IO7 触发时间	D5=0x5A 表示捕捉到一次 IO7 下跳沿触发；D4 为 D3=触发时 IO15～IO0 的状态；D2 为 D0=捕捉的系统定时器时间，0x00 0000～0x00 FFFF 循环，单位为 1/41.75μs
92	37		保留	
129	3	R/W	IO_Status	IO17～IO0 的实时状态
132	2	R/W	CNT0	CNT0 跳变计数值，计到 0xFFFF 后复位到 0x0000

（续）

DR#	长度	R/W	定义	说明
134	2	R/W	CNT1	CNT1 跳变计数值，计到 0xFFFF 后复位到 0x0000
136	2	R/W	CNT2	CNT2 跳变计数值，计到 0xFFFF 后复位到 0x0000
138	2	R/W	CNT3	CNT3 跳变计数值，计到 0xFFFF 后复位到 0x0000
140	2		保留	

13.4.2 硬件配置文件

DGUS Ⅱ中的 CFG 文件与过去 DGUS 中的 CONFIG.txt 不同，过去 DGUS 中的 CONFIG.txt 由组态软件直接生成到 DWIN_SET 文件夹中，而 DGUS Ⅱ中的 CFG 文件由用户编写，手动放入 DWIN_SET 文件夹中。两者功能大体上相同，但是在 CFG 文件中用户能够配置的内容更多，具体配置内容见表 13-6。

表 13-6 CFG 文件配置内容

类别	地址	长度/B	说明
识别码	0x00	4	根据所使用的产品的内核而定，如使用 T5UID1 内核的产品，识别码为 0x54 0x35 0x44 0x31；使用 T5UID3 内核的产品，识别码为 0x54 0x35 0x44 0x33。使用前请确认好内核
Flash 格式化	0x04	2	如需启动格式化，写 0x5AA5
系统时钟校准	0x06	2	用户无须额外校准，写 0x0000 即可
系统配置	0x08	1	.7：触控变量改变自动上传控制，0=不自动上传，1=自动上传 .6：显示变量类型，0=64 变量/页，1=128 变量/页 .5：上电加载 22 文件初始化 SRAM，1=加载，0=不加载 .4：上电 SD 接口状态，1=开启，0=禁止 .3：上电触摸屏伴音，1=开启，0=关闭 .2：上电触摸屏背光待机，1=开启，0=关闭 .1、0：上电显示方向，00=0°，01=90°，10=180°，11=270°
	0x09	2	设置 UART 2 的波特率。波特率设置值=7833600/设置的波特率 115200bit/s，设置值=0x0044，设置值最大为 0x03E7
待机背光设置	0x0B	1	0x5A=背光待机设置有效
	0x0C	4	0x0C=正常亮度，0x0D=待机亮度，0x0E：0F=点亮时间，单位 5ms。同时 0x0C 设置的正常亮度也是开机亮度值
显示屏配置	0x10～0x1F		出厂已经配置好，用户无须配置
开机设置	0x20	1	写 0x5A 时，0x21 中设置值才有效
	0x21	2	上电时显示的页面 ID
	0x23	1	写 0x5A 时，0x24 中设置的开机音乐才有效
	0x24	3	0x24=开机音乐 ID，0x25=开机音乐段数，0x26=开机音量
触摸屏配置	0x27、0x28		出厂已经配置好，用户无须配置
	0x29	1	触摸屏灵敏度设置，0x00～0x1F，0x00 最低，0x1F 最高。出厂默认值是 0x14，灵敏度较高

注意：

1）CFG 文件暂时无法通过软件直接生成，可复制 DGUS Ⅱ软件生成的 22.BIN 文件，在里面编辑，编辑完成后修改文件名和后缀名即可。

2）CFG 文件的命名需与使用的产品内核保持一致。如果使用的 DMT32240C035_06WN 是

T5UID1 内核的产品，则 CFG 文件的全名应当为 T5UID1.CFG。

3）建议用户可以从云盘的例程中复制一个 CFG 文件进行修改。目前工程中的 T5UID1.CFG 文件内容如图 13-11 所示。

```
            0  1  2  3  4  5  6  7  8  9  a  b  c  d  e  f
00000000h: 54 35 44 31 00 00 00 00 38 00 44 5A 64 64 07 D0 ; T5D1....8.DZdd.?
00000010h: 00 00 00 30 29 02 01 E0 02 0A 02 01 10 02 00 00 ; ...0)..?.......
00000020h: 5A 00 00 5A 00 03 64 00 00 00 00 00 00 00 00 00 ; Z..Z..d.........
00000030h: 00 00 00 00 00 00 00 00 00 00 00 00 00 00 00 00 ; ................
```

图 13-11　工程中的 T5UID1.CFG 文件内容

13.4.3　DGUS 组态软件安装

下面介绍的 DGUS 组态软件是北京迪文科技有限公司目前的最新版本 DGUS_V.730。

1）将“DGUS_V730”压缩包解压，解压后的文件如图 13-12 所示。

2）在解压后的文件夹中，找到“DGUS Tool V7.30.exe”文件，单击右键复制快捷方式到桌面，在桌面上形成软件图标如图 13-13 所示。

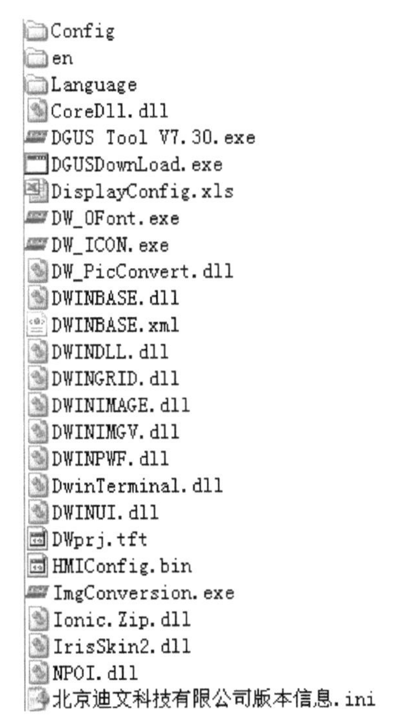

图 13-12　压缩包解压后文件

图 13-13　DGUS 组态软件桌面图标

3）软件安装完成，使用时双击桌面上的图标即可。

4）若软件安装后无法打开，很大原因是没有安装软件运行环境的驱动（软件运行环境驱动是指北京迪文科技有限公司在开发 DGUS 组态软件时所必需的驱动，只有添加了该驱动软件才能正常运行）。若安装后软件可以打开，但 DGUS 配置工具无法使用，则原因是没有将安装软件的压缩包在软件运行环境驱动所在的盘解压，因此最好将压缩包解压在软件运行环境驱动所在的盘。

13.4.4 软件使用说明

1. 初始界面

打开 DGUS 组态软件，其初始界面如图 13-14 所示。

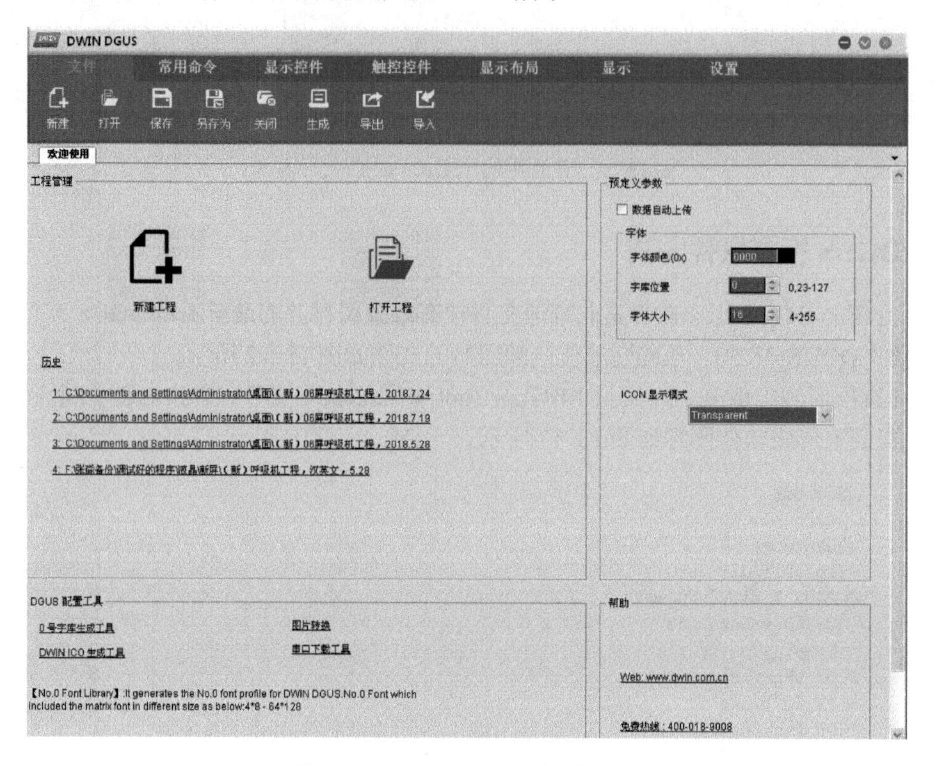

图 13-14　DGUS 组态软件初始界面

在图 13-14 的“DGUS 配置工具”中：

1）“0 号字库生成工具”用于生成 0 号字库。

2）“图片转换”用于将非标准格式的图片转换为标准的背景显示图片。

3）“DWIN ICO 生成工具”用于图标文件的生成。

4）“串口下载工具”没有用到。

在图 13-14“预定义参数”中，勾选“数据自动上传”后，在接下来配置数据变量或文本变量时，默认的字体颜色、字库位置及字体大小与“预定义参数”的“字体”中设置的相同；“ICON 显示模式”即图标变量显示模式，为“Transparent”。

在图 13-24 菜单栏和工具栏中，各图标的功能说明见表 13-7。

表 13-7　菜单栏和工具栏中的各图标功能说明

图标名称	功能
新建	新建工程
打开	打开工程
保存	保存工程
另存为	将现有工程另存为另一个工程

（续）

图标名称	功能
关闭	关闭工程
生成	生成配置文件，即在工程文件夹的 DWIN_SET 文件夹中生成“13 触控配置文件.bin”“14 变量配置文件.bin”和“22_Config.bin”文件
导出	将所有显示变量的地址导出成“DisplayConfig.xls”文件，所有触控变量的地址导出成“TouchConfig.xls”文件
查看	在“显示”一栏中，查看所有页面全部变量的变量地址设置
分辨率设置	在“设置”一栏中，查看并设置当前设置的屏幕尺寸
批量选择	选择批量操作的对象
批量修改	对当前页面批量选择的变量的属性进行修改
加载字库	
变量图标显示	在“显示控件”一栏中，界面配置上添加图标变量
数据变量显示	在“显示控件”一栏中，界面配置上添加数据变量
文本显示	在“显示控件”一栏中，界面配置上添加文本变量
动态曲线显示	在“显示控件”一栏中，界面配置上添加曲线显示
基本图形显示	在“显示控件”一栏中，界面配置上添加基本图形变量

在图 13-14“工程管理”中，单击“新建工程”，可建立新的工程；“打开工程”用于打开已有的工程，如图 13-15 所示，找到工程文件夹后双击打开，在文件夹中找到“DWprj.hmi”工程文件，单击后打开，即可打开工程；“历史”表示曾经打开的工程，序号“1”表示最新打开的文件，鼠标光标停在哪一个历史工程文件上面，下面的方框中就会出现该工程文件所在的路径。

工程完成后，用“生成”“导出”“配置”三个按钮，输出相应文件。

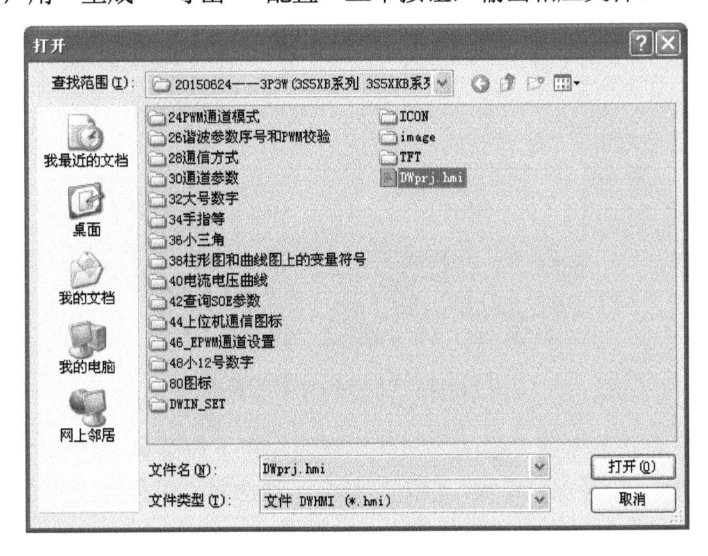

图 13-15 “打开工程”后的界面

2. 背景图片制作方法

在 DGUS 彩色液晶显示屏上显示的背景图片，需要符合以下条件：

1）图片格式为 24 位 BMP 格式。

2）图片大小为 320×240 像素。

（1）DGUS 彩色液晶显示屏标准图片制作方法

1）单击“开始”→“所有程序”→“附件”→“画图”。

2）打开画图软件，如图 13-16 所示，单击菜单栏中的“图像”按钮，选择“属性”，出现如图 13-17 所示“属性”对话框。

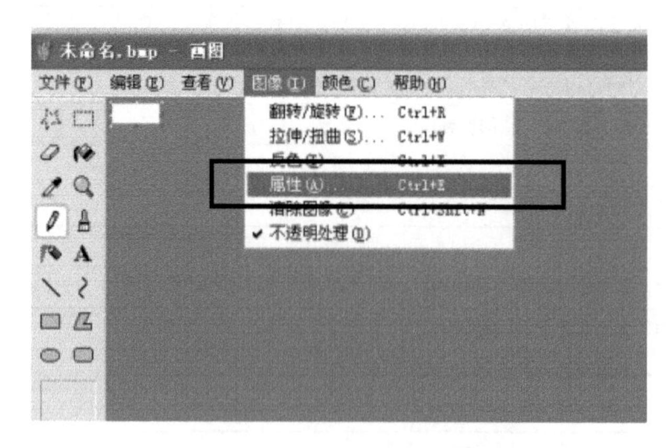

图 13-16　Windows 系统画图软件

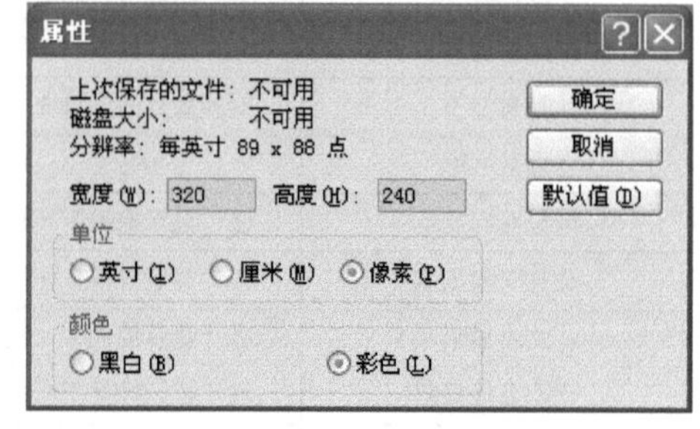

图 13-17　“属性”对话框

3）制作标准图片时，其属性设置应与图 13-17 中的设置相同。单击“确定”后，出现一个 320×240 像素的画布，如图 13-18 所示。

图 13-18　320×240 像素的画布

4）画布创建好后，单击菜单栏中“文件”按钮，在下拉菜单中选择“另存为”，弹出如图 13-19 所示对话框，选择保存路径，定好文件名。注意将“保存类型”选为“24 位位图”，单击“保存”，一个底色为白色的标准背景图就做好了。

5）如果要制作带有文字或线条的背景图片，单击图 13-18 中左侧工具栏中的文本或线条按钮，即可进行绘制，如果想改变背景颜色，使用左侧工具栏中的颜色填充按钮进行背景颜色填充。

（2）不标准图片转化为标准显示图片的方法

打开 DGUS 组态软件，单击图 13-20 中的“图片转换”工具，出现如图 13-21 所示界面。

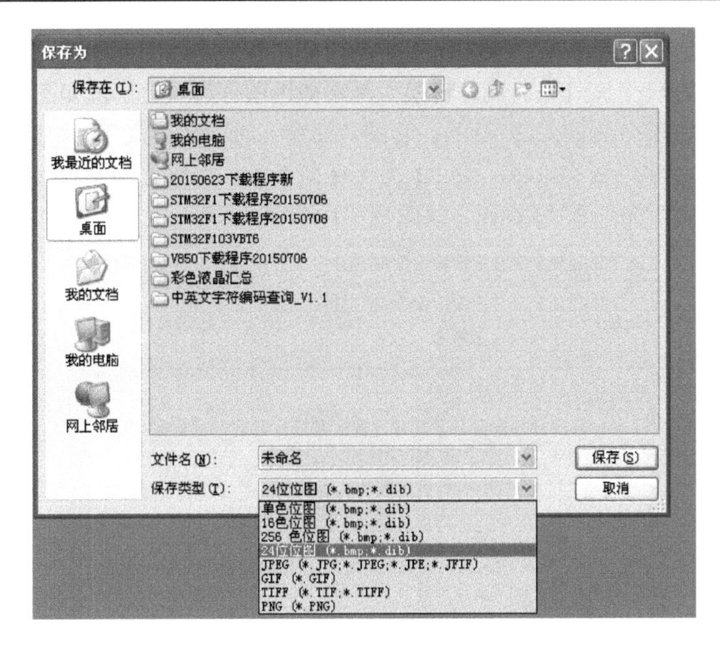

图 13-19　图片保存

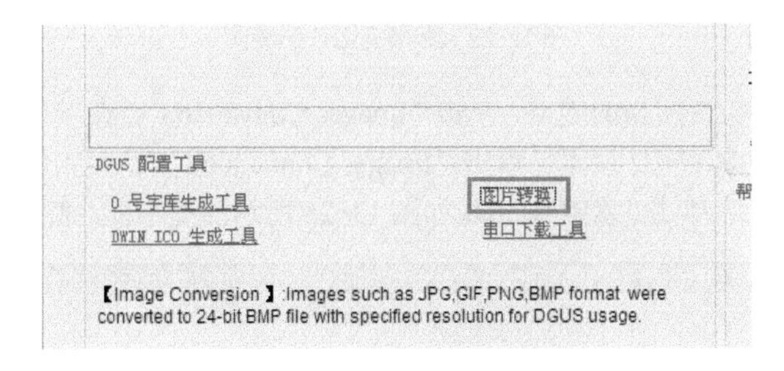

图 13-20　DGUS 配置工具

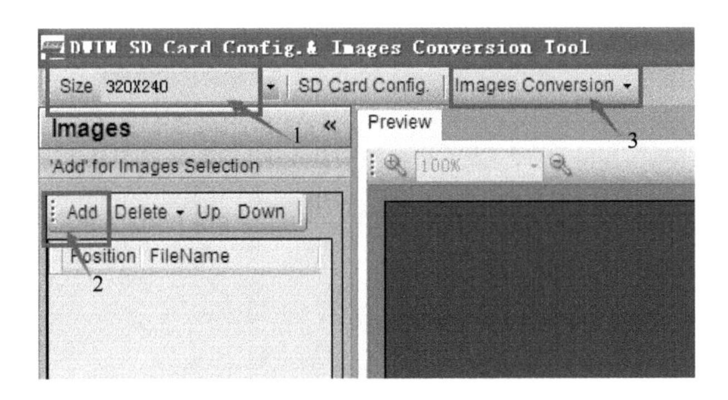

图 13-21　“图片转换”打开后界面

图片转换的目的是把不是 Size 为 320×240、24 位 BMP 格式的图片统一转换成 Size 为 320×240、24 位 BMP 格式。否则，会造成显示不正常！

图片转换过程共分为三步，步骤如下：

1）在图 13-21 中箭头 1 所指的地方，将“Size”改为“320×240”。

2）在图 13-21 中箭头 2 所指的地方，单击“Add”来添加要转换的图片。注意：该工具在添加图片时，会将该图片所在文件夹内所有的图片都添加进去。因此在转换前，需将所有要转换的图片都统一放在一个文件夹。图片转换工具添加进图片后，会出现如图 13-22 所示界面。图 13-22 方框所圈的部分为图片的 ID 号。若图片在命名时前面有数字，则 ID 就为该数字；若无数字，就按名称首字母依次排序，该 ID 号无任何意义。如果要删除图片，选中图片后单击“Delete”即可删除。“Up”和“Down”仅改变图片顺序。

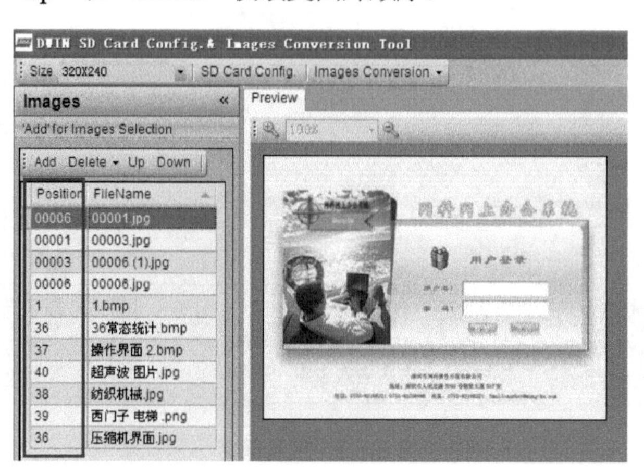

图 13-22　添加完图片的界面

3）在图 13-21 箭头 3 所指的地方，单击“Images Conversion”，在下拉菜单中选择“Images Conversion”命令，如图 13-23 所示。单击“Images Conversion”后，弹出如图 13-24 所示对话框，选择好保存路径后，单击“确定”，出现如图 13-25 所示的提示框，表示图片已被成功转换。

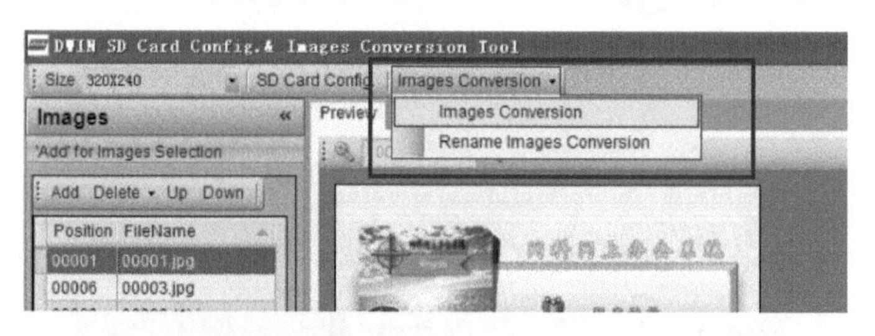

图 13-23　“Images Conversion”命令

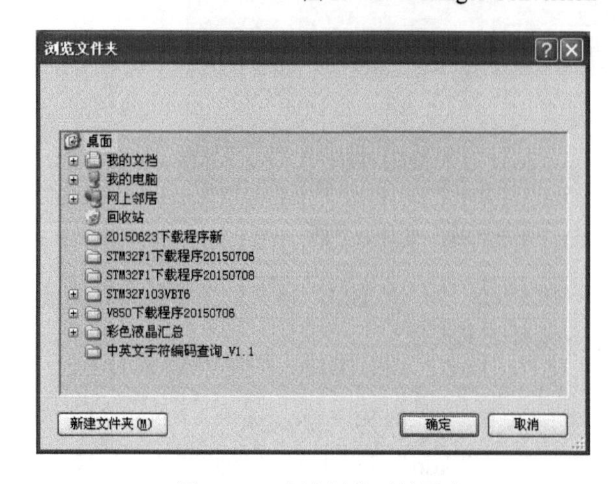

图 13-24　保存转换后的图片

图 13-25　转换成功提示框

（3）标准图片命名规则

标准图片命名中，以数字开头，表示该图片的 ID，后面加上对图片的文字描述。如“2_MAIN_MENU”表示该图片的 ID 是 2，用作主菜单。后期操作时，只操作图片的 ID 号即可，所以每张图片前面的数字最好不要重复，重复后系统给自动排序。使用的 DGUS 彩色液晶显示屏共可添加 245 张图片，所以图片命名的 ID 号范围是 0～244。

3．图标制作方法及图标文件的生成

（1）图标制作方法

图标的制作方法和图片类似，图标就是小图片，格式为 24 位 BMP 格式，不同之处在于图标对图片大小不做要求。下面以字符图标为例，说明一般图标的制作方法。

如图 13-26 所示，在有字符的图片中，单击画图软件界面左侧第一排第二列工具，选中要做成图标的字符，单击右键在下拉菜单中选择“复制到”，弹出如图 13-27 所示对话框，选择文件名和路径，并将其保存为“24 位位图”，字符图标制作完成。

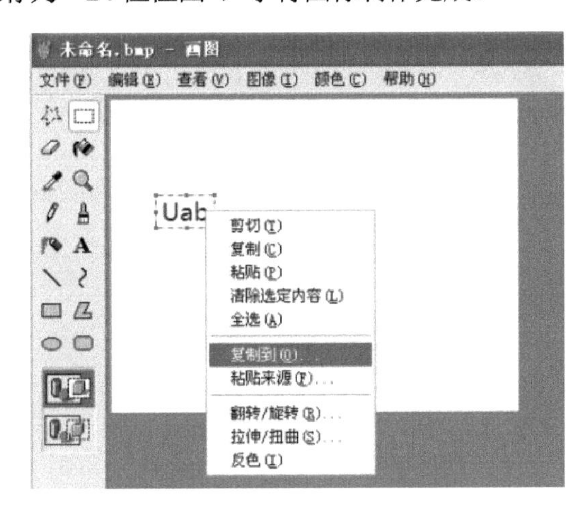

图 13-26　从图片上截取字符图标

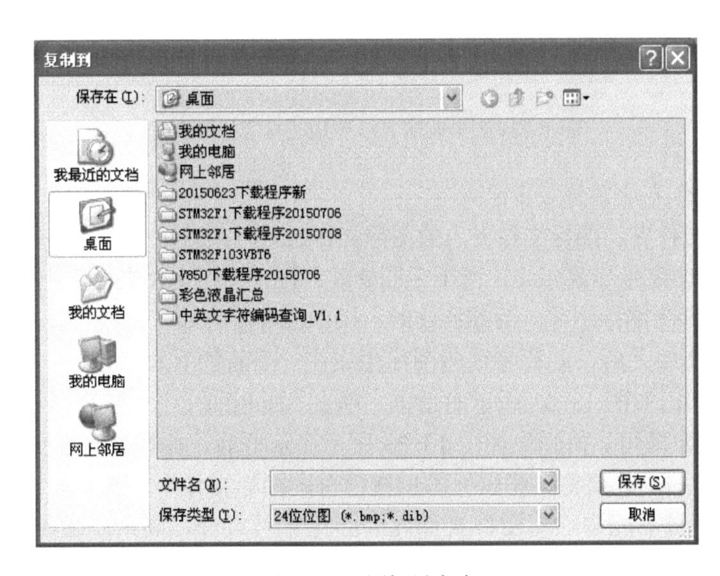

图 13-27　图标另存为

图标主要包括字符图标和图片图标。图片图标是指将现有图片直接做成图标，在制作图片图标时，首先将图片另存为标准 24 位 BMP 格式，再根据实际所需图标大小，将图片进行缩放，最后保存即可。

（2）图标文件（.ICO 文件）生成方法

打开 DGUS 组态软件，在初始界面中选择“DWIN ICO 生成工具”，如图 13-28 所示，单击打开，如图 13-29 所示。

图 13-28　DWIN ICO 生成工具

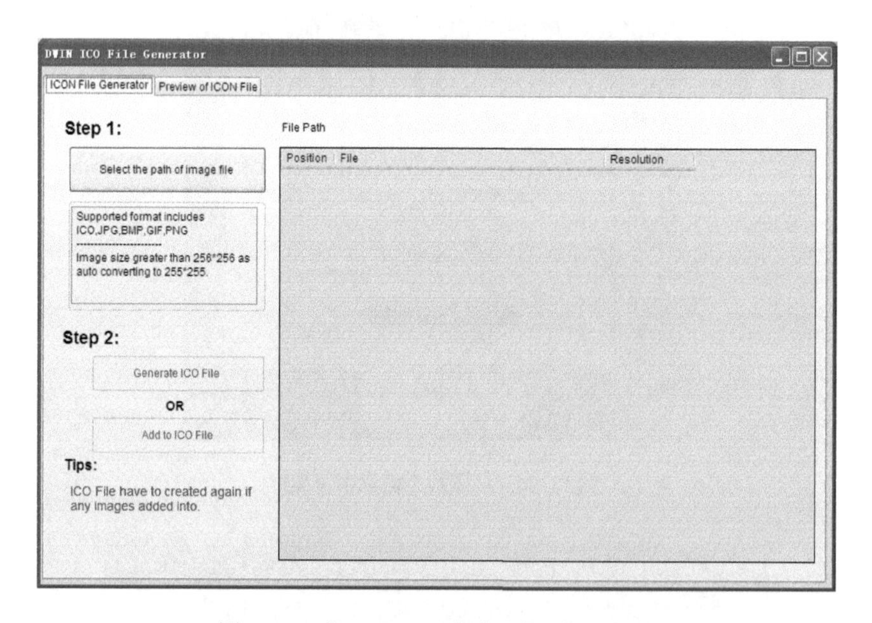

图 13-29　“DWIN ICO 生成工具”打开界面

图标文件的制作方法共分 2 步：

1）选择图标文件夹。图标文件夹内的图标文件命名时须以数字开头，序号从 0 开始往后排，相关联的图标的序号尽量相连，便于后期处理。打开图标文件夹后，出现如图 13-30 所示界面。“Position”即为图标序号，后期操作时，操作图标序号即可。

2）打开图标文件夹后，若要将这些图标生成在一个新的.ICO 文件中，则单击“Generate ICO File”按钮，弹出如图 13-31 所示对话框，单击“Build ICO”，在图 13-32 所示对话框中，选定保存路径，确定即可。待弹出如图 13-33 所示提示框后，且图 13-31 变成图 13-34 所示，表示.ICO 文件已生成。若要将这些图标添加在已有的图标文件中，则单击“Add to ICO File”。注意新加的图标序号不能与已有图标文件内的图标序号重合，其余步骤与生成新.ICO 文件相同。

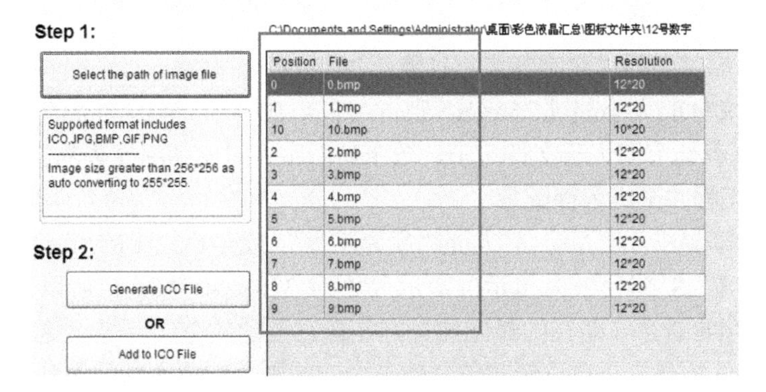

图 13-30　图标文件生成初始界面

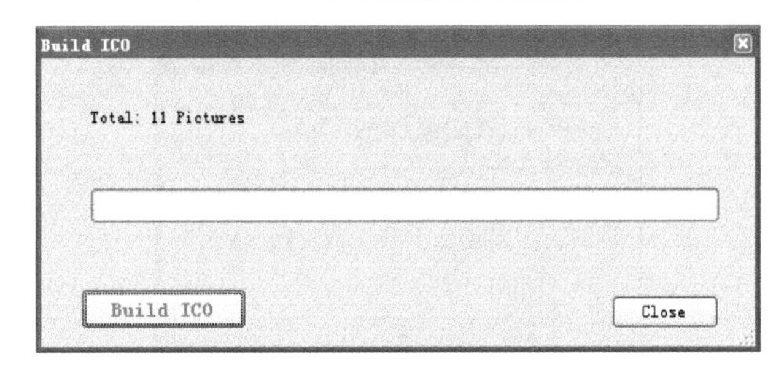

图 13-31　图标文件生成对话框

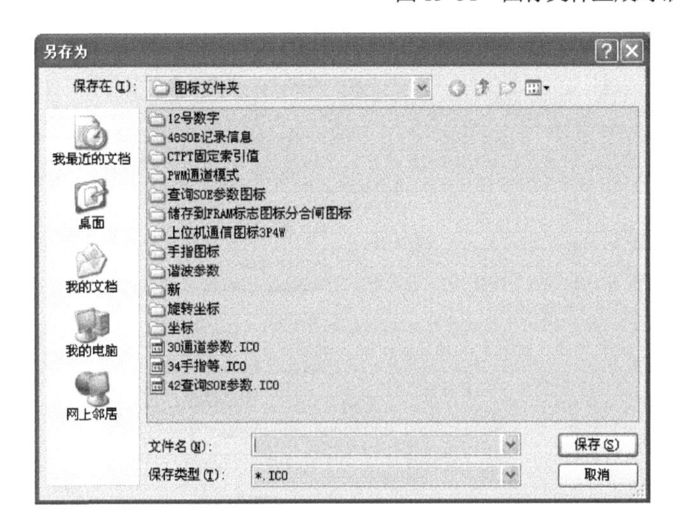

图 13-32　图标文件保存路径

Completed

确定

图 13-33　图标文件生成成功提示框

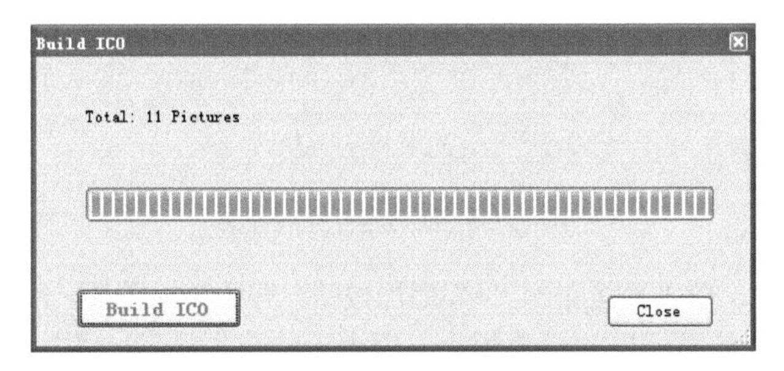

图 13-34　图标文件生成完成标识

（3）图标文件的命名规则

图标文件在命名时必须以数字开头，只能是24～127的数字，且不能与其他字库命名时前面的数字重合，若文件的大小超过256KB，则占用多个ID，下一个文件命名时不能使用已被占用的ID，且要保证存储空间大于文件大小。数字后面跟着对此图标文件的文字说明。

4．新建一个工程并进行界面配置

1）图13-14中，单击“工程管理”中的“新建工程”，或菜单栏中的“新建”出现如图13-35所示界面，由于DGUS彩色液晶显示屏显示尺寸为320×240像素，所以“屏幕尺寸”选择“320×240”。选择存储路径（路径的最底层最好是自己创建的空文件夹，这样在新建工程后，自动生成的各种文件才会放在自己新建的文件夹中，否则会造成文件的混乱，难以找到哪些是新生成的文件），单击“OK”按钮，工程建立完毕，进入如图13-36所示界面。

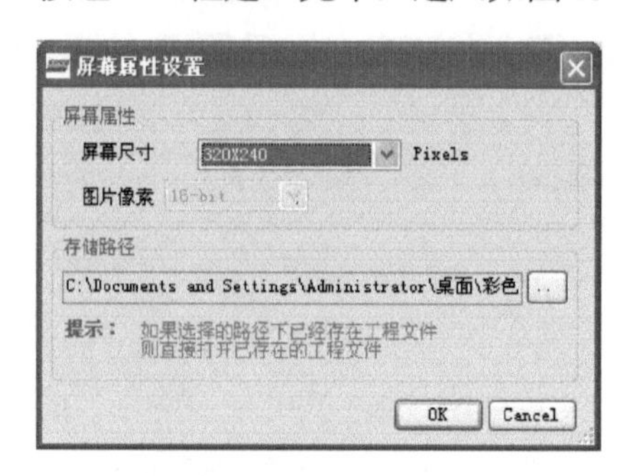

图13-35　屏幕属性设置

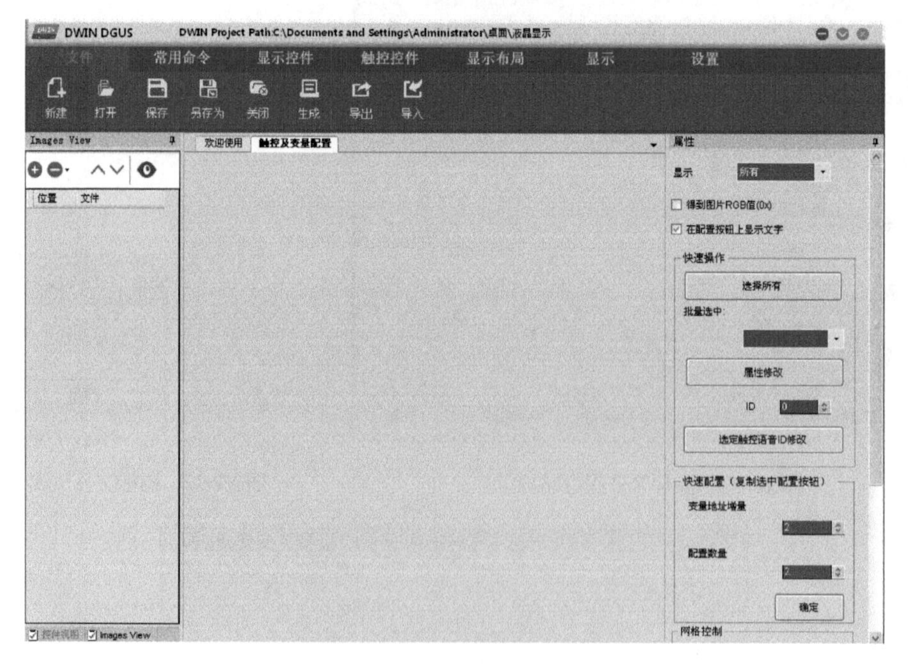

图13-36　工程建立完成界面

2）在图13-36中，单击界面左侧“+”增加按钮，开始添加图片。所添加的图片只能是适用于该DGUS彩色液晶显示屏的标准图片，否则无法正常显示。添加好图片后，软件界面如图13-37所示。

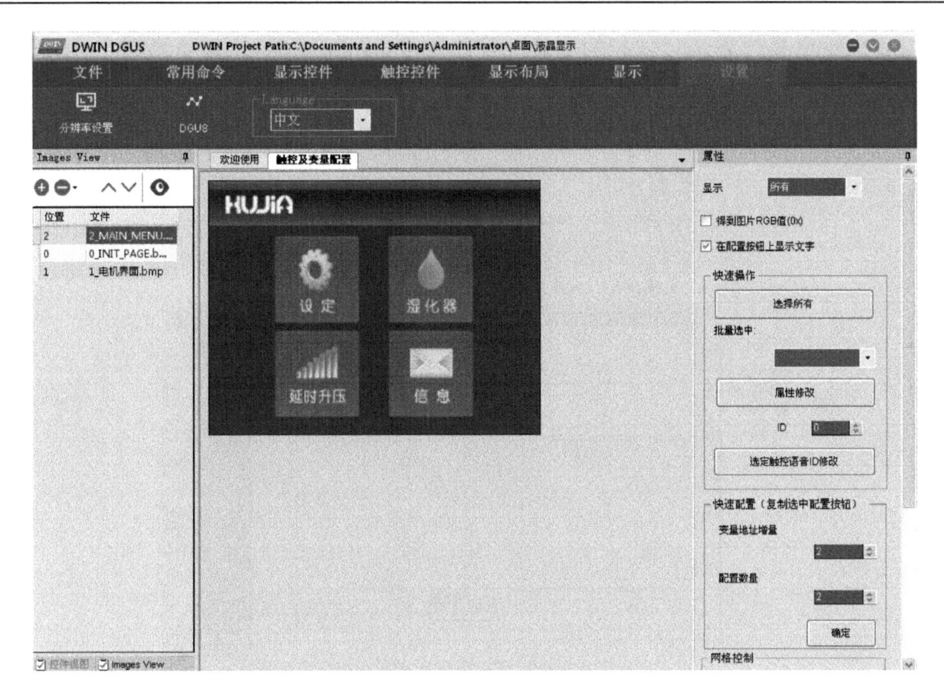

图 13-37　图片添加完成界面

3）若图片的尺寸大于 320×240，单击“设置”→“分辨率设置”，将图片的分辨率改为 320×240。

4）如果要删除图片，则选中该图片，单击“-”删除按钮即可。如果想让图片的 ID 号减 1，则选中该图片，单击“∧”上移按钮。反之，单击“∨”下移按钮。

5）配置显示变量。

下面对图 13-37 右侧“属性”中的各项目内容进行说明。

“显示”下拉列表框如图 13-38 所示，默认为“所有”。

属性
显示
所有
所有
仅显示触控配置
仅显示变量配置

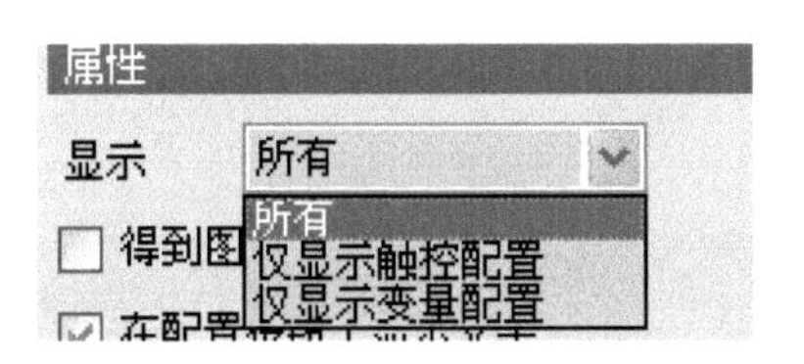

图 13-38　“显示”下拉列表框

勾选“得到图片 RGB 值”后，系统会自动显示背景图片上鼠标所在位置处颜色的 RGB 值，如图 13-39 所示。

勾选“在配置按钮上显示文字”后，在配置的变量上面会显示该变量的名称定义，如图 13-40 所示。反之，则不会显示。

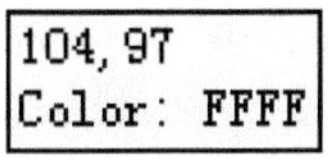

104, 97
Color: FFFF

图 13-39　RGB 显示

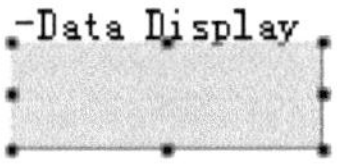

-Data Display

图 13-40　变量名称定义显示

“快速操作”与工具栏中“批量选择”和“批量修改”的功能相同。

选中一个变量，在“快速配置”中单击“确定”后，将在该界面快速复制相同类型的变量。

其中，“变量地址增量”表示复制后的变量地址与该变量的地址差；“配置数量”表示复制的变量个数。

勾选“网格控制”后，在原来的背景图片上显示网格，便于对变量进行配置，如图 13-41 所示。

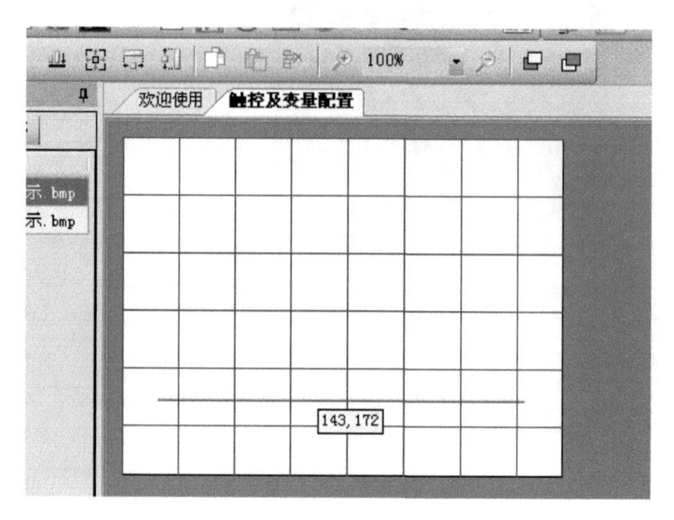

图 13-41　网格显示

6）变量配置完毕后，依次单击工具栏中的“保存”“生成”“导出”按钮。其中，单击“保存”后，将在界面上配置的显示变量保存起来。单击“生成”后，会在“DWIN_SET”文件夹中生成“13 触控配置文件.bin”“14 变量配置文件.bin”和“22_Config.bin”文件。单击“导出”后，会在工程文件夹中生成“DisplayConfig.xls”和“TouchConfig.xls”文件。

5. 新建工程中的文件说明

（1）空文件夹

一个新建的空工程，内部包含的文件如图 13-42 所示。其中，在没有对界面进行配置时，文件夹里所有内容都为空。

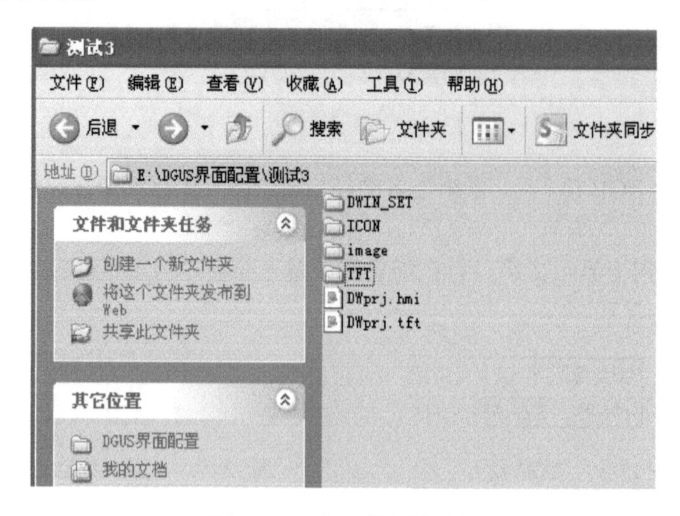

图 13-42　空工程文件示意

DWIN_SET 文件夹：工程中最关键的部分，利用 SD 卡将该文件下载到 DGUS 彩色液晶显示屏中。

DWprj.hmi 文件：DGUS 组态软件通过打开此文件来打开工程。

（2）配置变量后的文件夹

单击工具栏中的“导出”按钮，工程中新增 2 个文件，如图 13-43 所示。其中，“TouchConfig.xls”为所有触控变量，MINI DGUS 彩色液晶显示屏没有触摸功能，所以不关心此文件内容。“DisplayConfig.xls”内为所有显示变量，根据此文件用户可以快速查看配置的所有显示变量。

打开“DisplayConfig.xls”文件，如图 13-44 所示。

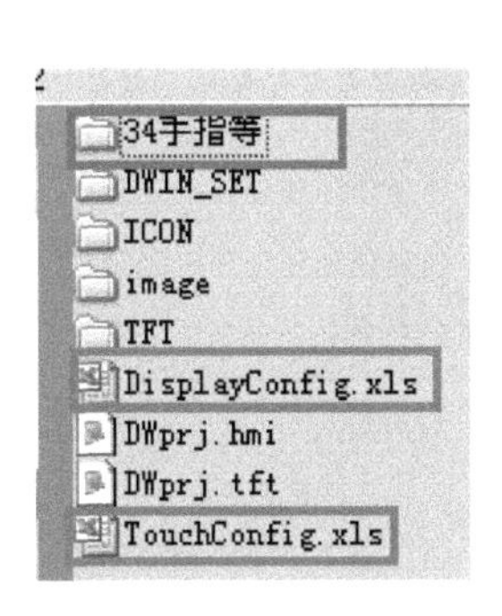

图 13-43　文件夹配置

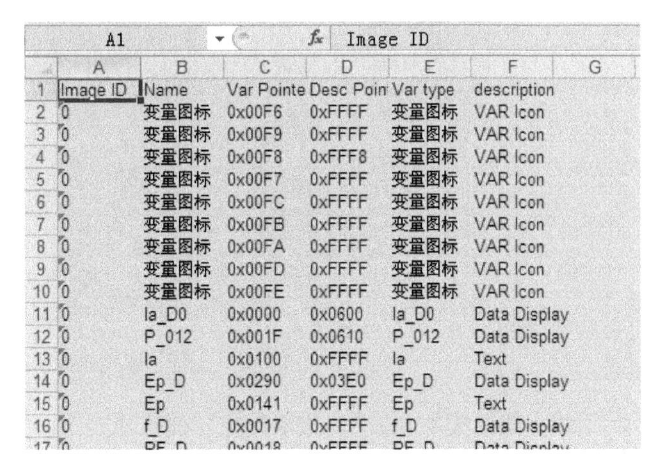

	A	B	C	D	E	F
1	Image ID	Name	Var Pointe	Desc Poin	Var type	description
2	0	变量图标	0x00F6	0xFFFF	变量图标	VAR Icon
3	0	变量图标	0x00F9	0xFFFF	变量图标	VAR Icon
4	0	变量图标	0x00F8	0xFFF8	变量图标	VAR Icon
5	0	变量图标	0x00F7	0xFFFF	变量图标	VAR Icon
6	0	变量图标	0x00FC	0xFFFF	变量图标	VAR Icon
7	0	变量图标	0x00FB	0xFFFF	变量图标	VAR Icon
8	0	变量图标	0x00FA	0xFFFF	变量图标	VAR Icon
9	0	变量图标	0x00FD	0xFFFF	变量图标	VAR Icon
10	0	变量图标	0x00FE	0xFFFF	变量图标	VAR Icon
11	0	Ia_D0	0x0000	0x0600	Ia_D0	Data Display
12	0	P_012	0x001F	0x0610	P_012	Data Display
13	0	Ia	0x0100	0xFFFF	Ia	Text
14	0	Ep_D	0x0290	0x03E0	Ep_D	Data Display
15	0	Ep	0x0141	0xFFFF	Ep	Text
16	0	f_D	0x0017	0xFFFF	f_D	Data Display

图 13-44　“DisplayConfig.xls”文件

“Image ID”表示背景图片 ID，相应的变量就是此 ID 号页面上的显示变量。

“Name”为显示变量参数配置时的名称定义。

“Var Pointer”表示显示变量的地址。

“Desc Pointer”表示显示变量的描述指针。

“Var type”和“Name”意义相同。

“description”表示该变量的变量类型。

因此，通过此文件可迅速查看某一页面上配置的所有变量地址，为进行变量地址分配提供了方便。

如果显示图标变量，则必须将相应的图标文件复制到 DWIN_SET 文件夹中，此时在工程中会自动生成与复制进去的图标文件同名的文件夹，如图 13-43 中“34 手指等”所示。该文件夹里面为图标，该文件夹无任何作用。

13.4.5　工程下载

DGUS 彩色液晶显示屏的所有参数和资料下载都通过 SD 卡接口完成，具体方法如下。

1）保证 SD 卡是 FAT32 系统，新的 SD 卡需要使用计算机进行格式化：

单击“开始”→“运行”，输入“command”进入 DOS 系统（Win7 系统输入“cmd”），输入“format/qg:/fs:fat32/a:4096”。其中“g”是 SD 卡的盘号。需要注意的是，鼠标右键单击的格式化是无效的；一般支持 SD 卡大小为 2～16GB。

2）打开新建的工程，找到命名为“DWIN_SET”的文件夹，将 DWIN_SET 文件夹放到 SD 卡根目录。注意：DGUS 彩色液晶显示屏只会识别 DWIN_SET 这个文件夹，其他命名的文件夹都不支持，用户可以将自己要备份的文件夹命名为其他的名称，下载不受影响。每次上电 DGUS 彩色液晶显示屏会立即检测 SD 接口一次，后续每隔 3s 检测一次 SD 接口有没有插卡。

3）在显示屏 SD 卡接口处插上 SD 卡，显示屏变蓝，开始快速下载文件，下载完成后显示如图 13-45 所示的界面。

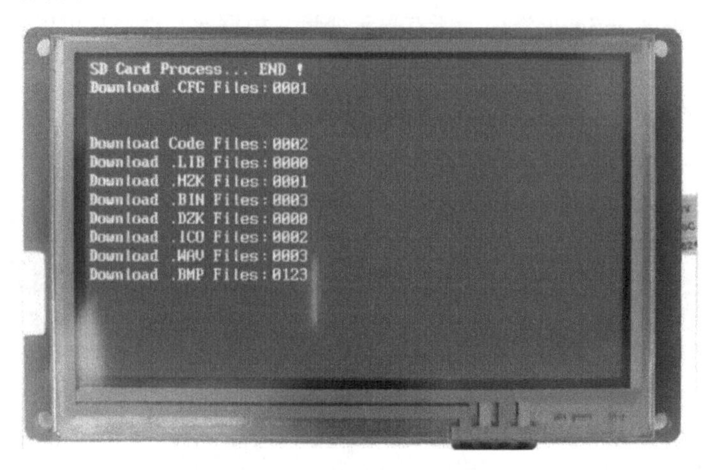

图 13-45 工程下载完成显示界面

4）下载完成后拔下 SD 卡。拔卡时先向前推送一下，会有“咔嗒”声音，直接拔无法拔出。将显示屏断电，重新上电即可进入操作界面。

13.4.6 DGUS 彩色液晶显示屏显示变量配置方法及其指令详解

1. 串口数据帧架构

DGUS 彩色液晶显示屏采用 UART 串口通信，串口模式为 8n1，即每个数据传送采用 10 个位，包括 1 个起始位，8 个数据位，1 个停止位。

默认波特率为 115200bit/s，可在 CFG 文件中修改。

串口的所有指令或者数据都是十六进制（HEX）格式；对于字型数据，总是高字节先传送。如 0x1234 传送时，先传送 0x12。

（1）数据帧结构

DGUS 彩色液晶显示屏的串口数据帧由 4 个数据块组成，见表 13-8 所示。

表 13-8 DGUS 串口数据帧

数据块	1	2	3	4
定义	帧头	数据长度	指令	数据
数据长度	2	1	1	N
说明	0x5AA5	包括指令、数据	0x80/0x81/0x82/0x83	
举例	5A A5	04	83	00 10 04

（2）指令集

DGUS 彩色液晶显示屏共有 4 条指令。DGUS 指令集见表 13-9 所示。

表 13-9　DGUS 指令集

功能	指令	数据	说明
访问寄存器	0x80	下发：寄存器页面（0x00～0x08）+寄存器地址（0x00～0xFF）+写入数据	指定地址开始写数据串到寄存器
		应答：0x4F　0x4B	写指令应答
	0x81	下发：寄存器页面（0x00～0x08）+寄存器地址（0x00～0xFF）+读取数据字节长度（0x01～0xFB）	指定地址开始读指定字节的寄存器数据
		应答：寄存器页面（0x00～0x08）+寄存器地址（0x00～0xFF）+数据长度+数据	数据应答
访问变量空间	0x82	下发：变量空间首地址（0x0000～0x0FFF）+写入的数据	指定变量地址开始写入数据串（字数据）到变量空间。系统保留的空间不要写
		应答：0x4F　0x4B	写指令应答
	0x83	下发：变量空间首地址（0x0000～0x0FFF）+读取数据字长度（0x01～0x7D）	从变量空间指定地址开始读取指定长度字数据
		应答：变量空间首地址+变量数据字长度+读取的变量数据	数据应答

2. 数据变量

（1）数据变量配置方法

DGUS 彩色液晶显示屏要显示数据变量，首先需要在工程中添加的背景图片上配置数据变量，配置方法如图 13-46 所示。

首先在工具栏中单击“数据变量显示”按钮，如图 13-46 中箭头 1 所指，接着在背景图片上鼠标单击任一点，按着直到拖到另一点后松开，就形成了如图 13-46 箭头 2 所指的数据变量显示区域。

（2）数据变量参数配置

单击图 13-46 箭头 2 所指的数据变量显示区域，可以看到如图 13-47 所示的“数据变量显示”对话框。

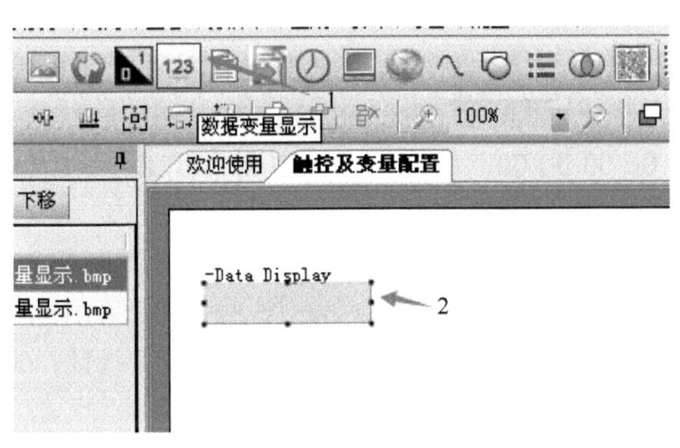

图 13-46　数据变量配置

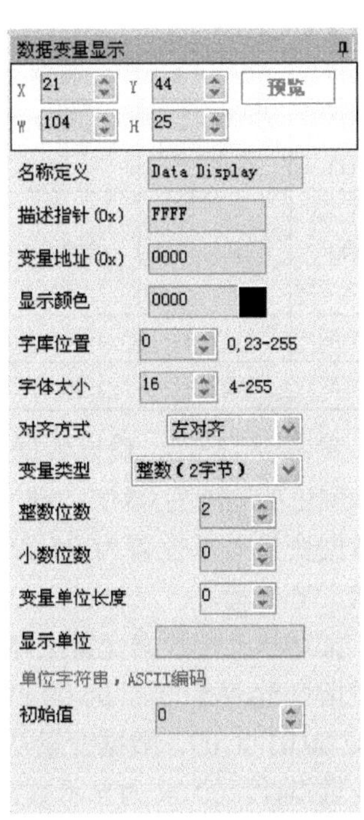

图 13-47　数据变量参数配置

“数据变量显示”对话框介绍如下：

1）X/Y/W/H。其中X和Y为图13-46中箭头2所指区域左上角的坐标，W和H分别为箭头2所指区域的宽和高，确定了数据变量的显示位置和显示区域，可以在此直接修改，也可通过鼠标拖动蓝色区域来确定。

2）名称定义。由于在一个工程中，用户会用到很多的数据变量，为了查找方便、易于管理，通常取一些通俗易懂的名字来标识这些变量，这个名称不会在屏上显示，只在配置时起标识作用。

3）描述指针。如图13-47所示，描述指针的地址为0xFFFF，表示不使用描述指针。如果要使用描述指针，则需将此地址设置为0x0000～0x07F0的值，且其后最多13个地址都被占用（实际使用时为了避免出错以16个地址来计算），其他变量在设置地址时不可与其重合。假如将描述指针设为0x0600，下一个可以使用的地址从0x0610开始。

使用描述指针后，可以通过发送指令来修改变量配置，而不必从工程中修改。

数据变量的描述指针见表13-10，地址第2列表示偏移地址。

表13-10　数据变量的描述指针

<table>
<tr><th colspan="2">地址</th><th>定义</th><th>数据长度</th><th colspan="2">说明</th></tr>
<tr><td>0x00</td><td></td><td>0x5A10</td><td>2</td><td colspan="2"></td></tr>
<tr><td>0x02</td><td></td><td>*SP</td><td>2</td><td colspan="2">变量描述指针，0xFFFF表示由配置文件加载</td></tr>
<tr><td>0x04</td><td></td><td>0x000D</td><td>2</td><td colspan="2"></td></tr>
<tr><td>0x06</td><td>0x00</td><td>*VP</td><td>2</td><td colspan="2">变量指针</td></tr>
<tr><td>0x08</td><td>0x01</td><td>X，Y</td><td>4</td><td colspan="2">起始显示位置，显示字符串左上角坐标</td></tr>
<tr><td>0x0C</td><td>0x03</td><td>COLOR</td><td>2</td><td colspan="2">显示颜色</td></tr>
<tr><td>0x0E</td><td>0x04：H</td><td>Lib_ID</td><td>1</td><td colspan="2">ASCII字库位置</td></tr>
<tr><td>0x0F</td><td>0x04：L</td><td>字体大小</td><td>1</td><td colspan="2">字符X方向点阵数</td></tr>
<tr><td>0x10</td><td>0x05：H</td><td>对齐方式</td><td>1</td><td colspan="2">0x00=左对齐，0x01=右对齐，0x02=居中</td></tr>
<tr><td>0x11</td><td>0x05：L</td><td>整数位数</td><td>1</td><td>显示整数位</td><td rowspan="2">整数位数和小数位数之和不能超过10</td></tr>
<tr><td>0x12</td><td>0x06：H</td><td>小数位数</td><td>1</td><td>显示小数位</td></tr>
<tr><td>0x13</td><td>0x06：L</td><td>变量数据类型</td><td>1</td><td colspan="2">0x00=整数（2字节），-32768～32767
0x01=长整数（4字节），-214783648～214783647
0x02=*VP高字节，无符号数，0～255
0x03=*VP低字节，无符号数，0～255</td></tr>
<tr><td>0x14</td><td>0x07：H</td><td>Len_unit</td><td>1</td><td colspan="2">变量单位（固定字符串），显示长度，0x00表示没有单位显示</td></tr>
<tr><td>0x15</td><td>0x07：H</td><td>String_Unit</td><td>Max11</td><td colspan="2">单位字符串，ASCII编码</td></tr>
</table>

参考表13-10，假设数据变量显示的描述指针设置为06 00，则控制坐标的地址为06 01；控制颜色的地址为06 03；改变数据变量显示颜色为5A A5 05 82 06 03 F8 00，修改成红色；改变数据变量显示位置为5A A5 07 82 0601 00 00 00 00，数据框会出现在（0，0）处。06 01为X、Y坐标。

描述指针使数据变量上电初始值显示控制（假设数据变量显示的描述指针设置为06 00）：发送指令5A A5 05 82 06 00 FF 00，数据变量无显示值；发送指令5A A5 05 82 06 00 00 01.5A A5 05 82 00 01 00 09，数据变量从无显示值到显示9；06 00为描述指针，00 01为变量指针；00 01为变量指针，00 09为显示数据。

每一个变量均需单独发送指令，如果没有改变描述指针06 00的内容，不需要将00 01变量指针写入描述指针 06 00。

若要对数据变量的其他属性（包括 ASCII 字库位置、字体大小、对齐方式、整数位数、小数位数、变量数据类型、变量单位及单位字符串）进行修改，可参考修改颜色和坐标的例子。

4）变量地址。变量地址即占用变量存储器空间，范围为 0x0000～0x07FF。如果数据类型是整数，则占用 1 个地址；如果是长整数，则占用 2 个地址。

5）显示颜色。文本最后显示的颜色取决于“显示颜色”，其值可任意修改。

6）字库位置。数据变量显示使用的均为 ASCII 字符，即 0 号字库，不做修改。

7）字体大小。字体大小即字体的高所占的像素个数。

8）对齐方式。当数据发生变化时，“对齐方式”决定其显示位置的变化方向。

9）变量类型。对于 MINI DGUS 彩色液晶显示屏，变量类型只有整数（2 字节）和长整数（4 字节）可选。整数的显示范围为-32768（0x8000）～32767（0x7FFF）；长整数的显示范围为-2147483648（0x8000 0000）～2147483647（0x7FFF FFFF）。若想显示负数，负数表示为：负数 ＝ ～（对应的正数-1）。

10）整数位数。整数位数表示显示值中整数的个数。给数据变量输入的值都是整数，其值为实际要显示的值去掉小数点后的值。如要显示 12.34，则需要给变量输入 1234，且整数位数和小数位数都设置为 2。

11）小数位数。小数位数表示显示值中小数的个数。

12）变量单位长度。变量单位长度为数据变量单位字符串中的字符个数。

13）显示单位。显示单位为数据变量的单位字符串。

14）初始值。初始值为数据变量上电后的显示值。

（3）数据显示指令

假设变量地址是 0x0001，变量类型为整数（2 字节），要显示的值是 12.34，小数个数和整数个数都设置为 2，则数据显示指令为

5A A5 05 82 0001 04D2

其中，5A A5 表示帧头；05 表示数据长度；82 为指令；0001 表示数据变量地址；04D2 为 1234 的十六进制值（2 字节）。

若变量类型改为长整数，其余条件不变，则数据显示指令为

5A A5 07 82 0001 0000 04D2

其中，5A A5 表示帧头；07 表示数据长度；82 为指令；0001 表示数据变量地址；0000 04D2 为 1234 的十六进制值（4 字节）。

关于文本变量、图标变量和基本图形变量的配置方法从略。

第 14 章　旋转编码器的设计

本章介绍了旋转编码器的设计，包括旋转编码器的接口设计、呼吸机按键与旋转编码器程序结构、按键扫描与旋转编码器中断检测程序和键值存取程序。

14.1　旋转编码器的接口设计

在设计仪器仪表、医疗器械、示波器、消费类电子等产品时，为了参数的查看和操作方便，经常用到旋转编码器。本节介绍旋转编码器在呼吸机应用中的接口设计。

14.1.1　旋转编码器的工作原理

旋转编码器是一种将轴的机械转角转换成数字或模拟电信号输出的传感器件，按照工作原理可分为增量式和绝对式两类。

下面以ALPS公司的EC11J152540K型旋转编码器为例进行介绍，其外形如图 14-1 所示。

图 14-1　EC11J152540K 型旋转编码器外形

该旋转编码器为双路输出的增量式旋转编码器，带有按开开关。旋转编码器旋转一周共有 30 个定位，每旋转两个定位将产生 1 个脉冲（脉冲数为 15），旋转时将输出 A、B 两相脉冲，根据 A、B 间正交 90° 的相位差（顺时针旋转时 A 相滞后于 B 相，逆时针时 A 相超前于 B 相），可以判断出旋转编码器的旋转方向。

另外，当旋转编码器的按开开关未按下时，它的 4 和 5 引脚内部断开；按下时，4 和 5 引脚内部接通。

14.1.2　旋转编码器的接口电路设计

通过对旋转编码器的输出信号进行相应地处理和检测，可利用旋转编码器实现 KEY1、KEY2、KEY3 三个按键的功能，除其自带的按开开关 KEY1 外，规定旋转编码器逆时针旋转 1 个定位表示 KEY2 按键按下一次，顺时针旋转 1 个定位表示 KEY3 按键按下一次。利用旋转编码器来实现按键功能具有结构紧凑和操作方便等优点。

旋转编码器与 STM32F103 的接口电路如图 14-2 所示。

图 14-2 中，旋转编码器 A、B 两相输出，经过 RC 滤波消除抖动，由 74HC14D 施密特触发反相器反相后，连接至 74HC74D 双 D 型上升沿触发器。D 触发器 U2A 的 Q1 输出、U2B 的 Q2 输出，分别连接至 STM32F103 微控制器的 GPIO 口 PA6、PA5，作为旋转编码器鉴相信号，通过检测其电平状态来判断旋转编码器的旋转方向以及按键 KEY2、KEY3 的状态。

旋转编码器 A 相脉冲反相后的信号 A1，连接至控制器的外部中断引脚 PF11，作为外部中断触发信号，进行上升沿和下降沿的中断检测。

旋转编码器 4 引脚接上拉电阻至+3.3V，接至微控制器的 GPIO 口 PA4，通过检测其电平状态来判断按键 KEY1 的状态。

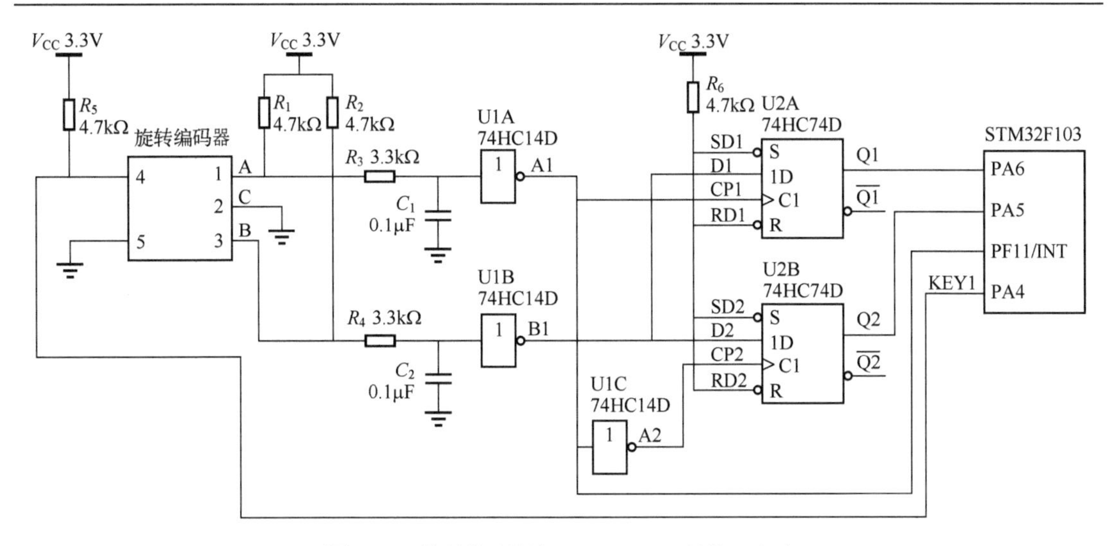

图 14-2　旋转编码器与 STM32F103 的接口电路

14.1.3　旋转编码器的时序分析

旋转编码器旋转时将输出相位互差 90° 的 A、B 两相脉冲，每旋转 1 个定位，A、B 两相都将输出 1 个脉冲边沿。下面分不同情况对旋转编码器的工作时序进行分析。

1．旋转编码器顺时针旋转时的时序分析

当旋转编码器顺时针旋转时，A 相脉冲滞后于 B 相，由于 Q1 与 Q2 的初始状态不确定，以下分析中假定 Q1 初始状态为低电平，Q2 初始状态为高电平。

当旋转编码器顺时针旋转多个定位时，CP1、CP2 将交替出现上升沿，因此 D 触发器 U2A 输出 Q1 与 U2B 输出 Q2 会分别进行更新。多定位顺时针旋转时序如图 14-3 所示。

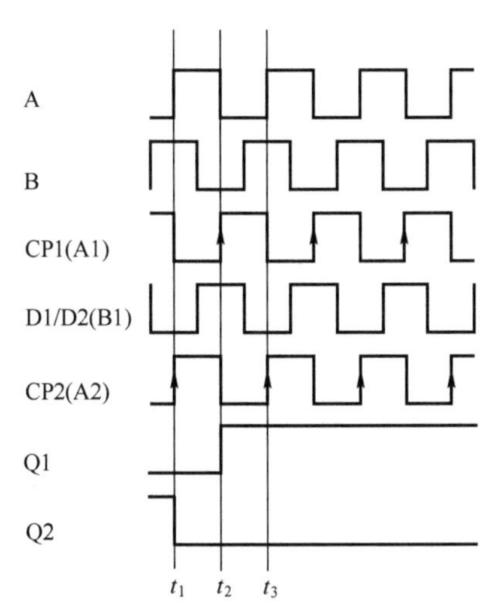

图 14-3　多定位顺时针旋转时序

图 14-3 中，t_1 时刻 CP2 为上升沿，D2 为低电平状态，所以 D 触发器 U2B 的输出 Q2 将更新为低电平；t_2 时刻 CP1 为上升沿，D1 为高电平状态，所以 D 触发器 U2A 的输出 Q1 将更新为高电平；t_3 时刻 CP2 为上升沿，D2 为低电平状态，D 触发器 U2B 的输出 Q2 更新后仍为低电平。

所以顺时针旋转多个定位时，在 CP1 的上升沿 Q1 更新为高电平；在 CP2 的上升沿 Q2 更新为低电平。而顺时针旋转 1 个定位时，A 相仅输出 1 个脉冲边沿，若 A 相输出上升沿，则 CP1 为上升沿，Q1 更新为高电平，而 Q2 电平状态保持不变；若 A 相输出下降沿，则 CP2 为上升沿，Q2 更新为低电平，而 Q1 电平状态保持不变。

2．旋转编码器逆时针旋转时的时序分析

当旋转编码器逆时针旋转时，A 相脉冲超前于 B 相，由于 Q1 与 Q2 的初始状态不确定，以下分析中假定 Q1 初始状态为高电平，Q2 初始状态为低电平。

当旋转编码器逆时针旋转多个定位时，CP1、CP2 将交替出现上升沿，因此 D 触发器 U2A 输出 Q1 与 U2B 输出 Q2 会分别进行更新。多定位逆时针旋转时序如图 14-4 所示。

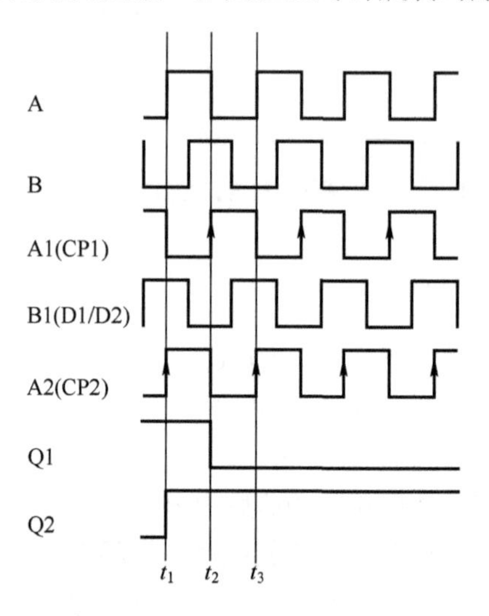

图 14-4　多定位逆时针旋转时序

图 14-4 中，t_1 时刻 CP2 为上升沿，D2 为高电平状态，所以 D 触发器 U2B 的输出 Q2 将更新为高电平；t_2 时刻 CP1 为上升沿，D1 为低电平状态，所以 D 触发器 U2A 的 Q1 将更新为低电平；t_3 时刻 CP2 为上升沿，D2 为高电平状态，D 触发器 U2B 的输出 Q2 更新后仍为高电平。

所以逆时针旋转多个定位时，在 CP1 的上升沿 Q1 更新为低电平；在 CP2 的上升沿 Q2 更新为高电平。而逆时针旋转 1 个定位时，A 相仅输出 1 个脉冲边沿，若 A 相输出上升沿，则 CP1 为上升沿，Q1 更新为低电平，而 Q2 电平状态保持不变；若 A 相输出下降沿，则 CP2 为上升沿，Q2 更新为高电平，而 Q1 电平状态保持不变。

14.2　呼吸机按键与旋转编码器程序结构

呼吸机按键与旋转编码器程序可以分为按键扫描与旋转编码器中断检测程序和键值存取程序两部分，程序结构如图 14-5 所示。

程序中实际用到 KEY1（旋转编码器按开开关）、KEY2（旋转编码器逆时针旋转）、KEY3（旋转编码器顺时针旋转）、KEY5（独立按键）四个按键，其中，KEY1 与 KEY5 采用按键扫描的方式进行检测；而 KEY2、KEY3 采用中断方式进行检测。

键值的存取采用环形 FIFO（先入先出队列）结构，通过对环形键值缓冲区进行操作，实现键值的保存和读取。

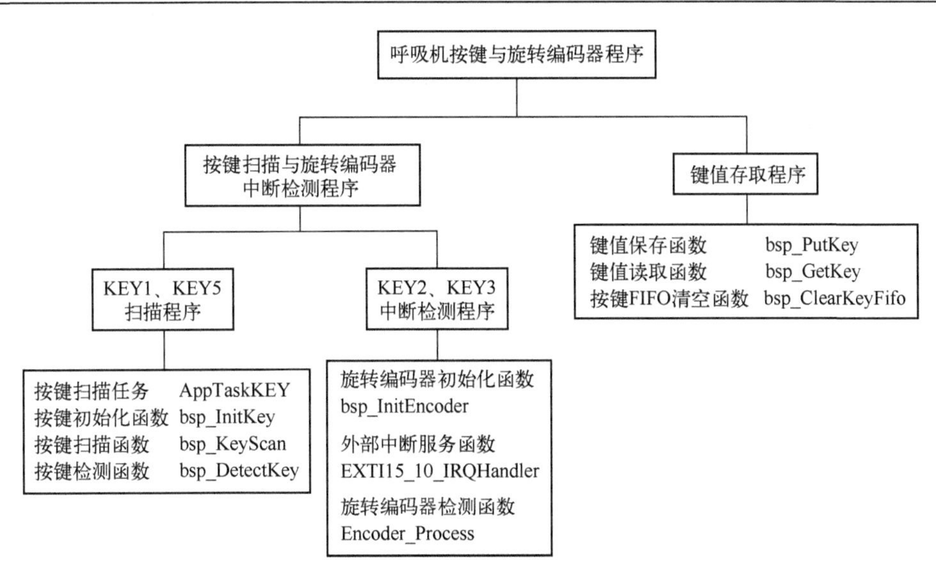

图 14-5　呼吸机按键与旋转编码器程序结构

程序相关函数见表 14-1。

表 14-1　程序相关函数列表

按键扫描与旋转编码器中断检测程序			
KEY1、KEY5 扫描程序		KEY2、KEY3 中断检测程序	
按键扫描任务	AppTaskKEY	旋转编码器初始化函数	bsp_InitEncoder
按键初始化函数	bsp_InitKey	外部中断服务函数	EXTI15_10_IRQHandler
按键扫描函数	bsp_KeyScan	旋转编码器检测函数	Encoder_Process
按键检测函数	bsp_DetectKey		
键值存取程序			
键值保存函数		bsp_PutKey	
键值读取函数		bsp_GetKey	
按键 FIFO 清空函数		bsp_ClearKeyFifo	

程序相关数据类型及变量见表 14-2。

表 14-2　程序相关数据类型及变量列表

按键扫描与旋转编码器中断检测程序			
KEY1、KEY5 扫描程序		KEY2、KEY3 中断检测程序	
按键结构体类型	KEY_T	旋转编码器旋转方向标志	dir
按键结构体数组	s_tBtn[KEY_COUNT]	旋转编码器计数值	Encoder_Count
键值存取程序			
键值缓冲区结构体类型		KEY_FIFO_T	
按键键值枚举类型		KEY_ENUM	
环形键值缓冲区结构体变量		s_tKey	
环形键值缓冲区数组		Buf[KEY_FIFO_SIZE]	

系统开始运行后，AppTaskKEY 按键扫描任务开始以 10ms 为周期对按键 KEY1 和 KEY5 进行扫描；而 KEY2 与 KEY3 的按键动作将会被外部中断检测到，并在 EXTI15_10_IRQHandler 中断服务程序中进行处理。

当程序检测到某个按键动作时，将会调用 bsp_PutKey（键值保存函数），把相应的键值写入按键 FIFO 缓冲区。

而液晶显示程序将会以 125ms 为周期，来调用 bsp_GetKey（键值读取函数），以读取按键 FIFO 缓冲区中存放的键值，从而进行参数的修改、显示界面的更新与切换等相应的操作。

下面将分按键扫描与旋转编码器中断检测程序和键值存取程序两部分进行介绍。

14.3 按键扫描与旋转编码器中断检测程序

KEY1 与 KEY5 采用按键扫描的方式进行检测，而 KEY2、KEY3 采用中断方式进行检测，下面将按照检测方式的不同，分别进行介绍。

14.3.1 KEY1 与 KEY5 的按键扫描程序

1. KEY1 与 KEY5 的检测原理

为实现对 KEY1 与 KEY5 的按键扫描，程序在 μC/OS-Ⅱ操作系统中建立了 AppTaskKEY 按键扫描任务，每隔 10ms 对按键进行一次扫描，以检测 KEY1 和 KEY5 的按键动作。

KEY1（旋转编码器按开开关）连接在微控制器 STM32F103 的 PA4 引脚，而 KEY5（独立按键）则连接在 STM32F103 的 PF12 引脚。程序通过判断 PA4 与 PF12 引脚的电平状态来检测 KEY1 与 KEY5 的按键动作。

2. 按键扫描检测程序设计

按键扫描任务 AppTaskKEY 的程序流程如图 14-6 所示。

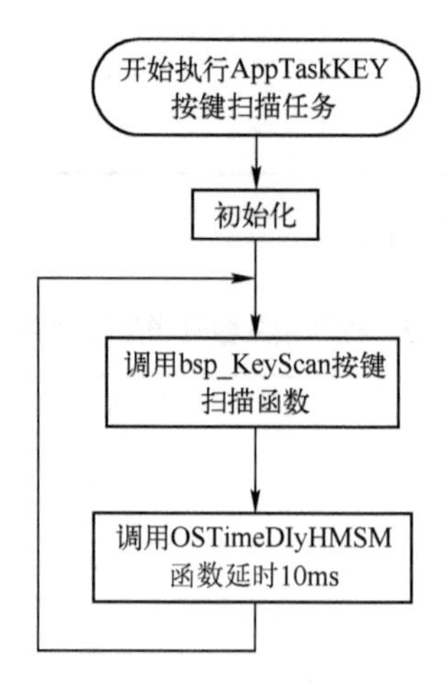

图 14-6 按键扫描任务 AppTaskKEY 的程序流程

由图 14-6 可知，按键扫描任务 AppTaskKEY 在完成相关初始化之后，每隔 10ms 调用一次 bsp_KeyScan 按键扫描函数，对全部按键进行一次扫描。

按键扫描函数 bsp_KeyScan 的程序流程如图 14-7 所示。

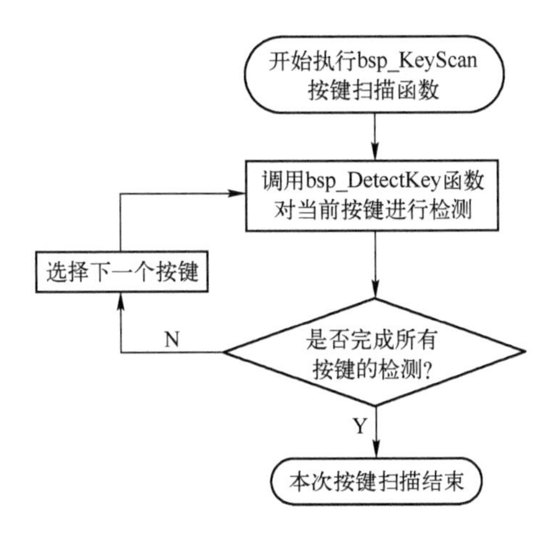

图 14-7　按键扫描函数 bsp_KeyScan 的程序流程

由图 14-7 可知，在每次按键扫描过程中，程序通过依次对每个按键调用 bsp_DetectKey 按键检测函数，完成对所有按键的检测。

按键检测函数 bsp_DetectKey 的程序流程如图 14-8 所示。

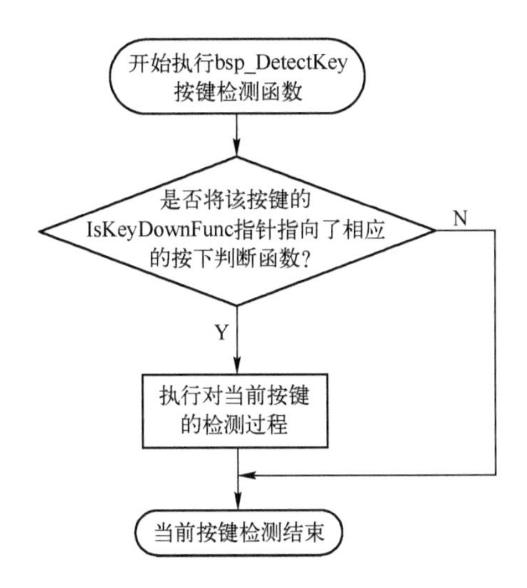

图 14-8　按键检测函数 bsp_DetectKey 的程序流程

由图 14-8 可知，在每次执行 bsp_DetectKey 函数的过程中，程序首先判断是否将当前按键的 IsKeyDownFunc 指针指向了相应的按下判断函数，如果指向了相应函数，则执行检测过程，否则直接结束对该按键的检测。

程序中只对 KEY1 和 KEY5 两个按键，赋予了 IsKeyDownFunc 按下判断函数，所以实际上系统只对 KEY1 和 KEY5 进行了扫描检测。

对每一个按键进行的具体检测程序流程如图 14-9 所示。

图 14-9 中的程序流程只是给出了按键检测程序的大致设计思路，说明了每次按键检测过程所要完成的具体操作。在程序代码介绍部分将给出按键扫描检测的具体实现方法。

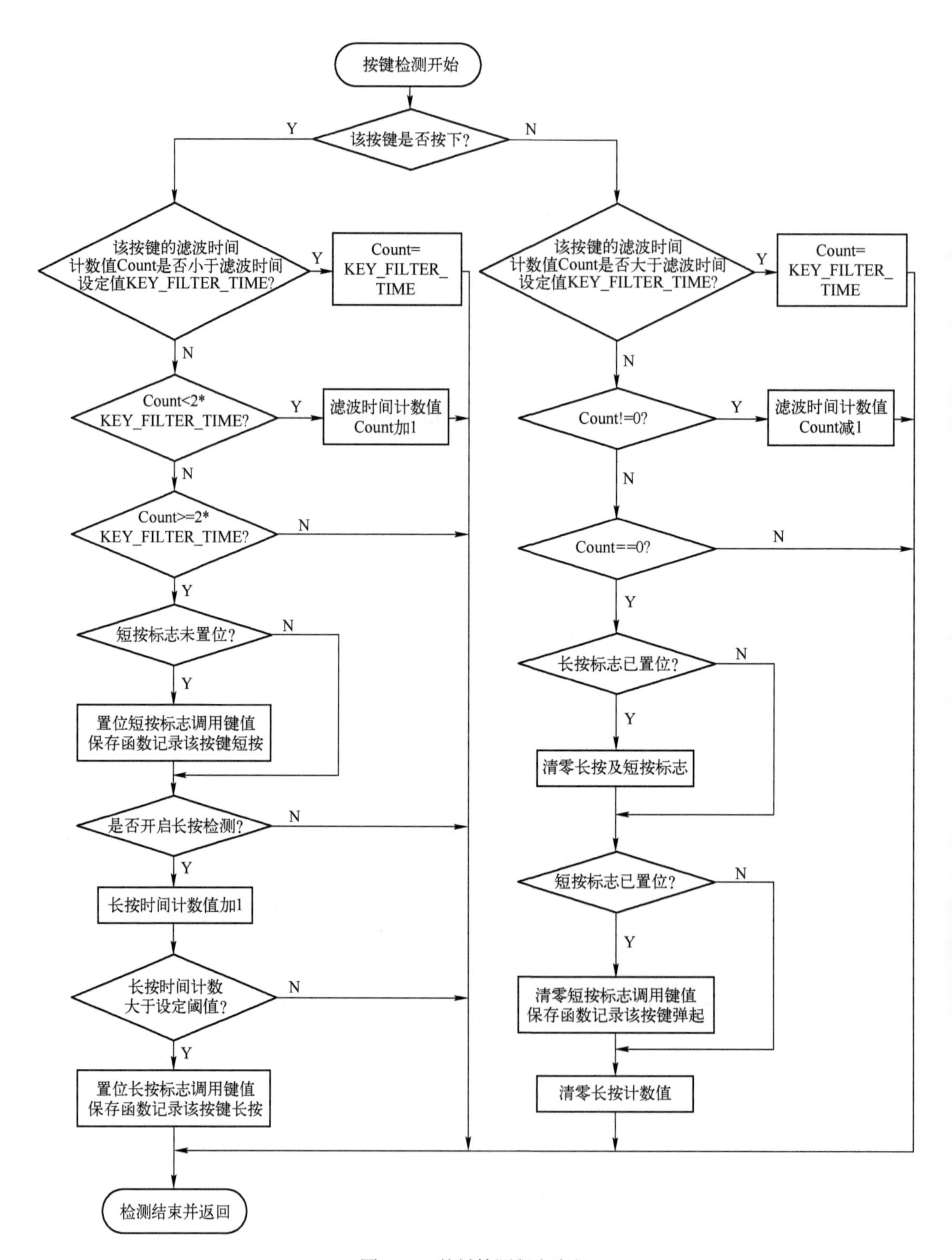

图 14-9　按键检测程序流程

3. 按键扫描检测程序代码

下面对按键扫描检测的代码实现进行具体介绍。

（1）相关引脚声明

```
#define RCC_ALL_KEY      (RCC_AHB1Periph_GPIOA | RCC_AHB1Periph_GPIOF )

#define GPIO_PORT_K1      GPIOA
#define GPIO_PIN_K1      GPIO_Pin_4

#define GPIO_PORT_K5      GPIOF
#define GPIO_PIN_K5      GPIO_Pin_12
```

以上程序代码声明了 PA4 引脚为 K1，来检测 KEY1（旋转编码器按开开关）；PF12 引脚为 K5，来检测 KEY5（独立按键）。

（2）按键结构体类型及变量定义

程序中，对按键结构体类型的定义如下：

```
typedef struct
{
uint8_t (*IsKeyDownFunc)(void);   /*按键按下判断函数指针*/
uint8_t   Count;                  /*滤波时间计数值*/
uint16_t LongCount;               /*长按时间计数值*/
uint16_t LongTime;                /*长按时间阈值*/
uint8_t   State;                  /*按键短按状态标志*/
uint8_t   StateLong;              /*按键长按状态标志*/
uint8_t   RepeatSpeed;            /*连续按键周期*/
uint8_t   RepeatCount;            /*连续按键计数器*/
}KEY_T;
```

其中，IsKeyDownFunc 为按键按下判断函数指针，用于指向相应按键的按下判断函数，利用函数的返回值来确定按键的当前状态。

Count 为滤波时间计数值，由于对 KEY1 和 KEY5 的按键扫描是通过 μC/OS-Ⅱ操作系统中的应用任务完成的，按键检测的延时消抖不能通过普通的延时函数来完成，Count 参数的设置正是为了实现按键的滤波消抖（具体的滤波方法将在下文按键扫描检测相关函数按键检测函数中进行介绍）。

LongCount 为长按时间计数值，LongTime 为长按时间阈值，程序通过比较两者的大小，来判断按键是否发生了长按动作。当 LongTime 为 0 时，表示不进行长按检测。

State 和 StateLong 分别为短按状态标志和长按状态标志，两者为 1 时分别表示当前处于短按和长按状态，为 0 时分别表示当前不处于短按和长按状态。

程序中并未使用长按自动发送键值功能，对于按键结构体的 RepeatSpeed 与 RepeatCount 两个参数不再进行详细介绍。

程序中定义了 s_tBtn 按键结构体数组，其中的每个元素分别与各按键相对应：

```
static KEY_T s_tBtn[KEY_COUNT];
```

其中，KEY_COUNT 的值为 5，但实际只用到 KEY1 和 KEY5 两个按键，其余可留给以后的功能扩展。

（3）相关初始化函数

```
/*****************************************************/
函数名：bsp_InitKey
功能说明：初始化按键，该函数被 bsp_Init 调用
形参：无
返回值：无
/*****************************************************/
    void bsp_InitKey(void)
    {
    bsp_InitKeyVar();     //相关按键变量初始化
    bsp_InitKeyHard();  //相关引脚初始化
    }
```

其中，初始化函数 bsp_InitKey 在系统硬件初始化函数 bsp_Init 中被调用，用于对 KEY1 和 KEY5 按键扫描检测的相关资源进行初始化，它包含两部分，即按键变量初始化和引脚初始化。

1）按键变量初始化函数。

```
/*****************************************************/
函数名：bsp_InitKeyVar
功能说明：初始化按键变量
形参：无
返回值：无
/*****************************************************/
    static void bsp_InitKeyVar(void)
    {
    uint8_t i;
    /*对按键 FIFO 读写指针清零*/
    s_tKey.Read = 0;
    s_tKey.Write = 0;
    s_tKey.Read2 = 0;
    s_tKey.ReadMirror = 0;
    s_tKey.WriteMirror = 0;
    /*给每个按键结构体成员变量赋一组默认值*/
    for (i = 0; i < KEY_COUNT; i++)
    {
            /*长按时间阈值（0 为不检测长按事件）*/
        s_tBtn[i].LongTime = KEY_LONG_TIME;
            /*消抖计数器设置为滤波时间一半*/
        s_tBtn[i].Count = KEY_FILTER_TIME / 2;
        /*按键默认状态（0 为未按下）*/
            s_tBtn[i].State = 0;
    }
    s_tBtn[KID_K1].LongTime = 100;                /*设定 KEY1 长按阈值*/
    s_tBtn[KID_K5].LongTime = 0;
    s_tBtn[0].IsKeyDownFunc = IsKeyDown1;         /*按键按下判断函数*/
    s_tBtn[4].IsKeyDownFunc = IsKeyDown5;
    …
```

```
    …
}
```

其中，bsp_InitKeyVar 函数首先对按键缓冲区结构体的各参数进行了初始化，为键值的保存和读取做好了准备。

接下来，依次为 s_tBtn 按键结构体数组的 5 个元素进行初始化，将长按时间阈值设为 KEY_LONG_TIME，将滤波时间计数值初始化为滤波时间的一半，按键状态初始化为 0，表示未按下。

其中对于 KEY_LONG_TIME 与 KEY_FILTER_TIME 的宏定义如下：

```
#define KEY_LONG_TIME      100      //当按键按下时间超过 100×10ms（1s）才认为长按事件发生
#define KEY_FILTER_TIME    4  //只有连续检测到 4×10ms 按键状态不变才认为按键弹起和短按事件有效，从而保证可靠地检测到按键事件
```

接着，程序对 KEY1 和 KEY5 的按键结构体进行单独的初始化操作。

其中，为 KEY5 的 LongTime 赋 0，表示程序不进行 KEY5 的长按检测。然后程序将 KEY1 和 KEY5 的按键按下判断函数指针，分别指向 IsKeyDown1 和 IsKeyDown5 两个函数；并对其他按键的指针赋为空，表示不进行其他按键的扫描检测。

程序中对 IsKeyDown1 和 IsKeyDown5 两个函数的定义如下：

```
/*******************************************************/
函数名：  IsKeyDownX
功能说明：判断按键是否按下
形参：无
返回值：返回值 1 表示按下，0 表示未按下
/*******************************************************/
    static uint8_t IsKeyDown1(void) {if ((GPIO_PORT_K14->IDR & GPIO_PIN_K1) == 0) return 1;else return 0;}
    static uint8_t IsKeyDown5(void) {if ((GPIO_PORT_K14->IDR & GPIO_PIN_K5) == 0) return 1;else return 0;}
```

即当 PA4 检测为低电平时，函数 IsKeyDown1 的返回值为 1，表示 KEY1 按下；否则返回 0 表示 KEY1 未按下。而当 PF12 检测为低电平时，函数 IsKeyDown5 的返回值为 1，表示 KEY5 按下；否则返回 0 表示 KEY5 未按下。

程序中并未使用长按自动发送键值功能，按键结构体的 RepeatSpeed 参数，均赋值为 0。

2）引脚初始化函数。

```
/*******************************************************/
函数名：  bsp_InitKeyHard
功能说明：配置按键对应的 GPIO
形参：无
返回值：无
/*******************************************************/
    static void bsp_InitKeyHard(void)
    {
    GPIO_InitTypeDef GPIO_InitStructure;
    /*第一步：打开 GPIO 时钟*/
    RCC_AHB1PeriphClockCmd(RCC_ALL_KEY, ENABLE);
```

```
/*第二步：配置所有的按键 GPIO 为浮动输入模式（实际上 CPU 复位后就是输入状态）*/
GPIO_InitStructure.GPIO_Mode = GPIO_Mode_IN;  /*设为输入口*/
GPIO_InitStructure.GPIO_OType = GPIO_OType_PP;  /*设为推挽模式*/
GPIO_InitStructure.GPIO_PuPd = GPIO_PuPd_NOPULL;  /*无须上下拉电阻*/
GPIO_InitStructure.GPIO_Speed = GPIO_Speed_50MHz;  /* I/O 口最大速度*/

GPIO_InitStructure.GPIO_Pin = GPIO_PIN_K1;
GPIO_Init(GPIO_PORT_K1, &GPIO_InitStructure);
GPIO_InitStructure.GPIO_Pin = GPIO_PIN_K5;
GPIO_Init(GPIO_PORT_K5, &GPIO_InitStructure);
}
```

其中，bsp_InitKeyHard 函数将 PA4 与 PF12 引脚配置成浮动输入模式，分别用来检测 KEY1 与 KEY5 的按键动作。

（4）按键扫描检测相关函数

1）按键扫描任务。

```
void AppTaskKEY(void *p_arg)
{
(void)p_arg;
bsp_KeyPostSetHook(App_KeyPostHook);                /*调用按键钩子设置函数*/
while(1)
{
    bsp_KeyScan();                                  /*调用按键扫描函数*/
    SoftWdtFed(KEY_TASK_SWDT_ID);                   /*喂狗*/
    OSTimeDlyHMSM(0, 0, 0, 10);
}
}
```

按键扫描任务开始执行后，首先调用了按键钩子设置函数 bsp_KeyPostSetHook，接着进入 while(1)循环，在循环中每隔 10ms 调用一次 bsp_KeyScan 按键扫描函数，来对全部按键进行一次扫描并且进行喂狗。

程序中对按键钩子设置函数 bsp_KeyPostSetHook 的定义如下：

```
void bsp_KeyPostSetHook(int (*hook)(uint8_t _KeyCode))
{
bsp_KeyPostHook = hook;
}
```

函数中 bsp_KeyPostHook 为全局变量，对其定义如下：

```
static int (*bsp_KeyPostHook)(uint8_t _KeyCode);     /*按键钩子函数指针*/
```

所以“bsp_KeyPostSetHook(App_KeyPostHook)”这条语句的作用，便是将 App_KeyPostHook 赋予按键钩子函数指针 bsp_KeyPostHook，即使 bsp_KeyPostHook 指向 App_KeyPostHook 按键发送钩子函数。

在键值保存函数 bsp_PutKey 中，将通过 bsp_KeyPostHook 钩子函数指针，来调用 App_KeyPostHook 函数，从而在每次存放键值时，通过调用 App_KeyPostHook 按键发送钩子函数来实现某些的功能，以完成用户功能的扩展。

程序中对 App_KeyPostHook 函数的定义如下：

```
static int App_KeyPostHook(uint8_t _KeyCode)
{
int ret = 0;
//当液晶背光关闭时，在按键按下后打开背光
if(lcd_bklight_status == 0)
{
    if(_KeyCode == KEY_1_UP
        || _KeyCode == KEY_2_DOWN
        || _KeyCode == KEY_3_DOWN)
    {
        lcd_bklight_time = 0;      /*打开背光*/
        diwen_set_bklight(255);
        lcd_bklight_status = 1;
    }
    //钩子函数返回-1，表示该键值不放入 FIFO，直接丢弃
    ret = -1;
}
else
{
    lcd_bklight_time = 0;
}
/*发送按键声音*/
if(_KeyCode == KEY_1_DOWN
    || _KeyCode == KEY_2_DOWN
    || _KeyCode == KEY_3_DOWN)
{
    /*按键音使能且蜂鸣器无其他报警*/
    if(KeyRing_Enable==1&&BELL_Alarm_Start==0)
    {
        BELL_KeyRing_Start=1;      //置位按键音开始标志
    }
}
cnt20ms_LcdConvert = 0;                  //自动返回待机界面计时清零
return ret;
}
```

App_KeyPostHook 按键发送钩子函数，主要扩展了两个功能：一是当检测到 KEY1 弹起、KEY2 短按、KEY3 短按时，在液晶背光关闭的情况下打开背光，并且不保存此次键值，其作用为利用按键唤醒液晶背光；二是实现在 KEY1、KEY2 及 KEY3 短按时，通过蜂鸣器发出按键音。

2）按键扫描函数。

```
/********************************************************/
函数名：  bsp_KeyScan
功能说明：扫描所有按键。非阻塞，被 systick 中断周期性的调用
```

```
形参：无
返回值：无
/*******************************************************/
        void bsp_KeyScan(void)
        {
        uint8_t i;
        for (i = 0; i < KEY_COUNT; i++)
        {
            bsp_DetectKey(i);//调用按键检测函数
        }
        }
```

按键扫描函数通过 for 循环，5 次（KEY_COUNT 值为 5）调用 bsp_DetectKey 按键检测函数，依次对全部按键进行检测，从而完成一次按键扫描。

3）按键检测函数。

```
/*******************************************************/
函数名：  bsp_DetectKey
功能说明：检测一个按键。非阻塞状态，必须被周期性的调用
形参：按键结构变量指针
返回值：无
/*******************************************************/
static void bsp_DetectKey(uint8_t i)
        {
        KEY_T *pBtn;
        //若未进行按键按下判断函数的初始化，则直接返回，不进行按键检测
        if (s_tBtn[i].IsKeyDownFunc == 0)    return;
        pBtn = &s_tBtn[i];
        if (pBtn->IsKeyDownFunc())    //若检测该按键按下
        {
            if (pBtn->Count < KEY_FILTER_TIME)  //延时消抖
            {
                pBtn->Count = KEY_FILTER_TIME;
            }
            else if(pBtn->Count < 2 * KEY_FILTER_TIME)
            {
                pBtn->Count++;
            }
            else
            {
                if (pBtn->State == 0)
                    //若延时消抖后仍检测该按键按下且短按标志未置位
                {
                    pBtn->State = 1;  //置位短按标志
                    /*调用键值保存函数记录按键短按*/
                    bsp_PutKey((uint8_t)(4 * i + 1));
                }
                if (pBtn->LongTime > 0)
```

```
                {
                    if (pBtn->LongCount < pBtn->LongTime)
                    {
                        /*若长按时间计数达到设定阈值*/
                        if (++pBtn->LongCount == pBtn->LongTime)
                        {
                            if(pBtn->StateLong == 0)      //若长按标志未置位
                            {
                                pBtn->StateLong = 1;  //置位长按标志
                                /*调用键值保存函数记录按键长按*/
                                bsp_PutKey((uint8_t)(4 * i + 3));
                            }
                        }
                    }
                    …
                        …
                }
            }
        }
        else  //若检测该按键弹起
        {
            if(pBtn->Count > KEY_FILTER_TIME)  //延时消抖
            {
                pBtn->Count = KEY_FILTER_TIME;
            }
            else if(pBtn->Count != 0)
            {
                pBtn->Count--;
            }
            else
            {
                if(pBtn->StateLong == 1)
                    /*若延时消抖后仍检测该按键弹起且长按标志置位*/
                {
                    pBtn->StateLong = 0;      //清零长按及短按标志
                    pBtn->State = 0;
                }
                else
                    {
                    if (pBtn->State == 1)
                        /*若延时消抖后仍检测该按键弹起且只有短按标志置位*/
                    {
                        pBtn->State = 0;  //清零短按标志
                        /*调用键值保存函数记录按键弹起*/
                        bsp_PutKey((uint8_t)(4 * i + 2));
                    }
                }
```

```
            }
            pBtn->LongCount = 0;  //清零长按时间计数值
            …
            …
        }
    }
```

按键检测函数 bsp_DetectKey 开始执行后，首先判断是否将当前按键的 IsKeyDownFunc 指针指向了相应的按下判断函数，如果指向了相应函数，则执行检测过程，否则直接结束对该按键的检测。

由于程序中只对 KEY1 和 KEY5 两个按键赋予了 IsKeyDownFunc 按下判断函数，所以实际上系统只对 KEY1 和 KEY5 进行扫描检测。

接下来将要进行按键按下和弹起的滤波消抖过程。下面对程序中按键滤波消抖的方法进行具体介绍。

按键滤波消抖程序流程如图 14-10 所示。

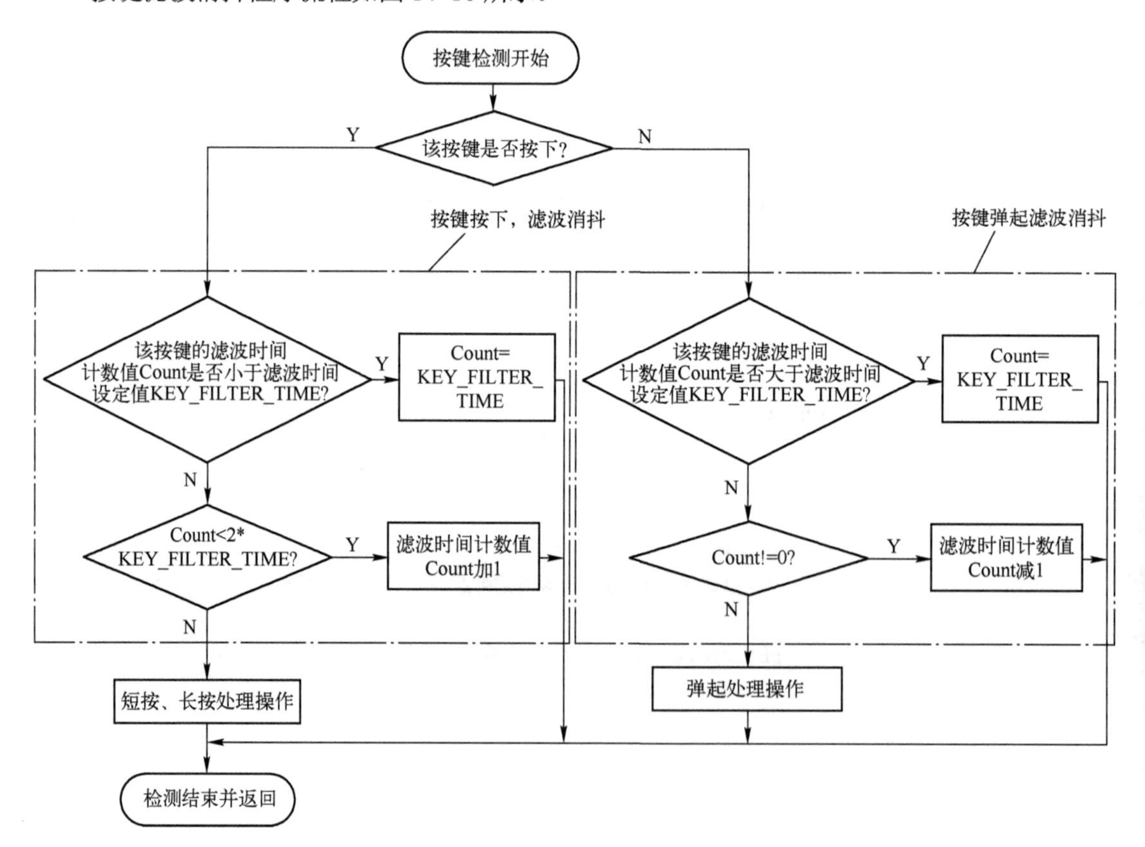

图 14-10　按键滤波消抖程序流程

图 14-10 中，Count 为滤波时间计数值，KEY_FILTER_TIME 为滤波时间阈值，程序中对 KEY_FILTER_TIME 的宏定义如下：

```
#define KEY_FILTER_TIME 4 //只有连续检测到 4×10ms 按键状态不变才认为按键弹起和短按事件有效，从而保证可靠地检测到按键事件
```

而在按键变量初始化函数 bsp_InitKeyVar 中，对 Count 进行了如下初始化：

```
for (i = 0; i < KEY_COUNT; i++)
{
…
/*消抖计数器设置为滤波时间的一半*/
        s_tBtn[i].Count = KEY_FILTER_TIME / 2;
…
}
```

所以滤波时间计数值 Count 的初始值为滤波时间阈值 KEY_FILTER_TIME 的一半，而上电后，按键 KEY1 和 KEY5 的初始状态均为弹起状态，下面通过分析 Count 计数值随按键动作发生的变化，来介绍按键滤波过程。

Count 计数值与按键动作的关系如图 14-11 所示。

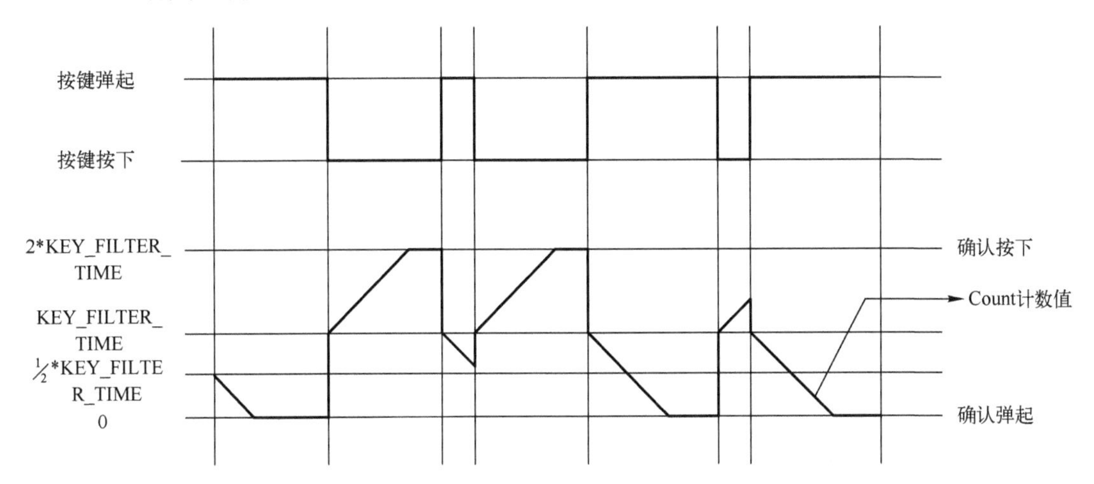

图 14-11　Count 计数值与按键动作的关系

如图 14-11 所示，Count 的初始值为 1/2 * KEY_FILTER_TIME，而上电后，按键 KEY1 和 KEY5 的初始状态均为弹起状态，结合图 14-10 中按键滤波消抖的程序流程，由于 Count < KEY_FILTER_TIME，所以 Count 的值开始减小，直至为 0。

以后每当按键的弹起和按下状态切换时，可以看到 Count 的值都归于 KEY_FILTER_TIME，若按键保持按下，则 Count 值逐渐增加，直到等于 2 * KEY_FILTER_TIME，则确认按键按下；若按键保持弹起，则 Count 值逐渐减小，直到等于 0，则确认按键弹起。

从图 14-11 可以看出，小于滤波时间阈值 KEY_FILTER_TIME 的按键抖动，都将被滤除，而不会影响程序对按键状态的检测。

在滤波消抖后，若确认按键按下，则在短按标志未置位的情况下将其置位，并将短按键值存入按键操作状态 FIFO 缓冲区。然后判断是否要对该按键进行长按检测，如果需要，则将长按时间计数值加 1，并在计数值大于设定阈值情况下置位长按标志，并保存长按键值，否则直接返回。

若确认按键弹起，则在长按标志置位情况下清零长按短按标志，在短按标志置位的情况下，清零短按标志并保存短按弹起键值，最后清零长按时间计数值，否则直接返回。

程序中并未使用长按自动发送键值功能，对于按键检测函数中与该功能相关的代码，不再进行详细介绍。

14.3.2 KEY2 与 KEY3 的中断检测程序

1. 按键中断检测程序设计

按键中断检测的程序流程如图 14-12 所示。

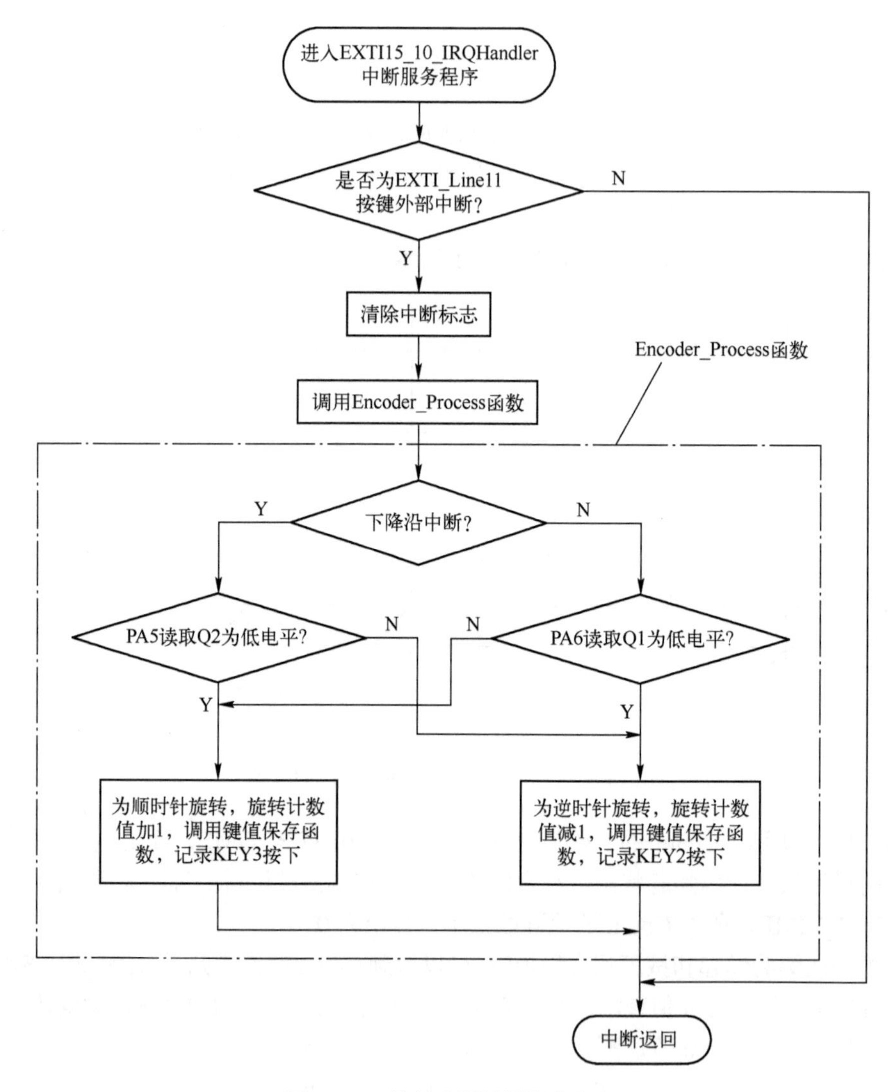

图 14-12　按键中断检测程序流程

2. 按键中断检测程序代码

对于 KEY2 和 KEY3 中断检测的实现，主要在于硬件电路的设计，其代码实现并不复杂，下面对其代码实现进行简单介绍。

（1）相关引脚声明

```
#define RCC_ENCODER_INT        RCC_AHB1Periph_GPIOF
#define RCC_ENCODER_OUT1       RCC_AHB1Periph_GPIOA
#define RCC_ENCODER_OUT2       RCC_AHB1Periph_GPIOA
```

```
#define PORT_ENCODER_INT      GPIOF
#define PORT_ENCODER_OUT1  GPIOA
#define PORT_ENCODER_OUT2  GPIOA

#define PIN_ENCODER_INT       GPIO_Pin_11
#define PIN_ENCODER_OUT1      GPIO_Pin_5
#define PIN_ENCODER_OUT2      GPIO_Pin_6
```

以上程序声明了 PF11 为外部中断引脚；PA5 为 ENCODER_OUT1，实际检测 D 触发器 U2B 的输出 Q2；PA6 为 ENCODER_OUT2，实际检测 D 触发器 U2A 的输出 Q1。

（2）相关初始化函数

```
void bsp_InitEncoder(void)
{
bsp_InitEncoderGPIO(); //引脚初始化
bsp_InitEncoderEXTI(); //外部中断初始化
}
```

其中，初始化函数 bsp_InitEncoder 在系统硬件初始化函数 bsp_Init 中被调用，用于对旋转编码器旋转检测的相关资源进行初始化，它包含两部分，即引脚初始化和外部中断初始化。

bsp_InitEncoderGPIO 函数将 PA5、PA6 以及 PF11 配置成浮动输入模式；bsp_InitEncoderEXTI 函数将 EXTI_Line11 与 PF11 连接，配置外部中断对上升沿和下降沿均进行检测，而且抢占优先级和亚优先级均为 3，具体代码比较简单，不再赘述。

（3）外部中断服务程序

```
void EXTI15_10_IRQHandler(void)
{
…
/*外部中断 11 的中断服务程序部分*/
if(EXTI_GetITStatus(EXTI_Line11) != RESET)
{
      EXTI_ClearITPendingBit(EXTI_Line11); /*清除中断标志*/
      /*调用旋转编码器旋转检测函数*/
      Encoder_Process();
}
…
}
```

进入 EXTI15_10_IRQHandler 中断服务程序后，先判断是否为 EXTI_Line11 按键外部中断，若是则清除相应中断标志，然后调用 Encoder_Process 函数，来进行相关处理。

程序中对 Encoder_Process 函数的定义如下：

```
int Encoder_Process(void)
{
uint8_t dir = 0;    /*1 表示顺时针旋转，2 表示逆时针旋转*/
if(GPIO_ReadInputDataBit(GPIO_PORT_K5, GPIO_PIN_K5) == Bit_RESET)
{
```

```
            bsp_PutKey(KEY_LONG_K3);            /*在独立按键 KEY5 按下的情况下，左旋或右旋编码器，作为 KEY_LONG_K3，用于在主页面进入调试页面*/

        }
        else if(GPIO_ReadInputDataBit(PORT_ENCODER_INT,PIN_ENCODER_INT)==Bit_RESET)  /*判断是否为下降沿中断*/
        {
            if(GPIO_ReadInputDataBit(PORT_ENCODER_OUT1, PIN_ENCODER_OUT1) == Bit_RESET)  /*如果是下降沿中断，则判断 PA5(Q2)是否为低电平*/
            {
                dir = 1; //低电平表示顺时针旋转
            }
            else
            {
                dir = 2; //高电平表示逆时针旋转
            }
        }
        else        /*若为上升沿中断*/
        {
            if(GPIO_ReadInputDataBit(PORT_ENCODER_OUT2, PIN_ENCODER_OUT2) == Bit_RESET)  /*如果是上升沿中断，则判断 PA6(Q1)是否为低电平*/
            {
                dir = 2; //低电平表示逆时针旋转
            }
            else
            {
                dir = 1; //高电平表示顺时针旋转
            }
        }
        switch(dir)
        {
            case 1:                 /*顺时针旋转一个定位*/
                Encoder_Count ++; //旋转编码器计数值加 1
                bsp_PutKey(KEY_DOWN_K3); //记录 KEY3 按下
                break;
            case 2:                 /*逆时针旋转一个定位*/
                Encoder_Count --; //旋转编码器计数值减 1
                bsp_PutKey(KEY_DOWN_K2); //记录 KEY2 按下
                break;
                default:
                    break;
            }
            return(0);
        }
```

相关引脚声明、各初始化函数的定义，以及Encoder_Process函数的定义均位于bsp_encoder.c 文件；中断服务函数 EXTI15_10_IRQHandler 的定义位于 stm32f4xx_it.c 文件。

14.4　键值存取程序

键值的存放和读取，都涉及一个环形 FIFO 结构的键值缓冲区，对键值的处理操作实际上就是对这个环形键值缓冲区进行操作，主要包括向缓冲区写入键值、从缓冲区读出键值、清空缓冲区，以及获取缓冲区状态等操作。

下面首先对环形键值缓冲区的结构进行分析，然后再给出相关函数的具体介绍。

14.4.1　环形 FIFO 键值缓冲区

程序中对键值缓冲区结构体类型的定义如下：

```
typedef struct
{
uint8_t Buf[KEY_FIFO_SIZE];          /*环形键值缓冲区*/
uint8_t Read;                        /*缓冲区读指针 1*/
uint8_t Write;                       /*缓冲区写指针*/
uint8_t Read2;                       /*缓冲区读指针 2*/
uint8_t ReadMirror;
uint8_t WriteMirror;
}KEY_FIFO_T;
```

Read 为缓冲区读指针，指向下一次要从中读取键值的缓冲区单元。

Write 为缓冲区写指针，指向下一次要向其中写入键值的缓冲区单元。

Read2 为缓冲区读指针 2，目前程序中并未使用，可用于将来的功能扩展。

键值缓冲区为首尾相连的环形队列，当写/读至缓冲区尾端后，下一次写/读操作将从头开始。

ReadMirror 和 WriteMirror 的取值只有 0 和 1 两种情况。每当写/读至缓冲区尾端，将要从头开始时，ReadMirror 和 WriteMirror 的取值将会进行翻转，作为指示。

Buf[KEY_FIFO_SIZE]为用来存放键值的环形键值缓冲区，程序中对 KEY_FIFO_SIZE 的声明如下：

```
#define KEY_FIFO_SIZE 10        //缓冲区容量为 10
```

所以环形键值缓冲区最多可以存放 10 个键值。

程序中定义了 s_tKey 环形键值缓冲区结构体变量，代码如下:

```
static KEY_FIFO_T s_tKey;         //定义了键值缓冲区变量，存放缓冲区状态及参数
```

环形键值缓冲区的结构如图 14-13 所示。

图 14-13 中，规定环形键值缓冲区的外侧为 Mirror 0，当写/读指针由外侧指向缓冲区单元时，表示 WriteMirror/ReadMirror 的值为 0；缓冲区的内侧为 Mirror 1，当写/读指针由内侧指向缓冲区单元时，表示 WriteMirror/ReadMirror 的值为 1。

写/读指针从读/写起点（即缓冲区的起始单元）开始，每写入/读取一个键值后，将顺时针移动一个单元，来指向下一个将要写入/读取的单元。

当重新写/读至读/写起点后，WriteMirror/ReadMirror 的取值将进行翻转，写/读指针将在 Mirror 0 和 Mirror 1（即环形键值缓冲区的外侧和内侧）之间进行切换。

以写指针在 Mirror 0 和 Mirror 1 之间的切换为例，其切换过程如图 14-14 所示。

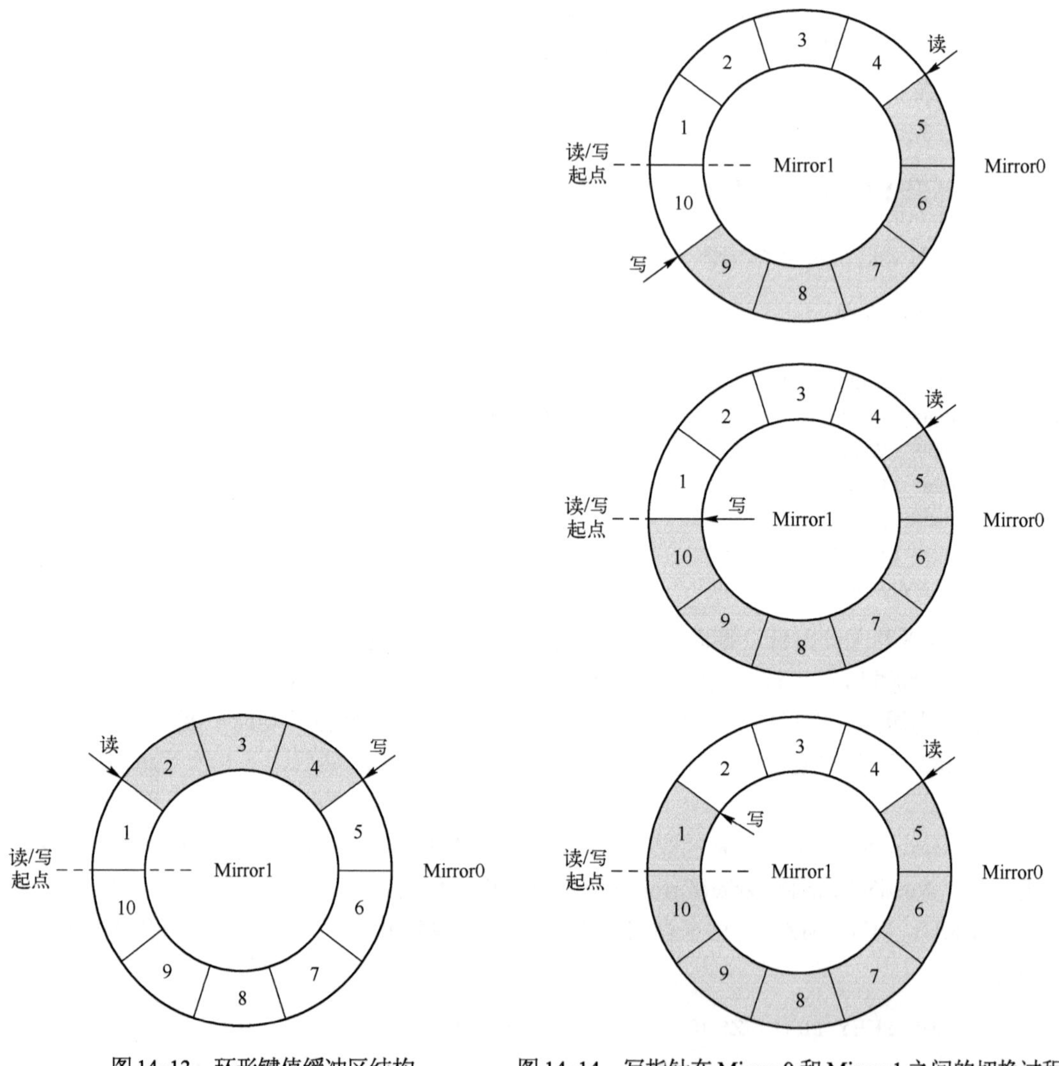

图 14-13　环形键值缓冲区结构　　　图 14-14　写指针在 Mirror 0 和 Mirror 1 之间的切换过程

图 14-14 中，当写指针从外侧指向缓冲区的尾端 10 号存储单元时，写指针处于缓冲区的外侧（Mirror 0），WriteMirror 的取值为 0。

若此时再写入一键值，那么写指针在顺时针移动一个单元后，将重新指向读/写起点（缓冲区的起始单元），此时写指针将由缓冲区的外侧（Mirror 0）进入缓冲区的内侧（Mirror 1），表示 WriteMirror 的取值由 0 变为 1。

接下来在每写入一个键值后，写指针将在缓冲区内侧（Mirror 1）顺时针移动一个单元，直到再次指向读/写起点后，将由缓冲区内侧（Mirror 1）重新返回到缓冲区外侧（Mirror 0），即 WriteMirror 的取值由 1 再变回 0，如此循环下去。

读指针在 Mirror 0 和 Mirror 1 之间的切换，与写指针类似，不再赘述。

14.4.2 键值存取程序

在了解环形键值缓冲区结构的基础上，下面将对与环形键值缓冲区操作相关的宏定义、变量和函数进行具体介绍。

1．环形键值缓冲区存储状态相关定义

（1）缓冲区存储状态枚举类型

```
enum ringbuffer_state
{
    RINGBUFFER_EMPTY,        //缓冲区空
    RINGBUFFER_FULL,         //缓冲区满
     /*缓冲区不为空且未满*/
    RINGBUFFER_HALFFULL,
}
```

ringbuffer_state 枚举变量类型用于指示缓冲区存储键值的状态。

其中，RINGBUFFER_EMPTY 表示缓冲区为空，并未存储键值；RINGBUFFER_FULL 表示缓冲区存满 10 个键值；RINGBUFFER_HALFFULL 表示缓冲区中存储键值数量在 1～9 之间，即不为空，也未存满。

（2）缓冲区存储状态判断函数

缓冲区存储状态判断函数 ringbuffer_status 用来返回缓冲区的存储状态，程序中对其定义如下：

```
enum ringbuffer_state    ringbuffer_status(KEY_FIFO_T *rb)
{
    if (rb->Read == rb->Write)
    {
        //读/写指针在同一次循环中且指向地址相同，表示缓冲区空
        if (rb->ReadMirror == rb->WriteMirror)
            return RINGBUFFER_EMPTY;
        //读/写指针不在同一次循环中且指向地址相同，表示缓冲区满
        else
            return RINGBUFFER_FULL;
    }
    return RINGBUFFER_HALFFULL;//否则返回缓冲区非空非满状态
}
```

通过图形的方式可以很容易地理解上述程序，缓冲区的不同存储状态如图 14-15 所示。

当读/写指针指向同一单元时，如果读和写处于同一 Mirror 中，则缓冲区空；若处于相反 Mirror 中，则缓冲区满；否则，缓冲区非空也非满。

（3）缓冲区未读键值数获取函数

缓冲区未读键值数获取函数 ringbuffer_data_len 用来返回缓冲区中尚未被读取的键值数量，程序中对其定义如下：

```
uint16_t ringbuffer_data_len(KEY_FIFO_T *rb)
{
```

```
    switch (ringbuffer_status(rb))
    {
    case RINGBUFFER_EMPTY:          //缓冲区键值为空，返回 0
        return 0;
    case RINGBUFFER_FULL:           //缓冲区未读键值已满，返回缓冲区最大容量
        return KEY_FIFO_SIZE;
    case RINGBUFFER_HALFFULL:
    default:                        //否则返回缓冲区中未读键值数
        if (rb->Write > rb->Read)
            return rb->Write - rb->Read;
        else
            return KEY_FIFO_SIZE - (rb->Read - rb->Write);
    }
}
```

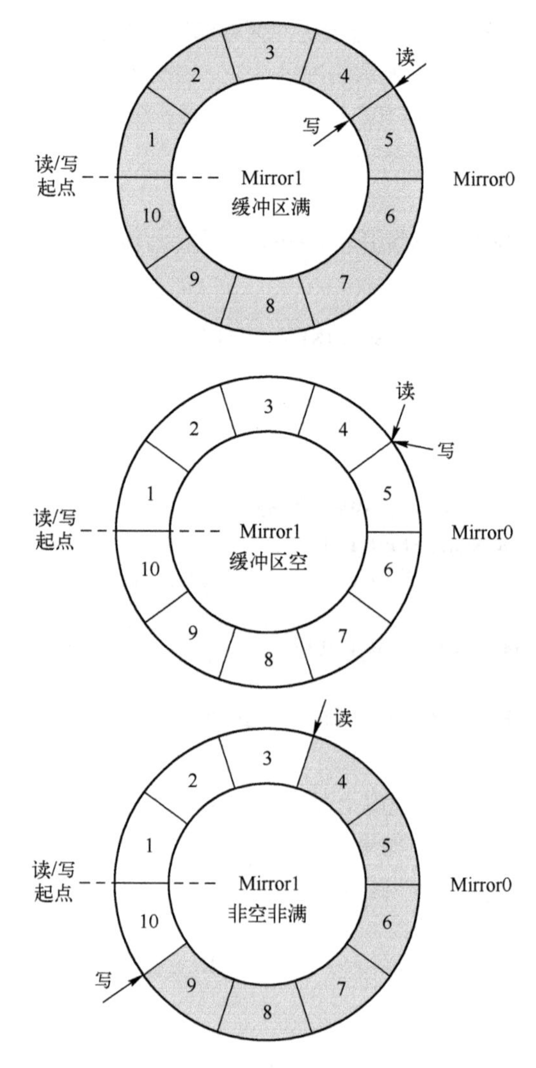

图 14-15　环形键值缓冲区的不同存储状态

当缓冲区存储状态为空时，表示其中键值均已读取，所以返回未读键值数为 0；当缓冲区存储状态为满时，表示未读键值数与缓冲区容量相同，返回 KEY_FIFO_SIZE（10）。

当缓冲区非空非满时，缓冲区的存储状态分为两种情况，如图 14-16 所示。

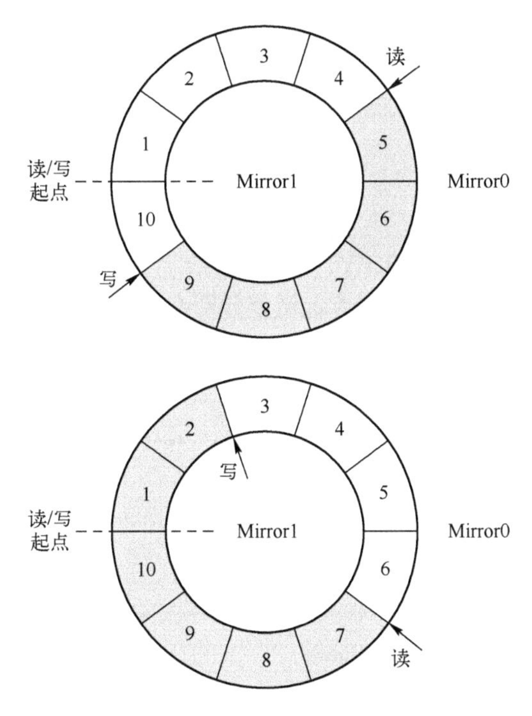

图 14-16　环形键值缓冲区两种非空非满状态

由图 14-16 可见，在第一种状态下，读指针小于写指针时，未读键值数为写-读；而在第二种状态下，读指针于大于写指针时，读-写为缓冲区空余单元数，所以 KEY_FIFO_SIZE – (Read – Write)即用缓冲区的总容量减去空余单元数，便是未读键值数。

程序中对键值缓冲区剩余容量的声明如下：

```
#define ringbuffer_space_len(rb)            (KEY_FIFO_SIZE - ringbuffer_data_len(rb))
```

即用缓冲区总容量减去未读键值数，便是空余单元数。

2．环形键值缓冲区操作相关定义

（1）按键键值枚举类型定义

程序中对按键键值枚举类型 KEY_ENUM 的定义如下：

```
typedef enum
{
KEY_NONE = 0,
KEY_1_DOWN,              /* KEY1 按下*/
KEY_1_UP,                /* KEY1 弹起*/
KEY_1_LONG,              /* KEY1 长按*/
KEY_1_LONG_UP,           /* KEY1 长按弹起*/

KEY_2_DOWN,
KEY_2_UP,
```

```
KEY_2_LONG,
KEY_2_LONG_UP,

KEY_3_DOWN,
    KEY_3_UP,
KEY_3_LONG,
    KEY_3_LONG_UP,
    …
    …
}KEY_ENUM;
```

这样定义按键键值枚举类型后，KEY1 短按对应数字 1，KEY1 弹起对应数字 2，依次类推，按键（i+1）的按下、弹起、长按、长按弹起键值分别为 4i+1、4i+2、4i+3、4i+4。

（2）键值保存函数

程序中对键值保存函数的定义如下：

```
/*******************************************************/
函数名：  bsp_PutKey
功能说明：将一个键值压入按键 FIFO 缓冲区，可用于模拟一个按键。
形参：  _KeyCode，按键代码
返回值：无
/*******************************************************/
    void bsp_PutKey(uint8_t _KeyCode)
    {
    uint16_t size;
    int hoot_ret = 0;
    /*按键钩子函数*/
    if(bsp_KeyPostHook != NULL)
    {
        hoot_ret = bsp_KeyPostHook(_KeyCode);
    }

    /*如果有钩子函数，钩子函数返回-1 表示该键值不放入 FIFO，直接丢弃*/
    if(hoot_ret == 0)
    {
            /*判断键值缓冲区是否还有存放空间*/
            size = ringbuffer_space_len(&s_tKey);
            /*若缓冲区未读键值已满则返回*/
        if (size == 0)      return;
              if (KEY_FIFO_SIZE - s_tKey.Write > 1)
            {
            s_tKey.Buf[s_tKey.Write] = _KeyCode; //存放键值
                /*缓冲区写指针加 1*/
                s_tKey.Write += 1;
                return;
            }
        if(KEY_FIFO_SIZE - s_tKey.Write > 0)
            s_tKey.Buf[s_tKey.Write] = _KeyCode;
```

```
        else
            s_tKey.Buf[0] = _KeyCode;
            /*键值缓冲区为头尾相连的环形队列，写至缓冲区尾端后从头开始写入*/
            s_tKey.WriteMirror = ~s_tKey.WriteMirror;// WriteMirror 翻转，标志缓冲区循环
        s_tKey.Write = 1 - (KEY_FIFO_SIZE - s_tKey.Write);
          /*当缓冲区写至剩余 1 个单位时，写指针清零，表示下次从头写入*/
          } return;
    }
```

判断是否有按键钩子函数，如果有钩子函数，钩子函数返回-1 表示该键值不放入 FIFO，直接丢弃。如果没有钩子函数，判断键值缓冲区的存放空间。

当缓冲区存满键值时，不再写入键值；当缓冲区未存满键值时，进行键值存储。

当未写至最后一个单元，即 KEY_FIFO_SIZE - s_tKey.Write > 1 时，写指针加 1 后直接返回；当写至最后一个单元，即 KEY_FIFO_SIZE - s_tKey.Write = 1 时（也就是程序中的 KEY_FIFO_SIZE - s_tKey.Write > 0 条件判断），在写入键值后，将 WriteMirror 翻转，标志着重新写至读/写起点，写指针将在 Mirror 0 和 Mirror 1 之间进行切换，在将写指针清零后，函数返回；而由于在 KEY_FIFO_SIZE - s_tKey.Write = 1 时，存储键值后进行了写指针清零，所以不会存在 KEY_FIFO_SIZE - s_tKey.Write = 0 的情况，即不会进入程序中最后的 else 判断（该程序结构引用自其他框架，所以出现了最后的 else 判断没有用到的情况，但这不会影响程序的正常执行）。

（3）键值读取函数

程序中对键值读取函数的定义如下：

```
/*******************************************************/
函数名：  bsp_GetKey
功能说明：从按键 FIFO 缓冲区读取一个键值
形参：  无
返回值：按键代码
/*******************************************************/
    uint8_t bsp_GetKey(void)
    {
    uint8_t ret;
        uint16_t size;
        /*判断键值缓冲区中未读键值数*/
        size = ringbuffer_data_len(&s_tKey);
        /*若缓冲区中无未读键值，返回 0*/
        if (size == 0)
            return 0;
        if (KEY_FIFO_SIZE - s_tKey.Read > 1)
        {
            ret = s_tKey.Buf[s_tKey.Read];      //否则将键值赋予返回变量
            /*读指针加 1*/
            s_tKey.Read += 1;
            return ret;
        }
    if (KEY_FIFO_SIZE - s_tKey.Read > 0)
```

```
            ret = s_tKey.Buf[s_tKey.Read];
        else
            ret = s_tKey.Buf[0];
        /*键值缓冲区为头尾相连的环形队列，读至缓冲区尾端后从头开始读取键值*/
        s_tKey.ReadMirror = ~s_tKey.ReadMirror;
    s_tKey.Read = 1 - (KEY_FIFO_SIZE - s_tKey.Read);
        /*当缓冲区读至剩余 1 个单位时，读指针清零，表示下次从头读取*/
        return ret;
    }
```

当缓冲区存储状态为空时，不再读取键值；当缓冲区不为空时，则进行键值读取。

当未读至最后一个单元，即 KEY_FIFO_SIZE - s_tKey. Read > 1 时，读指针加 1 后直接返回；当读至最后一个单元，即 KEY_FIFO_SIZE - s_tKey. Read = 1 时（也就是程序中的 KEY_FIFO_SIZE - s_tKey. Read > 0 条件判断），在读取键值后，将 ReadMirror 翻转，标志着重新读至读/写起点，读指针将在 Mirror0 和 Mirror1 之间进行切换，在将读指针清零后，函数返回；而由于在 KEY_FIFO_SIZE-s_tKey. Read=1 时，读取键值后进行了读指针清零，所以不会存在 KEY_FIFO_SIZE - s_tKey. Read = 0 的情况，即不会进入程序中最后的 else 判断（该程序结构引用自其他框架，所以出现了最后的 else 判断没有用到的情况，但这不会影响程序的正常执行）。

（4）按键 FIFO 清空函数

程序中对按键 FIFO 清空函数的定义如下：

```
/*******************************************************/
函数名：  bsp_ClearKeyFifo
功能说明：清空按键 FIFO
形参：  无
返回值：0
/*******************************************************/
uint8_t bsp_ClearKeyFifo(void)
{
OS_CPU_SR    cpu_sr;
OS_ENTER_CRITICAL();

/*对环形键值缓冲区清空，要求进行原子操作*/
/*将环形键值缓冲区读/写指针及读/写 Mirror 标志清零*/
s_tKey.Read = 0;
s_tKey.Write = 0;
s_tKey.Read2 = 0;
s_tKey.ReadMirror = 0;
s_tKey.WriteMirror = 0;

OS_EXIT_CRITICAL();

return 0;
}
```

当清零环形键值缓冲区的读/写指针以及读/写 Mirror 标志后，接下来对缓冲区的读/写操作将重新复位，相当于清空了键值缓冲区。

第 15 章　CAN 通信转换器的设计

本章介绍了 CAN 通信转换器的设计，包括 CAN 总线收发器、CAN 通信转换器概述、CAN 通信转换器微控制器主电路的设计、CAN 通信转换器 UART 驱动电路的设计、CAN 通信转换器 CAN 总线隔离驱动电路的设计、CAN 通信转换器 USB 接口电路的设计和 CAN 通信转换器的程序设计。

15.1　CAN 总线收发器

CAN 作为一种技术先进、可靠性高、功能完善、成本低的远程网络通信控制方式，已广泛应用于汽车电子、自动控制、电力系统、楼宇自控、安防监控、机电一体化、医疗仪器等自动化领域。目前，世界众多著名半导体生产商推出了独立的 CAN 通信控制器，而有些半导体生产商（如 Intel、NXP、Microchip、SAMSUNG、NEC、ST、TI 等公司）还推出了内嵌 CAN 通信控制器的 MCU、DSP 和 ARM 微控制器。为了组成 CAN 总线通信网络，NXP 和安森美半导体（ON 半导体）等公司推出了 CAN 总线收发器。

15.1.1　PCA82C250/251CAN 总线收发器

PCA82C250/251CAN 总线收发器是协议控制器和物理传输线路之间的接口。此器件对总线提供差动发送能力，对 CAN 控制器提供差动接收能力，可以在汽车和一般的工业应用上使用。

PCA82C250/251CAN 总线收发器的主要特点如下：

1）完全符合 ISO 11898 标准。

2）高速率（最高达 1Mbit/s）。

3）具有抗汽车环境中的瞬变干扰、保护总线的能力。

4）斜率控制，降低射频干扰（RFI）。

5）差分收发器，抗宽范围的共模干扰，抗电磁干扰（EMI）。

6）热保护。

7）防止电源和地之间发生短路。

8）低电流待机模式。

9）未上电的节点对总线无影响。

10）可连接 110 个节点。

11）工作温度范围为-40～125℃。

1．功能说明

PCA82C250/251CAN 总线收发器的驱动电路内部具有限流电路，可防止发送输出级对电源、地或负载短路。虽然短路出现时功耗增加，但不至于使输出级损坏。若结温超过大约 160℃，则两个发送器输出端极限电流将减小，由于发送器是功耗的主要部分，因而限制了芯片的温升。器件的所有其他部分将继续工作。PCA82C250 采用双线差分驱动，有助于抑制汽车等恶劣电气环境下的瞬变干扰。

引脚 R_s 用于选定 PCA82C250/251 的工作模式。有三种不同的工作模式可供选择：高速、斜率控制和待机。

2．引脚介绍

PCA82C250/251CAN 总线收发器为 8 引脚 DIP 和 SO 两种封装，引脚如图 15-1 所示。

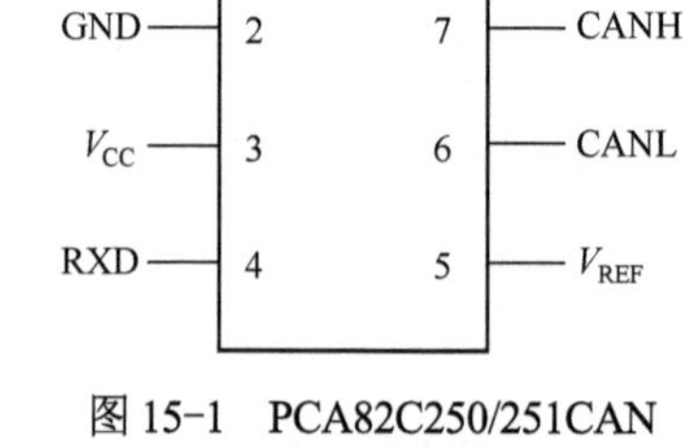

图 15-1　PCA82C250/251CAN 总线收发器引脚图

PCA82C250/251CAN 总线收发器的引脚介绍如下：

TXD：发送数据输入。

GND：地。

V_{CC}：电源电压，15.5～5.5V。

RXD：接收数据输出。

V_{REF}：参考电压输出。

CANL：低电平 CAN 电压输入/输出。

CANH：高电平 CAN 电压输入/输出。

R_s：斜率电阻输入。

PCA82C250/251CAN 总线收发器是协议控制器和物理传输线路之间的接口。如在 ISO 11898 标准中描述的，它们可以用高达 1Mbit/s 的位速率在两条有差动电压的总线电缆上传输数据。

这两个器件都可以在额定电源电压分别是 12V（PCA82C250）和 24V（PCA82C251）的 CAN 总线系统中使用。它们的功能相同，根据相关的标准，可以在汽车和普通的工业应用上使用。PCA82C250 和 PCA82C251 还可以在同一网络中互相通信。而且，它们的引脚和功能兼容。

15.1.2　TJA1051 CAN 总线收发器

1．功能说明

TJA1051 是一款高速 CAN 收发器，是 CAN 控制器和物理总线之间的接口，为 CAN 控制器提供差动发送和接收功能。该收发器专为汽车行业的高速 CAN 应用设计，传输速率高达 1Mbit/s。

TJA1051 是高速 CAN 收发器 TJA1050 的升级版本，改进了电磁兼容性（EMC）和静电放电（ESD）性能，具有如下特性：

1）完全符合 ISO 11898-2 标准。

2）收发器在断电或处于低功耗模式时，在总线上不可见。

3）TJA1051T/3 和 TJA1051TK/3 的 I/O 口可直接与 3～5V 的微控制器接口连接。

TJA1051 是高速 CAN 网络节点的最佳选择，TJA1051 不支持可总线唤醒的待机模式。

2．引脚介绍

TJA1051 CAN 总线收发器有 SO8 和 HVSON8 两种封装，引脚如图 15-2 所示。

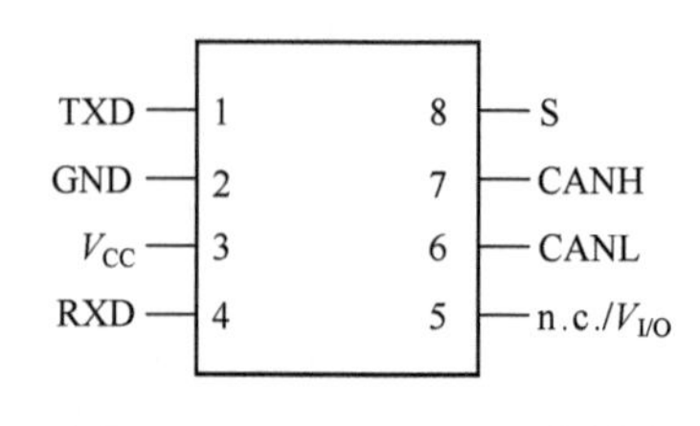

图 15-2　TJA1051 CAN 引脚图

TJA1051 CAN 总线收发器的引脚介绍如下：

TXD：发送数据输入。

GND：接地。

V_{CC}：电源电压。

RXD：接收数据输出，从总线读出数据。

n.c.：空引脚（仅 TJA1051T）。

$V_{I/O}$：I/O 电平适配（仅 TJA1051T/3 和 TJA1051TK/3）。

CANL：低电平 CAN 总线。

CANH：高电平 CAN 总线。

S：待机模式控制输入。

15.2　CAN 通信转换器概述

CAN 通信转换器可以将 RS232、RS485 或 USB 串行口转换为 CAN 现场总线。当采用 PC 或 IPC（工业 PC）作为上位机时，可以组成基于 CAN 总线的分布式控制系统。

1. CAN 通信转换器的性能指标

CAN 通信转换器的性能指标如下：

1）支持 CAN2.0A 和 CAN2.0B 协议，与 ISO 11898 兼容。

2）可方便地实现 RS232 接口与 CAN 总线的转换。

3）CAN 总线接口为 DB9 针式插座，符合 CIA 标准。

4）CAN 总线波特率可选，最高可达 1Mbit/s。

5）串口波特率可选，最高可达 115200bit/s。

6）由 PCI 总线或微机内部电源供电，无须外接电源。

7）隔离电压 2000Vrms。

8）外形尺寸为 130mm×110mm。

2. CAN 节点地址设定

CAN 通信转换器上的 JP1 用于设定通信转换器的 CAN 节点地址。跳线短接为 0，断开为 1。

3. 串口速率和 CAN 总线速率设定

CAN 通信转换器上的 JP2 用于设定串口及 CAN 通信波特率。其中 JP2.3～JP2.1 用于设定串口波特率，见表 15-1。JP2.6～JP2.4 用于设定 CAN 波特率，见表 15-2。

表 15-1　串口波特率设定

串口波特率/(bit/s)	JP2.3	JP2.2	JP2.1
2400	0	0	0
9600	0	0	1
19200	0	1	0
38400	0	1	1
57600	1	0	0
115200	1	0	1

表 15-2　CAN 波特率设定

CAN 波特率/(kbit/s)	JP2.6	JP2.5	JP2.4
5	0	0	0
10	0	0	1
20	0	1	0
40	0	1	1
80	1	0	0

（续）

CAN 波特率/(kbit/s)	JP2.6	JP2.5	JP2.4
200	1	0	1
400	1	1	0
800	1	1	1

4．通信协议

CAN 通信转换器的通信协议格式如下：

开始字节（40H）＋CAN 数据包（1～256 字节）＋校验字节（1 字节）＋结束字节（23H）

校验字节为从开始字节（包括开始字节 40H）到 CAN 帧中最后一个数据字节（包括最后一个数据字节）之间的所有字节的异或和。结束符为 23H，表示数据结束。

15.3 CAN 通信转换器微控制器主电路的设计

CAN 通信转换器微控制器主电路的设计如图 15-3 所示。

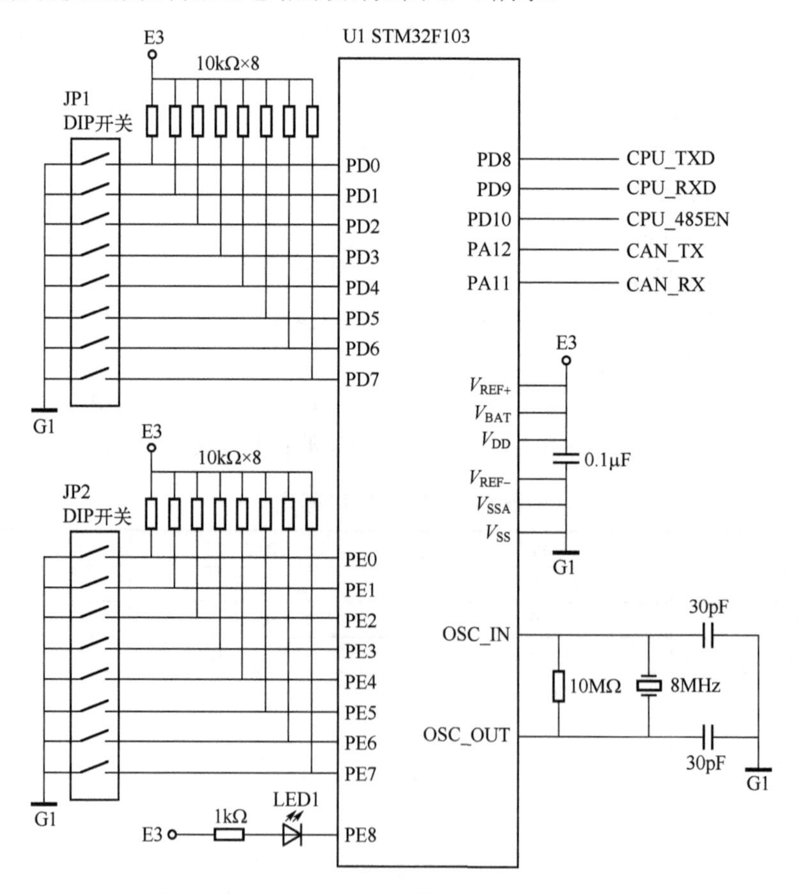

图 15-3　CAN 通信转换器微控制器主电路的设计

主电路采用 ST 公司的 STM32F103 嵌入式微控制器，利用其内嵌的 UART 串口和 CAN 控制器设计转换器，体积小、可靠性高，实现了低成本设计。LED1 为通信状态指示灯，JP1 和 JP2 设定 CAN 节点地址和通信波特率。

15.4　CAN 通信转换器 UART 驱动电路的设计

CAN 通信转换器 UART 驱动电路的设计如图 15-4 所示。MAX3232 为 MAXIM 公司的 RS232 电平转换器，适合 3.3V 供电系统；ADM487 为 ADI 公司的 RS485 收发器。

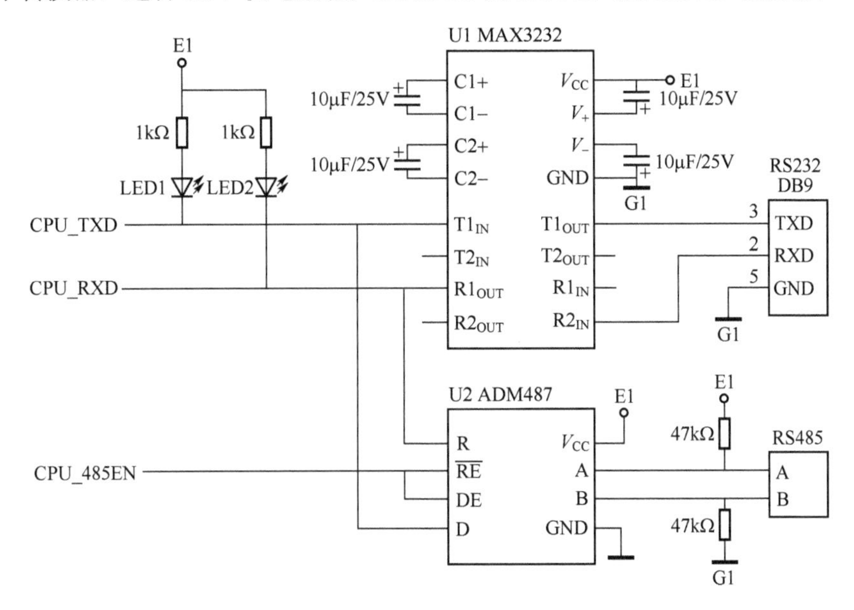

图 15-4　CAN 通信转换器 UART 驱动电路的设计

15.5　CAN 通信转换器 CAN 总线隔离驱动电路的设计

CAN 通信转换器 CAN 总线隔离驱动电路的设计如图 15-5 所示。采用 6N137 高速光电耦合器实现 CAN 总线的光电隔离，TJA1051 为 NXP 公司的 CAN 收发器。

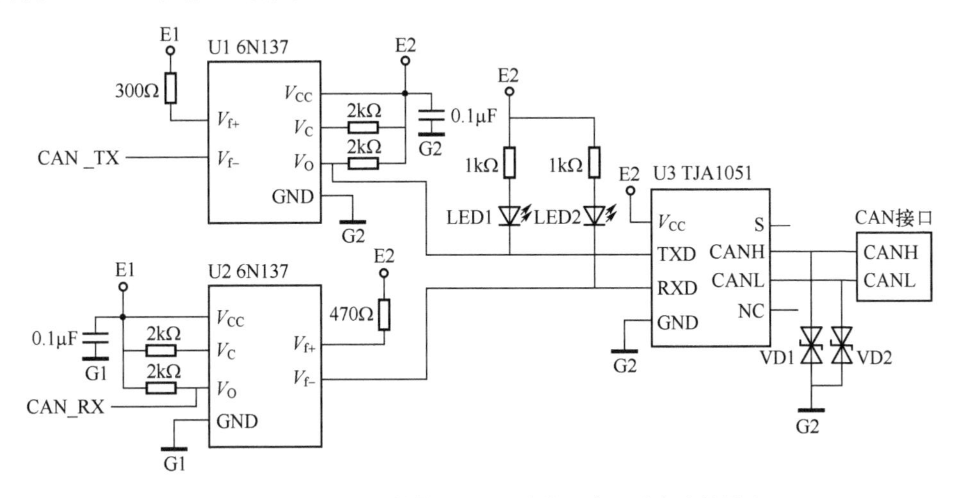

图 15-5　CAN 通信转换器 CAN 总线隔离驱动电路的设计

15.6 CAN 通信转换器 USB 接口电路的设计

CAN 通信转换器 USB 接口电路的设计如图 15-6 所示。CH340G 为 USB 转 UART 串口的接口电路，实现 USB 到 CAN 总线的转换。

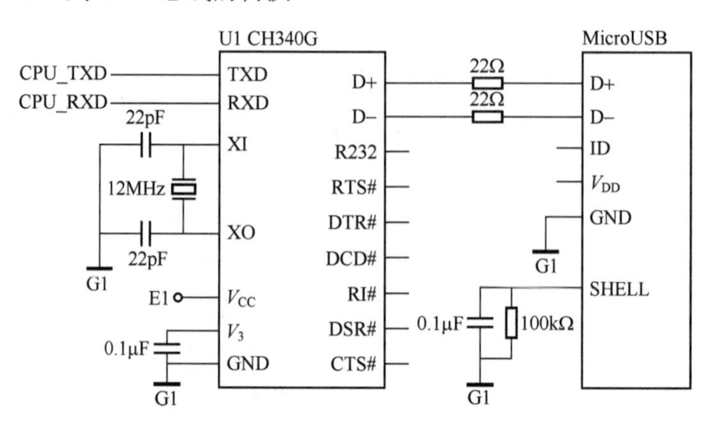

图 15-6　CAN 通信转换器 USB 接口电路的设计

15.7 CAN 通信转换器的程序设计

采用 ST 公司的 STM32F407 微控制器，编译器为 Keil4 或 Keil5。CAN 通信转换器的源程序设计清单如下：

头文件：main.h

```
/************************************************************************************/
#ifndef _MAIN__H_
#define _MAIN__H_

#ifdef   CAN_GLOBALS
#define CAN_EXT
#else
#define CAN_EXT extern
#endif

typedef unsigned char    u8;
/*************************************************************************************
*    MACRO     PROTOTYPES
*************************************************************************************/

#define LED_LED1            GPIO_Pin_8 //LED1 指示灯标志位
#define TriggLed1            GPIOE->ODR = GPIOE->IDR ^ LED_LED1

#define RS485_TX_EN        GPIO_SetBits(GPIOD, GPIO_Pin_10)
#define RS485_RX_EN        GPIO_ResetBits(GPIOD, GPIO_Pin_10)
```

```
/******************************************************************************
*    VARIABLES
******************************************************************************/
CAN_EXT   u8   SerialCounter;
CAN_EXT   u8   CANRecvOvFlg,COMRecvStFlg,COMRecvOvFlg;
CAN_EXT   u8   CANRecvBuf[256]; //CAN 接收和发送缓冲区
CAN_EXT   u8   USARTRecvBuf[260]; //USART 接收和发送缓冲区
/******************************************************************************
*    FUNCTION   PROTOTYPES
******************************************************************************/
extern void CANRecvDispose(void); //CAN 接收数据子程序

#endif
```

主程序：main.c

```
/******************************************************************************/
#define   CAN_GLOBALS
#include "stm32f4xx.h"
#include "main.h"
/******************************************************************************
*    FUNCTION    PROTOTYPES
******************************************************************************/
void RCC_Configuration(void);
void NVIC_Configuration(void);
void GPIO_Configuration(void);
void SysTick_Configuration(void);
void CAN_RegInit(void); //CAN 初始化
void USART_Configuration(void); //串口初始化函数调用
void CANTxData(void); //CAN 发送数据子程序
void COMTxData(void); //串口发送数据子程序
void IWDG_Configuration(void); //配置独立 WDT
/******************************************************************************
*    DATA    ARRAY PROTOTYPES
******************************************************************************/
int main(void)
{
/*ST 固件库中的启动文件已经执行了 SystemInit()函数，该函数在 system_stm32f4xx.c 文件，主要功能是配置 CPU 系统的时钟，内部 Flash 访问时序，配置 FSMC 用于外部 SRAM*/
/*配置 RCC*/
RCC_Configuration();
/*配置系统时钟*/
SysTick_Configuration();
/*NVIC 配置*/
NVIC_Configuration();
/*配置 GPIO 端口*/
GPIO_Configuration();
/*配置 IWDG*/
```

```
IWDG_Configuration();
/*配置 USART*/
USART_Configuration();
/*配置 CAN */
CAN_RegInit();
SerialCounter=0;
GPIOE->ODR = GPIOE->IDR & ~LED_LED1; //点亮 LED1
RS485_RX_EN;  //使能 RS485 接收

for(;;)
{
      IWDG_ReloadCounter(); //重装独立 WDT
      if(CANRecvOvFlg == 0xAA)
      {
            CANRecvOvFlg=0; //CAN 接收完成清 0
            SerialCounter = 0;
            TriggLed1; //LED1 取反
            COMTxData(); //串口发送数据
      }
      if(COMRecvOvFlg == 0xAA)
      {
            COMRecvOvFlg=0; //串口接收完成清 0
            TriggLed1; //LED1 取反
            CANTxData(); //CAN 发送数据
      }
}
}

/*******************************************************************************
* 函数名称：SysTick 配置
* 描述：将 SysTick 配置为每 68ms 生成一个中断
* 输入：无
* 输出：无
* 返回值：无
*******************************************************************************/
void SysTick_Configuration(void)
{
  /*设置 SysTick 优先级 0*/
  SysTick->LOAD = (SystemCoreClock /8)/1000*68 - 1; /*设置重载寄存器*/
  NVIC_SetPriority (SysTick_IRQn, 0); /*设置 SysTick 中断的优先级*/
  SysTick->CTRL = SysTick_CTRL_TICKINT_Msk; /*使能 SysTick IRQ */
} /*选择（HCLK/8）作为 SysTick 时钟源*/

/*******************************************************************************
* 函数名称：RCC 配置
* 描述：配置不同的系统时钟
* 输入：无
```

```
* 输出：无
* 返回值：无
*******************************************************************************/
void RCC_Configuration(void)
{
/*使能 GPIOA GPIOD GPIOE AFIO 时钟*/
RCC_AHB1PeriphClockCmd(RCC_AHB1Periph_GPIOA|RCC_AHB1Periph_GPIOD|RCC_AHB1Periph_
GPIOE, ENABLE);
/*使能 CAN、USART 时钟*/
RCC_APB1PeriphClockCmd(RCC_APB1Periph_CAN1| RCC_APB1Periph_USART3, ENABLE);
}

/*******************************************************************************
* 函数名称：NVIC 配置
*描述：配置向量表的基地址
* 输入：无
* 输出：无
* 返回值：无
*******************************************************************************/
void NVIC_Configuration(void)
{

NVIC_InitTypeDef NVIC_InitStructure;

#ifdef   VECT_TAB_RAM
/*设置向量表的基地址为 0x20000000*/
NVIC_SetVectorTable(NVIC_VectTab_RAM, 0x0);
#else   /*VECT_TAB_FLASH*/
/*设置向量表的基地址为 0x08000000*/
NVIC_SetVectorTable(NVIC_VectTab_FLASH, 0x0);
#endif
/*为抢占优先级配置一位*/
NVIC_PriorityGroupConfig(NVIC_PriorityGroup_1);

/*使能 CAN 接收中断*/
NVIC_InitStructure.NVIC_IRQChannel=CAN1_RX0_IRQn;
NVIC_InitStructure.NVIC_IRQChannelPreemptionPriority = 1;
NVIC_InitStructure.NVIC_IRQChannelSubPriority = 0;
NVIC_InitStructure.NVIC_IRQChannelCmd = ENABLE;
NVIC_Init(&NVIC_InitStructure);

/*使能 USART 接收中断*/
NVIC_InitStructure.NVIC_IRQChannel=USART3_IRQn;
NVIC_InitStructure.NVIC_IRQChannelSubPriority = 1;
NVIC_Init(&NVIC_InitStructure);
}
```

```
/*******************************************************************************
* 函数名称：GPIO 配置
* 描述：配置不同的 GPIO 端口
* 输入：无
* 输出：无
* 返回值：无
*******************************************************************************/
void GPIO_Configuration(void)
{
GPIO_InitTypeDef GPIO_InitStructure;

/*将 PD0～PD7 配置为输入浮空*/
GPIO_InitStructure.GPIO_Pin = 0x00FF;
GPIO_InitStructure.GPIO_Mode = GPIO_Mode_IN;
GPIO_InitStructure.GPIO_PuPd = GPIO_PuPd_NOPULL;
GPIO_Init(GPIOD, &GPIO_InitStructure);

/*将 PE0～PE7 配置为输入浮空*/
GPIO_Init(GPIOE, &GPIO_InitStructure);

/*将 PE8 配置为输出上拉*/
GPIO_InitStructure.GPIO_Pin = GPIO_Pin_8;
GPIO_InitStructure.GPIO_Mode = GPIO_Mode_OUT; /*设为输出口*/
GPIO_InitStructure.GPIO_OType = GPIO_OType_PP; /*设为推挽模式*/
GPIO_InitStructure.GPIO_PuPd = GPIO_PuPd_NOPULL; /*上下拉电阻不使能*/
GPIO_InitStructure.GPIO_Speed = GPIO_Speed_50MHz;
GPIO_Init(GPIOE, &GPIO_InitStructure);

/*USART 引脚重映射到 PD8：TXD，PD9：RXD*/

/*配置 USART 引脚 RXD：PD9*/
GPIO_InitStructure.GPIO_Pin = GPIO_Pin_9;
GPIO_InitStructure.GPIO_Mode = GPIO_Mode_AF; /*设为复用功能*/
GPIO_InitStructure.GPIO_PuPd = GPIO_PuPd_NOPULL; /*上下拉电阻不使能*/
GPIO_Init(GPIOD, &GPIO_InitStructure);

/*配置 USART 引脚 TXD：PD8*/
GPIO_InitStructure.GPIO_Pin = GPIO_Pin_8;
GPIO_InitStructure.GPIO_Mode = GPIO_Mode_AF; /*设为复用功能*/
GPIO_InitStructure.GPIO_OType = GPIO_OType_PP; /*设为推挽模式*/
GPIO_InitStructure.GPIO_PuPd = GPIO_PuPd_UP;   /*内部上拉电阻使能*/
GPIO_InitStructure.GPIO_Speed = GPIO_Speed_50MHz;
GPIO_Init(GPIOD, &GPIO_InitStructure);

GPIO_PinAFConfig(GPIOD,GPIO_PinSource8,GPIO_AF_USART3); //设置串口引脚功能映射
GPIO_PinAFConfig(GPIOD,GPIO_PinSource9,GPIO_AF_USART3);
```

```
/*配置 RS485_EN 引脚：PD10*/
GPIO_InitStructure.GPIO_Pin = GPIO_Pin_10;
GPIO_InitStructure.GPIO_Mode = GPIO_Mode_OUT; /*设为输出口*/
GPIO_InitStructure.GPIO_OType = GPIO_OType_PP; /*设为推挽模式*/
GPIO_InitStructure.GPIO_PuPd = GPIO_PuPd_NOPULL; /*上下拉电阻不使能*/
GPIO_InitStructure.GPIO_Speed = GPIO_Speed_50MHz;
GPIO_Init(GPIOD, &GPIO_InitStructure);

/* CAN 引脚 PA12：TXD，PA11：RXD*/

/*配置 CAN 引脚 RX：PA11*/
GPIO_InitStructure.GPIO_Pin = GPIO_Pin_11;
GPIO_InitStructure.GPIO_Mode = GPIO_Mode_AF; /*设为复用功能*/
GPIO_InitStructure.GPIO_PuPd = GPIO_PuPd_UP;   /*上拉电阻使能*/
GPIO_Init(GPIOA, &GPIO_InitStructure);
/*配置 CAN 引脚 TX：PA12*/
GPIO_InitStructure.GPIO_Pin = GPIO_Pin_12;
GPIO_InitStructure.GPIO_Mode = GPIO_Mode_AF; /*复用模式*/
GPIO_InitStructure.GPIO_OType = GPIO_OType_PP; /*输出类型为推挽*/
GPIO_InitStructure.GPIO_PuPd = GPIO_PuPd_UP;   /*内部上拉电阻使能*/
GPIO_InitStructure.GPIO_Speed = GPIO_Speed_50MHz;
GPIO_Init(GPIOA, &GPIO_InitStructure);

GPIO_PinAFConfig(GPIOA,GPIO_PinSource11,GPIO_AF_CAN1); //设置 CAN 引脚功能映射
GPIO_PinAFConfig(GPIOA,GPIO_PinSource12,GPIO_AF_CAN1);

}

/*******************************************************************************
*    独立 WDT 初始化程序
*******************************************************************************/
void IWDG_Configuration(void)
{
    /* IWDG 超时等于 100ms
    （超时可能会因 LSI 频率分散而有所不同）*/
    /*启用对 IWDG_PR 和 IWDG_RLR 寄存器的写访问*/
    IWDG_WriteAccessCmd(IWDG_WriteAccess_Enable);

    /*对于 STM32F103, IWDG 计数器时钟：40kHz（LSI）/ 16 = 2.5kHz */
    /*对于 STM32F407, IWDG 计数器时钟：32kHz（LSI）/ 16 = 2kHz */
    IWDG_SetPrescaler(IWDG_Prescaler_16);

    /*对于 STM32F407, 2400×16/32=1200ms */
    IWDG_SetReload(2400);

    /*重载 IWDG 计数器*/
    IWDG_ReloadCounter();
```

```
    /*使能 IWDG（LSI 振荡器将由硬件使能）*/
    IWDG_Enable();
}

/****************************************************************************
*   CAN 寄存器初始化函数
****************************************************************************/
void CAN_RegInit(void)
{
    CAN_InitTypeDef CAN_InitStructure;
    CAN_FilterInitTypeDef   CAN_FilterInitStructure;

    u8  CAN_BS1[8] = {CAN_BS1_10tq,CAN_BS1_10tq,CAN_BS1_10tq,CAN_BS1_10tq,CAN_BS1_
10tq,\CAN_BS1_10tq,CAN_BS1_10tq,CAN_BS1_5tq,};
    u8  CAN_BS2[8] = {CAN_BS2_7tq,CAN_BS2_7tq,CAN_BS2_7tq,CAN_BS2_7tq,CAN_BS2_7tq,\
CAN_BS2_7tq,CAN_BS2_7tq,CAN_BS2_3tq,};
    u16 CAN_Prescaler[8] = {400,200,100,50,25,10,5,5};
    //5kbit/s，10kbit/s，20kbit/s，40kbit/s，80kbit/s，200kbit/s，400kbit/s，800kbit/s
    u8  CANBaudIndex,CANAddr;

    CANBaudIndex = ((u8)GPIOE->IDR&0x38)>>3;
    CANAddr = (u8)GPIOD->IDR;
    CAN_DeInit(CAN1); //CAN 接口重置
    CAN_StructInit(&CAN_InitStructure);

    /* CAN 单元初始化*/
    CAN_InitStructure.CAN_TTCM=DISABLE; //禁用时间触发连接模式 ID
    CAN_InitStructure.CAN_ABOM=DISABLE; //禁用自动总线关闭模式
    CAN_InitStructure.CAN_AWUM=DISABLE; //禁用自动唤醒模式
    CAN_InitStructure.CAN_NART=DISABLE; //禁用自动发送失败消息
    CAN_InitStructure.CAN_RFLM=DISABLE; //禁用新消息刷新旧消息
    CAN_InitStructure.CAN_TXFP=ENABLE; //哪个消息先发送取决于哪个请求先发送
    CAN_InitStructure.CAN_Mode=CAN_Mode_Normal; //CAN 可以保持正常模式
    CAN_InitStructure.CAN_SJW=CAN_SJW_1tq;
    CAN_InitStructure.CAN_BS1=CAN_BS1[CANBaudIndex];
    CAN_InitStructure.CAN_BS2=CAN_BS2[CANBaudIndex];
    CAN_InitStructure.CAN_Prescaler=CAN_Prescaler[CANBaudIndex];
    CAN_Init(CAN1,&CAN_InitStructure); //CAN 初始化
    /* CAN 过滤器初始化*/
    CAN_FilterInitStructure.CAN_FilterNumber=1; //使用过滤器 1
    CAN_FilterInitStructure.CAN_FilterMode=CAN_FilterMode_IdMask; //掩码
    CAN_FilterInitStructure.CAN_FilterScale=CAN_FilterScale_16bit; //11 位 ID
    CAN_FilterInitStructure.CAN_FilterIdHigh=(u16)CANAddr<<8;
    CAN_FilterInitStructure.CAN_FilterIdLow=(u16)CANAddr<<8;
    CAN_FilterInitStructure.CAN_FilterMaskIdHigh=0x0000; //FF00
    CAN_FilterInitStructure.CAN_FilterMaskIdLow=0x0000; //FF00
```

```
    CAN_FilterInitStructure.CAN_FilterFIFOAssignment=CAN_FIFO0; //FIFO0
    CAN_FilterInitStructure.CAN_FilterActivation=ENABLE;
    CAN_FilterInit(&CAN_FilterInitStructure);

    CAN_ITConfig(CAN1,CAN_IT_FMP0,ENABLE); //使能接收中断
    return;
}

/*******************************************************************************
*     串口初始化函数
*******************************************************************************/
void USART_Configuration(void) //串口初始化函数
{
    //串口参数初始化
    u8 Index;
    USART_InitTypeDef USART_InitStructure; //串口设置恢复默认参数
    u32 BaudRate[8] = {2400,9600,19200,38400,57600,115200};

    Index = ((u8)GPIOE->IDR & 0x07);
    //初始化参数设置
    USART_InitStructure.USART_BaudRate = BaudRate[Index]; //波特率 9600bit/s，
    USART_InitStructure.USART_WordLength = USART_WordLength_8b; //字长 8 位
    USART_InitStructure.USART_StopBits = USART_StopBits_1; //1 位停止位
    USART_InitStructure.USART_Parity = USART_Parity_No; //无奇偶校验位

    USART_InitStructure.USART_HardwareFlowControl = USART_HardwareFlowControl_None;
    //打开 RX 接收和 TX 发送功能
    USART_InitStructure.USART_Mode = USART_Mode_Rx | USART_Mode_Tx;

    USART_Init(USART3, &USART_InitStructure); //初始化
    // 使能 USART3 接收中断
    USART_ITConfig(USART3, USART_IT_RXNE, ENABLE);
    USART_ITConfig(USART3, USART_IT_TXE, DISABLE);

    USART_Cmd(USART3, ENABLE); //启动串口
}

/*******************************************************************************
*     CAN 发送数据子程序
*******************************************************************************/
void CANTxData(void)
{
    u8 i,j,FrameNum,datanum,lastnum,offset;
    u8 TransmitMailbox;
    u32 delay;
    CanTxMsg TxMessage;
    datanum = USARTRecvBuf[4] + 3; //总字节个数
```

```
FrameNum = (datanum%6)?(datanum/6+1):(datanum/6);
lastnum = datanum-(FrameNum-1)*6+2;
TxMessage.IDE=CAN_ID_STD;
TxMessage.RTR=CAN_RTR_DATA;
offset = 3;
for(i=1;i<=FrameNum;i++)
{
    if(i == FrameNum) //最后一帧
    {
        TxMessage.StdId=(u32)USARTRecvBuf[2]<<3 | 1; //标识符 ID.0=1
        TxMessage.DLC=lastnum;
        TxMessage.Data[0]=USARTRecvBuf[1];
        TxMessage.Data[1]=offset;
        for(j=0;j<lastnum-2;j++)
        {
            TxMessage.Data[2+j]=USARTRecvBuf[offset+j];
        }
        TransmitMailbox = CAN_Transmit(CAN1,&TxMessage);
        delay = 0;
        while(CAN_TransmitStatus(CAN1,TransmitMailbox)!=CANTXOK) //等待发送成功
        {
            delay++;
            if(delay == 3600000)
            {
                break; //超时等待 50ms
            }
        }
        return;
    }
    else //不是最后一帧
    {
        TxMessage.StdId=(u32)USARTRecvBuf[2]<<3 | 0; //标识符 ID.0=0
        TxMessage.DLC=0x08;
        TxMessage.Data[0]=USARTRecvBuf[1];
        TxMessage.Data[1]=offset;
        for(j=0;j<6;j++)
        {
            TxMessage.Data[2+j]=USARTRecvBuf[offset+j];
        }
        TransmitMailbox = CAN_Transmit(CAN1,&TxMessage);
        offset += 6; //地址变址
        delay = 0;
        while(CAN_TransmitStatus(CAN1,TransmitMailbox)!=CANTXOK) //等待发送成功
        {
            delay++;
            if(delay == 3600000)
            {
```

```
                    break; //超时等待 50ms
                }
            }
        }
    }
}

/*************************************************************************************
*   串口发送数据子程序
*************************************************************************************/
void COMTxData(void)
{
    u8 i,j,TotalNum,XorData=0;

    RS485_TX_EN; //使能 RS485 发送
    //波特率为 9600bit/s 的情况下，89 为临界值，为保证可靠使能 RS485，取循环次数为 150
    for(i=0;i<150;i++)
    for(j=0;j<100;j++);

    TotalNum = CANRecvBuf[4] + 5; //总有效数据个数
    for(i=1;i<=TotalNum;i++) //求异或和
    XorData ^= CANRecvBuf[i];
    USART_SendData(USART3,0x40); //发送开始字节
    while(USART_GetFlagStatus(USART3,USART_FLAG_TXE) == RESET);
    for(i=1;i<=TotalNum;i++)
    {
        USART_SendData(USART3,CANRecvBuf[i]); //发送有效数据
        while(USART_GetFlagStatus(USART3,USART_FLAG_TXE) == RESET);
    }
    USART_SendData(USART3,XorData); //发送异或和
    while(USART_GetFlagStatus(USART3,USART_FLAG_TXE) == RESET);
    USART_SendData(USART3,0x23);  //发送结束字节
    while(USART_GetFlagStatus(USART3,USART_FLAG_TXE) == RESET);

    for(i=0;i<150;i++)
        for(j=0;j<100;j++);
    RS485_RX_EN; //使能 RS485 接收

    return;
}
```

中断程序：stm32f103vbxx_it.c

```
/*********************************************************************************/
#define IT_EXT
#include "stm32f4xx_it.h"
#include "stm32f10x_dly.h"
#include "main.h"
```

```
/**************************************************************************
* 函数名称：延迟递减
* 说明：插入一个延迟时间
* 输入：nTime，指定延迟时间长度，以毫秒为单位
* 输出：无
* 返回值：无
**************************************************************************/
volatile unsigned long TimingDly;
void TimingDly_Discrease(void)
{
    if(TimingDly)
    {
        TimingDly--;
    }
    return;
}

/**************************************************************************
* 函数名称：SysTick 中断函数
* 说明：此函数处理 SysTick 中断
* 输入：无
* 返回值：无
**************************************************************************/
void SysTickHandler(void)
{
    TimingDly_Discrease();//调用延迟量消减函数
    //LED 控制子程序
    COMRecvStFlg = 0; //开始接收标志清 0
    SerialCounter = 0;//串口接收个数清 0
    COMRecvOvFlg = 0;
    SysTick->CTRL &= ~SysTick_CTRL_ENABLE_Msk; //关闭时钟
}

/**************************************************************************
* 函数名称：USB_LP_CAN_RX0_IRQ 中断函数
* 说明：此功能处理 USB 低优先级或 CAN RX0 中断
* 输入：无
* 返回值：无
**************************************************************************/
void USB_LP_CAN_RX0_IRQHandler(void)
{
    u8 offset,num,j;
    static u8 FirstFrameFlg=0;
    CanRxMsg RxMessage;

    RxMessage.StdId=0x00;
    RxMessage.ExtId=0x00;
```

```
    RxMessage.IDE=0;
    RxMessage.DLC=0;
    RxMessage.FMI=0;
    RxMessage.Data[0]=0x00;
    RxMessage.Data[1]=0x00;

    CAN_Receive(CAN1,CAN_FIFO0, &RxMessage);

    if(FirstFrameFlg = = 0) //数据包第一帧
    {
      CANRecvBuf[1]=RxMessage.Data[0]; //源节点
      CANRecvBuf[2]=(RxMessage.IDE= =CAN_ID_STD)?RxMessage.StdId>>3:RxMessage.ExtId>>21;
         FirstFrameFlg = 1;
    }
    offset=RxMessage.Data[1];
    j=0;
    num=RxMessage.DLC;
    num-=2;
    while(num--)
    {
         CANRecvBuf[offset++]=RxMessage.Data[2+j];
         j++;
    }
    if(RxMessage.StdId&0x01)
    {
         CANRecvBuf[0]=0xAA;      //数据接收完成
         FirstFrameFlg=0; //第一帧标志重新清 0
         CANRecvOvFlg=0xAA; //CAN 数据包接收完成标志
    }
    else
    {
         CANRecvBuf[0]=0x55; //数据未接收完成
    }
    return;
}

/*******************************************************************************
* 函数名称：USART3_IRQ 中断函数
* 说明：此函数处理 USART3 全局中断请求
* 输入：无
* 输出：无
*******************************************************************************/
void USART3_IRQHandler(void)
{
    u8 index,tmp,XORData=0;
    tmp = USART_ReceiveData(USART3);
    USARTRecvBuf[SerialCounter++] = tmp;
```

```
        if(COMRecvStFlg == 0x55) //串口开始接收
        {
            if(tmp == 0x23) //结束字节
            {
                if((SerialCounter -8) == USARTRecvBuf[4]) //判断字节个数
                {
                    for(index=1;index<SerialCounter-2;index++)
                    XORData ^= USARTRecvBuf[index]; //求值异或
                    if(XORData == USARTRecvBuf[SerialCounter-2]) //判断异或和
                    {
                        COMRecvStFlg = 0; //开始接收标志清 0
                        SerialCounter = 0; //串口接收个数清 0
                        COMRecvOvFlg = 0xAA; //串口接收完成置 1
                        SysTick->CTRL &= ~SysTick_CTRL_ENABLE_Msk; //关闭时钟
                    }
                }
            }
        }
        else
        {
            if(tmp == 0x40)
            {
                COMRecvStFlg = 0x55; //串口开始接收置 1
                SysTick->VAL = 0; //清除计数值
                SysTick->CTRL |= SysTick_CTRL_ENABLE_Msk; //启动时钟
            }
        }
    }
```

第 16 章　电力网络仪表设计实例

本章介绍了电力网络仪表设计实例，包括 PMM2000 系列电力网络仪表概述、PMM2000 系列电力网络仪表的硬件设计、周期和频率测量、STM32F103VBT6 初始化程序、PMM2000 系列电力网络仪表的算法、LED 数码管动态显示程序设计和 PMM2000 系列电力网络仪表在数字化变电站中的应用。

16.1　PMM2000 系列电力网络仪表概述

PMM2000 系列数字式多功能电力网络仪表由有济南莱恩达网络仪表科技有限公司生产，共分为四大类别：标准型、经济型、单功能型、户表专用型。

PMM2000 系列电力网络仪表采用先进的交流采样技术及模糊控制功率补偿技术与量程自校正技术，以 32 位嵌入式微控制器 STM32F103VBT6 为核心，采用双 CPU 结构，是一种集传感器、变送器、数据采集、显示、遥信、遥控、远距离传输数据于一体的全电子式多功能电力参数监测网络仪表。

PMM2000 系列电力网络仪表能测量三相三线、三相四线（低压、中压、高压）系统的电流（I_a、I_b、I_c、I_n）、电压（U_a、U_b、U_c、U_{ab}、U_{bc}、U_{ca}）、有功电能（kW·h）、无功电能（kvar·h）、有功功率（kW）、无功功率（kvar）、频率（Hz）、功率因数（PF%）、视在功率（kV·A）、电流电压谐波总含量（THD）、电流电压基波和 2～31 次谐波含量、开口三角形电压、最大开口三角形电压、电流和电压三相不平衡度、电压波峰系数（CF）、电话波形因数（THFF）、电流 K 系数等电力参数，同时具有遥信、遥控功能，以及电流越限报警、电压越限报警、DI 状态变位等 SOE 事件记录信息功能。

PMM2000 系列电力网络仪表既可以在本地使用，又可以通过 DC 4～20mA 模拟信号（取代传统变送器）、RS485（Modbus-RTU）、PROFIBUS-DP 现场总线、CANBus 现场总线、M-Bus 仪表总线或 TCP/IP 工业以太网组成高性能的遥测遥控网络。

PMM2000 系列数字式电力网络仪表如图 16-1 所示。

a) LED显示　　b) LCD显示

图 16-1　PMM2000 系列数字式电力网络仪表

PMM2000 系列数字式电力网络仪表具有以下特点：

1）技术领先。该仪表采用交流采样技术、模糊控制功率补偿技术、量程自校正技术、精密测量技术、现代电力电子技术、先进的存储记忆技术等，因此精度高、抗干扰能力强、抗冲击、抗浪涌、记录信息不易丢失。对于含有高次谐波的电力系统，该仪表仍能达到高精度测量。

2）安全性高。在仪表内部，电流和电压的测量采用互感器（同类仪表一般不采用电压互感器），保证了仪表的安全性。

3）产品种类齐全。PMM2000 系列电力网络仪表是从单相电流/电压表到全电量综合测量，集遥测、遥信、遥控功能于一体的多功能电力网络仪表。

4）强大的网络通信接口。用户可以选择 TCP/IP 工业以太网、M-Bus、RS485（Modbus-RTU）、CANBus PROFIBUS-DP 通信接口。

5）双 CPU 结构。仪表采用双 CPU 结构，保证了仪表的高测量精度和网络通信数据传输的快速性、可靠性，防止网络通信出现死机现象。

6）兼容性强。采用通信接口组成通信网络系统时，该仪表可以和第三方的产品互联。

7）可与主流工控软件轻松相连，如 iMeaCon、WinCC、Intouch、iFix 等组态软件。

16.2 PMM2000 系列电力网络仪表的硬件设计

PMM2000 系列电力网络仪表由主板、显示板、电压输入板、电流输入板、通信及 DI 输入板和电源模块组成。

16.2.1 主板的硬件电路设计

PMM2000 系列电力网络仪表的主板电路如图 16-2 和图 16-3 所示，显示电路如图 16-4 所示。

主板以 STM32F103VBT6 微控制器为核心，扩展了 MB85RS16 铁电存储器，用于存储电力网络仪表的设定参数和电能；扩展了 4 个独立式按键，用于参数设定、仪表校验、电力参数查看等；通过 ULN2803 达林顿晶体管驱动器和 MPS8050 晶体管 VT_1 扩展了 15 位 LED 数码管和 24 位 LED 指示灯，每 2 位数码管或 LED 指示灯为一组，共 9 个位控制；CN1 接电压输入板的输出；CN2 接电流输入板的输出；CN3 接通信及 DI 输入板；CN4 为参数设定跳线选择接口。

16.2.2 电压输入电路的硬件设计

电压输入电路如图 16-5 所示。

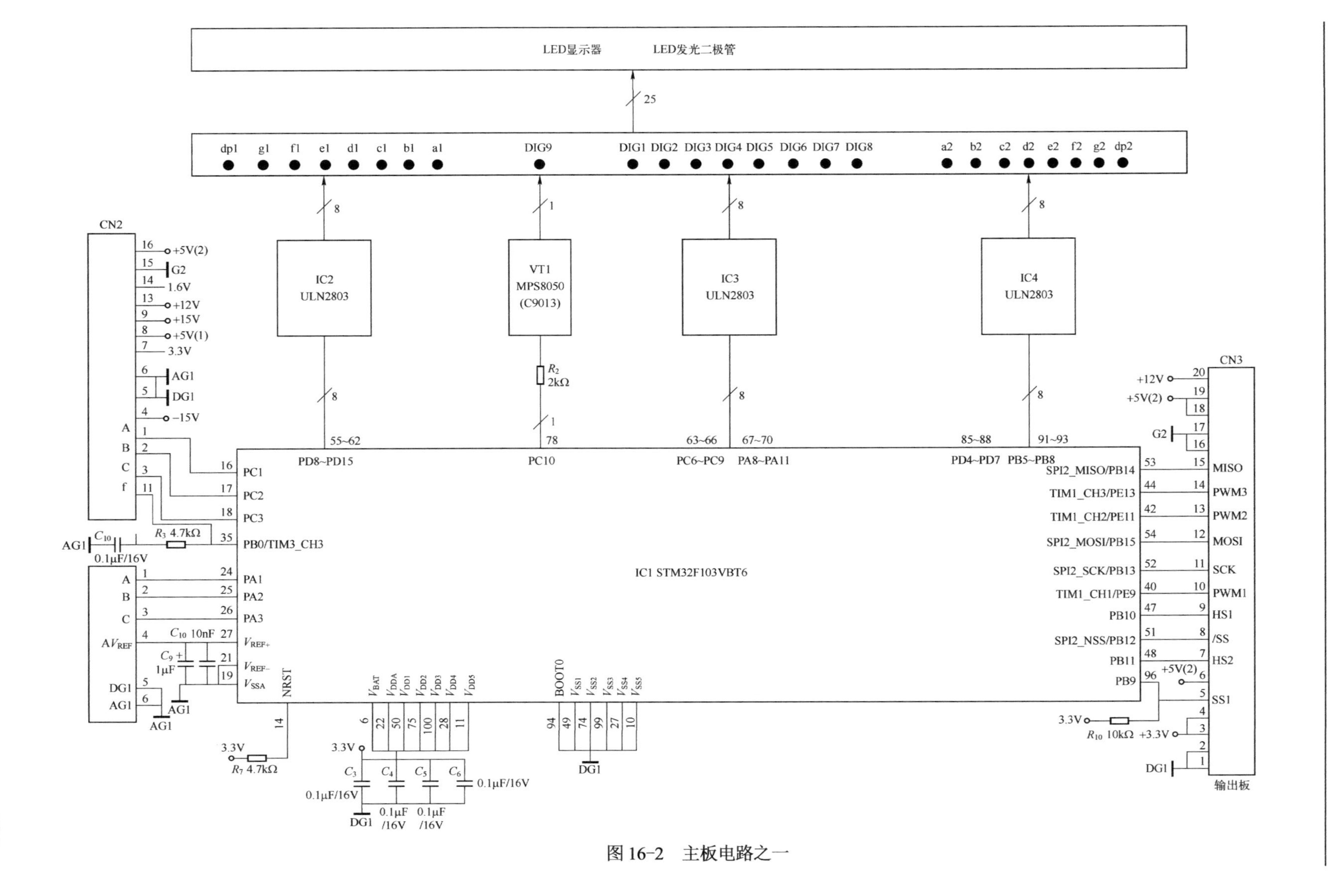
LED显示器
LED发光二极管
dp1 g1 f1 e1 d1 c1 b1 a1
DIG9
DIG1 DIG2 DIG3 DIG4 DIG5 DIG6 DIG7 DIG8
a2 b2 c2 d2 e2 f2 g2 dp2
IC2
ULN2803
VT1
MPS8050
(C9013)
IC3
ULN2803
IC4
ULN2803
R2
2kΩ
IC1 STM32F103VBT6
CN2
CN3
输出板
PD8~PD15
PC10
PC6~PC9
PA8~PA11
PD4~PD7
PB5~PB8
PC1
PC2
PC3
PB0/TIM3_CH3
PA1
PA2
PA3
NRST
BOOT0
SPI2_MISO/PB14
TIM1_CH3/PE13
TIM1_CH2/PE11
SPI2_MOSI/PB15
SPI2_SCK/PB13
TIM1_CH1/PE9
PB10
SPI2_NSS/PB12
PB11
PB9
MISO
PWM3
PWM2
MOSI
SCK
PWM1
HS1
/SS
HS2
SS1
+12V
+5V(2)
+5V(1)
+15V
-15V
1.6V
3.3V
+3.3V
G2
AG1
DG1
R3 4.7kΩ
R7 4.7kΩ
R10 10kΩ
C10 0.1μF/16V
C10 10nF
C9 1μF
C3 0.1μF/16V
C4 0.1μF /16V
C5 0.1μF /16V
C6 0.1μF/16V

图 16-2　主板电路之一

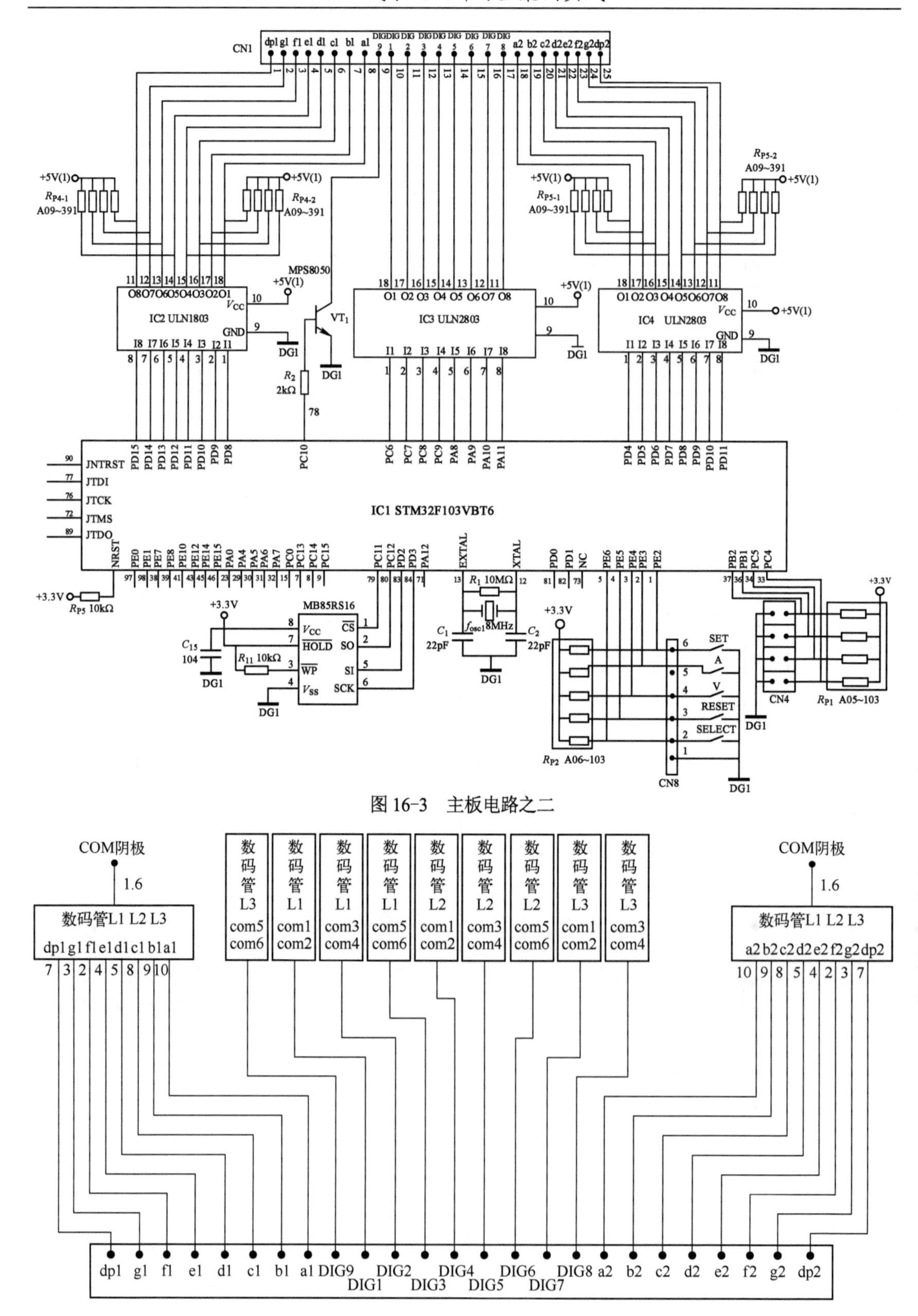

图 16-3 主板电路之二

图 16-4 显示电路

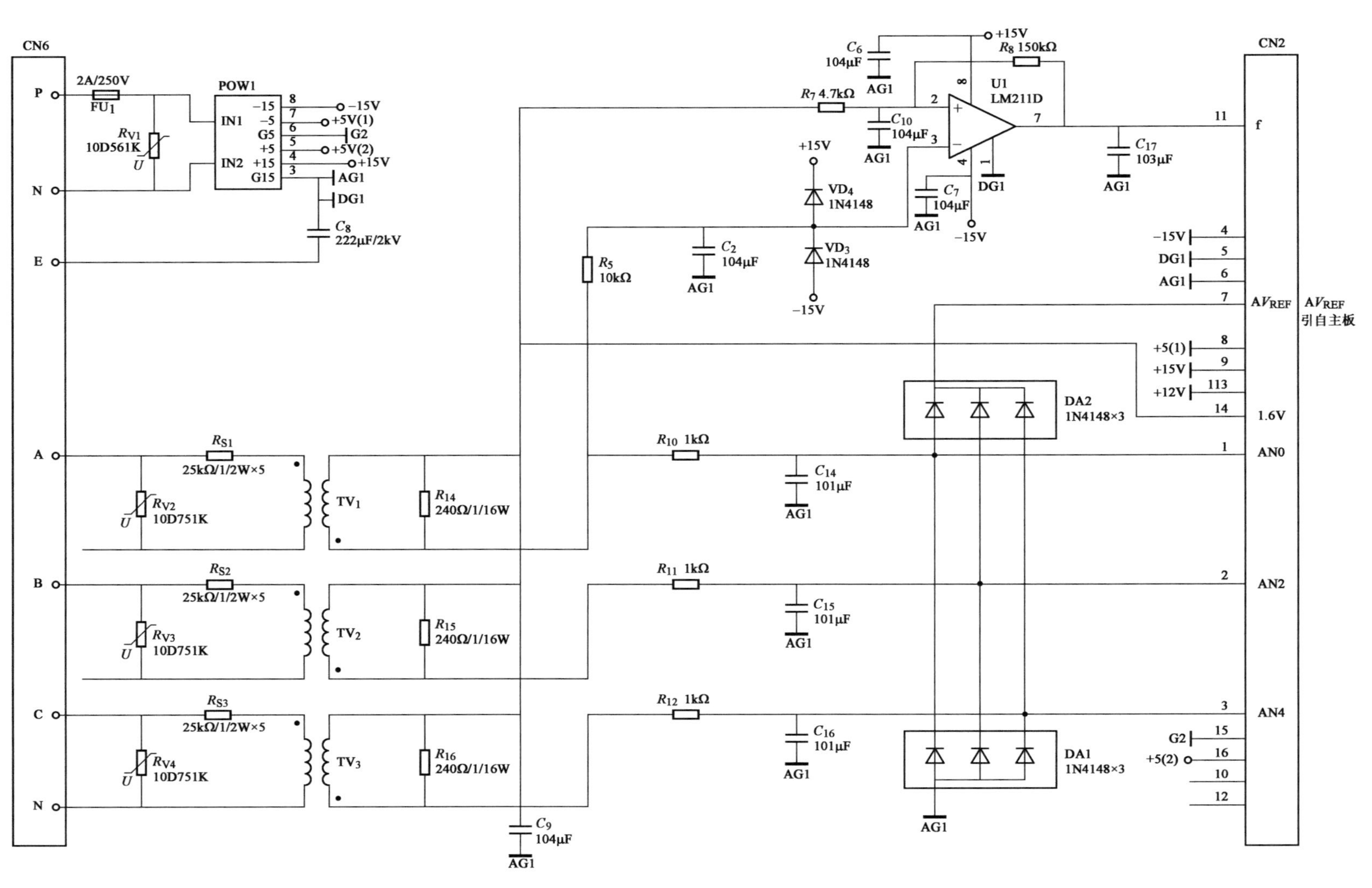
CN6
P
N
E
A
B
C
N
2A/250V
FU1
RV1 10D561K
U
POW1
IN1
IN2
−15
−5
G5
+5
+15
G15
8
7
6
5
4
3
−15V
+5V(1)
G2
+5V(2)
+15V
AG1
DG1
C8 222μF/2kV
RS1 25kΩ/1/2W×5
RS2 25kΩ/1/2W×5
RS3 25kΩ/1/2W×5
RV2 10D751K
RV3 10D751K
RV4 10D751K
TV1
TV2
TV3
R14 240Ω/1/16W
R15 240Ω/1/16W
R16 240Ω/1/16W
C9 104μF
AG1
R5 10kΩ
C2 104μF
AG1
+15V
VD4 1N4148
VD3 1N4148
−15V
C6 104μF
AG1
+15V
R8 150kΩ
R7 4.7kΩ
C10 104μF
AG1
U1 LM211D
C7 104μF
AG1
DG1
−15V
C17 103μF
AG1
R10 1kΩ
R11 1kΩ
R12 1kΩ
C14 101μF
C15 101μF
C16 101μF
AG1
DA2 1N4148×3
DA1 1N4148×3
AG1
CN2
11
f
−15V
DG1
AG1
AV_REF
AV_REF 引自主板
+5(1)
+15V
+12V
113
14
1.6V
1
AN0
2
AN2
3
AN4
G2
+5(2)
15
16
10
12

图 16-5　电压输入电路

图 16-5 中，A、B、C、N 为 U_a、U_b、U_c、U_n 三相电压输入；TV_1、TV_2 和 TV_3 为电压互感器；电压互感器输出的电流信号经 R_{14}、R_{15}、R_{16} 取样电阻变成电压信号；DA1、DA2 二极管为 A/D 采样保护电路；POW1 为电源模块，产生所需直流电源；U_a、U_n 为 220V 交流输入信号，经过电压互感器 TV_1 变成 mA 信号，由电阻 R_{14} 取样变成电压信号送入过零电压比较器 LM211D，其输出为方波，用于周期和频率测量。

R_{V1}～R_{V4} 为压敏电阻，用于抗雷击过电压保护。

16.2.3 电流输入电路的硬件设计

电流输入电路如图 16-6 所示。

图 16-6 中，1S、1L，2S、2L，3S、3L 为 I_a、I_b、I_c 三相电流输入；TA_1、TA_2 和 TA_3 为电流互感器；电流互感器输出的电流信号经 R_1、R_2、R_3 取样电阻变成电压信号；VD_4～VD_9 二极管为 A/D 采样保护电路；TL431AILP 为电压基准源，经电阻网络变成 1.6V 和 3.2V，再通过运算放大器 TL082ID 驱动产生 A/D 采样电压基准，1.6V 接电流互感器和电压互感器二次侧的一端，把-1.6～1.6V 的交流信号变成 0～3.2V 的交流信号。

16.2.4 RS485 通信电路的硬件设计

1. 硬件设计

RS485 通信接口电路如图 16-7 所示。

RS485 通信接口电路以 ST 公司的 8 位微控制器 STM8S105K4T6 为核心，通过 6N137、PS2501 光电耦合器和 RS485 驱动器 SN65LBC184 组成 RS485 通信接口。

通信板与主板之间通过 SPI 串行总线实现双机通信。当电力网络仪表设定仪表地址和通信波特率等参数时，主板 STM32F103VBT6 的 SPI 设为主机模式，通信板 STM8S105K4T6 的 SPI 设为从机模式，主板主动向通信板发送地址和通信波特率等参数，发送完后，主板的 SPI 变为从机模式，通信板的 SPI 变为主机模式，继续进行电力测量参数的传输。在双机通信时，通过 HS1 和 HS2 实现握手。

CN1 为 STM8S105K4T6 微控制器下载接口，CN2 为通信板外接线端子。

TX LED 和 RX LED 为 RS485 通信发送和接收 LED 指示灯。

4 路数字量输入电路如图 16-8 所示。数字量输入电路用于测量开关运行状态，DI1～DI4 分别与 DICOM 连接时，PC0～PC3 为低电平，否则为高电平。PS2501 光电耦合器实现了开关量与 STM32F103VBT6 微控制器的隔离。

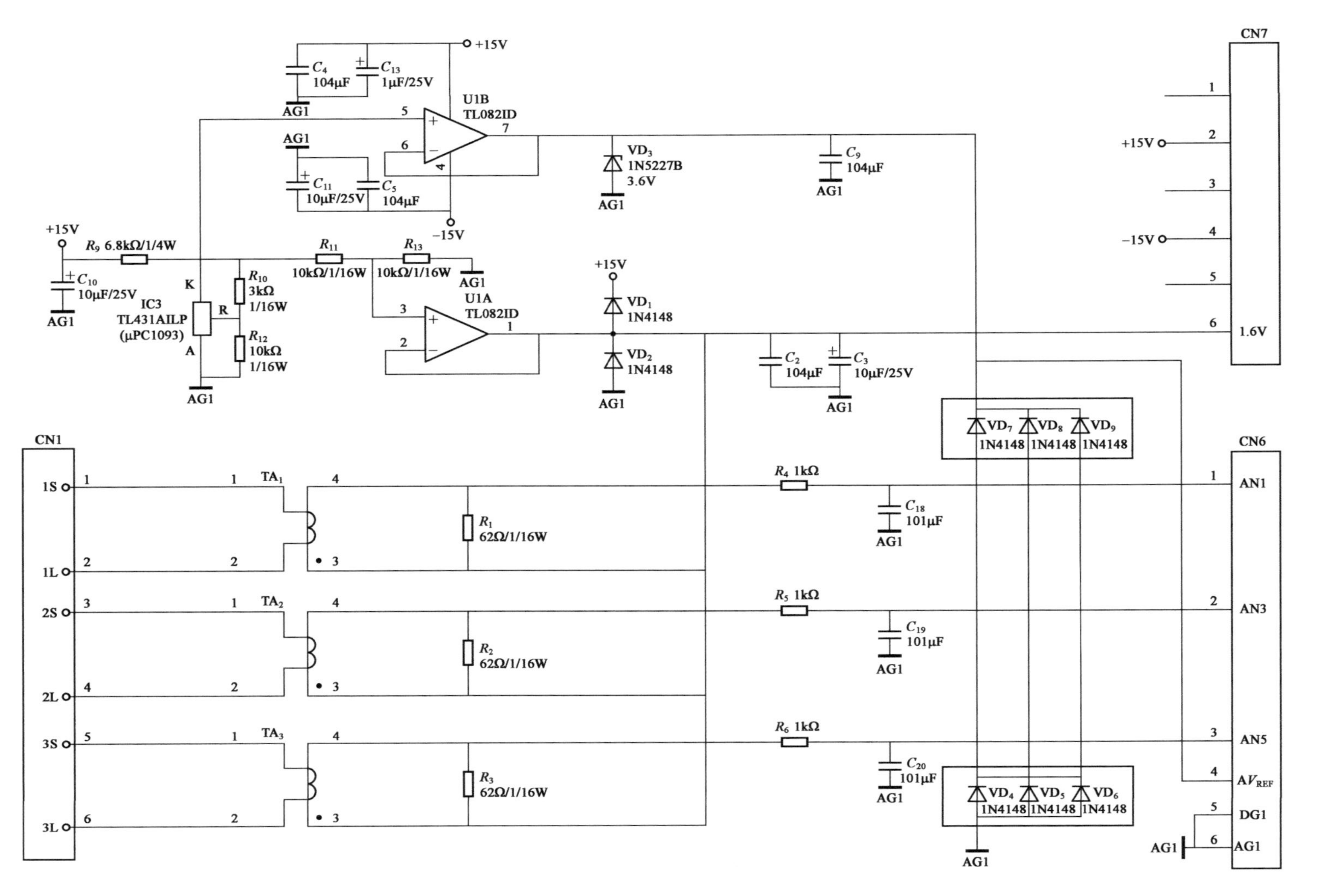
CN7
1.6V
+15V
−15V
CN6
AN1
AN3
AN5
AV_{REF}
DG1
AG1
VD7 1N4148
VD8 1N4148
VD9 1N4148
VD4 1N4148
VD5 1N4148
VD6 1N4148
C18 101μF
C19 101μF
C20 101μF
C9 104μF
C3 10μF/25V
C2 104μF
R4 1kΩ
R5 1kΩ
R6 1kΩ
VD3 1N5227B 3.6V
VD1 1N4148
VD2 1N4148
U1B TL082ID
U1A TL082ID
R1 62Ω/1/16W
R2 62Ω/1/16W
R3 62Ω/1/16W
C13 1μF/25V
C4 104μF
C5 104μF
C11 10μF/25V
R13 10kΩ/1/16W
R11 10kΩ/1/16W
R10 3kΩ 1/16W
R12 10kΩ 1/16W
IC3 TL431AILP (μPC1093)
R9 6.8kΩ/1/4W
C10 10μF/25V
TA1
TA2
TA3
CN1
1S
1L
2S
2L
3S
3L

图 16-6　电流输入电路

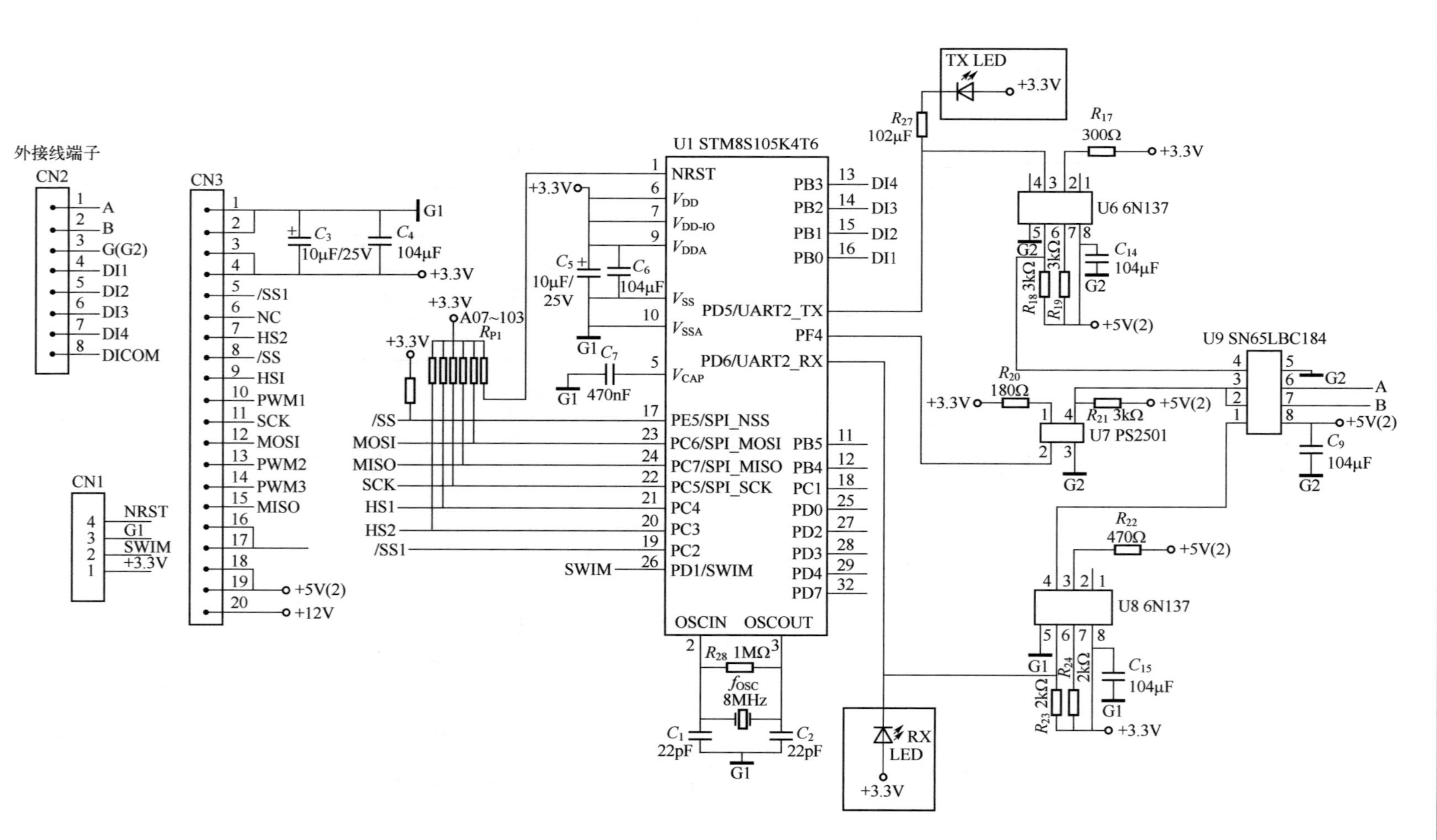

图 16-7 RS485 通信接口电路

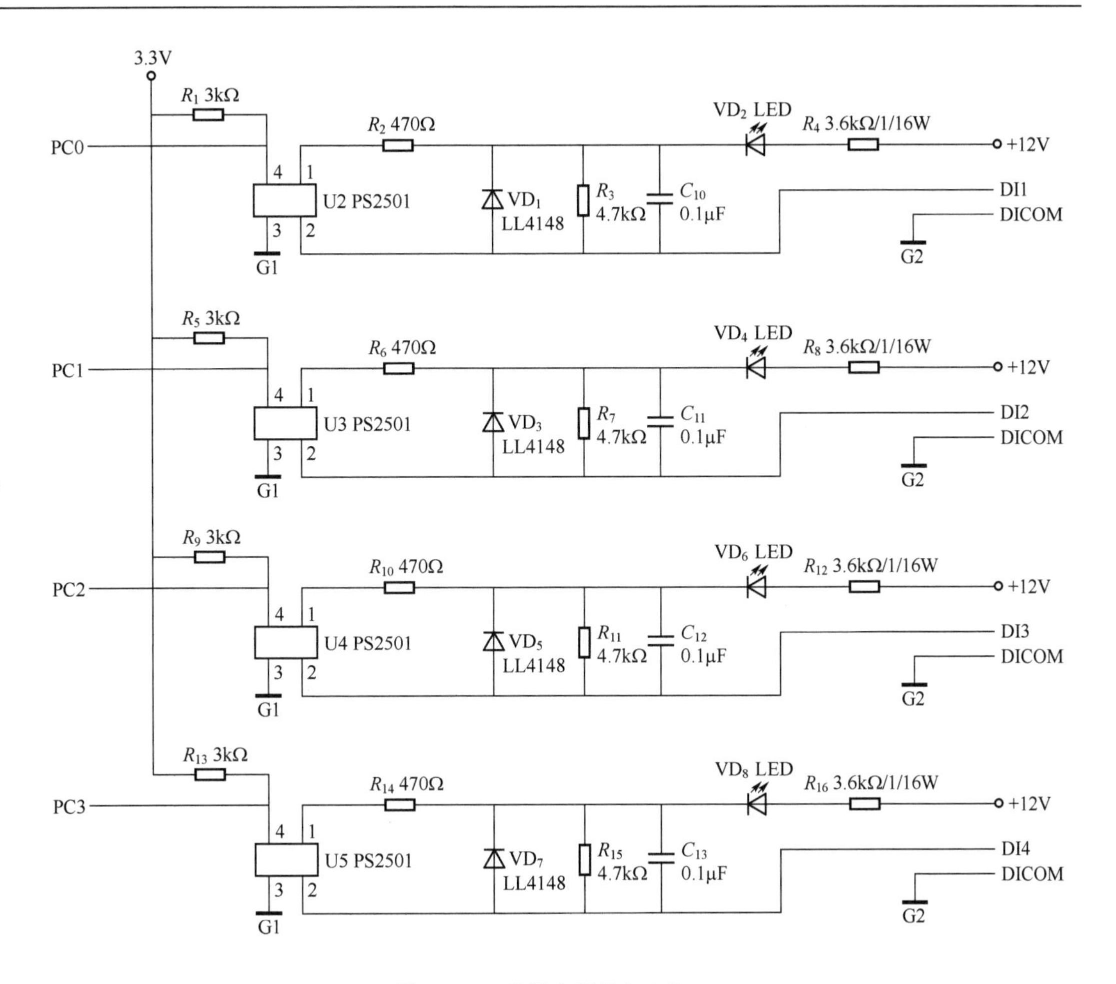

图 16-8　4 路数字量输入电路

2．SPI 通信机制

PMM2000 系列电力网络仪表采用双 CPU 设计，主板和通信板之间通过 SPI 串行总线传输数据。这是在双 CPU 之间进行通信的常用方式。

数据传输方式分为两种情况：当电力网络仪表设定通信地址和波特率时，主板的 SPI 设为主机模式，通信板的 SPI 设为从机模式；当通信板向主板要测量数据时，主板的 SPI 设为从机模式，通信板的 SPI 设为主机模式。主板和通信板之间的 SPI 模式切换通过 HS1、HS2 实现，以避免主板和通信板的程序执行出现冲突。

（1）硬件连接说明

引脚功能:	HS1	HS2	SS	MOSI	MISO	SS1	SCK
STM32 对应引脚:	PB10	PB11	PB12	PB15	PB14	PB9	PB13
STM8S 对应引脚:	PC4	PC3	PE5	PC6	PC7	PC2	PC5

（2）各引脚功能说明

功能	方向	功能描述
HS1	STM8S→　STM32	STM8S 通知 STM32 已准备好接收

0：未准备或接收完毕　1：准备好

HS2　STM32→　STM8S　　　　STM32 改变地址或波特率

0：改变　1：不变

SS　STM32→　STM8S　　　　STM8S 的 SPI 使能信号

0：有效　1：无效

SS1　STM8S→　STM32　　　　STM32 的 SPI 使能信号

0：有效　1：无效

对于 STM8S，SS 始终为输入，STM32 的 SS 始终为输出 ，MISO、MOSI、SCK 在主机和从机模式时的方向不同：

SPI 引脚	主机	从机
MOSI	输出	输入
MISO	输入	输出（没有使用）
SCK	输出	输入

16.2.5　4～20mA 模拟信号输出的硬件电路设计

PMM2000 系列数字式电力网络仪表除可以输出数字信号外，还可以输出 3 通道 4～20mA 模拟信号。STM32F103VBT6 微控制器的 PWM 输出可以实现这一功能。

电压基准源电路如图 16-9 所示。

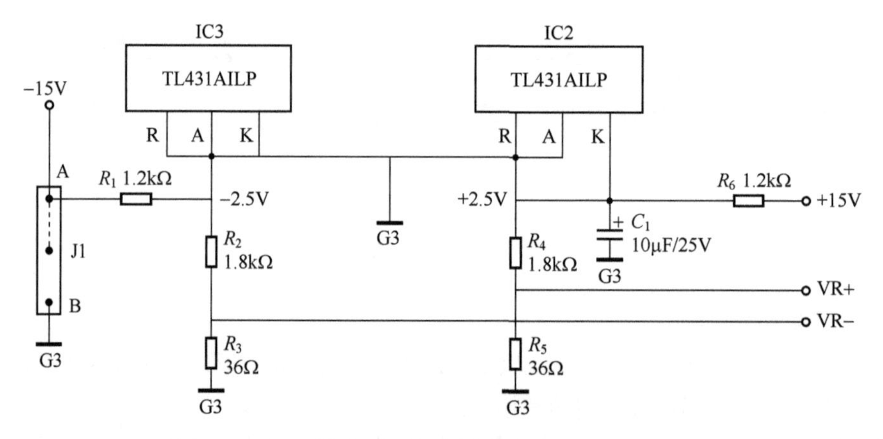

图 16-9　电压基准源电路

图 16-9 中，IC2、IC3 为 TL431AILP 电压基准源芯片，外接电阻分别产生+2.5V、−2.5V 电源和 VR+、VR−运算放大器的调零端。

下面以通道 CH2 为例介绍 4～20mA 模拟信号输出电路。

4～20mA 模拟信号输出电路如图 16-10 所示。

图 16-10 中，输入为 STM32F103VBT6 微控制器的 PWM 输出信号，输出为 4～20mA 直流电流信号。

PWM 信号经晶体管 VT_1 驱动光电耦合器 PC817，PC817 的输出经 R_{10} 和 C_3 积分后产生电压信号，送入运算放大器 IC1，后经场效应晶体管 VT_2 驱动，产生 4～20mA 电流输出信号。

PWM 采用 TIM1 定时器，应用程序如下：

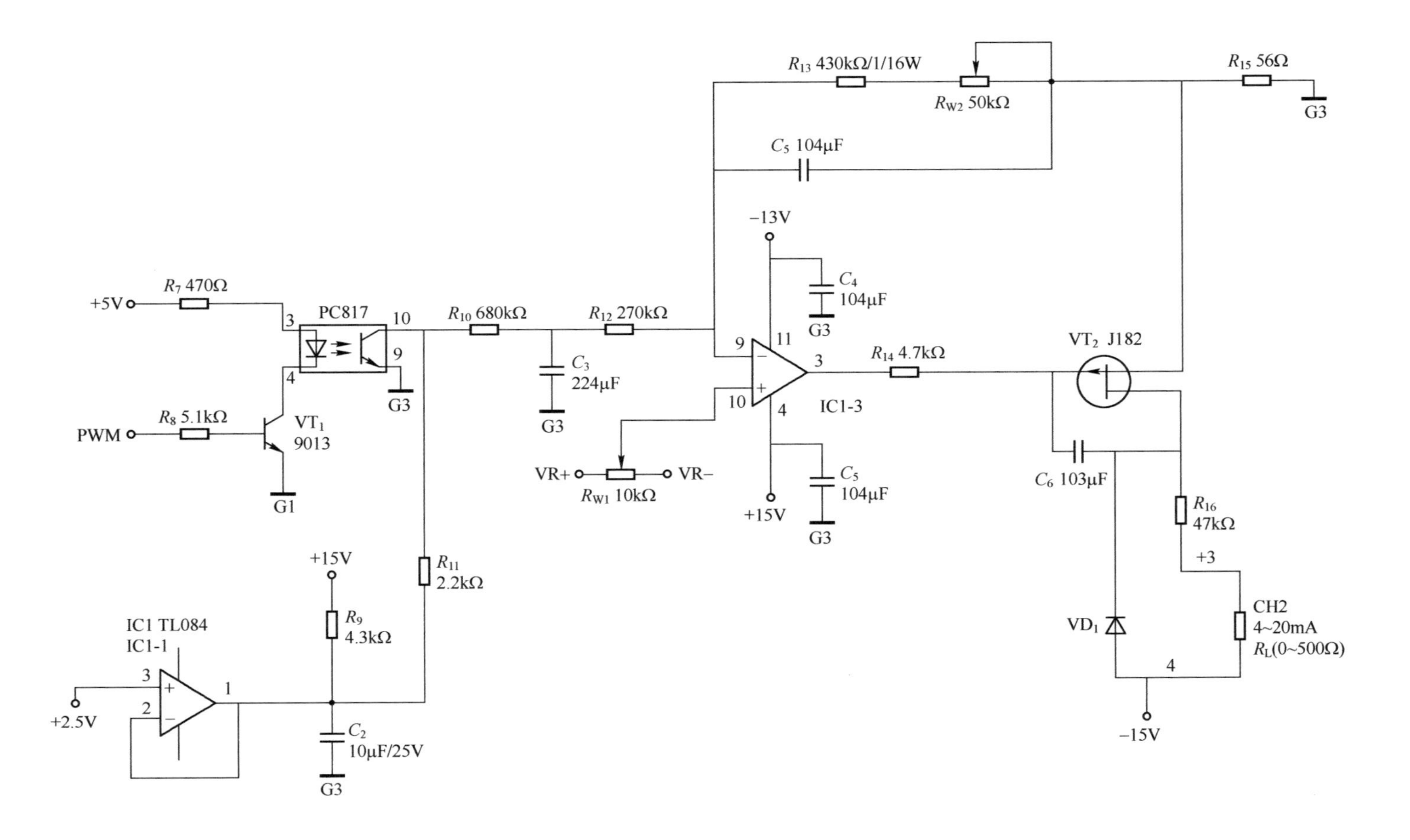

图 16-10 4～20mA 模拟信号输出电路

（1）TIM_OCInitTypeDef 结构体定义

```
typedef struct
{
  u16 TIM_OCMode;
  u16 TIM_OutputState;
  u16 TIM_OutputNState;
  u16 TIM_Pulse;
  u16 TIM_OCPolarity;
  u16 TIM_OCNPolarity;
  u16 TIM_OCIdleState;
  u16 TIM_OCNIdleState;
} TIM_OCInitTypeDef;
```

（2）定义 TIM_OCInitStructure

```
TIM_OCInitTypeDef   TIM_OCInitStructure;
```

（3）GPIO 初始化

```
GPIO_PinRemapConfig(GPIO_FullRemap_TIM1, ENABLE); //TIM1 完全重映像
// TIM1_ETR    TIM1_CH1N   TIM1_CH1   TIM1_CH2N   TIM1_CH2
//     PE7         PE8         PE9        PE10        PE11
 // TIM1_CH3N   TIM1_CH3    TIM1_CH4   TIM1_BKIN
//   PE12        PE13         PE14        PE15
//PE9、PE11、PE13、CH1、CH2、CH3 作为推拉第二功能
 GPIO_InitStructure.GPIO_Pin = GPIO_Pin_9|GPIO_Pin_11|GPIO_Pin_13 ;
GPIO_InitStructure.GPIO_Speed = GPIO_Speed_50MHz;
 GPIO_InitStructure.GPIO_Mode = GPIO_Mode_AF_PP;
 GPIO_Init(GPIOE, &GPIO_InitStructure);
```

（4）TIM1 初始化

```
/* TIM1 配置
   产生 7 个 PWM 信号，具有 4 种不同的占空比
   TIM1CLK = 72 MHz, 预分频系数= 9, TIM1 计数器时钟 = 8 MHz
   TIM1 频率= TIM1CLK/(TIM1_Period + 1) = 122Hz
   PWM 使用中央对齐模式，频率 61Hz，周期 16.384ms
*/

  TIM_OCStructInit(&TIM_OCInitStructure);
  /* 时基配置*/
  TIM_TimeBaseStructure.TIM_Prescaler = 8;
  TIM_TimeBaseStructure.TIM_CounterMode = TIM_CounterMode_CenterAligned3;
  TIM_TimeBaseStructure.TIM_Period = Timer1_period_Val;
  TIM_TimeBaseStructure.TIM_ClockDivision = 0;
  TIM_TimeBaseStructure.TIM_RepetitionCounter = 0;

  TIM_TimeBaseInit(TIM1, &TIM_TimeBaseStructure);
  TIM_ARRPreloadConfig(TIM1, ENABLE);
```

```
/*PWM 模式下，通道 1～4 配置*/
TIM_OCInitStructure.TIM_OCMode = TIM_OCMode_PWM1;
/* PWM1 模式：
   在向上计数时，一旦 TIMx_CNT<TIMx_CCRx，通道 x 为有效电平，否则为无效电平；
在向下计数时，一旦 TIMx_CNT>TIMx_CCRx，通道 x 为无效电平，否则为有效电平
*/
TIM_OCInitStructure.TIM_OutputState = TIM_OutputState_Enable;
//OCx 信号输出到对应的输出引脚
TIM_OCInitStructure.TIM_OutputNState = TIM_OutputNState_Disable;
//输入/捕获 x 互补输出不使能
TIM_OCInitStructure.TIM_OCPolarity = TIM_OCPolarity_Low;
//输入/捕获 x 输出极性输出，有效电平为低

//以下与输入/捕获 x 互补输出有关
TIM_OCInitStructure.TIM_OCNPolarity = TIM_OCNPolarity_High;
TIM_OCInitStructure.TIM_OCIdleState = TIM_OCIdleState_Set;
TIM_OCInitStructure.TIM_OCNIdleState = TIM_OCIdleState_Reset;

//禁止 TIMx_CCRx 寄存器的预装载功能，可随时写入 TIMx_CCR1 寄存器
//并且新写入的数值立即起作用，默认禁止，不必设置

//注意以下 3 路 PWM 初始化共用结构体 TIM_OCInitStructure 的设置，也可分别设置
// 0x3000 对应 4mA，0xF000 对应 20mA，调节图 16-10 中的 RW1 和 RW2 电位器，可以调节 4mA
和 20mA 的大小
TIM_OCInitStructure.TIM_Pulse = 0X3000;//装入当前捕获/比较 1 寄存器的值（预装载值）
TIM_OC1Init(TIM1, &TIM_OCInitStructure);

TIM_OCInitStructure.TIM_Pulse = 0X3000;//装入当前捕获/比较 2 寄存器的值（预装载值）
TIM_OC2Init(TIM1, &TIM_OCInitStructure);

TIM_OCInitStructure.TIM_Pulse = 0X3000;//装入当前捕获/比较 3 寄存器的值（预装载值）
TIM_OC3Init(TIM1, &TIM_OCInitStructure);

//TIM_OCInitStructure.TIM_Pulse = CCR4_Val;
//TIM_OC4Init(TIM1, &TIM_OCInitStructure);

/* TIM1 主输出使能*/
TIM_CtrlPWMOutputs(TIM1, ENABLE);
//如果设置了相应的使能位(TIMx_CCER 寄存器的 CCxE、CCxNE 位)，则开启 OC 和 OCN 输出

/* TIM1 使能*/
TIM_Cmd(TIM1, ENABLE);
```

（5）输出 PWM1～PWM3 的占空比

```
calc_pwm(CH1_num);          //获取当前参数 PWM1 输出时的占空比
TIM1->CCR1 =CCRx_buf ;     //装入当前捕获/比较 1 寄存器的值
```

```
calc_pwm(CH2_num);         //获取当前参数 PWM2 输出时的占空比
TIM1->CCR2 =CCRx_buf;   //装入当前捕获/比较 2 寄存器的值
calc_pwm(CH3_num);         //获取当前参数 PWM3 输出时的占空比
TIM1->CCR3 =CCRx_buf;   //装入当前捕获/比较 3 寄存器的值
```

16.3 周期和频率测量

在 PMM2000 系列数字式电力网络仪表设计中，由于采用交流采样技术，因此需要测量电网中的频率，STM32F103VBT6 微控制器的捕获定时器 LM211 可以完成这一任务。

LM211 输入输出波形如图 16-11 所示。T 为被测正弦交流信号的周期，其倒数为频率 f，即 $f=1/T$。

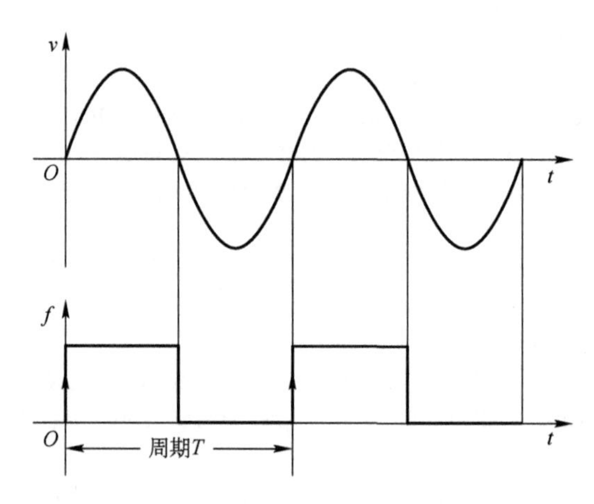

图 16-11　LM211 输入输出波形

1．定时器 TIM3 的中断初始化程序

定时器 TIM3 的中断初始化程序如下：

```
/*使能 TIM3 全局中断*/
    NVIC_InitStructure.NVIC_IRQChannel = TIM3_IRQChannel;
    NVIC_InitStructure.NVIC_IRQChannelPreemptionPriority = 4;
    NVIC_InitStructure.NVIC_IRQChannelSubPriority = 1;
    NVIC_InitStructure.NVIC_IRQChannelCmd = ENABLE;
    NVIC_Init(&NVIC_InitStructure);
```

2．定时器 TIM3 的初始化程序

定时器 TIM3 的初始化程序如下：

```
/* -----------------------------------------------------------
   TIM3 配置：输入捕获模式
   TIM3CLK = 36 MHz，预分频系数= 18, TIM3 计数器时钟= 2 MHz
  ----------------------------------------------------------- */
   TIM_DeInit(TIM3);
   TIM_TimeBaseStructure.TIM_Period = 65535;
   TIM_TimeBaseStructure.TIM_Prescaler = 17;
   TIM_TimeBaseStructure.TIM_ClockDivision = 0;
```

```
    TIM_TimeBaseStructure.TIM_CounterMode = TIM_CounterMode_Up;
    TIM_TimeBaseInit(TIM3, &TIM_TimeBaseStructure);

    TIM_ICInitStructure.TIM_Channel = TIM_Channel_3; //选择通道 3
    TIM_ICInitStructure.TIM_ICPolarity = TIM_ICPolarity_Rising; //输入上升沿捕获
    TIM_ICInitStructure.TIM_ICSelection = TIM_ICSelection_DirectTI;
    //通道方向选择 CC3，通道被配置为输入，IC3 映射在 TI3 上
    TIM_ICInitStructure.TIM_ICPrescaler = TIM_ICPSC_DIV1;
    //无预分频器，捕获输入口上检测到的每一个边沿都触发一次捕获
    TIM_ICInitStructure.TIM_ICFilter = 0x00;
    //无滤波器，以 fDTS 采样
    TIM_ICInit(TIM3, &TIM_ICInitStructure);

    /*使能 CC3 中断请求*/
    TIM_ITConfig(TIM3, TIM_IT_CC3, ENABLE);
    TIM_Cmd(TIM3, ENABLE);
```

3．频率捕获中断服务程序

频率捕获中断服务程序如下：

```
/***************************************************************************
* 函数名称：TIM3_IRQHandler
* 功　能：频率捕获
* 频率捕获功能，并且实现频率的跟踪（具体实现在 5ms 计算中）
* 跟踪范围为 40～60Hz，当频率小于 40Hz 或者大于 60Hz 时，默认为 50Hz
* 频率捕获是通过捕获电压的波形来实现的，所以对电压有所要求
* 只有当电压的有效值大于 46V 左右的一个值时，频率才能被捕获计算出来
* 实际上，程序在电压幅值低于 46V 时，给频率捕获单元赋予 50Hz 的默认值
* 入　口：无
* 出　口：无
***************************************************************************/
void TIM3_IRQHandler(void)
{
  /* 获取输入捕获值 the Input Capture value */
  IC3Value =TIM_GetCapture3(TIM3); //此处获取的数值是捕获定时器的值
  /* 消除 TIM3 捕获/比较挂起位*/
  TIM_ClearITPendingBit(TIM3, TIM_IT_CC3);

  if(SAMPFG==0)
  {
    SAMPFG=1;                    //非第一次频率捕获
    CAPBF2=IC3Value;
  }
  else
  {
    // CAPBF1、CAPBF2 用于计算频率
    // CAPBUF 用于存放频率值
    // CAPBUFTXB 为频率显示单元
```

```
        CAPFLG=1;
        CAPBF1=CAPBF2;
        CAPBF2=IC3Value;
        CAPBUF=0;
        // 在输入捕获中断中，1/f=PITPRM/(36M/18)→PITPRM=2MHz/f
        // PITPRM 用于频率捕获，存放当前频率的计数器的计数值
          PITPRM=CAPBF2-CAPBF1;
          CAPBUF=(2000000/(float)(PITPRM));
    }
}
```

16.4 STM32F103VBT6 初始化程序

16.4.1 NVIC 中断初始化程序

```
/******************************************************************************
* 函数名称: NVIC 配置
* 描述: 配置矢量中断，设置中断优先级管理模块
* 输入: 无
* 输出: 无
* 返回: 无
* 调用处：main 函数初始化
*******************************************************************************/
void NVIC_Configuration(void)
{
    NVIC_InitTypeDef NVIC_InitStructure;

#ifdef   VECT_TAB_RAM
    /* 在 0x20000000 处设置向量表*/
    NVIC_SetVectorTable(NVIC_VectTab_RAM, 0x0);
#else   /* VECT_TAB_FLASH*/ //默认中断向量表在 Flash 中
    /* 在 0x08000000 处设置向量表*/
    NVIC_SetVectorTable(NVIC_VectTab_FLASH, 0x0);
#endif

    /* Configure one bit for preemption priority   8 级抢占优先级，2 级子优先级*/
    //NVIC_PriorityGroup_3: 3 位抢占优先级   1 位子优先级
    NVIC_PriorityGroupConfig(NVIC_PriorityGroup_3);

/* 本系统中断及其优先级设定：
 WWDG           Timer2          SysTick     Timer3      SPI       Timer4      Timer1
窗口看门狗 > 20ms/128 采样 >  1ms 显示 > 频率捕获 > SPI 通信 >  5ms 计算     PWM 脉冲输出
 (0.1)          (1.1)           (2.1)        (4.1)               (5.0)     (6.1)  未开启中断
*/

#ifdef USE_STM32_WDG
```

```
    /*使能 WWDG 全局中断*/
    NVIC_InitStructure.NVIC_IRQChannel = WWDG_IRQChannel;
    NVIC_InitStructure.NVIC_IRQChannelPreemptionPriority = 0;
    NVIC_InitStructure.NVIC_IRQChannelSubPriority = 1;
    NVIC_InitStructure.NVIC_IRQChannelCmd = ENABLE;
    NVIC_Init(&NVIC_InitStructure);
#endif

    /*使能 TIM2 全局中断*/
    NVIC_InitStructure.NVIC_IRQChannel = TIM2_IRQChannel;
    NVIC_InitStructure.NVIC_IRQChannelPreemptionPriority = 1;
    NVIC_InitStructure.NVIC_IRQChannelSubPriority = 1;
    NVIC_InitStructure.NVIC_IRQChannelCmd = ENABLE;

    NVIC_Init(&NVIC_InitStructure);

    /*使能 TIM3 全局中断*/
    NVIC_InitStructure.NVIC_IRQChannel = TIM3_IRQChannel;
    NVIC_InitStructure.NVIC_IRQChannelPreemptionPriority = 4;
    NVIC_InitStructure.NVIC_IRQChannelSubPriority = 1;
    NVIC_InitStructure.NVIC_IRQChannelCmd = ENABLE;

    NVIC_Init(&NVIC_InitStructure);

  #ifndef USE_PWM
   /*配置并使能 SPI2 中断--------------------------------------*/
   NVIC_InitStructure.NVIC_IRQChannel = SPI2_IRQChannel;
   NVIC_InitStructure.NVIC_IRQChannelPreemptionPriority = 5;
   NVIC_InitStructure.NVIC_IRQChannelSubPriority = 0;
   NVIC_InitStructure.NVIC_IRQChannelCmd = ENABLE;
   NVIC_Init(&NVIC_InitStructure);
  #endif

    /*使能 TIM4 全局中断*/
    NVIC_InitStructure.NVIC_IRQChannel = TIM4_IRQChannel;
    NVIC_InitStructure.NVIC_IRQChannelPreemptionPriority = 6;
    NVIC_InitStructure.NVIC_IRQChannelSubPriority = 1;
    NVIC_InitStructure.NVIC_IRQChannelCmd = ENABLE;

    NVIC_Init(&NVIC_InitStructure);
}
```

16.4.2 GPIO 初始化程序

```
/*******************************************************************************
* 函数名称: GPIO 配置
* 描述: 配置不同的 GPIO 口
```

```
* 输入: 无
* 输出: 无
* 返回: 无
* 调用处：main 函数初始化
//通用 I/O 口设置，根据原理图进行设置
//输出引脚一般使用推挽模式，开漏模式需上拉
//不使用的引脚设成输入上拉
******************************************************************************/
void GPIO_Configuration(void)
{
    /*配置 PA*/
    // 8～11 作为推挽输出
    GPIO_InitStructure.GPIO_Pin = GPIO_Pin_8|GPIO_Pin_9|GPIO_Pin_10|GPIO_Pin_11 ;
    GPIO_InitStructure.GPIO_Speed = GPIO_Speed_2MHz;
    GPIO_InitStructure.GPIO_Mode = GPIO_Mode_Out_PP;
    GPIO_Init(GPIOA, &GPIO_InitStructure);
    // 12 作为推挽输出，MB3773-CK (不使用)
    GPIO_InitStructure.GPIO_Pin = GPIO_Pin_12 ;
    GPIO_InitStructure.GPIO_Speed = GPIO_Speed_2MHz;
    GPIO_InitStructure.GPIO_Mode = GPIO_Mode_Out_PP;
    GPIO_Init(GPIOA, &GPIO_InitStructure);
    //0、4～7 作为输入，不使用引脚
    GPIO_InitStructure.GPIO_Pin = GPIO_Pin_0|
                                  GPIO_Pin_4|GPIO_Pin_5 | GPIO_Pin_6 | GPIO_Pin_7 ;
    GPIO_InitStructure.GPIO_Speed = GPIO_Speed_2MHz;
    GPIO_InitStructure.GPIO_Mode = GPIO_Mode_IPU;
    GPIO_Init(GPIOA, &GPIO_InitStructure);
    //1、2、3 作为 ADC 输入
    GPIO_InitStructure.GPIO_Pin = GPIO_Pin_1|GPIO_Pin_2|GPIO_Pin_3 ;
    GPIO_InitStructure.GPIO_Speed = GPIO_Speed_50MHz;
    GPIO_InitStructure.GPIO_Mode = GPIO_Mode_AIN;
    GPIO_Init(GPIOA, &GPIO_InitStructure);
    //13、14、15 作为 JTAG 接口引脚

    /*配置 PB*/
    //0 Tim3_CH3
    GPIO_InitStructure.GPIO_Pin = GPIO_Pin_0;
    GPIO_InitStructure.GPIO_Speed = GPIO_Speed_50MHz;
    GPIO_InitStructure.GPIO_Mode = GPIO_Mode_IPU;//GPIO_Mode_IPU;
    GPIO_Init(GPIOB, &GPIO_InitStructure);
    //1、2 作为输入
    GPIO_InitStructure.GPIO_Pin = GPIO_Pin_1|GPIO_Pin_2 ;
    GPIO_InitStructure.GPIO_Speed = GPIO_Speed_2MHz;
    GPIO_InitStructure.GPIO_Mode = GPIO_Mode_IPU;
    GPIO_Init(GPIOB, &GPIO_InitStructure);
    //5～8 作为推挽输出
    GPIO_InitStructure.GPIO_Pin = GPIO_Pin_5|GPIO_Pin_6|GPIO_Pin_7|GPIO_Pin_8;
```

```
    GPIO_InitStructure.GPIO_Speed = GPIO_Speed_2MHz;
    GPIO_InitStructure.GPIO_Mode = GPIO_Mode_Out_PP;
    GPIO_Init(GPIOB, &GPIO_InitStructure);

#ifdef USE_PWM
    //9、11～15 作为输入，原 SPI 引脚输入上拉
    GPIO_InitStructure.GPIO_Pin = GPIO_Pin_9| GPIO_Pin_11| GPIO_Pin_12|
                                    GPIO_Pin_13 | GPIO_Pin_14 | GPIO_Pin_15;
    GPIO_InitStructure.GPIO_Speed = GPIO_Speed_2MHz;
    GPIO_InitStructure.GPIO_Mode = GPIO_Mode_IPU;
    GPIO_Init(GPIOB, &GPIO_InitStructure);

    //10 PULSE 作为推挽输出
    GPIO_InitStructure.GPIO_Pin = GPIO_Pin_10 ;
    GPIO_InitStructure.GPIO_Speed = GPIO_Speed_50MHz;
    GPIO_InitStructure.GPIO_Mode = GPIO_Mode_Out_PP;
    GPIO_Init(GPIOB, &GPIO_InitStructure);
    //3、4 作为 JTAG 接口引脚
#else
    //9、10 作为输出
    GPIO_InitStructure.GPIO_Pin = GPIO_Pin_9|GPIO_Pin_10;
    GPIO_InitStructure.GPIO_Speed = GPIO_Speed_50MHz;
    GPIO_InitStructure.GPIO_Mode = GPIO_Mode_IPU;
    GPIO_Init(GPIOB, &GPIO_InitStructure);
    //13、14、15 配置 SPI2 引脚: SCK、MISO 和 MOSI，SPI 端口时钟速度要快
    GPIO_InitStructure.GPIO_Pin = GPIO_Pin_13 | GPIO_Pin_14 | GPIO_Pin_15;
    GPIO_InitStructure.GPIO_Speed = GPIO_Speed_50MHz;
    GPIO_InitStructure.GPIO_Mode = GPIO_Mode_AF_PP;
    GPIO_Init(GPIOB, &GPIO_InitStructure);
    //11、12 作为 SPI2 的 NSS 引脚，作为推挽输出
    GPIO_InitStructure.GPIO_Pin = GPIO_Pin_11 | GPIO_Pin_12;
    GPIO_InitStructure.GPIO_Speed = GPIO_Speed_50MHz;
    GPIO_InitStructure.GPIO_Mode = GPIO_Mode_Out_PP;
    GPIO_Init(GPIOB, &GPIO_InitStructure);
    //3、4 作为 JTAG 接口引脚
#endif
    /*配置 PC */
    //6～9 作为推挽输出
    GPIO_InitStructure.GPIO_Pin = GPIO_Pin_6|GPIO_Pin_7|GPIO_Pin_8|GPIO_Pin_9 ;
    GPIO_InitStructure.GPIO_Speed = GPIO_Speed_2MHz;
    GPIO_InitStructure.GPIO_Mode = GPIO_Mode_Out_PP;
    GPIO_Init(GPIOC, &GPIO_InitStructure);
    //1、2、3 作为 ADC 输出
    GPIO_InitStructure.GPIO_Pin = GPIO_Pin_1|GPIO_Pin_2|GPIO_Pin_3 ;
    GPIO_InitStructure.GPIO_Speed = GPIO_Speed_50MHz;
    GPIO_InitStructure.GPIO_Mode = GPIO_Mode_AIN;
    GPIO_Init(GPIOC, &GPIO_InitStructure);
```

```
    //4、5 作为输入
    GPIO_InitStructure.GPIO_Pin = GPIO_Pin_4 | GPIO_Pin_5;
    GPIO_InitStructure.GPIO_Speed = GPIO_Speed_2MHz;
    GPIO_InitStructure.GPIO_Mode = GPIO_Mode_IPU;
    GPIO_Init(GPIOC, &GPIO_InitStructure);
    //10、11 作为推挽输出
    GPIO_InitStructure.GPIO_Pin = GPIO_Pin_10|GPIO_Pin_11 ;
    GPIO_InitStructure.GPIO_Speed = GPIO_Speed_50MHz;
    GPIO_InitStructure.GPIO_Mode = GPIO_Mode_Out_PP;
    GPIO_Init(GPIOC, &GPIO_InitStructure);
    //12 作为输入
    GPIO_InitStructure.GPIO_Pin = GPIO_Pin_12;
    GPIO_InitStructure.GPIO_Speed = GPIO_Speed_50MHz;
    GPIO_InitStructure.GPIO_Mode = GPIO_Mode_IPU;
    GPIO_Init(GPIOC, &GPIO_InitStructure);
    //0、13～15 作为输入，不使用
    GPIO_InitStructure.GPIO_Pin = GPIO_Pin_0|GPIO_Pin_13|GPIO_Pin_14|GPIO_Pin_15;
    GPIO_InitStructure.GPIO_Speed = GPIO_Speed_2MHz;
    GPIO_InitStructure.GPIO_Mode = GPIO_Mode_IPU;
    GPIO_Init(GPIOC, &GPIO_InitStructure);

    /*配置 PD*/
    //4～7、8～15 作为推挽输出
    GPIO_InitStructure.GPIO_Pin = GPIO_Pin_4|GPIO_Pin_5|GPIO_Pin_6|GPIO_Pin_7|
                                  GPIO_Pin_8|GPIO_Pin_9|GPIO_Pin_10|GPIO_Pin_11|
                                  GPIO_Pin_12|GPIO_Pin_13|GPIO_Pin_14|GPIO_Pin_15;
    GPIO_InitStructure.GPIO_Speed = GPIO_Speed_2MHz;
    GPIO_InitStructure.GPIO_Mode = GPIO_Mode_Out_PP;
    GPIO_Init(GPIOD, &GPIO_InitStructure);
    //2、3 作为推挽式输出
    GPIO_InitStructure.GPIO_Pin = GPIO_Pin_2|GPIO_Pin_3;
    GPIO_InitStructure.GPIO_Speed = GPIO_Speed_50MHz;
    GPIO_InitStructure.GPIO_Mode = GPIO_Mode_Out_PP;
    GPIO_Init(GPIOD, &GPIO_InitStructure);
    //0.1 作为晶振

    /*配置 PE  */
    //0～6 作为输入
    GPIO_InitStructure.GPIO_Pin = GPIO_Pin_0|GPIO_Pin_1|GPIO_Pin_2|GPIO_Pin_3|
                                  GPIO_Pin_4|GPIO_Pin_5|GPIO_Pin_6;
    GPIO_InitStructure.GPIO_Speed = GPIO_Speed_2MHz;
    GPIO_InitStructure.GPIO_Mode = GPIO_Mode_IPU;
    GPIO_Init(GPIOE, &GPIO_InitStructure);

#ifdef USE_PWM
    //8～13 重新映射引脚，作为 PWM 输出
    GPIO_PinRemapConfig(GPIO_FullRemap_TIM1, ENABLE); //TIM1 完全重映像
```

```
    // TIM1_ETR    TIM1_CH1N   TIM1_CH1   TIM1_CH2N   TIM1_CH2
    //      PE7         PE8         PE9        PE10        PE11
    // TIM1_CH3N   TIM1_CH3    TIM1_CH4   TIM1_BKIN
    //    PE12        PE13        PE14          PE15
    //9、11、13、CH1、CH2、CH3 作为推挽输入第二功能
    GPIO_InitStructure.GPIO_Pin = GPIO_Pin_9|GPIO_Pin_11|GPIO_Pin_13 ;
    GPIO_InitStructure.GPIO_Speed = GPIO_Speed_50MHz;
    GPIO_InitStructure.GPIO_Mode = GPIO_Mode_AF_PP;
    GPIO_Init(GPIOE, &GPIO_InitStructure);
    //其余暂未设置，ETR 外部触发，BKIN 断线输入
#else
    GPIO_InitStructure.GPIO_Pin = GPIO_Pin_9|GPIO_Pin_11|GPIO_Pin_13 ;
    GPIO_InitStructure.GPIO_Speed = GPIO_Speed_50MHz;
    GPIO_InitStructure.GPIO_Mode = GPIO_Mode_IPU;
    GPIO_Init(GPIOE, &GPIO_InitStructure);
#endif
}
```

16.4.3 ADC 初始化程序

```
/*******************************************************************************
* 函数名称: ADC 配置
* 描述: 配置 ADC，ADC1、ADC2 同步规则采样
* 输入: 无
* 输出: 无
* 返回: 无
* 调用处：main 函数初始化
*******************************************************************************/
#define ADC1_DR_Address    ((u32)0x4001244C) //定义 ADC1 规则数据寄存器地址
#define ADC2_DR_Address    ((u32)0x4001284C) //定义 ADC2 规则数据寄存器地址
void ADC_Configuration(void)
{
  /* ADC1 配置------------------------------------------------------------------------*/
  ADC_InitStructure.ADC_Mode = ADC_Mode_RegSimult;          //工作模式：ADC1、ADC2 同步规则
  ADC_InitStructure.ADC_ScanConvMode = ENABLE;              //使能扫描方式
  ADC_InitStructure.ADC_ContinuousConvMode = DISABLE;  //不连续转换
  ADC_InitStructure.ADC_ExternalTrigConv = ADC_ExternalTrigConv_None;   //外部触发禁止
  ADC_InitStructure.ADC_DataAlign = ADC_DataAlign_Right; //数据右对齐
  ADC_InitStructure.ADC_NbrOfChannel = 3;                   //转换通道数 3
  ADC_Init(ADC1, &ADC_InitStructure);
  /*每个通道可以以不同的时间采样。总转换时间计算公式为 T_CONV = 采样时间+ 12.5 个周期
  如当 ADCCLK=14MHz 和 1.5 周期的采样时间时，则
  T_CONV = 1.5 + 12.5 = 14(周期) = 1(μs)

  本程序 ADCCLK=12MHz 和 28.5 周期的采样时间，则
  T_CONV = 28.5 + 12.5 = 41(周期) = 3.42(μs) */
```

```
/*ADC1 规则模式通道配置，电压输入通道*/
ADC_RegularChannelConfig(ADC1, ADC_Channel_11 , 1, ADC_SampleTime_28Cycles5);
ADC_RegularChannelConfig(ADC1, ADC_Channel_12 , 2, ADC_SampleTime_28Cycles5);
ADC_RegularChannelConfig(ADC1, ADC_Channel_13, 3, ADC_SampleTime_28Cycles5);

/* ADC2 配置-------------------------------------------*/
ADC_InitStructure.ADC_Mode = ADC_Mode_RegSimult;            //工作模式与 ADC1 同步触发
ADC_InitStructure.ADC_ScanConvMode = ENABLE;                //扫描方式
ADC_InitStructure.ADC_ContinuousConvMode = DISABLE;         //不连续转换
ADC_InitStructure.ADC_ExternalTrigConv = ADC_ExternalTrigConv_None;//外部触发禁止
ADC_InitStructure.ADC_DataAlign = ADC_DataAlign_Right;      //数据右对齐
ADC_InitStructure.ADC_NbrOfChannel = 3;                     //转换通道数 3
ADC_Init(ADC2, &ADC_InitStructure);

/*ADC2 规则模式通道配置，电流输入通道*/
ADC_RegularChannelConfig(ADC2, ADC_Channel_1, 1, ADC_SampleTime_28Cycles5);
ADC_RegularChannelConfig(ADC2, ADC_Channel_2, 2, ADC_SampleTime_28Cycles5);
ADC_RegularChannelConfig(ADC2, ADC_Channel_3, 3, ADC_SampleTime_28Cycles5);

/*使能 ADC2 外部触发转换*/
ADC_ExternalTrigConvCmd(ADC2, ENABLE);
//外部触发来自 ADC1 的规则组多路开关(由 ADC1_CR2 寄存器的 EXTSEL[2:0]选择)
//它同时给 ADC2 提供同步触发

/*使能 ADC1 DMA*/
ADC_DMACmd(ADC1, ENABLE);

/*使能 ADC1*/
ADC_Cmd(ADC1, ENABLE);

/*使能 ADC1 复位校准寄存器*/
ADC_ResetCalibration(ADC1);
/*检查 ADC1 复位校准寄存器是否完成*/
while(ADC_GetResetCalibrationStatus(ADC1));

/*启动 ADC1 校准*/
ADC_StartCalibration(ADC1);
/*检查 ADC1 校准是否完成*/
while(ADC_GetCalibrationStatus(ADC1));


/*使能 ADC2*/
ADC_Cmd(ADC2, ENABLE);

/*使能 ADC2 复位校准寄存器*/
ADC_ResetCalibration(ADC2);
/*检查 ADC1 复位校准寄存器是否完成*/
```

```
    while(ADC_GetResetCalibrationStatus(ADC2));

    /*启动 ADC2 校准*/
    ADC_StartCalibration(ADC2);
    /*检查 ADC2 校准是否完成*/
    while(ADC_GetCalibrationStatus(ADC2));

    /*使能 DMA1 通道 1*/
    DMA_Cmd(DMA1_Channel1, ENABLE);

    /*启动 ADC1 软件转换*/
    ADC_SoftwareStartConvCmd(ADC1, ENABLE);
}
```

16.4.4 DMA 初始化程序

```
/*******************************************************************************
* 函数名称: DMA 配置
* 描述: 配置 DMA
* 输入: 无
* 输出: 无
* 返回: 无
* 调用处：main 函数初始化
*******************************************************************************/
void DMA_Configuration(void)
{
  /* DMA1 通道 1 配置------------------------------------------------------------*/
  DMA_DeInit(DMA1_Channel1);
  DMA_InitStructure.DMA_PeripheralBaseAddr = ADC1_DR_Address;           //外设地址
  DMA_InitStructure.DMA_MemoryBaseAddr = (u32)ADCConvertedValue;         //内存地址
  DMA_InitStructure.DMA_DIR = DMA_DIR_PeripheralSRC;            //传输方向单向，从外设读
  DMA_InitStructure.DMA_BufferSize = 3;                         //数据传输数量为 3
  DMA_InitStructure.DMA_PeripheralInc = DMA_PeripheralInc_Disable;       //外设不递增
  DMA_InitStructure.DMA_MemoryInc = DMA_MemoryInc_Enable;                //内存递增
  DMA_InitStructure.DMA_PeripheralDataSize = DMA_PeripheralDataSize_Word;
                                                                //外设数据字长 32 位
  DMA_InitStructure.DMA_MemoryDataSize = DMA_MemoryDataSize_Word;
                                                                //内存数据字长 32 位
  DMA_InitStructure.DMA_Mode = DMA_Mode_Circular;               //传输模式：循环模式
  DMA_InitStructure.DMA_Priority = DMA_Priority_High;           //优先级别为高
  DMA_InitStructure.DMA_M2M = DMA_M2M_Disable;                  //2 个存储器中的变量不互相访问
  DMA_Init(DMA1_Channel1, &DMA_InitStructure);

  /*使能 DMA1 通道 1*/
  //DMA_Cmd(DMA1_Channel1, ENABLE);
}
```

16.4.5 定时器初始化程序

```
/*****************************************************************************
* 函数名称: 定时器配置
* 描述: 配置定时器
* 输入: 无
* 输出: 无
* 返回: 无
* 调用处：main 函数初始化
*****************************************************************************/
#define Timer1_period_Val    0xFFFE
#define Timer2_period_Val    5624//5625-1
#define Timer4_period_Val    6499//6500-1
void Timer_Configuration()
{
#ifdef USE_PWM
/* TIM1 配置--------------------------------------------------------
   产生 7 个 PWM 信号，具有 4 个不同的占空比:
   TIM1CLK = 72 MHz，预分频系数= 9，TIM1 计数器时钟= 8 MHz
   TIM1 频率= TIM1CLK/(TIM1_Period + 1) = 122Hz
   PWM 使用中央对齐模式，频率 61Hz，周期 16.384ms
   ------------------------------------------------------------------------- */

  TIM_OCStructInit(&TIM_OCInitStructure);
  /*时基配置*/
  TIM_TimeBaseStructure.TIM_Prescaler = 8;
  TIM_TimeBaseStructure.TIM_CounterMode = TIM_CounterMode_CenterAligned3;
  TIM_TimeBaseStructure.TIM_Period = Timer1_period_Val;
  TIM_TimeBaseStructure.TIM_ClockDivision = 0;
  TIM_TimeBaseStructure.TIM_RepetitionCounter = 0;

  TIM_TimeBaseInit(TIM1, &TIM_TimeBaseStructure);
  TIM_ARRPreloadConfig(TIM1, ENABLE);

  /*通道 1～4 配置为 PWM 模式*/
  TIM_OCInitStructure.TIM_OCMode = TIM_OCMode_PWM1;
  /* PWM1 模式：
     在向上计数时，一旦 TIMx_CNT<TIMx_CCRx 时通道 x 为有效电平，否则为无效电平；
     在向下计数时，一旦 TIMx_CNT>TIMx_CCRx 时通道 x 为无效电平，否则为有效电平
  */
  TIM_OCInitStructure.TIM_OutputState = TIM_OutputState_Enable;
  //OCx 信号输出到对应的输出引脚
  TIM_OCInitStructure.TIM_OutputNState = TIM_OutputNState_Disable;
  //输入/捕获 x 互补输出不使能
  TIM_OCInitStructure.TIM_OCPolarity = TIM_OCPolarity_Low;
  //输入/捕获 x 输出极性输出，有效电平为低
```

```
    //以下与输入/捕获 x 互补输出有关
    TIM_OCInitStructure.TIM_OCNPolarity = TIM_OCNPolarity_High;
    TIM_OCInitStructure.TIM_OCIdleState = TIM_OCIdleState_Set;
    TIM_OCInitStructure.TIM_OCNIdleState = TIM_OCIdleState_Reset;

    //禁止 TIMx_CCRx 寄存器的预装载功能，可随时写入 TIMx_CCR1 寄存器
    //并且新写入的数值立即起作用，默认禁止，不必设置

    //注意以下 3 路 PWM 初始化共用结构体 TIM_OCInitStructure 的设置，也可分别设置
    TIM_OCInitStructure.TIM_Pulse = 0X3000;//装入当前捕获/比较 1 寄存器的值（预装载值）
    TIM_OC1Init(TIM1, &TIM_OCInitStructure);

    TIM_OCInitStructure.TIM_Pulse = 0X3000;//装入当前捕获/比较 2 寄存器的值（预装载值）
    TIM_OC2Init(TIM1, &TIM_OCInitStructure);

    TIM_OCInitStructure.TIM_Pulse = 0X3000;//装入当前捕获/比较 3 寄存器的值（预装载值）
    TIM_OC3Init(TIM1, &TIM_OCInitStructure);

    //TIM_OCInitStructure.TIM_Pulse = CCR4_Val;
    //TIM_OC4Init(TIM1, &TIM_OCInitStructure);

    /* TIM1 主输出使能*/
    TIM_CtrlPWMOutputs(TIM1, ENABLE);
    //如果设置了相应的使能位(TIMx_CCER 寄存器的 CCxE、CCxNE 位)，则开启 OC 和 OCN 输出

    /* TIM1 使能*/
    TIM_Cmd(TIM1, ENABLE);
#endif
    /* ----------------------------------------------------------------------------------------------------
      TIM2 配置：向上计数溢出中断，20ms/128=156.25μs，5625/36=156.25
       TIM2CLK = 36 MHz，预分频系数= 1，TIM2 计数器时钟= 36 MHz
    ---------------------------------------------------------------------------------------------------- */
     /*时基配置*/
    TIM_DeInit(TIM2);
    TIM_TimeBaseStructure.TIM_Period = Timer2_period_Val;
    TIM_TimeBaseStructure.TIM_Prescaler = 0;
    TIM_TimeBaseStructure.TIM_ClockDivision = 0;
    TIM_TimeBaseStructure.TIM_CounterMode = TIM_CounterMode_Up;
    TIM_TimeBaseInit(TIM2, &TIM_TimeBaseStructure);

    /*预分频器配置*/
    TIM_PrescalerConfig(TIM2, 0, TIM_PSCReloadMode_Immediate);//0=Prescaler-1
    /* TIM IT 使能*/
    TIM_ITConfig(TIM2, TIM_IT_Update, ENABLE);//update Interrupt enable
    /* TIM2 使能计数器*/
    //TIM_Cmd(TIM2, ENABLE);
```

```
/* -------------------------------------------------------------------------------
   TIM4 配置：向上计数溢出中断 6500～16.5ms
   TIM4CLK = 36 MHz，预分频系数= 36，TIM4 计数器时钟= 1 MHz
 ------------------------------------------------------------------------------- */
 /*时基配置*/
 TIM_DeInit(TIM4);
 TIM_TimeBaseStructure.TIM_Period = Timer4_period_Val;
 TIM_TimeBaseStructure.TIM_Prescaler = 0;
 TIM_TimeBaseStructure.TIM_ClockDivision = 0;
 TIM_TimeBaseStructure.TIM_CounterMode = TIM_CounterMode_Up;
 TIM_TimeBaseInit(TIM4, &TIM_TimeBaseStructure);

 /*预分频器配置*/
 TIM_PrescalerConfig(TIM4, 35, TIM_PSCReloadMode_Immediate);//35=Prescaler-1
 /* TIM IT 使能*/
 TIM_ITConfig(TIM4, TIM_IT_Update, ENABLE);
 /* TIM4 使能计数器*/
 //TIM_Cmd(TIM4, ENABLE);

 /* -------------------------------------------------------------------------------
   TIM3 配置：输入捕获模式
   TIM3CLK = 36 MHz，预分频系数= 18, TIM3 计数器时钟= 2 MHz
 ------------------------------------------------------------------------------- */
  TIM_DeInit(TIM3);
  TIM_TimeBaseStructure.TIM_Period = 65535;
  TIM_TimeBaseStructure.TIM_Prescaler = 17;
  TIM_TimeBaseStructure.TIM_ClockDivision = 0;
  TIM_TimeBaseStructure.TIM_CounterMode = TIM_CounterMode_Up;
  TIM_TimeBaseInit(TIM3, &TIM_TimeBaseStructure);

  TIM_ICInitStructure.TIM_Channel = TIM_Channel_3; //选择通道 3
  TIM_ICInitStructure.TIM_ICPolarity = TIM_ICPolarity_Rising; //输入上升沿捕获
  TIM_ICInitStructure.TIM_ICSelection = TIM_ICSelection_DirectTI;
  //通道方向选择 CC3，通道被配置为输入，IC3 映射在 TI3 上
  TIM_ICInitStructure.TIM_ICPrescaler = TIM_ICPSC_DIV1;
  //无预分频器，捕获输入口上检测到的每一个边沿都触发一次捕获
  TIM_ICInitStructure.TIM_ICFilter = 0x00;
  //无滤波器，以 fDTS 采样
  TIM_ICInit(TIM3, &TIM_ICInitStructure);

  /*使能 CC3 中断请求*/
  TIM_ITConfig(TIM3, TIM_IT_CC3, ENABLE);

  /* TIM3 使能计数器*/
  //TIM_Cmd(TIM3, ENABLE);
```

```
    TIM_Cmd(TIM2, ENABLE);
    TIM_Cmd(TIM4, ENABLE);
    TIM_Cmd(TIM3, ENABLE);
}
/*******************************************************************************/
```

16.5　PMM2000 系列电力网络仪表的算法

PMM2000 系列电力网络仪表的算法是一种基于均方值的多点算法，其基本思想是根据周期函数的有效值定义，将连续函数离散化，可得出计算公式为

$$I=\sqrt{\frac{1}{N}\sum_{M=1}^{N}i_M^2}$$

$$U=\sqrt{\frac{1}{N}\sum_{M=1}^{N}u_M^2}$$

式中，N 为每个周期等分割采样的次数；i_M 为第 M 点电流采样值；u_M 为第 M 点电压采样值。

三相三线系统采用二元件法，其 P（有功功率）、Q（无功功率）、S（视在功率）计算公式为

$$P=\frac{1}{N}\sum_{M=1}^{N}(u_{\mathrm{AB}M}i_{\mathrm{A}M}+u_{\mathrm{CB}M}i_{\mathrm{C}M})$$

$$Q=\frac{1}{N}\sum_{M=1}^{N}\left(u_{\mathrm{AB}M}i_{\mathrm{A}\left(M+N/4\right)}+u_{\mathrm{CB}M}i_{\mathrm{C}\left(M+N/4\right)}\right)$$

$$S=\sqrt{P^2+Q^2}$$

三相四线系统采用三元件法，其 P、Q、S 计算公式为

$$P=\frac{1}{N}\sum_{M=1}^{N}(u_{\mathrm{A}}i_{\mathrm{A}M}+u_{\mathrm{B}}i_{\mathrm{B}M}+u_{\mathrm{C}}i_{\mathrm{C}M})$$

$$Q=\frac{1}{N}\sum_{M=1}^{N}\left(u_{\mathrm{A}\left(M+N/4\right)}+u_{\mathrm{B}\left(M+N/4\right)}+u_{\mathrm{C}\left(M+N/4\right)}\right)$$

$$S=\sqrt{P^2+Q^2}$$

上述两种系统的功率因数 PF 的计算公式为

$$\mathrm{PF}=\frac{P}{S}=\frac{P}{\sqrt{P^2+Q^2}}$$

式中，$u_{\mathrm{AB}M}$、$u_{\mathrm{CB}M}$ 为第 M 点 AB 及 CB 线电压采样值；$i_{\mathrm{A}M}$、$i_{\mathrm{C}M}$ 为第 M 点 A 相及 C 相电流采样值；$u_{\mathrm{A}M}$、$u_{\mathrm{B}M}$、$u_{\mathrm{C}M}$ 为第 M 点 A、B、C 相电压采样值；$i_{\mathrm{A}M}$、$i_{\mathrm{B}M}$、$i_{\mathrm{C}M}$ 为第 M 点 A、B、C 相电流采样值。

当 $M+N/4>N$ 时，取 $M+N/4-N$，N 为一个周期内的采样点数。

16.6 LED 数码管动态显示程序设计

图 16-1aLED 数码管和 LED 指示灯的布局中，18 位 LED 数码管和 LED 指示灯共分为 3 行，每一行中间为 5 位数码管，数码管左右两边各 4 个 LED 指示灯，相当于一个数码管的 8 个段（dp、g、f、e、d、c、b、a），占 1 位数码管的 1 个位。

在 1ms 系统滴答定时器中断服务程序中，18 位 LED 数码管和 LED 指示灯采用动态显示，每次点亮 2 位 LED 数码管或 LED 指示灯，9ms 动态扫描一遍。LED 显示缓冲区为 BISBUF[18]，共 18 个地址单元。

BISBUF[0]～BISBUF[4]对应第 1 行从左到右 5 个数码管，BISBUF[5]对应第 1 行左右 8 个 LED 指示灯。第 1 行占用 LED 数码管的第 1～3 位控制。

BISBUF[6]～BISBUF[10]对应第 2 行从左到右 5 个数码管，BISBUF[11]对应第 2 行左右 8 个 LED 指示灯。第 2 行占用 LED 数码管的第 4～6 位控制。

BISBUF[12]～BISBUF[16]对应第 3 行从左到右 5 个数码管，BISBUF[17]对应第 3 行左右 8 个 LED 指示灯。第 3 行占用 LED 数码管的第 7～9 位控制。

LED 数码管显示电力网络仪表的参数和设置信息，LED 指示灯指示数码管显示的是什么参数或状态。

LED 数码管的显示内容需要根据显示缓冲区 BISBUF[0]～BISBUF[4]、BISBUF[6]～BISBUF[10]、BISBUF[12]～BISBUF[16]的数据查 LED 数码管段码表；LED 指示灯显示缓冲区 BISBUF[5]、BISBUF[11]、BISBUF[17]的数据直接送段驱动器显示，不需要查表。

程序中关数码管位控制的原因是段和位的写操作不同步，导致显示内容极短时间错位，不该亮的段会出现微亮，影响视觉。

16.6.1 LED 数码管段码表

LED 数码管段码表包括数字和特殊字符：

```
const unsigned char     led_tab[]=
    {  0xc0,0xf9,0xa4,0xb0,0x99,0x92,0x82,0xf8,0x80,0x90,
        0x88,0x83,0xc6,0xa1,0x86,0x8e,0xc2,0x89,0xcf,0xf1,
        0x85,0xc7,0xaa,0xab,0xa3,0x8c,0x98,0x8f,0x93,0xce,
        0xc1,0x81,0xe2,0x95,0x91,0xb6,0xd2,0x9b,0xad,0xff,
        0x40,0x79,0x24,0x30,0x19,0x12,0x02,0x78,0x00,0x10,
        0xbf,0x03,0xb9,0x8b,0x13,0x0c,0x42,0x3f,0x21,0x0f,
        0xfd
    }
```

16.6.2 LED 指示灯状态编码表

LED 数码管状态编码表是每行数码管左右两边指示灯的编码：

```
/***********第 1 行 LED 数码管状态编码表**************/
#define LED1_IA          0xDE     //显示 A 相电流
#define LED1_IB          0xDD     //显示 B 相电流
#define LED1_IC          0xDB     //显示 C 相电流
```

```
#define LED1_IN        0xD8    //显示 N 相电流
#define LED1_Hz        0xEF    //显示频率
#define LED1_PF        0xF7    //显示功率因数
#define LED1_PFA       0xF6    //显示 A 相功率因数
#define LED1_PFB       0xF5    //显示 B 相功率因数
#define LED1_PFC       0xF3    //显示 C 相功率因数
#define LED1_IHRA      0xFE    //显示 A 相电流谐波含量
#define LED1_IHRB      0xFD    //显示 B 相电流谐波含量
#define LED1_IHRC      0xFB    //显示 C 相电流谐波含量
#define LED1_IA1       0xCE    //显示 A 相电流基波
#define LED1_IB1       0xCD    //显示 B 相电流基波
#define LED1_IC1       0xCB    //显示 C 相电流基波

/***********第 2 行 LED 数码管状态编码表**************/
#define LED2_UA        0xD6    //显示 A 相相电压
#define LED2_UAX10     0xD6    //显示 A 相相电压×10 挡
#define LED2_UB        0xD5    //显示 B 相相电压
#define LED2_UBX10     0xD5    //显示 B 相相电压×10 挡
#define LED2_UC        0xD3    //显示 C 相相电压
#define LED2_UCX10     0xD3    //显示 A 相相电压×10 挡
#define LED2_UAB       0xCE    //显示 AB 线电压
#define LED2_UABX10    0xCE    //显示 AB 线电压×10 挡
#define LED2_UBC       0xCD    //显示 BC 线电压
#define LED2_UBCX10    0xCD    //显示 BC 线电压×10 挡
#define LED2_UCA       0xCB    //显示 CA 线电压
#define LED2_UCAX10    0xCB    //显示 CA 线电压×10 挡
#define LED2_UHRA      0xFE    //显示 A 相电压谐波含量
#define LED2_UHRB      0xFD    //显示 B 相电压谐波含量
#define LED2_UHRC      0xFB    //显示 C 相电压谐波含量
#define LED2_UA1       0xDE    //显示 A 相电压基波
#define LED2_UA1X10    0xDE    //显示 A 相电压基波×10 挡
#define LED2_UB1       0xDD    //显示 B 相电压基波
#define LED2_UB1X10    0xDD    //显示 B 相电压基波×10 挡
#define LED2_UC1       0xDB    //显示 C 相电压基波
#define LED2_UC1X10    0xDB    //显示 C 相电压基波×10 挡

/***********第 3 行 LED 数码管状态编码表**************/
#define LED3_EPQS_A      0xFE    //第 2 行显示 E1、P1、Q1、S1、Wq1 时，第 2 行的指示灯状态
#define LED3_EPQS_B      0xFD    //第 2 行显示 E2、P2、Q2、S2、Wq2 时，第 2 行的指示灯状态
#define LED3_EPQS_C      0xFB    //第 2 行显示 E3、P3、Q3、S3、Wq3 时，第 2 行的指示灯状态
#define LED3_E           0xF4    //显示总有功电能
#define LED3_EX10        0xEC    //显示总有功电能×10 挡
#define LED3_EX100       0xDC    //显示总有功电能×100 挡
#define LED3_EX1000      0xCC    //显示总有功电能×1000 挡
#define LED3_P           0xF5    //显示有功功率
#define LED3_PX10        0xED    //显示有功功率×10 挡
#define LED3_PX100       0xDD    //显示有功功率×100 挡
```

```
#define LED3_PX1000        0xCD       //显示有功功率×1000 挡
#define LED3_Q             0xF3       //显示无功功率
#define LED3_QX10          0xEB       //显示无功功率×10 挡
#define LED3_QX100         0xDB       //显示无功功率×100 挡
#define LED3_QX1000        0xCB       //显示无功功率×1000 挡
#define LED3_S             0xF1       //显示视在功率
#define LED3_SX10          0xE9       //显示视在功率×10 挡
#define LED3_SX100         0xD9       //显示视在功率×100 挡
#define LED3_SX1000        0xC9       //显示视在功率×1000 挡
#define LED3_WQ            0xF2       //显示无功电能
#define LED3_WQX10         0xEA       //显示无功电能×10 挡
#define LED3_WQX100        0xDA       //显示无功电能×100 挡
#define LED3_WQX1000       0xCA       //显示无功电能×1000 挡
```

16.6.3 1ms 系统滴答定时器中断服务程序

1. 1ms 系统滴答定时器初始化程序

```
/*******************************************************************************
* 函数名称：SysTick_Configuration，系统滴答定时器 1ms 溢出中断
* 功能描述：配置系统滴答定时器，每 1ms 产生溢出中断
* 输入参数：无
* 输出参数：无
* 返回：无
*******************************************************************************/
void SysTick_Configuration(void)
{
    /*选择系统滴答定时器的时钟源为 AHB 时钟，即 HCLK=72MHz，还可以为 72MHz/8*/
    SysTick_CLKSourceConfig(SysTick_CLKSource_HCLK);

    /*系统滴答定时器优先级为（2,1）*/
    NVIC_SystemHandlerPriorityConfig(SystemHandler_SysTick, 2, 1);

    /*1ms 系统滴答定时器中断 HCLK=72MHz*/
    SysTick_SetReload(71999);

    /*使能系统滴答定时器中断，只支持溢出中断，自动重装*/
    SysTick_ITConfig(ENABLE);
}
/*****************************************************************************/
```

2. 1ms 系统滴答定时器中断服务程序

1ms 系统滴答定时器中断服务程序如下：

```
void SysTickHandler(void)
{
    u8 i=0;
    GPIO_ResetBits(GPIOA, 0X0F00); //8～11      //关数码管位控制
   GPIO_ResetBits(GPIOC, 0X07C0); //6～9
```

```
LedCnt++;
if(LedCnt==1|LedCnt==2|LedCnt==4)  //0、1、2、3 、6、7 位数码管
{
    GPIO_PinWrite(GPIOD,0xff00,((led_tab[DISBUF[2*LedCnt-2]])<<8)) ;
    GPIO_PinWrite(GPIOD,0x00f0,((led_tab[DISBUF[2*LedCnt-1]]&0x0f)<<4)) ;
     GPIO_PinWrite(GPIOB,0x01E0,((led_tab[DISBUF[2*LedCnt-1]]&0xf0)<<1)) ;

     GPIO_PinWrite(GPIOC,0x03C0,(1<<(LedCnt+5))) ;
     GPIO_PinWrite(GPIOA,0x0F00,0) ;
     GPIO_ResetBits(GPIOC, 0X0400);
 }
else if(LedCnt==3) //4、5 位数码管
 {
     GPIO_PinWrite(GPIOD,0xff00,((led_tab[DISBUF[2*LedCnt-2]])<<8)) ;
     GPIO_PinWrite(GPIOD,0x00f0,((DISBUF[2*LedCnt-1]&0x0f)<<4)) ;
     GPIO_PinWrite(GPIOB,0x01E0,((DISBUF[2*LedCnt-1]&0xf0)<<1)) ;

     GPIO_SetBits(GPIOC, 0X0100);
     GPIO_PinWrite(GPIOA,0x0F00,0) ;
     GPIO_ResetBits(GPIOC, 0X0400);
 }
else if(LedCnt==5|LedCnt==7|LedCnt==8) //8、9 、12、13、14、15 位数码管
{
    GPIO_PinWrite(GPIOD,0xff00,((led_tab[DISBUF[2*LedCnt-2]])<<8)) ;
    GPIO_PinWrite(GPIOD,0x00f0,((led_tab[DISBUF[2*LedCnt-1]]&0x0f)<<4)) ;
     GPIO_PinWrite(GPIOB,0x01E0,((led_tab[DISBUF[2*LedCnt-1]]&0xf0)<<1)) ;

     GPIO_SetBits(GPIOA,(1<<(LedCnt+3)));
     GPIO_ResetBits(GPIOC, 0X03C0); //6～9
     GPIO_ResetBits(GPIOC, 0X0400);
 }
else if(LedCnt==6)      //11 位数码管
 {
     GPIO_PinWrite(GPIOD,0xff00,((led_tab[DISBUF[2*LedCnt-2]])<<8)) ;
     GPIO_PinWrite(GPIOD,0x00f0,((DISBUF[2*LedCnt-1]&0x0f)<<4)) ;
     GPIO_PinWrite(GPIOB,0x01E0,((DISBUF[2*LedCnt-1]&0xf0)<<1)) ;

     GPIO_SetBits(GPIOA, 0X0200);
     GPIO_ResetBits(GPIOC, 0X03C0); //6～9
     GPIO_ResetBits(GPIOC, 0X0400);
 }
else if(LedCnt==9)      //16、17 位数码管
 {
     GPIO_PinWrite(GPIOD,0xff00,((led_tab[DISBUF[2*LedCnt-2]])<<8)) ;
     GPIO_PinWrite(GPIOD,0x00f0,((DISBUF[2*LedCnt-1]&0x0f)<<4)) ;
     GPIO_PinWrite(GPIOB,0x01E0,((DISBUF[2*LedCnt-1]&0xf0)<<1)) ;
```

```
                GPIO_ResetBits(GPIOA, 0X0F00); //8～11
                GPIO_ResetBits(GPIOC, 0X03C0); //6～9
                GPIO_SetBits(GPIOC, 0X0400);
            }
            else if(LedCnt>=9)
            {
                    LedCnt=0;
            }
    }
```

16.7 PMM2000 系列电力网络仪表在数字化变电站中的应用

16.7.1 应用领域

PMM2000 系列数字式多功能电力网络仪表主要应用领域有变电站综合自动化系统、低压智能配电系统、智能小区配电监控系统、智能型箱式变电站监控系统、电信动力电源监控系统、无人值班变电站系统、市政工程泵站监控系统、智能楼宇配电监控系统、远程抄表系统、工矿企业综合电力监控系统、铁路信号电源监控系统、发电机组/电动机远程监控系统。

16.7.2 iMeaCon 数字化变电站后台计算机监控网络系统

现场的变电站根据分布情况分成不同的组，组内的现场 I/O 设备通过数据采集器连接到变电站后台计算机监控网络系统。

若有多个变电站后台计算机监控网络系统，总控室需要采集现场 I/O 设备的数据，现场的变电站后台计算机监控网络系统被定义为服务器，总控室后台计算机监控网络系统需要通过访问服务器即可采集现场 I/O 设备的数据。

iMeaCon 数字化变电站后台计算机监控网络系统软件基本组成如下：

1）系统图。系统图能显示配电回路的位置及电气连接。

2）实时信息。根据系统图可查看具体回路的测量参数。

3）报表。配电回路有功电能报表（日报表、月报表和配电回路万能报表）。

4）趋势图形。显示配电回路的电流和电压。

5）通信设备诊断。现场设备故障在系统图上提示。

6）报警信息查询。报警信息可查询，包括报警发生时间、报警恢复时间、报警确认时间、报警信息打印、报警信息删除等。

7）打印。能够打印所有的报表。

8）数据库。包括实时数据库、历史数据库。

9）自动运行。计算机开机后自动运行软件。

10）系统管理和远程接口。有密码登录、注销、退出系统等管理权限，防止非法操作。通过局域网 TCP/IP，以 OPCServer 的方式访问。

iMeaCon 数字化变电站后台计算机监控网络系统的网络拓扑结构如图 16-12 所示。

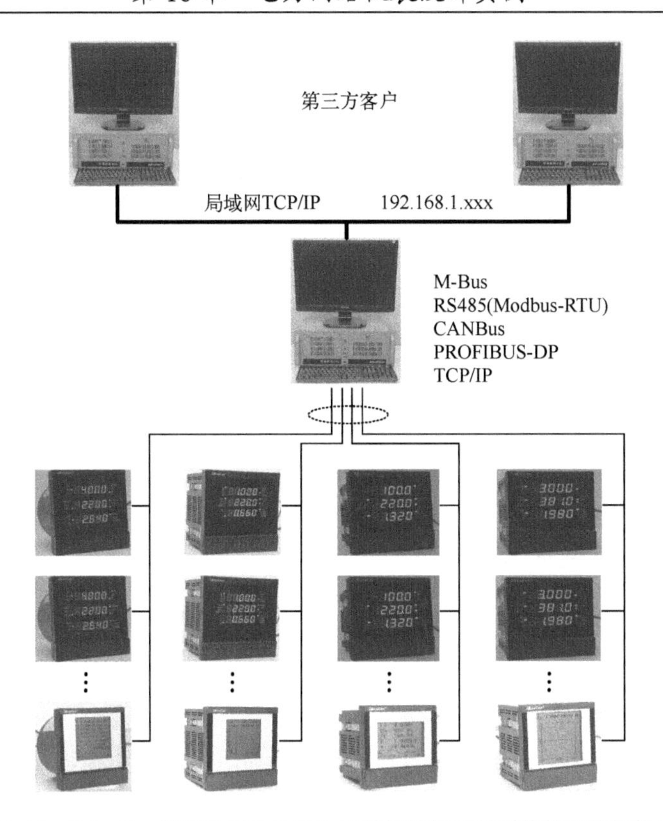

图 16-12　iMeaCon 数字化变电站后台计算机监控网络系统的网络拓扑结构

第 17 章　嵌入式控制系统设计

本章介绍了嵌入式控制系统设计，包括嵌入式控制系统的结构、嵌入式控制系统软件概述、8 通道模拟量输入智能测控模块（8AI）的设计、8 通道热电偶输入智能测控模块（8TC）的设计、4 通道热电阻输入智能测控模块（4RTD）的设计、4 通道模拟量输出智能测控模块（4AO）的设计、8 通道数字量输入智能测控模块（8DI）的设计、8 数字量输出智能测控模块（8DO）的设计和嵌入式控制系统的软件平台。

17.1　嵌入式控制系统的结构

嵌入式控制系统是嵌入式系统与控制系统紧密结合的产物，即应用于控制系统中的嵌入式系统。

嵌入式控制系统具有以下特点：

1）面向具体控制过程，具有很强的专用性，必须结合实际控制系统的要求和环境进行合理的裁剪。

2）适用于实时和多任务的体系，系统的应用软件与硬件一体化，具有软件代码小、自动化程度高、响应快等特点，能在较短的时间内完成多个任务。

3）是先进的计算机技术、半导体技术和电子技术与各个行业的具体应用相结合的产物。

4）系统本身不具备自开发能力，设计完成之后用户通常不能对其中的程序功能进行修改，必须有一套开发工具和环境才能进行开发。

嵌入式控制系统的核心是嵌入式微控制器和嵌入式操作系统。嵌入式微控制器具备多任务的处理能力，且具有集成度高、体积小、功耗低、实时性强等优点，有利于嵌入式控制系统设计的小型化，提高软件的诊断能力，提升控制系统的稳定性。嵌入式操作系统具备可定制、可移植、实时性等特点，用户可根据需要自行配置。总之，嵌入式控制系统适应当前信息化、智能化、网络化的发展，必将获得广阔的发展空间。

嵌入式控制系统的智能测控模块包括 8AI 模拟量输入模块、8TC 热电偶输入模块、4RTD 热电阻输入模块、4AO 模拟量输出模块、8DI 数字量输入模块和 8DO 数字量输出模块。

基于 CAN 现场总线的嵌入式控制系统结构如图 17-1 所示。

图 17-1 中，该系统主要由上位计算机及监控软件、基于 PCI 总线的 CAN 智能网络通信适配器及与其相配套的设备驱动程序（WDM）、FBC2000 现场控制单元和基于 CAN 现场总线的 FBCAN 系列智能测控模块等设备单元构成。

FBC2000 现场控制单元和 FBCAN 系列智能测控模块完成对工业现场各种信号的实时采集和控制功能，并通过 CAN 现场总线将现场数据信息传输到 CAN 智能网络通信适配器。基于上位 PC 计算机平台的监控软件通过 WDM 驱动程序完成与 CAN 智能网络通信适配器的数据交互，读取 CAN 智能网络通信适配器接收到的来自工业现场的数据，实现数据的存储、显示和报表，供用户观察现场的实时信息。用户还可以通过上位机监控软件，将所需的控制信息通过

CAN 智能网络通信适配器由 CAN 现场总线传输至 FBC2000 现场控制单元和 FBCAN 系列智能测控模块以控制相应的执行机构。

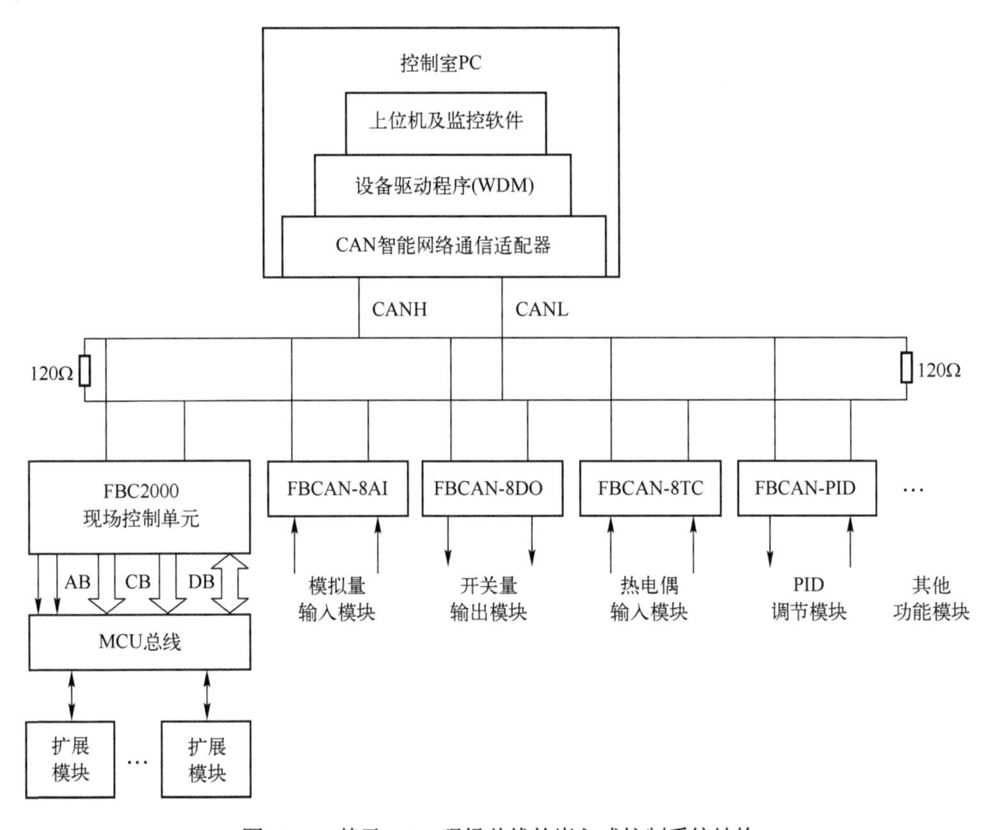

图 17-1　基于 CAN 现场总线的嵌入式控制系统结构

在基于 CAN 现场总线的嵌入式控制系统中，需要设计对工业现场实现测控的智能节点。CAN 智能测控节点的结构如图 17-2 所示。

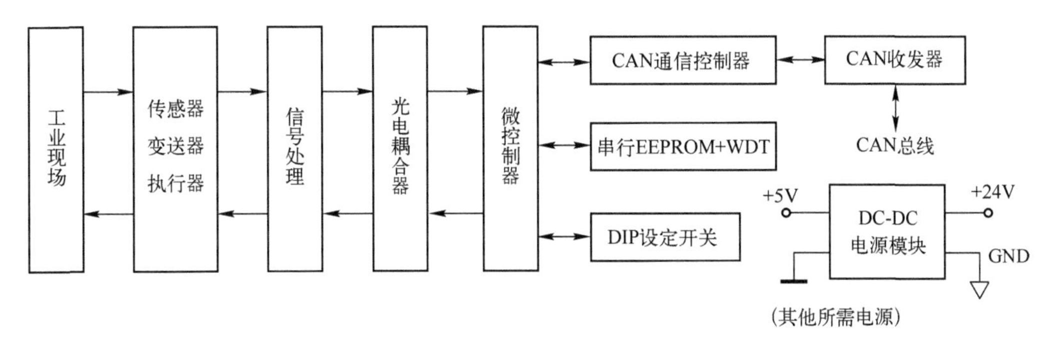

图 17-2　CAN 智能测控节点的结构

图 17-2 中，以微控制器为核心，通过光电耦合器与工业现场相连。信号处理部分主要包括 A-D、D-A 电路，低通滤波电路，信号放大电路，电流/电压转换电路，实现过程输入通道和过程输出通道的功能。串行 EEPROM 和 WDT 电路用于存放设定参数及监视微控制器的正常工作，DIP 设定开关用于通信波特率和通信地址的设定。CAN 通信控制器和 CAN 收发器实现 CAN 网络功能。另外，还有 DC-DC 电源模块，将输入的 24V 电源转换成+5V 和其他所

需电源。

每种类型的测控模块都有相对应的配电板，配电板不可混用。各种测控模块允许输入和输出的信号类型见表 17-1。

表 17-1 各种测控模块允许输入和输出的信号类型

板卡类型	信号类型	测量范围	备注
8 通道模拟量输入模块（8AI）	电压	0～5V	需要根据信号的电压、电流类型设置配电板的相应跳线
	电压	1～5V	
	II 型电流	0～10mA	
	III 型电流	4～20mA	
4 通道热电阻输入模块（4RTD）	Pt100 热电阻	-200～850℃	无
	Cu100 热电阻	-50～150℃	
	Cu50 热电阻	-50～150℃	
8 通道热电偶输入模块（8TC）	B 型热电偶	500～1800℃	无
	E 型热电偶	-200～900℃	
	J 型热电偶	-200～750℃	
	K 型热电偶	-200～1300℃	
	R 型热电偶	0～1750℃	
	S 型热电偶	0～1750℃	
	T 型热电偶	-200～350℃	
	计数/频率型	0 ～ 12V	
	计数/频率型	0 ～ 24V	
4 通道模拟量输出模块（4AO）	II 型电流	0～10mA	无
	III型电流	4～20mA	
8 通道数字量输入模块（8DI）	干接点开关	闭合、断开	需要根据外接信号的供电类型设置板卡上的跳线帽
8 通道数字量输出模块（8DO）	24V 继电器	闭合、断开	无

17.2 嵌入式控制系统软件概述

17.2.1 嵌入式控制系统应用软件的分层结构

嵌入式控制系统软件可分为系统软件、支持软件和应用软件三部分。系统软件指嵌入式控制系统应用软件开发平台和操作平台，支持软件用于提供软件设计和更新接口，并为系统提供诊断和支持服务，应用软件是嵌入式控制系统软件的核心部分，用于执行控制任务，按用途可划分为监控平台软件、基本控制软件、先进控制软件、局部优化软件、操作优化软件、最优调度软件和企业计划决策软件。嵌入式控制系统应用软件的分层结构如图 17-3 所示。

从系统功能的角度划分，最基本的嵌入式控制系统应用软件由直接程序、规范服务性程序和辅助程序等组成。直接程序是指与控制过程或采样/控制设备直接有关的程序，这类程序参与系统的实际控制过程，完成与各类 I/O 模板相关的信号采集、处理和各类控制信号的输出任务，其性能直接影响系统的运行效率和精度，是软件系统设计的核心部分。规范服务性程序是指完成系统运行中的一些规范性服务功能的程序，如报表打印输出、报警输出、算法运行、各种画面显示等。辅助程序包括接口驱动程序、检验程序等，特别是设备自诊断程序，当检测到错误时，启用备用通道并自动切换，这类程序虽然与控制过程没有直接关系，但却能增加系统的可靠性，是应用软件不可缺少的组成部分。

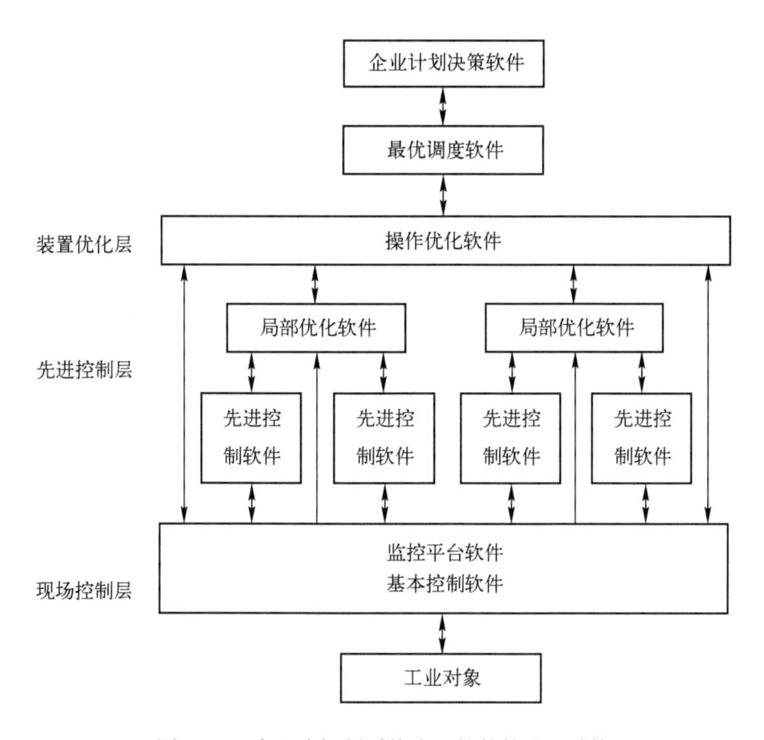

图 17-3　嵌入式控制系统应用软件的分层结构

17.2.2　嵌入式控制系统软件的设计策略

嵌入式控制系统软件的设计策略可分为软件设计规划、软件设计模式和软件设计方法三部分。

1. 软件设计规划

软件设计规划包括软件开发基本策略、软件开发方案和软件过程模型三部分。软件开发中的三种基本策略是复用、分而治之和优化与折中。复用即利用某些已开发的、对建立新系统有用的软件元素来生成新的软件系统；分而治之是指把大而复杂的问题分解成若干个简单的小问题后逐个解决；优化是指优化软件的各个质量因素，折中是指通过协调各个质量因素，实现整体质量的最优。软件开发基本策略是软件开发的基本思想和整体脉络，贯穿软件开发的整体流程中。

软件开发方案是对软件的构造和维护提出的总体设计思路和方案。经典的软件工程思想将软件开发分成需求分析、系统分析与设计、系统实现、测试及维护五个阶段，设计人员在进行软件开发和设计之前需要确定软件的开发策略，并明确软件的设计方案，对软件开发的五个阶段进行具体设计。

软件过程模型是在软件开发技术发展过程中形成的软件整体开发策略，这种策略从需求收集开始到软件寿命终止针对软件工程的各个阶段提供了一套范形，使工程的进展达到预期的目的。常用的软件过程模型包括生存周期模型、原型实现模型、增量模型、螺旋模型和喷泉模型五种。

2. 软件设计模式

为增强嵌入式控制系统软件的代码可靠性和可复用性，增强软件的可维护性，编程人员对代码设计经验进行实践和分类编目，形成了软件设计模式。软件设计模式一般可分为创建型、结构型和行为型三类，所有模式都遵循开闭原则、里氏代换原则、依赖倒转原则和合成复用原则等通用原则。常用的软件模式包括单例模式、抽象工厂模式、代理模式、命令模式和策略模式。软件设计模式一般适用于特定的生产场景，以合适的软件设计模式指导软件的开发工作可对软件的开发起到积极的促进作用。

3. 软件设计方法

嵌入式控制系统中的软件设计方法主要有面向过程方法、面向数据流方法和面向对象方法，分别对应不同的应用场景。面向过程方法是嵌入式控制系统软件发展早期被广泛采用的设计方法，其设计以过程为中心，以函数为单元，强调控制任务的流程性，设计的过程是分析和用函数代换的流程化过程，在流程特性较强的生产领域能够达到较高的设计效率。面向数据流方法又称为结构化设计方法，主体思想是用数据结构描述待处理数据，用算法描述具体的操作过程，强调将系统分割为逻辑功能模块的集合，并确保模块之间的结构独立，减少了设计的复杂度，增强了代码的可重用性。面向对象方法是嵌入式控制系统软件发展到一定阶段的产物，采用封装、继承、多态等方法将生产过程抽象为对象，将生产过程的属性和流程抽象为对象的变量和方法，使用类对生产过程进行描述，使代码的可复用性和可扩展性得到了极大提升，降低了软件的开发和维护难度。

17.2.3 嵌入式控制系统软件的功能和性能指标

嵌入式控制系统软件的技术指标分为功能指标和性能指标，功能指标是软件能提供的各种功能和用途的完整性，性能指标包括软件的各种性能参数，包括安全性、实时性、鲁棒性和可移植性四种。

1. 软件的功能指标

嵌入式控制系统软件一般至少由系统组态程序，前台控制程序，后台显示、打印、管理程序以及数据库等组成。具体实现如下功能：

1）实时数据采集：完成现场过程参数的采集与处理。

2）控制运算：包括模拟控制、顺序控制、逻辑控制和组合控制等功能。

3）控制输出：根据设计的控制算法所计算的结果输出控制信号，以跟踪输入信号的变化。

4）报警监视：完成过程参数越界报警及设备故障报警等功能。

5）画面显示和报表输出：实时显示过程参数及工艺流程，并提供操作画面、报表显示和打印功能。

6）可靠性功能：包括故障诊断、冗余设计、备用通道切换等功能。

7）流程画面制作功能：用来生成应用系统的各种工艺流程画面和报表等功能。

8）管理功能：包括文件管理、数据库管理、趋势曲线、统计分析等功能。

9）通信功能：包括控制单元之间、操作站之间、子系统之间的数据通信功能。

10）OPC 接口：通过 OPC Server 实现与上层计算机的数据共享和远程数据访问功能。

2．软件的性能指标

判断嵌入式控制系统软件的性能指标如下。

（1）安全性

软件的安全性是软件在受到恶意攻击的情形下依然能够继续正确运行，并确保软件被在授权范围内合法使用的特性。软件的安全性指标要求设计人员在软件设计的整体过程中加以考虑，使用权限控制、加密解密、数据恢复等手段确保软件的整体安全性。

（2）实时性

软件的实时性是计算机控制领域对软件的特殊需求，实时性表现为软件对外来事件的最长容许反应时间，根据生产过程的特点，软件对随机事件的反应时间被限定在一定范围内。嵌入式控制系统软件的实时性由操作系统实时性和控制软件实时性两部分组成，一般通过引入任务优先级和抢占机制加以实现。

（3）鲁棒性

软件的鲁棒性即软件的健壮性，是指软件在异常和错误的情况下依然维持正常运行状态的特性。软件的鲁棒的性强弱由代码的异常处理机制决定，健全的异常处理机制在异常产生的根源处响应，避免错误和扰动的连锁反应，确保软件的抗干扰性。

（4）可移植性

软件的可移植性指软件在不同平台之间迁移的能力，由编程语言的可移植性和代码的可移植性构成。编程语言的可移植性由编程语言自身特性决定，以 Java 为代表的跨平台编程语言具有较好的可移植性，以汇编语言为代表的专用设计语言不具备可移植性。代码的可移植性包括 API 函数兼容性、库函数兼容性和代码通用性三部分，API 函数是操作系统为软件设计人员提供的向下兼容的编程接口，不同版本操作系统提供的 API 函数存在一定差异，软件在不同版本操作系统间移植时，设计人员需考虑 API 函数的兼容性。库函数一般指编译器或第三方提供的特殊功能函数，一些第三方库函数在设计时缺乏跨平台特性，因此软件代码在不同开发环境中迁移时需要考虑库函数的兼容性。代码通用性由软件设计人员的编程经验和习惯决定，设计优良的代码应尽可能地削弱平台相关性，以获得较好的可移植性。

17.3　8 通道模拟量输入智能测控模块（8AI）的设计

17.3.1　8 通道模拟量输入智能测控模块的功能概述

8 通道模拟量输入智能测控模块（8AI）是 8 路标准电压、电流输入智能测控模块，可采样的信号包括标准Ⅱ型、Ⅲ型电压信号，以及标准Ⅱ型、Ⅲ型电流信号。

通过外部配电板可允许接入各种输出标准电压、电流信号的仪表、传感器等。该智能测控模块的设计技术指标如下：

1）信号类型及输入范围为标准Ⅱ、Ⅲ型电压信号（0～5V、1～5V）及标准Ⅱ、Ⅲ型电流信号（0～10mA、4～20mA）。

2）采用 32 位 ARM Cortex-M3 微控制器，提高了智能测控模块设计的集成度、运算速度和可靠性。

3）采用高性能、高精度、内置 PGA 的具有 24 位分辨率的Σ-Δ 模–数转换器进行测量转换，传感器或变送器信号可直接接入。

4）同时测量 8 通道电压信号或电流信号。

5）通过主控站模块的组态命令可配置通道信息，每一通道可选择输入信号范围和类型等，并将配置信息存储于铁电存储器中，掉电重启时，自动恢复到正常工作状态。

6）智能测控模块设计具有低通滤波、过电压保护功能，ARM 与现场模拟信号测量之间采用光电隔离措施，以提高抗干扰能力。

8 通道模拟量输入智能测控模块的性能指标见表 17-2。

表 17-2 8 通道模拟量输入智能测控模块的性能指标

性能指标	说明
通道数量	8 通道
输入范围	DC（0～10）mA
	DC（4～20）mA
	DC（0～5）V
	DC（1～5）V
通信故障自检与报警	指示通信中断，数据保持
采集通道故障自检及报警	指示通道自检错误，要求冗余切换
输入阻抗	电流输入，250Ω
	电压输入，1MΩ

17.3.2 智能测控模块微控制器主电路设计

智能测控模块微控制器主电路如图 17-4 所示。

图 17-4 中，主电路由 STM32F103ZET6 微控制器、铁电存储器 FRAM MB85RS16、RS485 驱动器 65LBC184、CAN 收发器 TJA1051 等电路组成。具有 1 路 RS485 通信接口、1 路 CAN 总线接口，DIP 开关用于设定智能测控模块的地址和通信波特率。

17.3.3 8AI 模拟量输入模块 A/D 采样电路设计

8AI 模拟量输入模块 A/D 采样电路如图 17-5 所示。

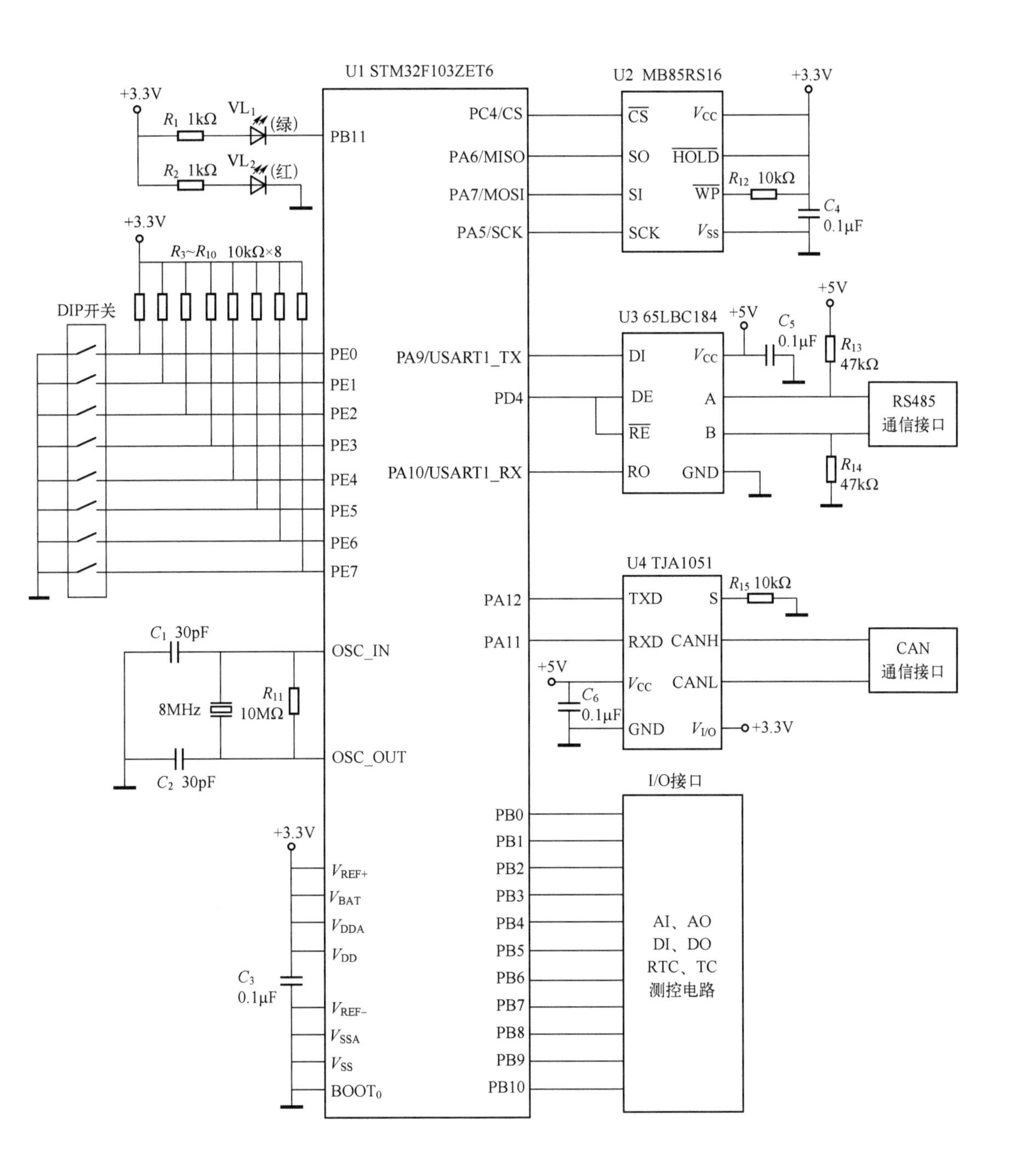

图 17-4 智能测控模块微控制器主电路

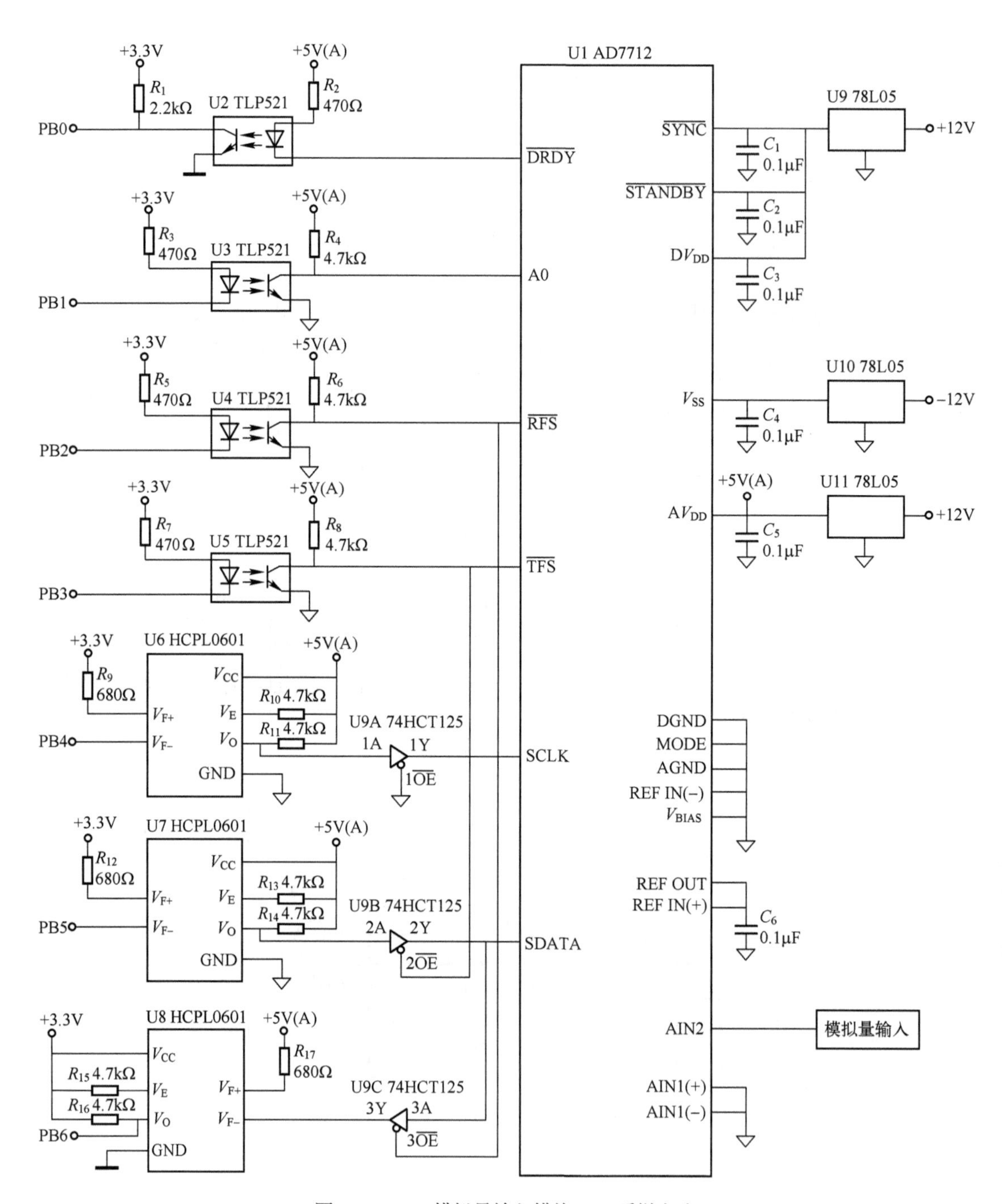

图 17-5　8AI 模拟量输入模块 A/D 采样电路

图 17-5 中，AD7712 是一种精密的、宽动态范围的Δ-Σ A-D 转换器，具有 24 位分辨率。HCPL0601 和 TLP521 光电耦合器用于模拟量输入信号与 STM32F103ZET6 微控制器的隔离。由 STM32F103ZET6 的 GPIO 口 PB0～PB5 控制 AD7712 的 A-D 转换和结果读取。

17.3.4　8AI 模拟量输入模块切换电路设计

8AI 模拟量输入模块切换电路如图 17-6 所示。

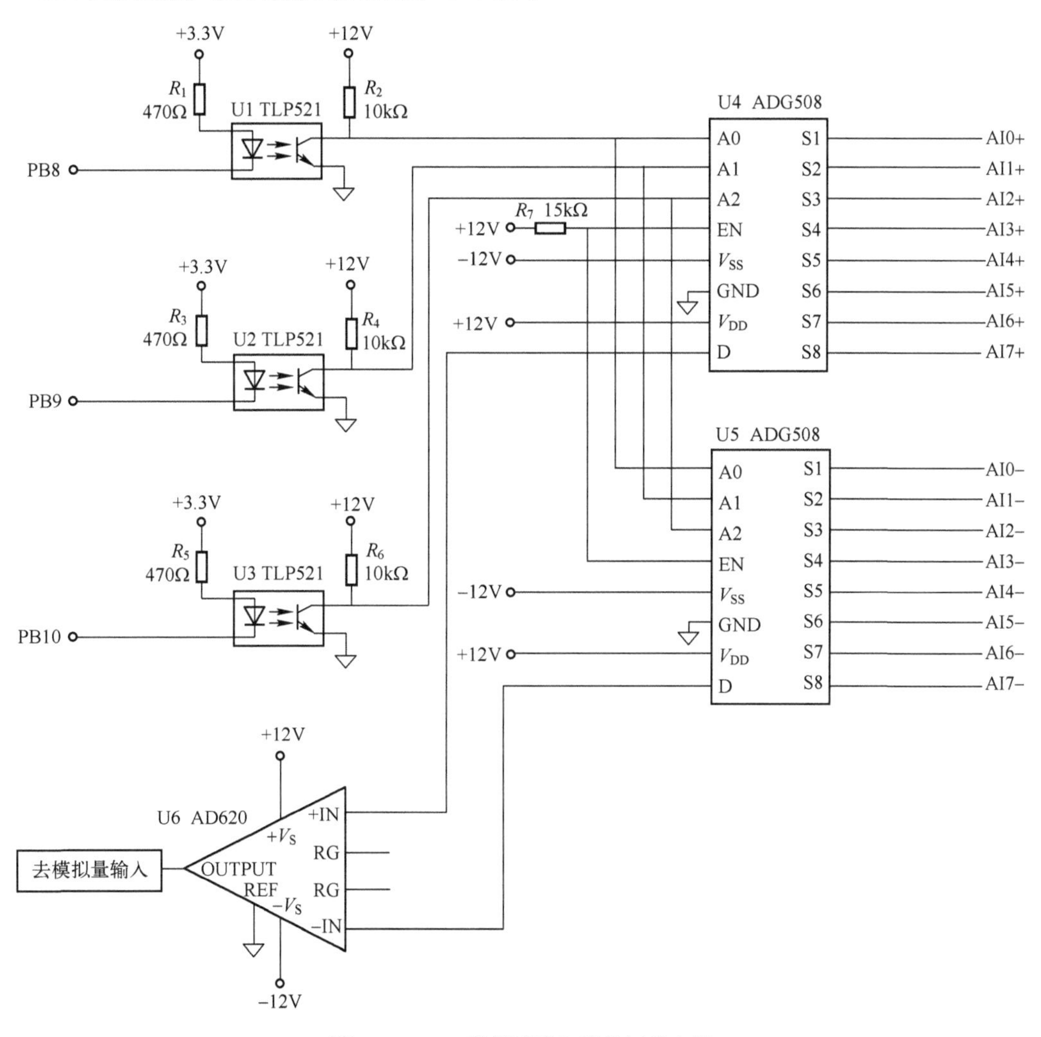

图 17-6　8AI 模拟量输入模块切换电路

图 17-6 中，ADG508 为单端 8 通道模拟开关，用于 AI0～AI7 模拟量输入通道的切换，AD620 为仪表运算放大器，其输出接至 AD7712 的 AIN2 端。由 STM32F103ZET6 的 GPIO 口 PB8～PB10 控制 ADG508 模拟开关的通道切换。

17.3.5　8AI 模拟量输入模块电源电路设计

8AI 模拟量输入模块电源电路如图 17-7 所示。

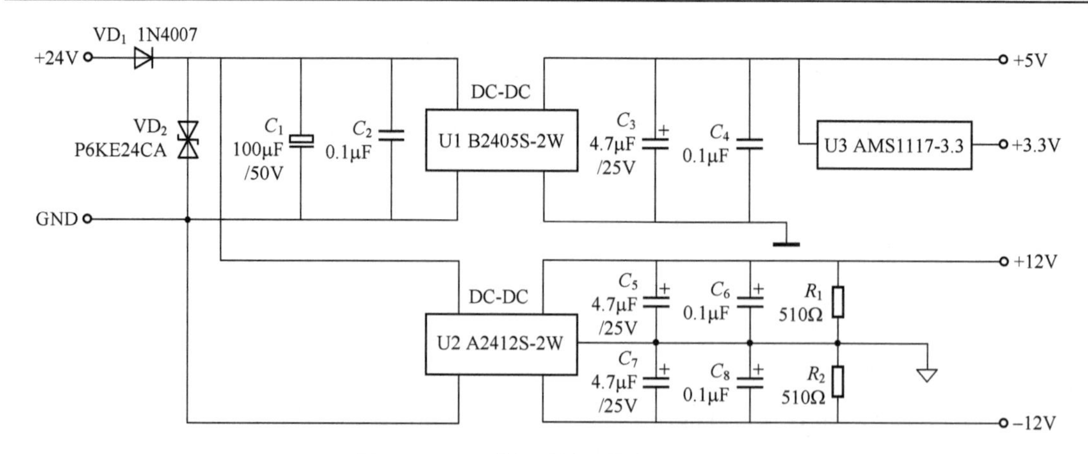

图 17-7 8AI 模拟量输入模块电源电路

图 17-7 中，B2405S-2W 为 24V 输入、5V 输出的 DC-DC 电源模块，A2412S-2W 为 24V 输入、±12V 输出的 DC-DC 电源模块；AMS1117-3.3 为低压差 5V 输入、3.3V 输出的稳压器，3.3V 给 STM32F103ZET6 等器件供电；P6KE24CA 为 TVS 抗浪涌二极管；1N4007 为防止 24V 电源反接二极管。

8 通道模拟量输入智能测控模块的程序采用 μC/OS-Ⅱ操作系统，主要包括 ARM 控制器的初始化程序、A/D 采样程序、数字滤波程序、量程变换程序、故障检测程序、CAN 或 RS485 通信程序和 WDT 程序等。

17.4 8 通道热电偶输入智能测控模块（8TC）的设计

17.4.1 8 通道热电偶输入智能测控模块的功能概述

8 通道热电偶输入智能测控模块是一种高精度、智能型、带有模拟量信号调理的 8 路热电偶信号采集模块，可对 8 种毫伏级热电偶信号进行采集，检测温度最低为-200℃，最高可达 1800℃。

通过外部配电板可允许接入各种热电偶信号和毫伏电压信号。该智能测控模块的设计技术指标如下：

1）热电偶输入智能测控模块可允许 8 通道热电偶信号输入，支持的热电偶类型为 K、E、B、S、J、R、N、T，并带有热电偶冷端补偿。

2）采用 32 位 ARM Cortex-M3 微控制器，提高了智能测控模块设计的集成度、运算速度和可靠性。

3）采用高性能、高精度、内置 PGA 的具有 24 位分辨率的Σ-Δ 模-数转换器进行测量转换，传感器或变送器信号可直接接入。

4）同时测量 8 通道电压信号或电流信号。

5）通过主控站模块的组态命令可配置通道信息，每一通道可选择输入信号范围和类型等，并将配置信息存储于铁电存储器中，掉电重启时，自动恢复到正常工作状态。

6）智能测控模块设计具有低通滤波、过电压保护功能，ARM 与现场模拟信号测量之间采用光电隔离措施，以提高抗干扰能力。

8 通道热电偶输入智能测控模块支持的热电偶信号类型见表 17-3。

表 17-3　8 通道热电偶输入智能测控模块支持的热电偶信号类型

R（0～1750℃）	K（-200～1300℃）
B（500～1800℃）	S（0～1600℃）
E（-200～900℃）	N（0～1300℃）
J（-200～750℃）	T（-200～350℃）

17.4.2　8TC 热电偶输入模块 A/D 采样电路设计

8TC 热电偶输入模块 A/D 采样电路如图 17-8 所示。

图 17-8 中，ADS1216 是一种精密的、宽动态范围的Δ-ΣA-D 转换器，具有 24 位分辨率，可工作在 2.7～5.25V 电压下。该Δ-ΣA-D 转换器具有 24 位无遗漏码性能和 22 位有效分辨率，8 个输入通道多路复用。当直接与传感器和低电压信号连接时，内部缓冲器可选择提供非常高的输入阻抗。提供可熔电流源，允许检测传感器开路或短路。一个 8 位数-模（D-A）转换器提供 FSR（全范围）内的 50%的偏差校正。

PGA（可编程增益放大器）提供 1～128 的可选增益，当增益为 128 时，有效分辨率为 19 位。A-D 转换通过二阶Δ-Σ和可编程 sinc 滤波器完成，参考电压为差分输入，片内电流 DAC 通过外部电阻设定最大独立工作电流。

串行接口与 SPI 兼容，8 位数字 I/O 口可用于输出或输入。ADS1216 主要应用于工业过程控制、便携式仪器、智能变送器、压力传感器、热电偶及热电阻信号的测量，其特点如下：

1）24 位无遗漏码。

2）0.0015%积分非线性误差。

3）22 位有效分辨率（PGA=1），19 位有效分辨率（PGA=128）。

4）PGA 增益 1～128 可选。

5）单周期设置模式。

6）可编程数据输出，速率可达 1kHz。

7）1.25V/2.5V 片内基准电压。

8）0.1～2.5V 片外差分基准电压。

9）片内校准。

10）SPI 串行接口。

11）工作电压 2.7～5.25V。

12）功耗<1mW。

1．ADS1216 介绍

ADS1216 为 48 引脚 TQFP 封装，引脚如图 17-9 所示。

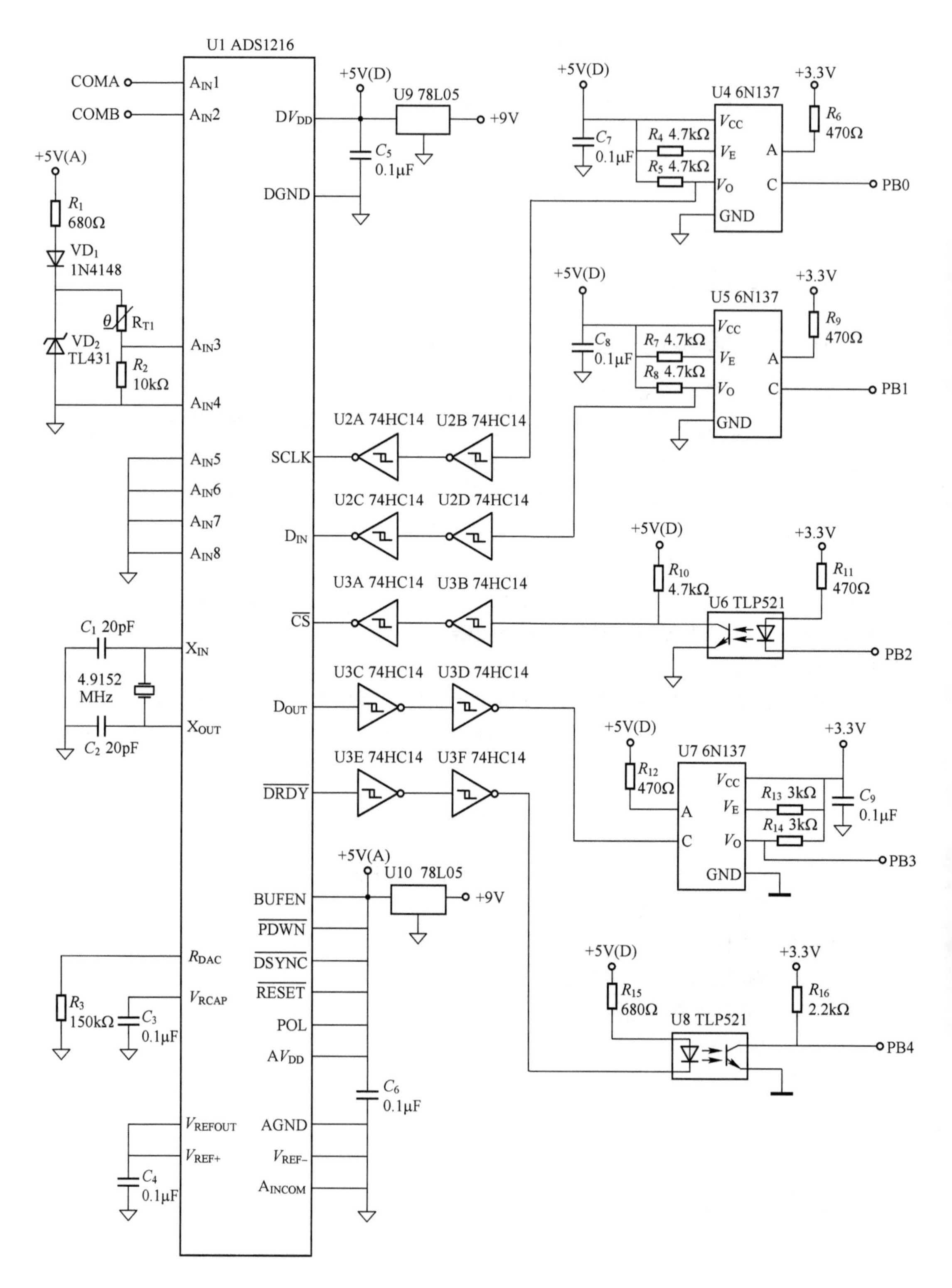

图 17-8 8TC 热电偶输入模块 A/D 采样电路

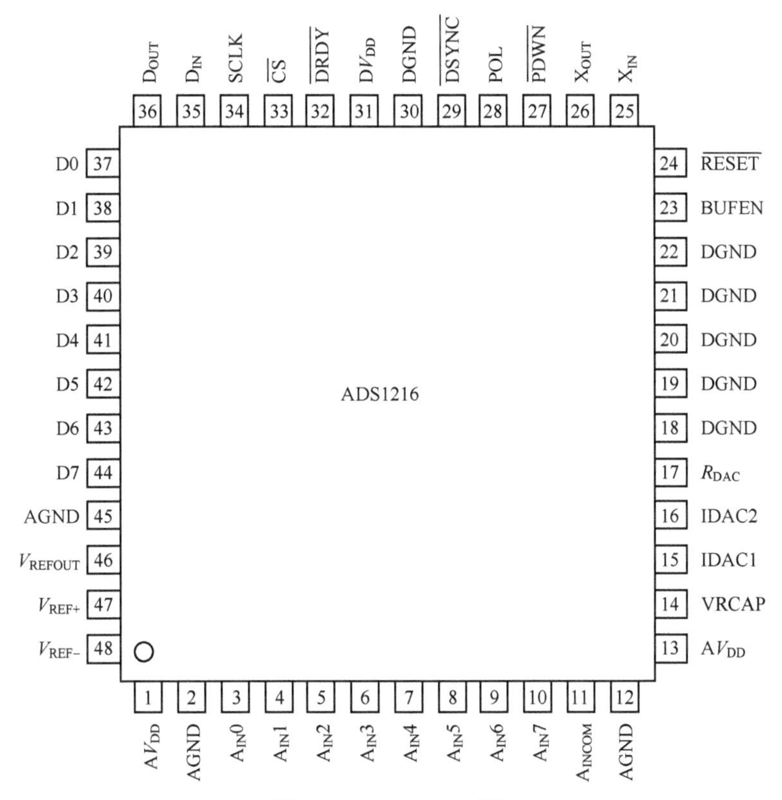

图 17-9　ADS1216 引脚

ADS1216 引脚介绍如下：

AV_{DD}：模拟电源。

AGND：模拟地。

$A_{IN}0$～$A_{IN}7$：模拟输入 0～模拟输入 7。

A_{INCOM}：模拟输入公共端。

VRCAP：V_{REF} 旁路电容。

IDAC1：电流 DAC1 输出。

IDAC2；电流 DAC2 输出。

R_{DAC}：电流 DAC 电阻。

BUFEN：缓冲使能。

$\overline{RESET}$：低电平有效，复位整个芯片。

X_{IN}：时钟输入。

X_{OUT}：时钟输出，使用晶振或谐振器。

$\overline{PDWN}$：低电平有效，低功耗功能。

POL：串行时钟极性。

$\overline{DSYNC}$：低电平有效，同步控制。

DGND：数字地。

DV_{DD}：数字电源。

$\overline{DRDY}$：低电平有效，数据准备好。

$\overline{CS}$：低电平有效，芯片选择。

SCLK：串行时钟。

D_{IN}：串行数据输入。

D_{OUT}：串行数据输出。

D0～D7：数字 I/O 0～7

V_{REFOUT}：参考电压输出。

V_{REF+}：正差分参考输入。

V_{REF-}：负差分参考输入。

2．ADS1216 应用说明

（1）多路输入选择器

多路输入选择器可选择在任意输入通道进行差分输入的任意组合。在 ADS1216 中，如果通道 1 被选择作为正差分输入通道，任何其他通道可选为负差分输入通道。使用这种方法，可以配置 8 种全差分输入通道。

（2）温度传感器

一个片内二极管可用作温度传感器。当输入 MUX 的配置缓冲器全部置 1 时，二极管连到 A-D 转换器的输入上。

（3）可熔电流源（Burnout Current Sources）

当 ACR 配置寄存器的 Burnout 位被置位时，多路输入选择器中的两个电流源被使能。正输入通道的电流源提供大约 2μA 的电流，负输入通道的电流源接收大约 2μA 的电流，允许对差分输入对的开路（满刻度读数）和短路（0V 差分读数）检测。

（4）IDAC1 和 IDAC2

ADS1216 有两个 8 位电流输出 DAC，可被独立控制。可通过 R_{DAC}、ACR 寄存器的范围选择位和 IDAC 寄存器内的 8 位数字值设置输出电流。输出电流=[V_{REF}/(8×R_{DAC})]（2RANGE–1）（DAC CODE）。V_{REFOUT}=2.5V 且 R_{DAC}=150kΩ时，满刻度输出可被选为 0.5mA、1mA 或 2mA，相应的电压为 0～1V 内的 AV_{DD}。当使用 ADS1216 的内部电压基准时，可用作 IDAC 的参考电压。通过禁止内部参考电压且将外部参考电压输入连到 V_{REFOUT} 引脚，IDAC 可使用外部参考电压。

（5）可编程增益放大器

可编程增益放大器（PGA）可设置增益为 1、2、4、8、32、64 或 128。使用 PGA 能改善 A-D 转换器的有效分辨率。

（6）校准

ADS1216 或整个系统的偏置或增益误差可通过校准来降低。ADS1216 的内部校准称为自校准，通过 3 个命令实现。对于系统校准，输入端必须输入适当的信号。

（7）参考电压

ADS1216 可以使用内部或外部参考电压。上电时，被配置为内部参考电压 2.5V。参考电压的选择通过状态配置寄存器来实现。

内部参考电压可选为 1.25V 或 2.5V。

（8）VRCAP 引脚

此引脚只对内部 V_{REF} 电路提供用于噪声滤波的旁路电容，推荐使用 0.1μF 陶瓷电容。如果使用外部 V_{REF}，此引脚可悬空。

（9）时钟发生器

ADS1216 使用的时钟源可由晶体、陶瓷谐振器、振荡器或外部时钟提供。当使用晶体时，晶体频率为 2.4576MHz 或 4.9152MHz。

（10）数字 I/O 接口

ADS1216 有 8 个专用的数字 I/O 引脚。数字 I/O 引脚的默认上电状态是输入。所有的数字 I/O 引脚可分别被配置为输入或输出。它们通过 DIR 控制寄存器配置。DIR 寄存器定义引脚是输入还是输出，DIO 寄存器定义数字输出的状态。当数字 I/O 引脚被配置为输入时，DIO 被用作读引脚的状态。

（11）$\overline{\text{DSYNC}}$ 操作

$\overline{\text{DSYNC}}$ 在外部事件作用下提供 A-D 转换的精确同步。同步可通过 $\overline{\text{DSYNC}}$ 引脚或 DSYNC 命令来实现。

（12）存储器

ADS1216 使用两种类型的存储器：寄存器和 RAM。16 个寄存器直接控制各种功能（PGA、DAC 值等），并且可以直接读/写。总体来说，寄存器包含配置所需的所有信息，如数据格式、多路选择器设置、校准设置等。

对寄存器和 RAM 的读/写以字节为单位进行。然而，寄存器和 RAM 之间的复制以区为单位进行。RAM 独立于寄存器，也就是说，RAM 可被用作通用的 RAM。

ADS1216 支持 8 个模拟输入的任意组合。因为这种灵活性，ADS1216 很容易支持 8 个独立的设置，即每个输入通道一个设置。为此，ADS1216 有 8 个分别的寄存器区可用，每个配置信息可被写一次，在需要的时候重新调用，这样就不必重新发送所有的配置数据。另外，ADS1216 还提供了用于检验 RAM 完整性的校验和命令。

RAM 提供了 8 个区，每个区包括 16 个字节。RAM 的总容量是 128 个字节。寄存器和 RAM 之间的复制以区为单位进行。RAM 在上电时可通过串行接口直接读/写。区允许分别存储每个输入的设置。

RAM 地址是线性的，因此可通过自增量指针访问 RAM。可以连续地在整个存储器映象中访问 RAM，无须分别寻址每一个区。如果正在访问区 0 的偏移为 0xF 的单元（区 0 的最后一个单元），下一个访问单元将是区 1 的偏移为 0x0 的单元。区 7 的偏移为 0xF 的单元后的任何访问会返回到区 0 的偏移为 0x0 的单元。

ADS1216 的模拟量输入通道 $A_{IN}3$、$A_{IN}4$，用于测量室温，实现对热电偶的冷端补偿，RT1 为热敏电阻，TL431 为电压基准源。6N137 为高速光电耦合器，TLP521 为低速光电耦合器，用于 STM32F103ZET6 微控制器与 ADS1216 的光电隔离。74HC14 为施密特非门，用于信号的整形，起到抗干扰的目的。由 STM32F103ZET6 的 GPIO 口 PB0～PB4 控制 ADS1216，实现 A-D 转换和数据读取。

17.4.3　8TC 热电偶输入模块通道切换电路设计

8TC 热电偶输入模块通道切换电路如图 17-10 所示。

图 17-10 中，MAX355 为 4 通道差动模拟开关，由 STM32F103ZET6 的 GPIO 口 PB5～PB7 控制 MAX355 的模拟量输入通道切换。实现 8 通道热电偶的模拟量输入的通道切换。

17.4.4　热电偶冷端补偿电路设计

热电偶在使用过程中的一个重要问题，是如何解决冷端温度补偿，因为热电偶的输出热电动势不仅与工作端的温度有关，而且也与冷端的温度有关。热电偶两端输出的热电动势对应的温度值只是相对于冷端的一个相对温度值，而冷端的温度又常常不是0℃。因此，该温度值已叠加了一个冷端温度。为了直接得到一个与被测对象温度（热端温度）对应的热电动势，需要进行冷端补偿。

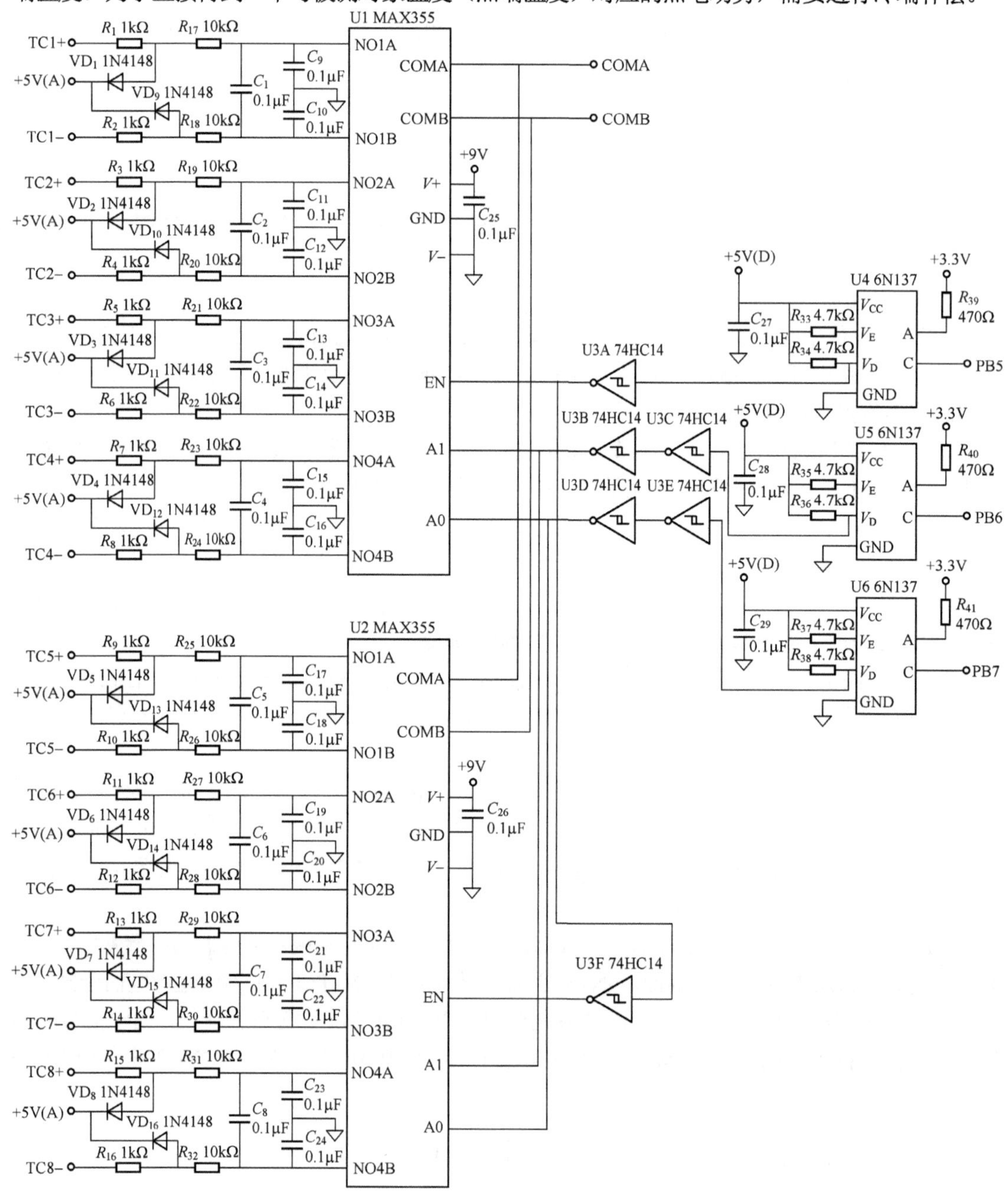

图 17-10　8TC 热电偶输入模块通道切换电路

本设计采用负温度系数热敏电阻进行冷端补偿，具体电路设计如图 17-7 所示。

VD_2为2.5V 电压基准源 TL431，热敏电阻 R_{T1} 和精密电阻 R_2 电压和为 2.5V，利用 ADS1216 的第 2 差动通道采集电阻 R_{T1} 两端的电压，经 ARM 微控制器查表计算出冷端温度。

在 8 通道热电偶输入智能测控模块的冷端补偿电路设计中，热敏电阻的电阻值随着温度升高而降低。因此，与它串联的精密电阻两端的电压值随着温度升高而升高，所以根据热敏电阻温度特性表，可以制作一个精密电阻两端电压与冷端温度的分度表。此表以 5℃为间隔，mV 为单位，这样就可以根据精密电阻两端的电压值，查表求得冷端温度值。

精密电阻两端的电压计算公式为

$$V_{阻} = \frac{2500N}{7\text{FFFH}}$$

式中，N 为精密电阻两端电压对应的 A-D 转换结果。求得冷端温度后，需要由温度值反查相应热电偶信号类型的分度表，得到补偿电压 $V_{补}$。测量电压 $V_{测}$ 与补偿电压 $V_{补}$ 相加得到 V，根据 V 查表求得的温度值即为热电偶工作端的实际温度值。

8 通道热电偶输入智能测控模块的程序采用 μC/OS-Ⅱ操作系统，主要包括 ARM 控制器的初始化程序、A/D 采样程序、数字滤波程序、热电偶线性化程序、冷端补偿程序、量程变换程序、CAN 或 RS485 通信程序、WDT 程序等。

17.5　4 通道热电阻输入智能测控模块（4RTD）的设计

17.5.1　4 通道热电阻输入智能测控模块的功能概述

4 通道热电阻输入智能测控模块是一种高精度、智能型、带有模拟量信号调理的 8 路热电阻信号采集模块，可对三种热电阻信号进行采集，热电阻采用三线制接线。

通过外部配电板可允许接入各种热电阻信号。该智能测控模块的设计技术指标如下：

1）热电阻智能测控模块可允许 4 通道三线制热电阻信号输入，支持热电阻类型为 Cu100、Cu50 和 Pt100。

2）采用 32 位 ARM Cortex-M3 微控制器，提高了智能测控模块设计的集成度、运算速度和可靠性。

3）采用高性能、高精度、内置 PGA 的具有 24 位分辨率的 Σ-Δ 模−数转换器进行测量转换，传感器或变送器信号可直接接入。

4）同时测量 4 通道热电阻信号。

5）通过主控站模块的组态命令可配置通道信息，每一通道可选择输入信号范围和类型等，并将配置信息存储于铁电存储器中，掉电重启时，自动恢复到正常工作状态。

6）智能测控模块设计具有低通滤波、过电压保护功能，ARM 与现场模拟信号测量之间采用光电隔离措施，以提高抗干扰能力。

8 通道热电阻输入智能测控模块测量的热电阻类型见表 17−4。

表 17−4　8 通道热电阻输入智能测控模块测量的热电阻类型

类型	说明
Pt100 热电阻	−200～850℃
Cu50 热电阻	−50～150℃
Cu100 热电阻	−50～150℃

17.5.2　4RTD 热电阻输入模块 A/D 采样电路设计

4RTD 热电阻输入模块 A/D 采样电路如图 17−11 所示。

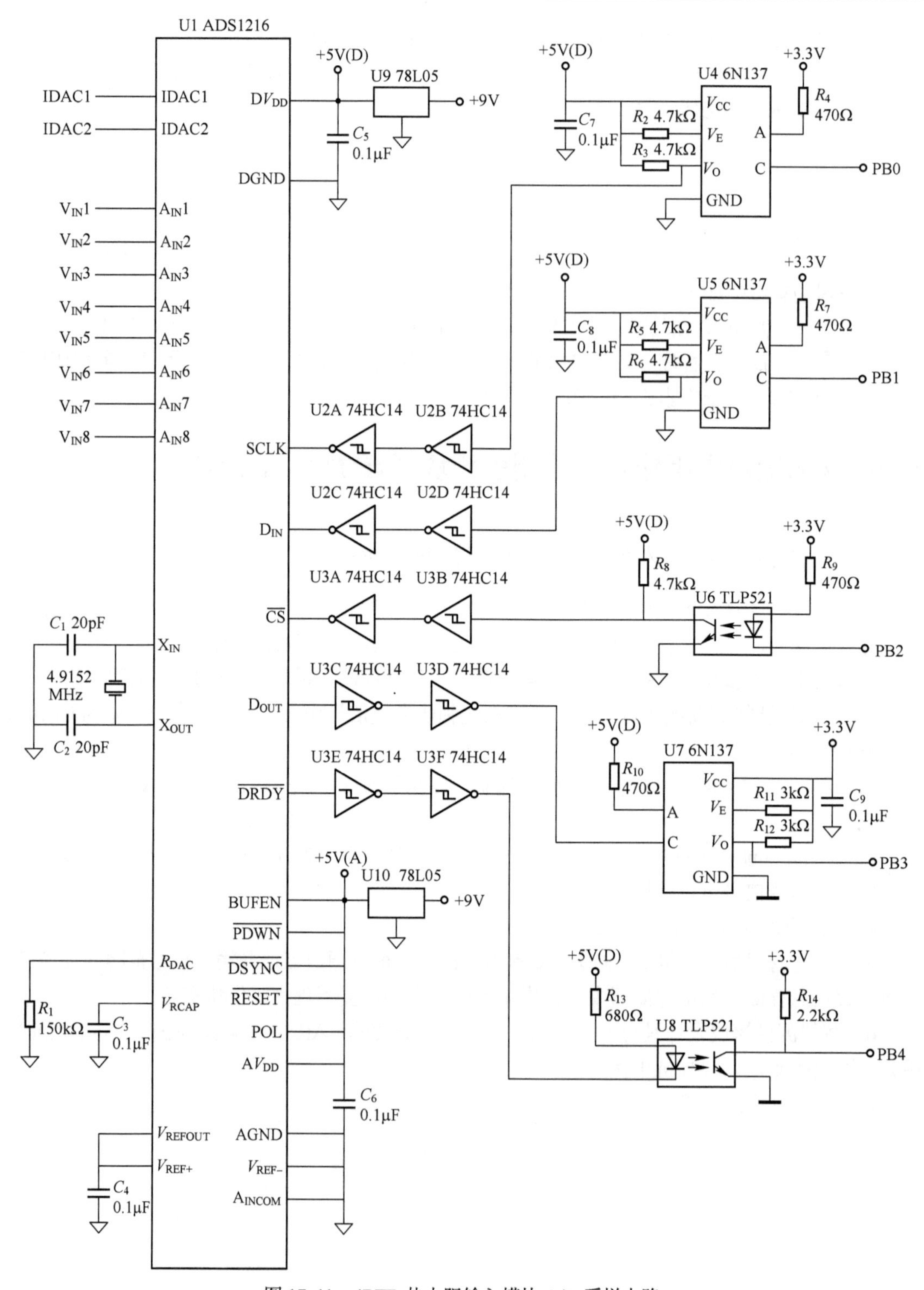

图 17-11　4RTD 热电阻输入模块 A/D 采样电路

图 17-11 中，IDAC1、IDAC2 为 ADS1216 的 2 路恒流输出，用于热电阻的信号测量。6N137 和 TLP521 光电耦合器的作用同热电偶的测量电路。由 STM32F103ZET6 的 GPIO 口 PB0～PB4 控制 ADS1216 的模拟量输入通道切换。

17.5.3　4RTD 热电阻输入模块通道切换电路设计

4RTD 热电阻输入模块通道切换电路如图 17-12 所示。由 STM32F103ZET6 的 GPIO 口 PB5、PB6 控制 MAX355 差动模拟开关实现 4 通道热电阻的信号测量。热电阻的接线方式为三线制接法。

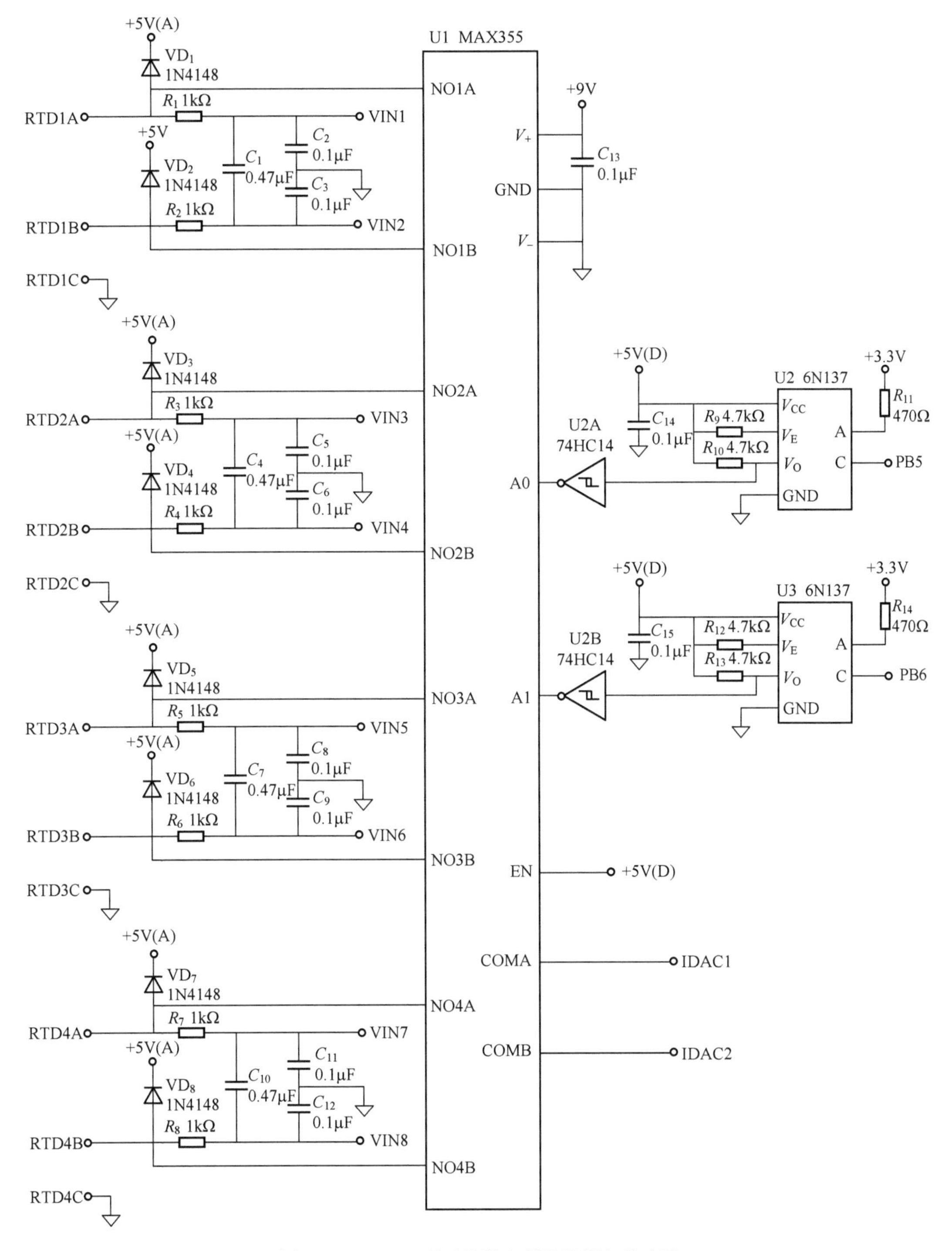

图 17-12　4RTD 热电阻输入模块通道切换电路

4通道热电阻输入智能测控模块的程序采用μC/OS-Ⅱ操作系统，主要包括ARM控制器的初始化程序、A-D采样程序、数字滤波程序、热电阻线性化程序、断线检测程序、量程变换程序、CAN或RS485通信程序、WDT程序等。

17.6 4通道模拟量输出智能测控模块（4AO）的设计

17.6.1 4通道模拟量输出智能测控模块的功能概述

4通道模拟量输出智能测控模块是一种4通道电流（标准Ⅱ型或Ⅲ型）或电压信号输出模块。ARM与输出通道之间通过独立的接口传送信息，转换速度快、工作可靠。

通过外部配电板可输出标准Ⅱ型或Ⅲ型电流信号。该智能测控模块的设计技术指标如下：

1）模拟量输出智能测控模块可允许4通道电流信号，电流信号输出范围为0～10mA（Ⅱ型）、4～20mA（Ⅲ型）。

2）采用32位ARM Cortex-M3微控制器，提高了智能测控模块设计的集成度、运算速度和可靠性。

3）采用ARM内嵌的16位高精度PWM构成D-A转换器，通过两级一阶有源低通滤波电路，实现信号输出。

4）通过主控站模块的组态命令可配置通道信息，将配置通道信息存储于铁电存储器中，掉电重启时，自动恢复到正常工作状态。

5）智能测控模块设计具有低通滤波、断线检测功能，ARM与现场模拟信号测量之间采用光电隔离措施，以提高抗干扰能力。

17.6.2 4AO模拟量输出模块D-A转换电路设计

4通道模拟量输出智能测控模块用于完成对工业现场阀门的自动控制，其硬件组成框图如图17-13所示。D-A转换器采用4通道12位电压输出的DAC7614U，LM336-2.5电压基准源和TL082运算放大器组成D-A转换器的基准电压电路。

17.6.3 4AO模拟量输出模块V-I转换电路设计

4AO模拟量输出模块V-I转换电路设计如图17-14所示。运算放大器TL082和KSP2222A通过JP1跳线器组成电流和电压输出电路。

4通道模拟量输出智能测控模块的程序采用μC/OS-Ⅱ操作系统，主要包括ARM控制器的初始化程序、D-A输出程序、CAN或RS485通信程序、WDT程序等。

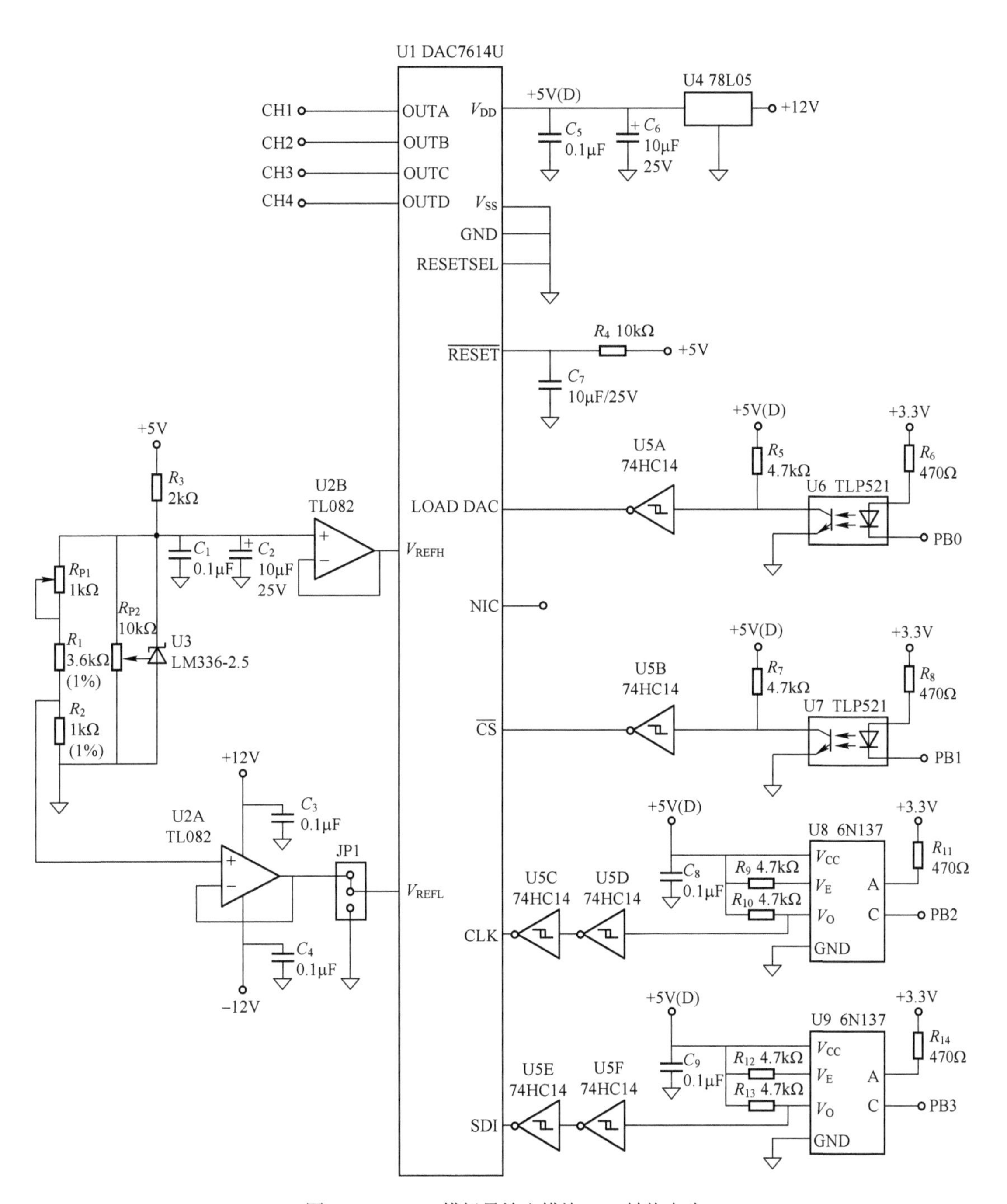

图 17-13　4AO 模拟量输出模块 D-A 转换电路

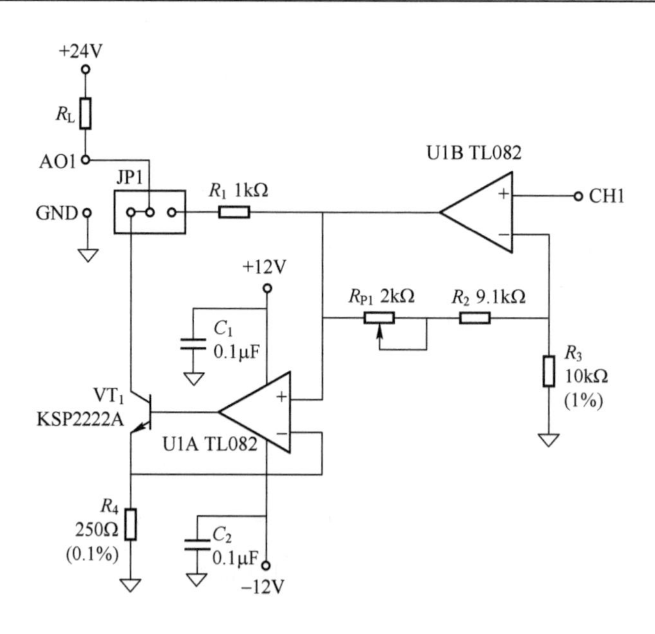

图 17-14 4AO 模拟量输出模块 V-I 转换电路设计

17.7 8 通道数字量输入智能测控模块（8DI）的设计

17.7.1 8 通道数字量输入智能测控模块的功能概述

8 通道数字量信号输入智能测控模块能够快速响应有源开关信号（湿节点）和无源开关信号（干节点）的输入，实现数字信号的准确采集，主要用于采集工业现场的开关量状态。

通过外部配电板可允许接入无源输入和有源输入的开关量信号。该智能测控模块的设计技术指标如下：

1）信号类型及输入范围为外部装置或生产过程的有源开关信号（湿节点）和无源开关信号（干节点）。

2）采用 32 位 ARM Cortex-M3 微控制器，提高了智能测控模块设计的集成度、运算速度和可靠性。

3）同时测量 8 通道数字量输入信号，各采样通道之间采用光电耦合器。

4）通过主控站模块的组态命令可配置通道信息，并将配置信息存储于铁电存储器中，掉电重启时，自动恢复到正常工作状态。

5）智能测控模块设计具有低通滤波，可以保证智能测控模块的可靠运行。当非正常状态出现时，可现场及远程监控，同时报警提示。

17.7.2 8DI 数字量输入模块检测电路设计

8DI 数字量输入模块检测电路如图 17-15 所示。

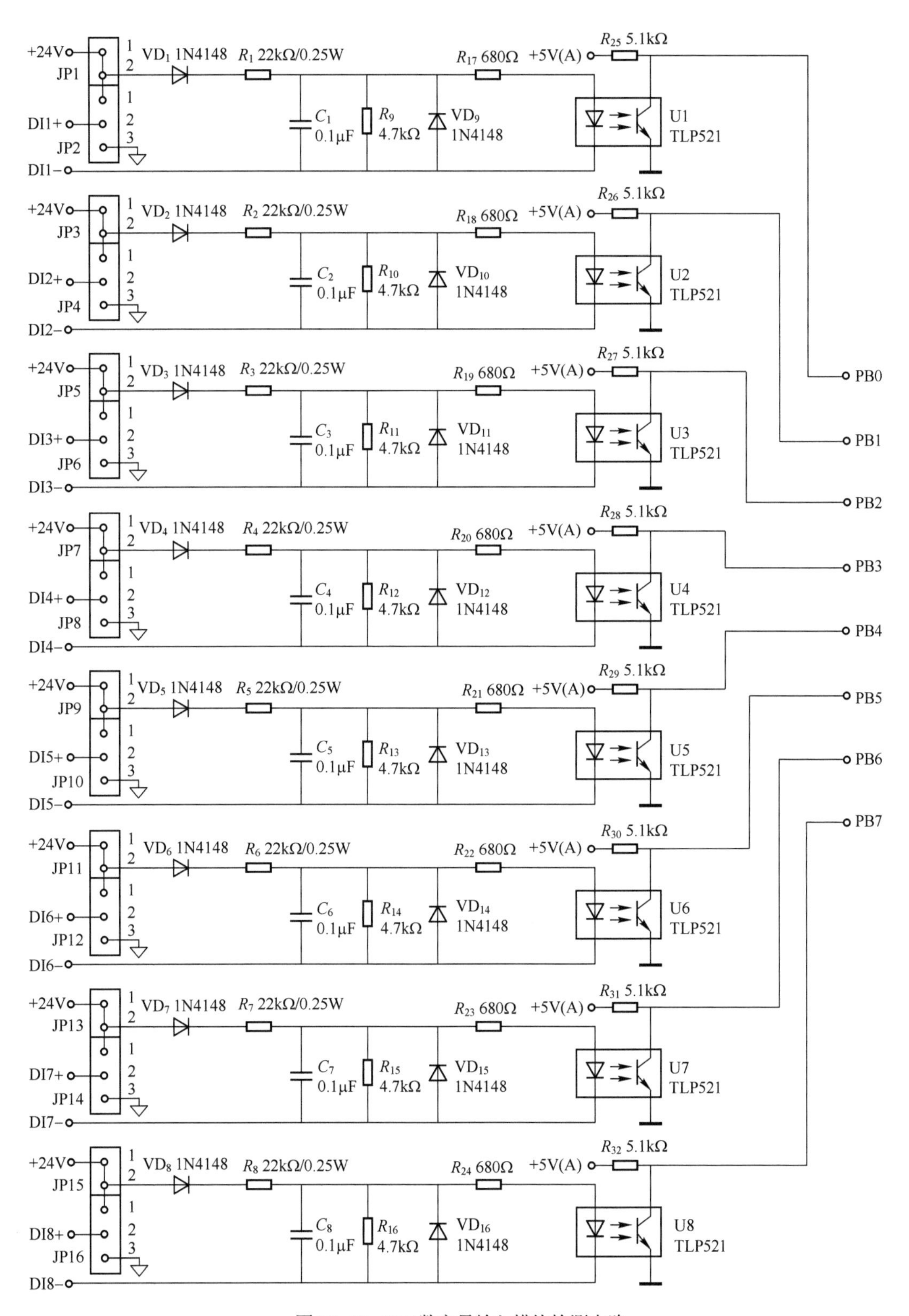

图 17-15　8DI 数字量输入模块检测电路

8DI 数字量输入模块具有 8 个通道。以通道 1 为例介绍其工作过程：

当 JP1 跳线器 1-2 短路，跳线器 JP2 的 1-2 断开、2-3 短路时，输入端 DI1+和 DI1−可以接一干节点信号。

当 JP1 跳线器 1-2 断开，跳线器 JP2 的 1-2 短路、2-3 断开时，输入端 DI1+和 DI1−可以接有源开关。

通过 STM32F103ZET6 的 GPIO 口 PB0～PB7 读取数字量的状态。

8 通道数字量输入智能测控模块的程序采用 μC/OS-Ⅱ操作系统，主要包括 ARM 控制器的初始化程序、数字量状态采集程序、CAN 或 RS485 通信程序、WDT 程序等。

17.8　8 通道数字量输出智能测控模块（8DO）的设计

17.8.1　8 通道数字量输出智能测控模块的功能概述

8 通道数字量输出智能测控模块能够快速响应控制卡输出的开关信号命令，驱动配电板上独立供电的中间继电器，并驱动现场仪表层的设备或装置。

该智能测控模块的设计技术指标如下：

1）信号输出类型为带有一常开和一常闭的继电器。

2）采用 32 位 ARM Cortex-M3 微控制器，提高了智能测控模块设计的集成度、运算速度和可靠性。

3）具有 8 通道数字量输出信号。

4）通过主控站模块的组态命令可配置通道信息，并将配置信息存储于铁电存储器中，掉电重启时，自动恢复到正常工作状态。

17.8.2　8DO 数字量输出模块集电极开路输出电路设计

8DO 数字量输出模块集电极开路输出电路如图 17-16 所示。

图 17-16 中，数字量输出模块为集电极开路输出电路，具有 8 个通道。STM32F103ZET6 微控制器的通用输入/输出口 PB0～PB7 经光电耦合器隔离后，驱动 NPN 晶体管 VT_1～VT_8，9013 晶体管的输出为集电极开路驱动继电器配电板。通过 STM32F103ZET6 的 GPIO 口 PB0～PB7 控制晶体管 VT_1～VT_8 的导通与截止。

8 通道数字量输入智能测控模块的程序采用 μC/OS-Ⅱ操作系统，主要包括 ARM 控制器的初始化程序、数字量状态控制程序、CAN 或 RS485 通信程序、WDT 程序等。

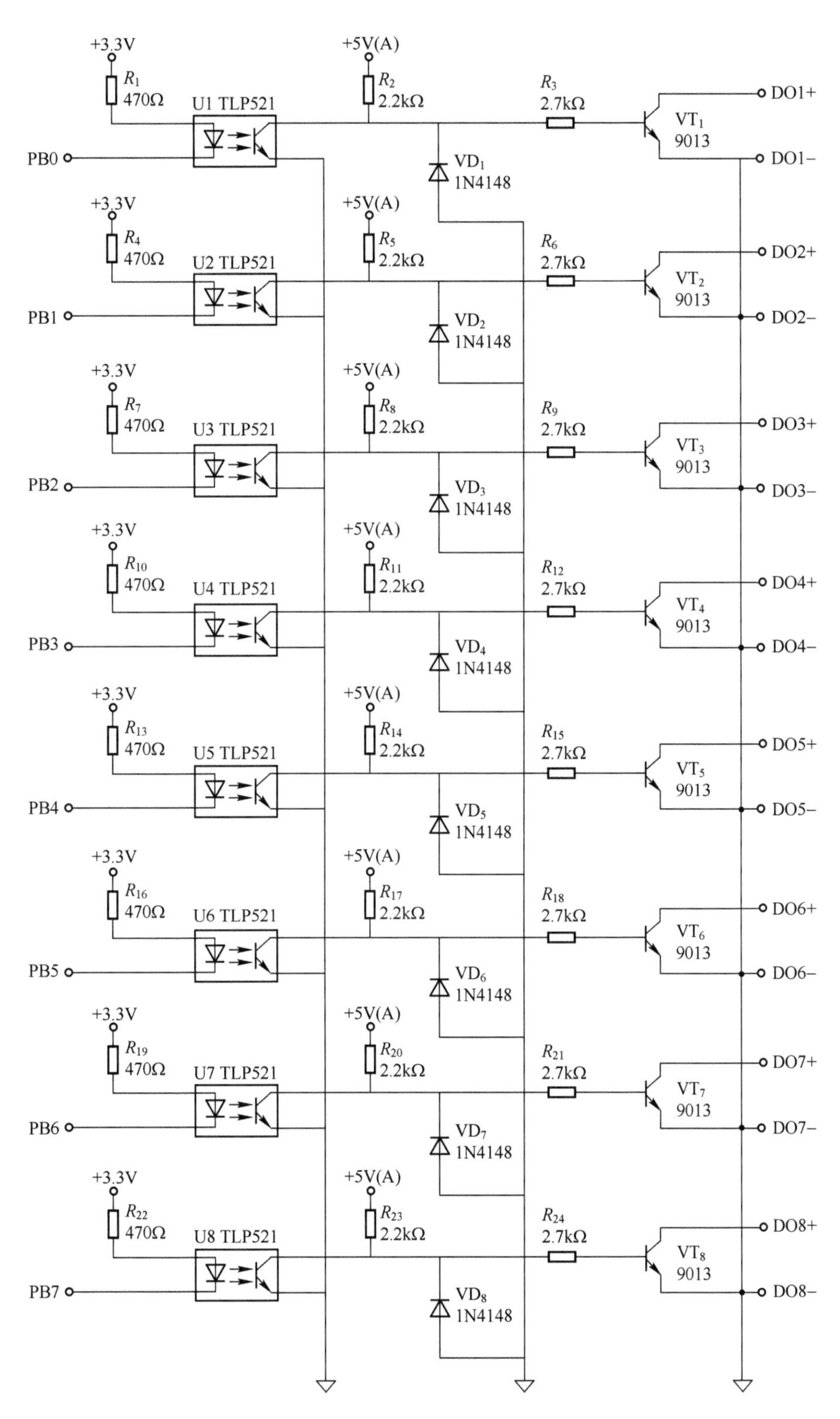

图 17-16　8DO 数字量输出模块集电极开路输出电路

17.9 嵌入式控制系统的软件平台

17.9.1 软件平台的选择

随着微控制器性能的不断提高，嵌入式应用越来越广泛。目前市场上的大型商用嵌入式实时系统，如 VxWorks、pSOS、Pharlap、Qnx 等，已经十分成熟，并为用户提供了强有力的开发和调试工具。但这些商用嵌入式实时系统价格昂贵而且都针对特定的硬件平台。此时，采用免费软件和开放代码不失为一种选择。μC/OS-Ⅱ是一种免费的、源码公开的、稳定可靠的嵌入式实时操作系统，已被广泛应用于嵌入式系统中，并获得了成功，因此嵌入式控制系统的现场控制层采用 μC/OS-Ⅱ是完全可行的。

μC/OS-Ⅱ是专门为嵌入式应用而设计的实时操作系统，是基于静态优先级的抢占式（Preemptive）多任务实时内核。采用 μC/OS-Ⅱ作为软件平台，一方面是因为它已经通过了很多严格的测试，被确认是一个安全的、高效的实时操作系统；另一个重要的原因，是因为它免费提供了内核的源代码，通过修改相关的源代码，就可以比较容易地构造用户所需要的软件环境，实现用户需要的功能。

基于嵌入式控制系统现场控制层实时多任务的需求以及 μC/OS-Ⅱ优点的分析，可以选用 μC/OS-ⅡV2.52 作为现场控制层的软件系统平台。

17.9.2 μC/OS-Ⅱ内核调度基本原理

μC/OS-Ⅱ是 Jean J. Labrosse 在 1990 年前后编写的一个实时操作系统内核。可以说 μC/OS-Ⅱ也像 Linus Torvalds 实现 Linux 一样，完全是出于个人对实时内核的研究兴趣而产生的，并且开放源代码。如果作为非商业用途，μC/OS-Ⅱ是完全免费的，其名称 μC/OS-Ⅱ来源于术语 Micro-Controller Operating System（微控制器操作系统），通常也称为 MUCOS 或者 UCOS。

严格地说，μC/OS-Ⅱ只是一个实时操作系统内核，它仅仅包含了任务调度、任务管理、时间管理、内存管理和任务间通信和同步等基本功能，没有提供输入输出管理、文件管理、网络等额外的服务。但由于μC/OS-Ⅱ良好的可扩展性和源码开放，这些功能完全可以由用户根据需要自己实现。目前，已经出现了基于μC/OS-Ⅱ的相关应用，包括文件系统、图形系统以及第三方提供的 TCP/IP 等。

μC/OS-Ⅱ的目标是实现一个基于优先级调度的抢占式实时内核，并在这个内核之上提供最基本的系统服务，如信号量、邮箱、消息队列、内存管理、中断管理等。虽然μC/OS-Ⅱ并不是一个商业实时操作系统，但μC/OS-Ⅱ的稳定性和实用性却被数百个商业级的应用所验证，其应用领域包括便携式电话、运动控制卡、自动支付终端、交换机等。

μC/OS-Ⅱ获得广泛使用不仅仅是因为它的源码开放，还有一个重要原因，就是它的可移植性。μC/OS-Ⅱ的大部分代码都是用 C 语言编写完成的，只有与处理器的硬件相关的一部分代码用汇编语言编写。可以说，μC/OS-Ⅱ在最初设计时就考虑到了系统的可移植性，这一点和同样源码开放的 Linux 很不一样，后者在开始时只是用于 x86 体系结构，后来才将和硬件相关的代码单独提取出来。目前μC/OS-Ⅱ支持 ARM、PowerPC、MIPS、68k 和 x86 等多种体系结构，已经被移植到上百种嵌入式处理器上，包括 Intel 公司的 StrongAM、80x86 系列，Motorola 公司的 M68H 系列、飞利浦和三星公司基于 ARM 核的各种微处理器等。

1. 时钟触发机制

嵌入式多任务系统中，内核提供的基本服务是任务切换，而任务切换是基于硬件定时器中断进行的。在 80x86 PC 及其兼容机（包括很多流行的基于 x86 平台的微型嵌入式主板）中，使用 8253/54 PIT 来产生时钟中断。定时器的中断周期可以由开发人员通过向 8253 输出初始化值来设定，默认情况下的周期为 54.93ms ，每一次中断称为一个时钟节拍。

PC 时钟节拍的中断向量为 08H，让这个中断向量指向中断服务子程序，在定时器中断服务程序中决定已经就绪的优先级最高的任务进入可运行状态，如果该任务不是当前（被中断）的任务，就进行任务上下文切换：把当前任务的状态（包括程序代码段指针和 CPU 寄存器）推入栈区（每个任务都有独立的栈区）；同时让程序代码段指针指向已经就绪并且优先级最高的任务并恢复它的堆栈。

2. 任务管理和调度

运行在 μC/OS-Ⅱ上的应用程序被分成若干个任务，每一个任务都是一个无限循环。内核必须交替执行多个任务，在合理的响应时间范围内使处理器的使用率最大。任务的交替运行按照一定的规律，在 μC/OS-Ⅱ中，每一个任务在任何时刻都处于以下五种状态之一：

1）睡眠（Dormant）：任务代码已经存在，但还未创建任务或任务被删除。

2）就绪（Ready）：任务还未运行，但就绪列表中相应位已经置位，只要内核调度到就立即准备运行。

3）等待（Waiting）：任务在某事件发生前不能被执行，如延时或等待消息等。

4）运行（Running）：该任务正在被执行，且一次只能有一个任务处于这种状态。

5）中断服务态（Interrupted Service Routine，ISR）：任务进入中断服务。

μC/OS-Ⅱ的五种任务状态及其转换关系如图 17-17 所示。

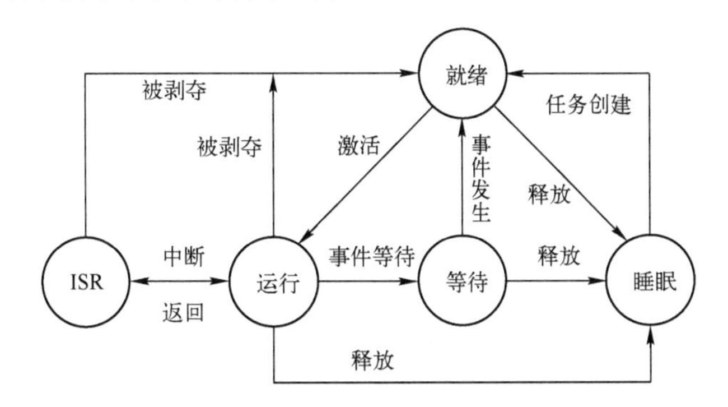

图 17-17 μC/OS-Ⅱ的五种任务状态及其转换关系

首先，内核创建一个任务。在创建过程中，内核给任务分配一个单独的堆栈区，然后从控制块链表中获取并初始化一个任务控制块。任务控制块是操作系统中最重要的数据结构，它包含系统所需要的关于任务的所有信息，如任务 ID、任务优先级、任务状态、任务在存储器中的位置等。每个任务控制块还包含一个将彼此链接起来的指针，形成一个控制块链表。初始化时，内核把任务放入就绪队列，准备调度，从而完成任务的创建过程。接下来便进入任务调度即状态切换阶段，也是最为复杂和重要的阶段。当所有的任务创建完毕并进入就绪状态后，内核总是让优先级最高的任务进入运行状态，直到等待事件发生

（如等待延时或等待某信号量、邮箱或消息队列中的消息）而进入等待状态，或者时钟节拍中断或I/O中断进入中断服务程序，此时任务被放回就绪队列。在第一种情况下，内核继续从就绪队列中找出优先级最高的任务使其运行，经过一段时间，若刚才阻塞的任务所等待的事件发生了，则进入就绪队列，否则仍然等待；在第二种情况下，由于μC/OS-Ⅱ是可剥夺性内核，因此在处理完中断后，CPU控制权不一定被送回到被中断的任务，而是送给就绪队列中优先级最高的那个任务，这时就可能发生任务剥夺。任务管理就是按照这种规则进行的。另外，在运行、就绪或等待状态时，可以调用删除任务函数，释放任务控制块，收回任务堆栈区，删除任务指针，从而使任务退出，回到没有创建时的状态，即睡眠状态。

参 考 文 献

[1] 李正军，李潇然. STM32 嵌入式系统设计与应用[M]. 北京：机械工业出版社，2023.
[2] 李正军，李潇然. STM32 嵌入式单片机原理与应用[M]. 北京：机械工业出版社，2023.
[3] 李正军，李潇然. 现场总线及其应用技术[M]. 3 版. 北京：机械工业出版社，2022.
[4] 李正军，李潇然. 现场总线与工业以太网应用教程[M]. 北京：机械工业出版社，2021.
[5] 李正军. 计算机控制系统[M]. 4 版. 北京：机械工业出版社，2022.
[6] 李正军，李潇然. 计算机控制技术[M]. 北京：机械工业出版社，2022.
[7] 陈桂友. 基于 ARM 的微机原理与接口技术[M]. 北京：清华大学出版社，2020.
[8] 何乐生，周永录，葛孚华，等. 基于 STM32 的嵌入式系统原理及应用[M]. 北京：科学出版社，2021.
[9] 黄克亚. ARM Cortex-M3 嵌入式原理及应用：基于 STM32F103 微控制器[M]. 北京：清华大学出版社，2020.
[10] 徐灵飞，黄宇，贾国强. 嵌入式系统设计：基于 STM32F4[M]. 北京：电子工业出版社，2020.
[11] 张洋，刘军，严汉宇，等. 原子教你玩 STM32：库函数版[M]. 2 版. 北京：北京航空航天大学出版社，2015.
[12] ST 公司. 32 位基于 ARM 微控制器 STM32F101xx 与 STM32F103xx 固件函数库 UM0427 用户手册[Z]. 2007.
[13] 任哲，房红征. 嵌入式实时操作系统 μC/OS-II 原理及应用[M]. 5 版. 北京：北京航空航天大学出版社，2021.